普通高等教育农业农村部"十三五"规划教材
全国高等农林院校"十三五"规划教材

生物化学实验技术

第二版

巫光宏　何　平　黄卓烈　主编

中国农业出版社

内 容 简 介

生物化学实验技术是与生物相关的各专业的必修课程。本教材内容包括2篇。第一篇是生物化学实验技术概论，介绍生物化学的制备方法、生物化学的分离方法和生物化学的分析方法等。第二篇是生物化学实验部分，内容包括糖类、脂类、氨基酸和普通蛋白质、酶、核苷酸与核酸、维生素、新陈代谢等的验证性实验。在此基础上，增加了一批综合性实验和部分基础分子生物学实验，供教学选用。本教材内容丰富，可供高等农林院校、师范院校和综合性院校生物类专业、农林类专业的本科生使用，也可供相关专业的教师和研究生参考。

第二版编写人员名单

主　编　巫光宏　何　平　黄卓烈
编　者（以姓名笔画为序）
　　　　　　王玉琪(华南农业大学)
　　　　　　朱国辉(华南农业大学)
　　　　　　许　可(华南农业大学)
　　　　　　巫光宏(华南农业大学)
　　　　　　何　平(华南农业大学)
　　　　　　初志战(华南农业大学)
　　　　　　张东方(华南农业大学)
　　　　　　赵　赣(华南农业大学)
　　　　　　赵利锋(华南农业大学)
　　　　　　黄卓烈(华南农业大学)
　　　　　　谢东雄(广东海洋大学)
　　　　　　詹福建(华南农业大学)

第一版编写人员名单

主　编 黄卓烈
副主编 巫光宏　何　平
编　者（以姓名笔画为序）
　　　　　　王玉琪(华南农业大学)
　　　　　　朱国辉(华南农业大学)
　　　　　　许　可(华南农业大学)
　　　　　　巫光宏(华南农业大学)
　　　　　　何　平(华南农业大学)
　　　　　　初志战(华南农业大学)
　　　　　　张东方(华南农业大学)
　　　　　　赵　赣(华南农业大学)
　　　　　　赵利锋(华南农业大学)
　　　　　　黄卓烈(华南农业大学)
　　　　　　詹福建(华南农业大学)

第 二 版 前 言

本教材第一版出版以来，因其内容丰富、语言流畅、实验成功率高等优点深受读者的欢迎。生物化学的发展异常迅速，新的实验方法不断涌现。在这种情况下，我们总结经验，将本书第一版进行修订，以便使本书能跟上形势，更好地培养本科生的动手能力。

本教材内容包括2篇。第一篇是生物化学实验技术概论，扼要介绍生物化学的制备方法、生物化学的分离方法和生物化学的分析方法等。使读者对生物化学实验技术的任务、要求和各种实验方法的原理有正确的认识。第二篇是生物化学实验部分，详细介绍糖类、脂类、氨基酸和普通蛋白质、酶、核苷酸与核酸、维生素等各类物质的提取、分离和含量测定的方法，介绍生物体新陈代谢的研究方法。在介绍验证性实验的基础上，本教材设置了一批综合性实验，供教学时选用，以提高本科生的综合动手能力。此外，本教材还编写了基础分子生物学的部分实验内容，以供选用和参考。书末附录了一批生物化学和分子生物学的常用数据和部分仪器的使用方法，供读者参考。

本教材在编写时融入了多位教师长期参加实验教学的经验。第一章、第四章由黄卓烈编写。巫光宏负责第二章第二节和实验四十六至实验五十八的编写。何平负责第三章和实验五十九的编写。谢东雄负责实验十二、实验二十四、附录十五的编写。詹福建负责第二章第一节、实验十八至实验二十三、第九章的编写，并负责附录一至附录十四的修订。王玉琪负责第二章第四节、实验六十至实验六十一、实验六十八至实验七十一的编写。朱国辉负责实验六十二至实验六十七的编写。实验二十五和实验二十六由赵赣负责编写，由詹福建修改。赵利锋负责第八章的编写。张东方负责第十章的编写。初志战负责第五章的编写。许可负责实验十至实验十一、实验十三至实验十七的编写。第二章第三节由詹福建、巫光宏、何平、赵利锋、王玉琪和朱国辉共同编写。

在本教材编写过程中，各位编者参考了大量的书籍和文献，在参考文献中恕未一一列出。在此，对各书籍和文献的作者表示衷心感谢！在编写过程中，得到华南农业大学郝刚教授的关心。中国农业出版社高等教育教材出版中心的各位编辑对本教材的编写和出版给以悉心指导，在此一并致以衷心感谢！

由于学科发展迅速，加上编者水平有限，本教材在编写中难免出现错误和不足，诚恳希望各位专家和读者提出修改意见并对各位的帮助表示诚挚的谢意！

编　者

2015 年 10 月

注：本教材于 2017 年 12 月被列入普通高等教育农业部（现更名为农业农村部）"十三五"规划教材［农科（教育）函〔2017〕第 379 号］。

第一版前言

生物化学是化学与生物学的边缘学科。生物化学实验是学习生物化学的学生必修的课程。国内许多高等学校都非常重视生物化学实验课程的教学，很多学校已经将生物化学实验作为一门独立的课程来开设。在进行验证性实验教学的基础上，纷纷开出综合性实验。有条件的学校，还让学生动手设计性实验。在这种教学改革不断深入的形势下，编写一本实用的生物化学实验教材显得非常重要。本教材就是在这种形势的推动下，由多位教师共同努力编写完成的。

本教材内容分为两大部分。第一篇是生物化学实验技术概论，扼要介绍了生物化学制备的方法、生物化学分离方法和生物化学分析方法。第二篇是生物化学实验部分，其实验内容包括糖、脂类、氨基酸和蛋白质、酶、核苷酸和核酸、维生素、新陈代谢等方面的验证性实验，共有42个实验。实验内容深入浅出、可操作性较强，以便引导学生打好生物化学实验的工作基础，巩固生物化学的理论知识。在验证性实验的基础上，本教材编写了综合性实验19个，以便在开设综合性实验时选用，旨在培养学生的独立的操作能力和动手能力。由于生物化学与分子生物学密不可分，本教材还设置了基础分子生物学一章，安排了8个实验，以便在开设分子生物学实验时选用。本教材在编写中，融入了多位教师长期参加实验教学的经验。

本教材由黄卓烈主编，负责制定编写大纲，对全书进行统稿和全面修改，并负责第一章、第四章和实验十七的编写。巫光宏和何平担任本教材的副主编。巫光宏负责第二章第二节和实验四十三至实验五十六的编写。何平负责第三章和实验五十七的编写；赵赣负责实验二十至实验二十三的编写。实验十八和实验十九由黄卓烈和赵赣编写。詹福建负责第二章第一节和第九章的编写，并收集附录的内容。王玉琪负责第二章第四节、实验五十八、实验五十九及实验六十六至实验六十九的编写。赵利锋负责第八章的编写。朱国辉负责实验六十至实验六十五的编写。张东方负责第十章的编写。初志战负责第五章的编写。许可负责第六章的编写。第二章第三节由詹福建、巫光宏、何平、赵利锋、王玉琪和朱国辉共同编写。

在编写过程中，各位作者参考了大量的文献，在主要参考文献中恕未能全部列出，在此，对原作者表示诚挚的谢忱。华南农业大学生命科学学院刘伟教授、华南农业大学基础课实验中心崔大方教授给以巨大的关心和支持。中国农业出版社高等教育教材出版中心给予了悉心指导。在此，一并表示衷心的感谢！

生物化学发展异常迅速，新的技术、新的方法不断涌现。由于编写时间仓促，加上作者水平有限，本教材难免有错误之处。诚恳希望各位专家、各位老师、各位同学提出宝贵意见。

编 者

2009年10月

目　　录

第二版前言
第一版前言

第一篇　生物化学实验技术概论

第一章　生物化学的制备方法 1
第一节　生物化学制备方法的特点 1
第二节　溶剂提取法 2
第三节　沉淀法 4
第四节　浓缩与干燥 6
第五节　超临界流体萃取 7
第六节　萃取与相分离 8
第七节　结晶 9

第二章　生物化学的分离方法 11
第一节　离心技术 11
第二节　电泳技术 18
第三节　层析技术 36
第四节　膜分离技术简介 45

第三章　生物化学的分析方法 47
第一节　质量分析法 47
第二节　滴定分析法 48
第三节　分光光度法 50

第二篇　生物化学实验

第四章　糖类 52
实验一　植物组织中总糖和还原糖含量的测定——3,5-二硝基水杨酸法 52
实验二　血糖的定量测定——Folin-Wu法 55

实验三　肝糖原的提取和鉴定 57
实验四　蒽酮比色定糖法 58
实验五　粗纤维的测定——酸性洗涤剂法 61

第五章　脂类 63

实验六　植物叶片在衰老过程中过氧化脂质含量的变化 63
实验七　血清胆固醇含量的测定——磷硫铁法 64
实验八　血清三酰甘油含量的测定——乙酰丙酮显色法 66
实验九　血清中游离脂肪酸含量的测定 69

第六章　氨基酸和普通蛋白质 71

实验十　甲醛滴定法测定氨基酸含量 71
实验十一　茚三酮显色法测定氨基酸含量 72
实验十二　植物体内游离脯氨酸含量的测定 75
实验十三　双缩脲法测定蛋白质的含量 77
实验十四　考马斯亮蓝G-250法测定蛋白质的含量 79
实验十五　蛋白质含量测定——Folin-酚试剂法 81
实验十六　紫外吸收法测定蛋白质含量 83
实验十七　血清蛋白醋酸纤维素薄膜电泳 85

第七章　酶 88

实验十八　影响酶促反应速率的因素 88
实验十九　植物组织中淀粉酶活性的测定 92
实验二十　过氧化氢酶(CAT)活性的测定 96
实验二十一　过氧化物酶(POD)活性的测定 99
实验二十二　超氧化物歧化酶(SOD)活性的测定 102
实验二十三　多酚氧化酶(PPO)活性的测定 105
实验二十四　蛋清溶菌酶的制备及其活性测定 106
实验二十五　分光光度法测定植酸酶的活性 109
实验二十六　分光光度法测定蛋白酶的活性 112

第八章　核苷酸和核酸 116

实验二十七　醋酸纤维素薄膜电泳分离核苷酸 116
实验二十八　从动物组织中提取DNA——SDS法 118
实验二十九　从植物组织中提取DNA——CTAB法 119
实验三十　小牛胸腺DNA的制备——浓盐法 121
实验三十一　植物组织中DNA的制备——浓盐法 123
实验三十二　动物肝RNA的制备——Trizol法 125
实验三十三　酵母菌RNA的提取——浓盐法 127

实验三十四　酵母菌 RNA 的提取——稀碱法 ･･ 128

实验三十五　核酸的含量测定——紫外吸收法 ･････････････････････････････････････ 129

实验三十六　二苯胺法测定 DNA 含量 ･･ 131

实验三十七　地衣酚法测定 RNA 含量 ･･ 133

第九章　维生素 ･･ 135

实验三十八　维生素 A 的定性测定 ･･･ 135

实验三十九　维生素 B_1 的定性测定 ･･･ 136

实验四十　维生素 B_2 的定性测定 ･･ 138

实验四十一　维生素 C 的含量测定——2,6-二氯酚靛酚滴定法 ･･････････････････････ 139

实验四十二　果蔬中还原型维生素 C 含量测定——钼蓝比色法 ･･････････････････････ 142

第十章　新陈代谢 ･･ 145

实验四十三　糖酵解中间产物的鉴定 ･･ 145

实验四十四　脂肪酸 β 氧化——酮体的生成和测定 ･････････････････････････････････ 147

实验四十五　转氨酶活性测定 ･･ 149

第十一章　综合性实验 ･･ 152

实验四十六　植物过氧化物酶同工酶聚丙烯酰胺凝胶圆盘电泳 ･･･････････････････････ 152

实验四十七　胃蛋白酶在水溶液和有机溶剂中的动力学测定 ････････････････････････ 155

实验四十八　菠萝蛋白酶的提取、初步纯化及活性测定 ･････････････････････････････ 161

实验四十九　Sephadex G-75 分离纯化菠萝蛋白酶 ･･････････････････････････････････ 165

实验五十　SDS-PAGE 测定纯化的菠萝蛋白酶相对分子质量 ･････････････････････････ 170

实验五十一　酵母菌蔗糖酶的提取及比活力的测定 ･･････････････････････････････････ 175

实验五十二　离子交换柱层析技术分离纯化蔗糖酶 ･･････････････････････････････････ 180

实验五十三　蔗糖酶(糖蛋白)电泳技术 ･･ 186

实验五十四　植物胰蛋白酶抑制剂的提取及活性测定 ････････････････････････････････ 190

实验五十五　胰蛋白酶抑制剂的明胶-聚丙烯酰胺凝胶电泳 ･･･････････････････････････ 196

实验五十六　动物组织 LDH 同工酶聚丙烯酰胺凝胶圆盘电泳 ････････････････････････ 199

实验五十七　3-磷酸甘油脱氢酶同工酶聚丙烯酰胺凝胶电泳 ･･････････････････････････ 203

实验五十八　等电聚焦法测定蛋白质的等电点 ･･････････････････････････････････････ 207

实验五十九　尼龙固定化木瓜蛋白酶 ･･ 211

实验六十　蛋白质双向凝胶电泳 ･･ 214

实验六十一　Western 免疫印迹 ･･ 219

实验六十二　PCR 法克隆植物基因组 DNA(目的基因) ･･････････････････････････････ 222

实验六十三　植物组织基因组 RNA 的提取及检测 ･･･････････････････････････････････ 227

第十二章　基础分子生物学实验 ･･ 230

实验六十四　质粒 DNA 的分离和纯化 ･･ 230

实验六十五　琼脂糖凝胶电泳检测 DNA ………………………………………… 231
实验六十六　限制性内切酶酶切 DNA …………………………………………… 233
实验六十七　大肠杆菌感受态细胞的制备 ………………………………………… 234
实验六十八　目的 DNA 片段的回收 ……………………………………………… 235
实验六十九　DNA 分子的体外重组 ……………………………………………… 237
实验七十　菌落 PCR 法筛选阳性重组子 ………………………………………… 238
实验七十一　外源蛋白的诱导表达及 SDS-PAGE 检测 ………………………… 240

参考文献 …………………………………………………………………………… 244

附录 ………………………………………………………………………………… 246

一、一般化学试剂的分级 ……………………………………………………… 246
二、实验室常用酸碱的相对密度和浓度 ……………………………………… 246
三、常用酸碱指示剂 …………………………………………………………… 247
四、常用缓冲溶液的配制方法 ………………………………………………… 248
五、pH 计标准缓冲液的配制 ………………………………………………… 254
六、不同温度下标准缓冲液的 pH …………………………………………… 254
七、硫酸铵饱和度的常用表 …………………………………………………… 255
八、层析法常用数据表及性质 ………………………………………………… 256
九、某些蛋白质的物理性质 …………………………………………………… 261
十、常见蛋白质等电点参考值(pH) ………………………………………… 262
十一、化学元素的相对原子质量表 …………………………………………… 263
十二、薄层层析分离各类物质常用的展层溶剂 ……………………………… 264
十三、各类物质常用的薄层显色剂 …………………………………………… 266
十四、离心机转子的转速与相对离心力 $RCF(g)$ 间的换算关系 ………… 266
十五、常用仪器的使用 ………………………………………………………… 266

第一篇 生物化学实验技术概论

第一章 生物化学的制备方法

第一节 生物化学制备方法的特点

生物细胞是一个非常复杂的系统。在这个系统中包含有各种各样的有机物质。这些物质有些是大分子化合物，有些是小分子化合物。这些物质有些在细胞中含量很高，相反，有些在细胞内的含量很少，有些则只是痕量的。生物化学研究的任务之一，就是要从细胞中把各种各样的物质提取出来，并将之分离和纯化，以便对这些物质进行详细研究，并进一步开发利用。

生物化学制备就是从生物材料中获得某一种成分的过程。研究和掌握生物化学制备技术是生物化学的重要任务。这些制备技术的迅速发展为生化工程和生物制药打下坚实的基础。尽管有机化学、无机化学的制备技术得到了飞速发展，但是，当把这些在化学上非常有用的制备技术拿到生物化学上来时，有可能一点也用不上，或者是大多数用不上。因此，在生物化学上，要发展独特的制备技术。

那么，与化学制备技术比较起来，生物化学制备技术有哪些特点呢？

1. 可变性 由于生物体是一个活体，其化学组成非常复杂，因此在对其中某种物质进行提取和分离时，这种特定的被分离物质不是一成不变的，而是处于不断变化中。

2. 含量变化大 在生物体内，有些化合物含量非常丰富，较容易提取和分离，但有些物质含量很低，提取分离就十分困难。例如，动物体内的某种激素、某种抗体、某种生长因子等，其含量都非常低。若要提取和分离这些物质，就必须使用大量的生物材料才能得到少量的目标产物。相反，生物体内的蛋白质含量就非常高，提取就容易得多。

3. 容易失活 生物体内的许多物质是有生物活性的。例如，蛋白质、核酸、激素等物质在活体细胞内活性较高，但在提取分离过程中，一旦离开活体，这些物质的活性有可能下降，甚至完全失去活性。因此，在提取分离这些物质时，就必须采用温和的条件，尽量保持其生物活性。

4. 重复性差 生物物质的提取一般都在水溶液或有机溶剂中进行。在提取分离过程中，很多因素都会影响生物物质的提取。例如，温度、pH、离子强度、抑制物质、激活物质、金属离子等，都是影响生物化学制备的重要因素。为了使某种物质制备有较好的重复性，因而必须严格规定使用的材料、提取的方法、制备条件、使用的试剂等。尽管如此，其重复性还是很差。

5. 均一性 与有机或无机化学物质制备不同，生物化学物质制备的纯度要求有其独特的地方。生物化学制备的物质一般难以达到有机化学和无机化学所要求的纯度。因此，生物化学制备的物质均一性与化学上的纯度要求不能很好吻合。例如，化学上制备一种小分子有机化合物(如草酸钾)可以达到100%的纯度，但生物化学上制备一种蛋白质就很难达到100%的纯度。因此，生物物质的均一性评价方法与化学上有明显不同。

由于生物化学制备具有独特之处，因而在制备时必须根据被分离物质的特点、混合物的差别而设计不同的方法。可以说，生物化学物质制备的难度要比化学物质的制备大得多。

第二节 溶剂提取法

在生物化学物质制备中，溶剂提取法占很重要的地位。溶剂提取法就是利用溶剂的溶解能力将某种特定物质从生物细胞中转移出来的操作技术。这种技术在中药有效成分的提取等方面应用较多。从原理上来说，凡能够影响溶质在溶剂中的溶解度的因素都对溶剂提取法有重要影响。总的来说，影响溶剂提取的因素有下列几种：

1. 溶剂的性质 溶剂的性质影响物质在溶剂中的溶解度大小，而某种物质在某种溶剂中的溶解度大小直接影响溶剂的提取效率。溶质在溶剂中的溶解有下列规律：

(1)相似相溶规律。这是一个较为普遍的规律，极性的物质容易溶解到极性的溶剂中，非极性物质容易溶解到非极性溶剂中。例如，单糖的分子含有较多羟基，羟基是极性的，因而单糖容易溶解在水里。非极性的维生素A容易溶解在非极性的有机溶剂里。但是也有例外。例如，淀粉是由单糖构成的，分子中含有大量的羟基，按相似相溶的规律淀粉应该很容易溶解在水中，但实际上淀粉却难溶解在水里。

(2)酸碱物质互溶规律。酸性的物质较容易溶解在碱性溶剂中，而碱性物质容易溶解在酸性溶剂中。

(3)介电常数对溶解度的影响。溶剂的极性大小可用介电常数表示。根据库仑定律，介电常数等于在真空中的静电力与在该介质中的静电力之比。介电常数随着在介质中分子的偶极矩的增加而增加。水是最常用的溶剂，其极性非常大，其介电常数达到80.103。对于某种易溶于水的物质来说，溶剂的介电常数越小，就越难溶解这种物质。部分溶剂的介电常数见表1-1。

表1-1 部分溶剂的介电常数

溶剂	介电常数(测定温度,℃)	溶剂	介电常数(测定温度,℃)
戊烷	1.844(20)	苯酚	2.94(20)
己烷	1.890(20)	三氯乙烯	3.409(20)
庚烷	1.924(25)	乙醚	4.197(20)
四氯化碳	2.238(20)	氯仿	4.90(20)
甲苯	2.24(20)	乙酸丁酯	5.01(19)
邻二甲苯	2.266(20)	乙酸乙酯	6.02(20)
对二甲苯	2.270(20)	乙酸	6.15(20)
苯	2.283(20)	1,1,1-三氯乙烷	7.53(20)
间二甲苯	2.374(20)	四氢呋喃	7.58(25)
二硫化碳	2.641(20)	喹啉	8.704(25)

(续)

溶剂	介电常数(测定温度,℃)	溶剂	介电常数(测定温度,℃)
二氯甲烷	9.1(20)	丙腈	29.7(20)
甲胺	11.41(−10)	二甘醇	31.69(20)
吡啶	12.3(25)	1,2-丙二醇	32.0(20)
乙二胺	12.9(20)	甲醇	33.1(25)
环己醇	15.0(25)	硝基苯	34.82(25)
辛烷	1.948(25)	硝基甲烷	35.87(30)
环己烷	2.052(20)	N,N-二甲基甲酰胺	36.71(25)
丁醇	17.1(25)	乙腈	37.5(20)
环己酮	18.3(20)	N,N-二甲基乙酰胺	37.78(25)
异丙醇	18.3(25)	乙二醇	38.66(20)
丁酮	18.51(25)	甘油	42.5(25)
丙酮	20.70(25)	二甲基亚砜	48.9(20)
液氨	22(−34)	乙酰胺	59(83)
乙醇	23.8(25)	水	80.103(20)
		甲酰胺	111.0(20)
		N-甲基甲酰胺	182.4(25)

2. 离子强度 离子强度对物质的溶解度有很重要的影响。离子强度的表示方法是：

$$I = 0.5 \sum cz^2$$

式中，I 是离子强度；c 是离子的物质的量浓度；z 是离子的价数。

离子强度对物质溶解度的影响差别很大。某些物质的溶解要求较高的离子强度，离子强度越高，溶解度越大。相反，另外一些物质的溶解要求较低的离子强度，离子强度越高，这些物质越难溶解。例如，DNA 核蛋白的溶解要求较高的离子强度，而 RNA 核蛋白的溶解就要求较低的离子强度。所以在提取 DNA 时，可以根据这个规律，把 DNA 核蛋白和 RNA 核蛋白分离。

3. 溶液的 pH 溶液的 pH 对生物分子的溶解度有很大的影响。生物体有很多分子是两性分子，即：在某种 pH 条件下，这些物质分子是带正电的；在另外一些 pH 条件下，这些分子是带负电的；而在某一特定 pH 条件下，这些物质分子是不带电的。例如，蛋白质、氨基酸、核酸等都具有这样的性质。一般来说，带电荷的分子易溶解在水里，当这些物质不带电时(溶液 pH 处于等电点时)，这些物质就不溶解在水里，而容易沉淀析出。

4. 温度 温度也是影响物质溶解的重要因素。一般来说，温度升高可以提高物质的溶解度，但也不能千篇一律地采用这种方法。从中草药中提取某些有效成分时，可以采用升高温度的方法，以希望获得较高的目标物质产量。但是对于另外一些生化物质来说，提取就不能采用升高温度的方法。因为若温度升高到某种程度，这些生化物质就会变性失活。例如，提取蛋白质、核酸等，都不能高温提取，而要采用低温条件提取，以便保护这些物质的生物活性。

5. 去垢剂 去垢剂分子的特点是具有两极性，一般称为表面活性剂。它的一端具有亲水性，另一端具有疏水性。去垢剂对其他物质具有乳化、分散和增溶作用，使一些难溶的物质变成可溶。去垢剂种类较多，基本上可以分为三大类。第一大类是中性类型，第二大类是阴离子型，第三大类是阳离子型。

(1) 中性类型去垢剂。又称为非离子表面活性剂。这类去垢剂一般不会引起蛋白质的变性作用，在蛋白质或酶提取中可以使用。目前市面上见到的中性类型去垢剂种类不少。例如：a. 聚乙二醇类，如 PEG 200；b. 多元醇类表面活性剂，如山梨醇、司盘类和吐温类；c. 聚氧乙烯脂肪醇醚，如苄泽类、平平加类等；d. 聚氧乙烯烷基苯酚醚，如 Igepal CO、乳化剂 OP、Triton、Pluronic 等。中性类型去垢剂可用于蛋白质等提取。例如提取生物膜上的内嵌蛋白，就得先用 Triton X-100 将膜脂溶解，把内嵌蛋白溶解出来以后再分离纯化，中性去垢剂可通过 Sephadex LH-50 柱除去，也可直接用 DEAE-Sephadex 柱层析分离目的蛋白，不必先除掉去垢剂。

(2) 阴离子型去垢剂。常见的有十二烷基硫酸钠和十二烷基磺酸钠。在提取核糖核酸和脱氧核糖核酸时，可用十二烷基硫酸钠促进核蛋白从细胞中溶解，将核酸释放出来，并对核酸酶有一定抑制作用。

(3) 阳离子型去垢剂。市面上这类去垢剂也很多，如洁尔灭、新洁尔灭、克菌定、消毒净(TMPB)、杜灭芬等。这类去垢剂一般多用于消毒灭菌，很少用于生化物质的提取。

此外，还有一些天然表面活性剂，如各种树胶(阿拉伯胶、杏胶、桃胶、果胶)、明胶、皂苷、卵磷脂、豆磷脂、琼脂、海藻酸钠、酪蛋白、胆甾醇、胆酸类、多糖类(如环糊精)等，但较少用于辅助生化物质的提取。

第三节 沉 淀 法

在生物化学物质制备中，将目标物质沉淀出来，以对其进行浓缩和部分纯化，这是经常使用的方法。各种物质的化学性质和物理性质不同，在对其沉淀时要灵活采用相应的方法。沉淀方法有多种，包括盐析法、有机溶剂沉淀法、非离子多聚物沉淀法等。

一、盐析法

一般来说，蛋白质(或酶)在低盐浓度溶液中，其溶解度随盐浓度的升高而增加，这种现象称为盐溶(salting in)。盐溶的原因是蛋白质分子之间及分子内部的极性基团有静电引力，少量盐离子的加入加强了离子间的相互作用，因而增加了溶解度。但当盐浓度继续升高时，蛋白质(或酶)的溶解度就会慢慢下降，直到最后析出。这种现象称为盐析(salting out)。这是因为盐浓度增加到一定程度时，蛋白质表面的电荷大量被中和，蛋白质分子互相聚合而沉淀析出。

盐析使用的盐一般是中性盐。中性盐种类不少，但在生物化学物质制备中，经常用来盐析的有氯化钠和硫酸铵。而这两种之中，硫酸铵的使用又比氯化钠多。这一方面是因为硫酸铵的溶解度较大，另一方面是因为硫酸铵溶解时受温度变化的影响较小。在用硫酸铵进行盐析时，硫酸铵的使用量一般用其饱和溶液的百分数来表示。不同蛋白质的沉淀要求不同饱和度的硫酸铵。因此，在一定饱和度的硫酸铵溶液中，相应的蛋白质被沉淀，其余的蛋白质还保留在溶液中。继续加大硫酸铵的饱和度，又有相应的蛋白质沉淀。这样分步进行盐析，就可以将混合物中不同的蛋白质分开，从而达到既浓缩又部分纯化的效果。

1. 使用硫酸铵进行盐析时的注意事项

(1)要根据使用时的温度情况，查阅硫酸铵饱和溶液的对照表(见本书的附录)，计算好所要求的某一个饱和度的硫酸铵用量。在一个饱和度下相应蛋白质被沉淀后，在剩下的溶液中继续添加硫酸铵使其达到另一个饱和度时，需要添加多少硫酸铵也要认真计算好。

(2)加入硫酸铵时，要分次缓慢加入溶液中，边加边搅拌让其溶解，不能将大量的硫酸铵一次性加入。

(3)每次到达一个饱和度后，一般要将溶液静置 30～60 min，让相应的蛋白质慢慢沉淀，然后离心收集，以提高相应蛋白质的回收率。

2. 影响盐析的因素

(1)蛋白质浓度。蛋白质浓度过高或过低都不利于盐析。一般将蛋白质浓度控制在 4%～7%。

(2)离子强度。离子强度对盐析有决定性的影响。在一般情况下，离子强度越高，蛋白质的溶解度越差。不同蛋白质沉淀时有不同的离子强度要求。要从实践中不断摸索和了解某种蛋白质在不同离子强度的溶液中的表现。

(3)pH。pH 对盐析效果有影响，一般选择 pH 在蛋白质的等电点附近时进行盐析，这样容易将相应的蛋白质沉淀出来。

(4)温度。盐析时温度对被分离的蛋白质影响不大，一般可以在室温下进行。但若有些酶对温度敏感，则可以在 4 ℃下进行，以防止盐析过程长时间操作而导致目标产品变性失活。

二、有机溶剂沉淀法

有机溶剂沉淀法是另一种重要的生物化学制备方法。一般认为，有机溶剂的作用有两点：a. 有机溶剂能降低溶液的电离常数和介电常数，这样就会导致蛋白质的溶解度降低；b. 有机溶剂能破坏蛋白质分子的水化膜，使蛋白质分子不稳定而沉淀。

在使用有机溶剂进行沉淀时，有机溶剂应该能与水混溶。使用较多的有机溶剂是乙醇、甲醇、丙酮，还有二甲基甲酰胺、二甲基亚砜、乙腈和 2-甲基-2,4 戊二醇等。例如，分离核酸、糖类、核苷酸等物质时常用乙醇作为沉淀剂。

有机溶剂沉淀法的优点有：a. 此方法的分辨率比盐析法高，也就是蛋白质或其他溶剂只在一个比较窄的有机溶剂浓度下沉淀；b. 所得到的沉淀物不需要脱盐，过滤较为容易。因此，在生化物质的制备中应用有机溶剂沉淀法比盐析法更加广泛。

有机溶剂沉淀法也有其缺点，那就是对具有生物活性的大分子容易引起变性失活。若操作在低温条件下进行，可以减少生物分子的变性失活。由于这种缺点，对蛋白质的分离来说，有机溶剂沉淀法就不如盐析法普遍。

三、非离子多聚物沉淀法

20 世纪 60 年代开始，人们发现了一类重要沉淀剂，那就是非离子多聚物。非离子多聚物最早用于提纯免疫球蛋白，也有用来沉淀一些细菌和某些病毒。近年来非离子多聚物已经逐渐应用在核酸和酶的分离提纯中。非离子多聚物包括不同相对分子质量的聚乙二醇、葡聚糖、右旋糖酐硫酸钠等,其中应用最多的是聚乙二醇。这些物质都有较强的亲水性,并有较高的溶解度。当将这些物质溶解在生物制剂中时,这些物质可以通过其大分子的空间排斥作用,将其他生物大分子、细菌或病毒颗粒等聚集而沉降下来。

现在,非离子多聚物沉淀法主要应用在细菌、病毒、核酸和蛋白质等的制备上。例如,可以用葡聚糖和聚乙二醇为两相系统分离单链 DNA、双链 DNA 和多种 RNA。目前,聚乙二醇已开始用于蛋白质纯化。实验使用的聚乙二醇的相对分子质量多在 2 000~6 000。很多实验结果认为,使用 PEG 6 000 沉淀蛋白质较好。

第四节　浓缩与干燥

1. 浓缩　浓缩就是将稀溶液的水分或溶剂去除,使之变成浓度较高的溶液的过程。在生物化学物质提取中,浓缩过程是不可少的。浓缩的方法很多,如蒸发、离子交换法、吸附法、沉淀法、萃取法、亲和层析法等都对目标产品有浓缩的效果。

在实验室中,在样品不太多的情况下可以用亲水吸附剂(如交联葡聚糖凝胶)进行浓缩。如果是要将蛋白质这样的生物大分子溶液进行浓缩,可以将蛋白质溶液装在透析袋内,绑住袋口,袋外用吸水物质(如高相对分子质量的聚乙二醇)吸水,就能很快将蛋白质溶液浓缩到所需要的浓度。目前有一种称为 Centricon 的微量浓缩器,用这种浓缩器,通过超滤作用可以将 2 mL 的蛋白质溶液在 30 min 内浓缩到 50 μL 以下。图 1-1 所示的浓缩器是一种很有使用价值的浓缩器,用 Centricon 3 型、Centricon 10 型、Centricon 30 型、Centricon 100 型分别可以截留分子质量为 3 ku、10 ku、30 ku、100 ku 的蛋白质组分。因此,这种浓缩器在生物化学实验室制备蛋白质样品时有较广泛应用。

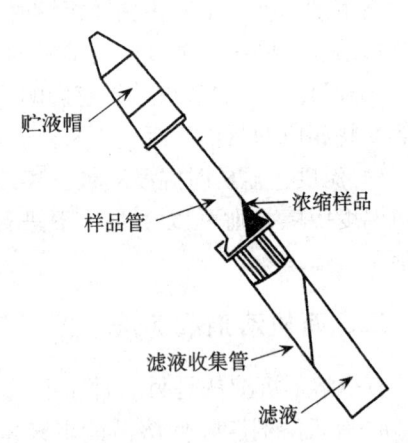

图 1-1　用 Centricon 浓缩器浓缩蛋白质溶液
(引自陈毓荃,2002)

在工业生产上,要浓缩生物化学产品,一般使用真空浓缩罐进行。

2. 干燥　干燥是将潮湿的固体、膏状物、浓缩液等的水分或溶剂除尽的过程。由于这些物质含有水,不利于产品保存和研究,因而必须将其水分去除。

生化物质的干燥不能采用高温干燥法,因为高温干燥会使生物分子失去生物活性。因此必须另用其他方法来干燥生化物质。

在实验室中,最常用的方法就是真空干燥法和冷冻干燥法。真空干燥法就是利用真空泵减压,使产品中的水分汽化排出,从而使产品得到干燥。冷冻干燥法则首先将需干燥的物品放在超低温冰箱中速冻成固态,然后放在冷冻干燥机内,在高真空度的情况下使水分子升华,从而得到干燥的产品。这样干燥的产品不粘壁、结构疏松、易溶解于水且质地好。这种方法最适合于对热敏感的生化物质如蛋白质、维生素等的制备。

在工业上,普遍采用的是喷雾干燥法。其原理是:将要干燥的样品浓缩液从干燥机中变成雾滴高速喷出,雾滴经较高温度的热风处理,水分汽化排出,目标产品以粉末形式回收。

这种方法虽然接触温度较高，但时间非常短，既可以将产品迅速干燥，又可以保持产品活性。

第五节　超临界流体萃取

超临界流体萃取（supercritical fluid extraction，SFE）是 20 世纪 80～90 年代发展起来的一项新技术。它具有在低温下提取、没有溶剂残留和可以选择性分离等特点，正为越来越多的科技工作者所重视，有关研究方兴未艾，新的研究成果不断问世。

我们知道，物质有气态、液态、固态 3 种形态。物质 3 种形态的根本区别是能量水平不同。在一定条件下，这 3 种形态是可以互相转变的。当将处于气态的物质加大压力使其压缩时，这些物质会放出能量而转变成为液态。

如图 1-2 所示，当 CO_2 处于 0 ℃时，若压力升高，其比热容会变得越来越小。在图 1-2 中，曲线（从右向左看）到达 C 点时，CO_2 分子开始变成液态，到达 B 点时，全部 CO_2 分子都变成了液态，变化过程比热容经历了从 C 点到 B 点的一段距离。当温度升高到 10 ℃时，分子从开始变成液态到全部变成液态经历了从 C' 到 B' 的过程。温度升到 20 ℃时，分子从开始变成液态到全部变成液态经历了从 C'' 到 B'' 的过程。很显然，在这三条曲线中 CB、$C'B'$、$C''B''$ 都是平直的，且 CB 的长度大于 $C'B'$，$C'B'$ 的长度又大于 $C''B''$。当温度升高到 31.3 ℃时，曲线的走势明显不同，没有平直的一段，而在 K 点处，所有 CO_2 分子瞬间全部变成了液态。此时的外加压强约为 7.387 MPa。也就是说，CO_2 瞬间由气态变液态的压强是 7.387 MPa，温度是 31.3 ℃。这两个参数就是 CO_2 从气态变液态的临界压强和临界温度。在这种情况下，CO_2 处于临界状态。在 31.3 ℃情况下，当压强超过 7.387 MPa，CO_2 就是超临界流体了。但是，若温度超过 31.3 ℃，不管外加压强多大，都不能使 CO_2 液化。

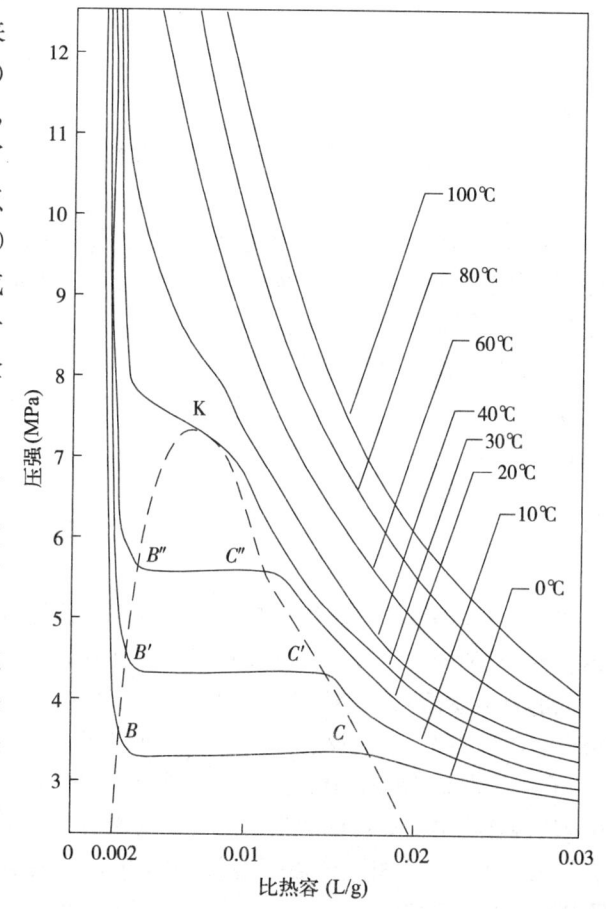

图 1-2　CO_2 的比热容-压强等温线图
（引自陈毓荃，2002）

临界状态是一种特殊的状态。此时，气体和液体的区别消失了，比热容相等，界面消失，液体的汽化热、内聚力、表面张力等于 0，流体的密度与液体的密度相等，而其黏度与气体相同，溶质在其中的扩散速率是在液体中扩散速率的100倍。因此，超临界流体是一种非常特殊的流体，用这种流体来萃取某些物质是非常理想的。

超临界流体萃取所用的溶剂有CO_2、烃类、氨和水等。目前看来，最理想的超临界流体是二氧化碳。使用超临界CO_2流体萃取有多种优点：

(1)在使用时可以在接近室温(31.3 ℃)条件下进行提取，无需使用高温条件，因而就有效地防止了热敏性物质的氧化和逸散。所以，在生物化学物质的提取方面采用超临界CO_2流体萃取时就能够保持生物体的全部成分，还能把高沸点、低挥发度、易热解的物质在其沸点温度以下萃取出来。

(2)使用超临界CO_2流体萃取是最干净的提取方法，由于全过程不用有机溶剂，所以在产品中绝无溶剂残留，有效地避免了提取过程中有机溶剂对人体的毒害和对环境的污染。

(3)在提取过程中，萃取和分离合二为一。当饱含溶解物的CO_2-SCF流经分离器时，由于压强下降使得CO_2与萃取物迅速成为两相(气液分离)而立即分开，不仅萃取效率高而且能耗较少，节约成本。

(4)CO_2是一种不活泼的气体，不自燃、不助燃，无味、无臭、无毒，是一种安全的流体材料。

(5)CO_2价格便宜、纯度高、容易取得，且能够在生产过程中循环使用，从而降低成本。

(6)压强和温度都可以成为调节萃取过程的参数。可通过改变温度或压强达到萃取目的。若压强固定，改变温度可将物质分离；反之，温度固定，降低压强可使萃取物分离。因此，工艺简单易掌握，而且萃取速度快。

正因为超临界CO_2流体具有种种优点，其得到非常广泛的应用。该技术除了可替代传统溶剂分离法外，还可以解决生物大分子、热敏性物质和化学不稳定性物质的分离，因而在食品、医药、香料、化工等领域都受到广泛重视。

第六节　萃取与相分离

当用溶剂提取的方法得到某种生物物质的抽提液后，这种抽提物往往还是多种物质的混合物。要把某种物质进一步分离出来，一种有效的方法就是萃取。萃取是利用化合物在两种互不相溶(或微溶)的溶剂中溶解度或分配系数的不同，使化合物从一种溶剂内转移到另外一种溶剂中的过程。经过反复多次萃取，就能将绝大部分的目标化合物从混合物中提取出来。

在一个混合物体系中，要分离的成分称为溶质。其余的溶剂部分称为原溶剂。所选用的用于从混合物中抽提目标产物的溶剂称为萃取剂。不是任何溶剂都能够作为萃取剂。萃取剂应该与原溶剂互不相溶或者只是部分互溶，但要分离的目标溶质应该很好地溶解在萃取剂中。

物质在不同的溶剂中有不同的溶解度。当将萃取剂和原溶剂加在一起并振荡后静止放置时，互不相溶的萃取剂和原溶剂就会分开成为两相，由萃取剂组成的相称为萃取相，由原溶剂组成的相称为萃余相。由于要分离的物质在萃取相和萃余相中的溶解度不同或分配系数不同，因而导致要分离的物质在两相中的浓度就不同，在萃取相中含量高，而在萃余相中含量低。经过重复萃取，就可以将要分离的物质大部分都转移到萃取相中来。

一般来说，有机化合物在有机溶剂中常常比在水中溶解度大。用有机溶剂作为萃取剂萃取溶解于水的化合物是萃取的典型实例。在萃取时，若在水溶液中加入一定量的电解质（如氯化钠），可以降低被分离物质和萃取剂在水中的溶解度，常可提高萃取效果。

要把所需要分离的化合物从溶液中完全萃取出来，通常萃取一次是不够的，必须重复萃取数次。

萃取经常被用在化学实验或生化物质的提取中，它的操作过程只是将目标物质从一个溶剂系统转移到另一个溶剂系统，并不造成被萃取物质化学成分的改变或起某种化学反应。因此，萃取操作是一个纯粹的物理过程。

目前，国内外有关厂家已经设计了一系列的萃取设备，可以用于工业生产。

第七节 结 晶

物质从溶液状态、熔融状态或气态析出晶体物质的过程称为结晶。结晶是同一种物质的分子（或离子）有规则排列的结果。在生物化学制备中多是从溶液状态制备结晶体的。晶体的制备不仅能使液态物质变成固态物质，而且通过结晶操作，可以把目标物质与杂质分开，因而结晶过程也可以看成纯化的一个步骤。

物质的溶解度一般用每 100 g 溶剂中溶解该物质的质量来表示。饱和溶液是指溶剂中溶解这种物质的最大质量的溶液。在溶液还没有达到饱和时，加进溶质会继续溶解。而当溶液成为饱和溶液时，溶液达到平衡状态，这时既没有溶质继续溶解，也没有溶质被结晶析出。当溶质的溶解量超过饱和溶液的溶质允许量时，这种溶液处于过饱和的状态，称为过饱和溶液。过饱和溶液是一种临时、不稳定的溶液，将过饱和溶液静置时，溶液中的过量溶质就会慢慢析出。

在生物化学物质制备中，当我们取得了某种物质的溶液后，若想目标物质结晶析出，就要设法将该溶液变成过饱和溶液。使溶液达到过饱和溶液的方法有：a. 将溶液浓缩，使溶剂减少，使溶质的浓度慢慢提高。例如，可以将蛋白质溶液放进透析袋内，袋外用吸水剂吸水，使蛋白质溶液浓缩。b. 部分溶剂汽化，也可使溶剂量减少。例如，将溶液置于真空设备中减压，使溶剂汽化排出。c. 将溶液冷却。冷却可以使溶液体积下降，导致单位体积内的溶质含量升高而达到过饱和状态。

溶质从溶液中生成晶体的过程，一般可分为两个阶段：第一个阶段是晶核生成（成核）阶段，第二个阶段是晶体生长阶段。溶液的过饱和度是这两个阶段的推动力。在第一个阶段中，晶核的生成可以分为三种形式：第一种形式是初级均相成核，第二种形式是初级非均相成核，第三种形式是二次成核。如果溶液处于高过饱和度下，溶液就可以自发地生成晶核，这种情况称为初级均相成核；如果溶液的过饱和度并不高，溶液可以在外来物（如大气中的微尘）的诱导下生成晶核，这种情况称为初级非均相成核；当溶液中含有溶质的晶体时，溶液中的成核过程称为二次成核。实际上，二次成核也属于非均相成核过程。有了晶核，溶质就会慢慢凝聚到晶核上，形成晶体。

溶液结晶时，其晶形的形成与环境有密切的关系。在结晶过程中，若晶核形成的速度远远大于晶体成长的速度，其所得到的晶体就较小且多；反过来，若晶体成长的速度远远大于晶核形成的速度，则所得到的晶体就大而少。如果两个速度相当，所得到的晶体就大小不均。

  晶体在一定条件下所形成的特定晶形，称为晶习。向溶液添加某种晶习改变剂，或自溶液中除去某种物质，都有可能改变晶习。晶习的改变可导致所得晶体具有另一种形状。这对工业结晶有重要的意义。利用这种方法可以使同一种工业产品有不同的晶体形状。晶习改变剂通常是一些金属离子、非金属离子或者是一些表面活性物质。

  不是所有物质都可以结晶。生物化学制备的物质相当大一部分不能形成晶体，而只能形成不定型的固体。

第二章 生物化学的分离方法

第一节 离心技术

离心技术(centrifugal technology)是指把含有微小颗粒的悬浮液装入离心管,并置于离心转子中,利用转子绕轴旋转产生的离心力,加快悬浮的微小颗粒的沉降速度,微小颗粒因质量、密度、大小及形状等各不相同而分离开的方法。离心技术是普通蛋白质、酶、核酸等生物大分子及细胞亚组分分离的最常用的方法之一,也是生物化学实验室中常用的分离、纯化或澄清的方法。

一、离心分离的基本原理

当含有颗粒的悬浮液静置不动时,由于重力场的作用使得悬浮的颗粒逐渐下沉。粒子质量越大,下沉越快,反之,密度比液体小的粒子就会上浮。颗粒在重力场作用下沉降的速度与微粒的质量、大小、形态和密度有关,并且与重力场的强度及液体的黏度有关。此外,颗粒在介质中沉降时还伴随有扩散现象。扩散是无条件的、绝对的。扩散速度与颗粒的质量成反比,颗粒越小,扩散越严重。而沉降是相对的、有条件的,要受到外力才能进行沉降运动。沉降速度与颗粒质量成正比,颗粒越大,沉降越快。对小于 $1~\mu m$ 的微粒如病毒或蛋白质等,它们在溶液中呈胶体或半胶体状态,仅仅利用重力是不可能观察到沉降过程的。因为颗粒越小,沉降越慢,而扩散现象则越严重。因此,需要利用离心机产生强大的离心力,才能迫使这些微粒克服扩散产生沉降运动。

(一)离心力与相对离心力

离心机是使转子按一定速度旋转而产生一定离心力的一种专用仪器。离心机转子能够以稳定的角速度作圆周运动,从而产生一个强大的辐射向外的离心力场,它赋予处于其中的任何物体一个离心加速度,使之受到一个向外的离心力(centrifugal force,F)。一个颗粒在离心过程中所受到的离心力(F)可由下列公式计算:

$$F = ma = m\omega^2 r$$

式中,a 为颗粒旋转的加速度;m 为沉降颗粒的有效质量;ω 为颗粒旋转的角速度(rad/s);r 为颗粒的旋转半径(cm),即颗粒所处位置与旋转轴的距离。

很明显,离心力(F)随着转速和颗粒质量的提高而加大,而随着离心半径的减小而减小。一般情况下,在低速离心(转速小于 6 000 r/min)时,离心力(F)的大小常用转速 n(r/min)来表示,而高速离心时则常用相对离心力(relative centrifugal force,RCF)来表示。相对离心力(RCF)的大小用相当于地心引力的倍数来表示,一般用 g(或数字$\times g$)表示。它可用下列公式来计算:

$$RCF = F_{离}/F_{重} = m\omega^2 r/(mg) = \omega^2 r/g$$

式中,g 为重力加速度($9.8~m/s^2$ 或 $980~cm/s^2$);ω 为角速度(rad/s),其与转速 n

(r/min)的换算是 $\omega=2\pi n/60$,代入可得:
$$RCF=[(2\pi n/60)^2 \cdot r]/980=1.119\times 10^{-5}\times n^2\times r$$

式中,n 为转子转速(r/min);r 为旋转半径(cm)。

可以看出,在同一个转子中,即旋转半径 r 一定时,相对离心力(RCF)与转子的转速(n)之间可以相互换算。RCF 是一个只与离心机相关的参数,而与样品并无直接的关系。

由于各类转子的形状及结构的差异,以及离心机的离心管中从管口至管底的各点与旋转轴之间距离的不一样,在同样转速时,离心管中的各点所受到的离心力也有差别,所以在计算相对离心力(RCF)时规定旋转半径均用平均半径(r_{av}),即离心管中点与旋转轴之间的距离。习惯上所说的 RCF 值通常是指其平均值(RCF_{av})。

平均半径(r_{av})的计算公式为:$r_{av}=(r_{min}+r_{max})/2$。图 2-1 是 34°角式转子的平均半径($r_{av}$)的示意图。

通常情况下,不需要具体精确地计算相对离心力,因此,为方便转速 n 与相对离心力(RCF)之间的快速换算,Dole 和 Cotzias 利用 RCF 的计算公式,制作了表示转速(n)、相对离心力(RCF)和旋转半径(r)三者关系的列线图(参见附录十四的附图 1)。换

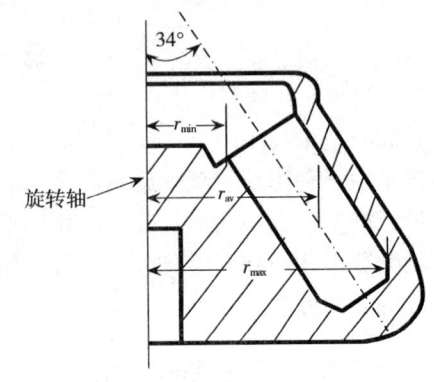

图 2-1 离心机 34°角式转子的平均半径(r_{av})

(引自 http://166.111.30.161:8000/keyian/develop/biochemistry/theory/centrifuge.htm)

算时,先在 r 标尺上取已知的半径和在 n 标尺上取已知的离心机转数,然后在这两点间划一条直线,直线与图中 RCF 标尺上的交叉点即为相应的相对离心力数值。注意,若已知的转数值处于 n 标尺的右边,则应读取 RCF 标尺右边的数值;若转数值处于 n 标尺左边,则应读取 RCF 标尺左边的数值。

(二)沉降速度与沉降系数

离心沉降(centrifugal sedimentation)是指在离心力作用下使分散在悬浮液中的固相粒子或分散在乳浊液中的液相粒子沉降的过程。沉降速度(sedimentation velocity)是指在离心力作用下,单位时间内物质颗粒沿离心力方向移动的距离。

当颗粒处于离心场时,将受到 4 种力的作用,即重力 F_g、离心力 F_c、浮力 F_b(指向中心)和阻力 F_d(指向中心)。与其他 3 种力相比,微小颗粒所受的重力太小,可不予考虑。对于球形颗粒,在某一位置上的离心力 F_c、浮力 F_b 和阻力 F_d 计算公式分别为:

离心力 $$F_c=\frac{\pi}{6}d_p^3\rho_p r\omega^2$$

浮力 $$F_b=\frac{\pi}{6}d_p^3\rho r\omega^2$$

阻力 $$F_d=\zeta\frac{\pi d_p^2}{4}\cdot\frac{\rho u_r^2}{2}$$

当这 3 种力达到平衡时,则有 $F_c-F_b-F_d=0$,即:

$$\frac{\pi}{6}d_p^2 r\omega^2(\rho_p-\rho)-\zeta\frac{\pi d_p^2}{4}\cdot\frac{\rho u_r^2}{2}=0$$

所以，
$$u_r=\sqrt{\frac{4d_p(\rho_p-\rho)}{3\xi\rho}r\omega^2}$$

式中，u_r 为离心沉降速度(cm/s)；d_p 为球形颗粒直径(cm)；ρ_p 为颗粒的密度(g/cm³)；ρ 为介质的密度(g/cm³)；ω 为颗粒旋转的角速度(rad/s)；r 为颗粒的旋转半径(cm)；ξ 为颗粒的阻力系数，是颗粒雷诺数 Re 的函数，由实验确定。

由此可见，离心沉降速度与颗粒本身的性质、介质的性质和离心条件3方面有关：

(1) 颗粒本身的性质。沉降速度与颗粒直径和密度成正比。密度相同时大颗粒比小颗粒沉降快；大小相同时，密度大的颗粒比密度小的沉降快。

(2) 介质的性质。沉降速度与介质的黏度、密度成反比，介质黏度大、密度大，则颗粒沉降慢。

(3) 离心条件。因为颗粒旋转的角速度 $\omega=2\pi n/60$，其中 n 为转子转速(r/min)，所以颗粒沉降速度与离心时转速 n 和旋转半径 r 成正比。如果其他的条件不变，则沉降速度随着 r 的增大而增大。在进行速度区带离心时，r 对沉降速度的这种影响不利于达到满意的分离效果，所以需要在沿半径方向上相应地增加介质的密度和黏度以克服 r 的增加造成的影响。

在一般情况下，旋转颗粒的沉降特性可以用沉降系数来表示。1924年 Svedberg(离心法创始人，瑞典蛋白质化学家)对沉降系数(sedimentation coefficient，S)下的定义是：颗粒在单位离心力场中粒子移动的速度。它的计算公式为：

$$S=沉降速度/单位离心力=u_r/\omega^2 r$$

S 为沉降系数，ω 为离心转子的角速度(rad/s)，r 为颗粒的旋转半径(cm)，u_r 为沉降速度。

S 的物理意义是颗粒在离心力作用下从静止状态到达等速运动所经过的时间。沉降系数以每单位重力的沉降时间表示，并且通常为 $1\sim200\times10^{-13}$ s。把 10^{-13} 这个数量称为沉降单位(或 Svedberg 单位)，简写为 S，单位为 s，即 $1S=10^{-13}$ s。

在一定的介质中，颗粒的沉降系数 S 常常保持不变。在生物化学、分子生物学及生物工程等研究中，由于对制备得到的生物大分子的相对分子质量、分子结构和功能等还无法完全了解清楚，所以常常用沉降系数来初步描述某些生物大分子或亚细胞器的大小。如大肠杆菌的细胞中核糖体 RNA(rRNA)有 30S 亚基和 50S 亚基，这个"S"就是它们超速离心的沉降系数。沉降系数现在更多地用于生物大分子的分类，特别是核酸的分类。

二、离心机和离心转子的分类

(一)离心机的类型

离心设备基本上都是由离心主机(驱动、控制系统等)、离心转子、离心管及其附件等组成。它按离心转子的额定最大转速可分为低速离心机、高速冷冻离心机和超速离心机3类。

1. 低速离心机(或普通离心机)　最大转速不超过 6 000 r/min，最大相对离心力近 6 000×g。其转速不能严格控制，通常不带冷冻系统，于室温下操作。主要用于收集易沉降的大颗粒物质。离心时形成的固体沉淀层称为压板，液体部分称为上清液。用倾倒法可分离固液两相。

2. 高速冷冻离心机　最大转速为 20 000~25 000 r/min，最大相对离心力为 89 000×g。主机一般都配有制冷系统，以消除高速旋转转子与空气之间的摩擦而产生热量。转速、温度和时间都能严格准确地控制，面板上有指针或数字显示。离心腔内的温度通常控制在 4 ℃为宜。配有一定类型及规格的转子，可根据需要选用。常用于微生物菌体、细胞碎片、大细胞器、硫酸铵沉淀和免疫沉淀物等的分离纯化工作，但不能有效地沉降病毒、小细胞器（如核蛋白体）或单个分子。

3. 超速离心机 转速最大可达 50 000～80 000 r/min，相对离心力最大可达 510 000×g。主要由驱动和速度控制、温度控制、真空系统（减少摩擦）和转子 4 部分组成。转速、温度和时间的控制更为精确。分离的形式是差速沉降分离和密度梯度区带分离。离心管平衡允许的误差小于 0.1 g。常用于分离亚细胞器、病毒、核酸、蛋白质和多糖等，也可用于测定蛋白质、核酸等的相对分子质量。根据功能不同，又可分制备性超速离心机和分析性超速离心机。

（二）离心转子的类型

离心转子是离心机用于分离试样的核心部件，通常选用高强度的合金（钛合金、铝合金、锻铝和超硬铅等）来制成。不同离心机配套不一样的离心转子。每个离心转子都有详细的参数指标：最高转速（或最大、最小相对离心力）、最大容量、最大半径、最小半径和 K 值（离心分离因素）等。离心转子在使用一段时间后，由于其密度有所变化而使强度下降，降低了安全系数。因此，必须降速使用或更换。

离心转子一般可分为下列五大类：

1. 角式转子（FA） 角式转子是指离心管腔与转轴成一定倾角的转子。它呈圆锥形，其上有 4～12 个机制孔穴，即离心管腔，角度为 20°～40°，角度越大沉降越结实，分离效果越好。它的优点是具有较大的容量，且重心低，运转平衡，寿命较长。颗粒在沉降时先沿离心力方向撞向离心管，然后再沿管壁滑向管底，因此管的一侧就会出现颗粒沉积，此现象称为壁效应。壁效应容易使沉降颗粒受突然变速所产生的对流扰乱，影响分离效果。

2. 荡平（或水平）转子（SW） 这类转子是由吊着的 4 个或 6 个自由活动的吊桶（或称离心套管）构成。当转子静止不动时，处在转子中的离心管的中心线与旋转轴平行；当转子的转速达到 200～800 r/min 时，吊桶荡至水平位置，即离心管中心线由与旋转轴平行位置逐渐过渡到垂直位置，即与旋转轴成 90°角。这类转子最适合用于密度梯度区带离心，其优点是离心时被分离的样品带垂直于离心管纵轴，而不像角式转子中样品沉淀物的界面与离心管成一定角度，因而有利于离心结束后由管内分层取出已分离的各样品带。其缺点是颗粒沉降距离长，离心所需时间也长。

3. 垂直转子（V） 其离心管垂直放置，在离心过程中始终与旋转轴平行。转子转动前，管内密度梯度溶液的密度是沿重力方向变化；转动后，溶液的密度逐渐改变为沿离心力方向（水平方向）变化；离心结束后，溶液的密度因重力作用又沿垂直方向变化，形成垂直方向的密度梯度。由于离心管是垂直放置的，所以溶液颗粒位移的距离等于离心管的直径。此外，样品颗粒的沉降距离最短，对流不明显，离心所需时间也短。因离心结束后液面和样品区带要作 90°转向，因而降速要慢。这类转子适合用于速度区带离心法和等密度梯度区带离心法。

4. 区带转子（Z） 区带转子不用离心管，直接用转子的离心管腔（转子桶）。它主要由一个转子桶和密封系统组成。转子桶中装有十字形隔板装置，把桶内分隔成 4 个或多个扇形小室，隔板内有导管，梯度液或样品液从转子中央的进液管泵入，通过这些导管分布到转子四周，转子内的隔板可保持样品带和梯度介质的稳定。样品颗粒在区带转子中的沉降情况不同于角式转子和水平转子，在径向的散射离心力作用下，颗粒的沉降距离不变，因此区带转子的"壁效应"极小，可以避免区带和沉降颗粒的紊乱，分离效果较好，而且还有转速高、容量大、回收梯度容易和不影响分辨率的优点。其缺点是样品液直接接触转子，转子耐腐蚀要求高，操作复杂，一般要求专业人员操作。

5. 连续流动转子(CF) 可用于大量培养液或提取液的浓缩与分离。它与区带转子类似，由转子桶和有入口和出口的转子盖及附属装置组成。离心时样品液由入口连续流入转子，在离心力作用下，悬浮颗粒沉降于转子桶壁，上清液由出口流出。这类转子有样品连续操作、分离效果好、能保持活性、回收率高等优点。

除了上述 5 类转子外还有供分析性超速离心机用的分析转子，用于血细胞、肝及其他组织细胞、淋巴细胞、酵母菌及其他单细胞的连续分离的细胞清洗转子，以及土壤脱水转子等。

三、分析性超速离心机

与制备性超速离心机不同，分析性超速离心机的应用主要是为了研究生物大分子的沉降特性和结构，而使用了特殊设计的转子和光学检测系统，以便连续地监视物质在一个离心场中的沉降过程，从而确定其物理性质。

分析性超速离心机的转子是椭圆形的，此转子称为分析转子，通过一个有柔性的轴连接到一个高速的驱动装置上，这个轴可使转子在旋转时形成自己的轴。转子在一个冷冻的和真空的腔中旋转，转子上有 2～6 个装离心杯的小室，离心杯是扇形石英的，可以上下透光。离心机中装有一个光学系统，在整个离心期间都能通过紫外吸收或折射率的变化对离心杯中的沉降物进行监测，在预定的时间可以拍摄沉降物质的照片。后一方法的原理是：当光线通过一个具有不同密度区的透明液时，在这些区带的界面上产生光的折射。在分析离心杯中物质的沉降情况时，在重颗粒和轻颗粒之间形成的界面就像一个折射的透镜，结果在检测系统的照相底板上产生了一个峰，由于沉降不断进行，界面向前推进，因此峰也移动，从峰移动的速度可以计算出样品颗粒的沉降速度。可利用特殊配置的数据处理机自动计算 S(沉降系数)和相对分子质量。

分析性超速离心机主要应用于测定生物大分子的相对分子质量、估算样品纯度和检测生物大分子的构象变化等。

四、制备性超速离心的分离方法

根据离心原理、待分离物的理化性质不同，制备性超速离心可采用差速沉淀离心法、速度区带离心法和等密度区带离心法等分离方法。若要获得较满意的分离效果，必须选择合适的离心机和离心转子。

(一)差速沉降离心法

这种离心分离法主要利用不同的颗粒在离心力场中沉降的差别而达到分离的目的。即在相同离心条件下，通过不断改变相对离心力，也就是采用逐步增加离心转速或低速和高速交替进行离心，使沉降速度不同的颗粒在不同的离心速度及不同离心时间下分批分离。差速沉降离心法通常适用于分离沉降系数 S 相差较大($\Delta S>10S$)的颗粒，对于差别较小的则难以分离。实验中沉淀的离心分离是差速沉降离心法中最简单的一种。

差速沉降离心法的关键是要选择好某一颗粒沉降所需的离心力和离心时间。离心开始时，所有颗粒均匀地分布在整个离心管中；当以一定的离心力在一定的时间内进行离心时，在离心管底部就会得到最大和最重颗粒的沉淀，将分离出的上清液在加大转速下再进行离心,又得到次重颗粒的沉淀,如此逐渐增加离心转速,即能把液体中不同质量的颗粒较好地分离开。此法所得的沉淀是不均一的,仍混有其他成分,需经过 2~3 次的再悬浮和再离心,才能得到较纯的颗粒。这种过程称为洗沉淀。

差速沉降离心法的优点是:操作简易,离心后用倾倒法即可将上清液与沉淀分开,并可使用容量较大的角式转子。缺点是:需多次离心,沉淀中有夹带,分离效果差,不能一次得到纯颗粒,沉淀于管底的颗粒受挤压,容易变性失活。

已破碎的细胞用差速沉降离心法分离细胞各组分的过程如图 2-2 所示。

(二)速度区带离心法(或密度梯度离心法)

速度区带离心法是根据分离的颗粒在密度梯度液中沉降速度的不同,在离心力作用下,使具有不同沉降速度的颗粒处于不同的密度梯度层内分成一系列区带,从而达到彼此分离的目的。密度梯度液的作用是:在离心过程中以及离心完毕

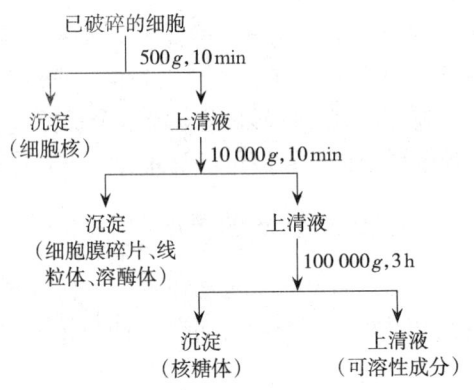

图 2-2 差速沉降离心法分离细胞
各组分的过程

后,取样时起着支持介质和稳定剂的作用,避免因机械震动而引起已分层的颗粒再混合。操作过程是:在离心管内装入预先配制好的惰性密度梯度介质(如蔗糖、甘油、KBr、CsCl等)液,将待分离的样品液铺在密度梯度液的顶部、离心管底部或密度梯度液层中间。离心时,由于离心力的作用,颗粒离开原样品层,按不同沉降速度向管底沉降或向上浮;离心一定时间后,样品中的颗粒逐渐分开,最后形成一系列界面清楚的不连续区带。沉降系数越大,往下沉降越快,所呈现的区带也越靠近离心管底。离心结束后,分别收集各区带溶液,便可获得不同的沉降组分。

应该注意的是,这种离心法的离心时间要严格控制,既要有足够的时间使各种颗粒在密度梯度液中形成区带,又要控制在任一个粒子达到离心管底前停止离心。如果离心时间过长,所有的颗粒可能全部到达离心管底;如果离心时间不足,样品不能很好地分离。因此离心必须在沉降最快的大颗粒到达管底前结束。由于颗粒的密度(ρ_p)大于介质的密度(ρ)时,颗粒的离心沉降速度(u_r)大于零,所以样品颗粒的密度要大于梯度介质的密度。此法的密度梯度介质通常用蔗糖溶液,其梯度范围常为 5%~20% 或 10%~60%。制备密度梯度液可用梯度混合器或人工配制。

速度区带离心法仅用于分离有一定沉降系数差的颗粒(20% 的沉降系数差或更小)或相对分子质量相差 3 倍的蛋白质,与颗粒的密度无关。大小相同、密度不同的颗粒(如线粒体、溶酶体等)不能用此法分离。

(三)等密度区带离心法(或沉降平衡离心法)

离心管内预先装入密度梯度液,此种密度梯度液包含了被分离样品中所有颗粒的密度,将待分离样品加在梯度液面上,或样品预先与梯度液混合后装入离心管。离心时,在离心力的作用下梯度液逐渐形成管底浓而管顶稀的密度梯度,与此同时原来分布均匀的颗粒也发生重新分布。样品中低密度的颗粒向上浮起,而高密度的颗粒向下沉降,最后都移入到与它们的密度相等的位置(即颗粒密度 ρ_p 等于介质密度 ρ)上,形成几条不同的区带,这就是等密度

区带离心法。体系到达平衡状态后，由于颗粒的离心沉降速度(u_r)等于零，颗粒不再移动，再延长离心时间和提高转速已无意义。处于等密度点(即平衡点)上的样品颗粒的区带形状和位置均不再受离心时间所影响，提高转速可以缩短达到平衡的时间。离心所需时间以最小颗粒到达等密度点的时间为基准，有时长达数日。

等密度区带离心法的分离效率取决于样品颗粒的浮力密度差，密度差越大，分离效果越好，与颗粒大小和形状无关，但颗粒大小和形状决定着达到平衡的速度、时间和区带宽度。

等密度区带离心法可分离核酸、亚细胞器等，也可以分离复合蛋白质，但对简单蛋白质不适用。此法通常用的密度梯度介质为氯化铯($CsCl$)，因其能在离心力作用下自动形成密度梯度并在一定时间内保持密度梯度的稳定，是良好密度梯度介质。

收集区带的方法有许多种，例如：
(1)用注射器和滴管从离心管顶部把不同区带内的组分自上而下地先后吸出。
(2)用一根金属空心针从离心管底刺入管内，不同区带内的组分自下而上地先后从针管内流出，然后用部分收集器分别收集。
(3)用针刺穿离心管区带部分的管壁，把样品区带抽出。
(4)用一根细管插入离心管底，泵入超过密度梯度介质最大密度的取代液，将样品和梯度介质压出，用自动部分收集器收集。

五、离心机操作的注意事项

高速冷冻离心机和超速离心机是生化实验教学和生化科研的重要精密设备，因其转速高，产生的离心力大，使用不当或缺乏定期的检修和保养都可能发生严重事故，因此使用离心机时必须严格遵守操作规程。操作离心机时应注意如下几点：

(1)使用各种离心机时，必须事先在天平上精密地平衡离心管及其内容物，平衡时质量之差不得超过各个离心机说明书上所规定的范围，每个离心机不同的转子有各自的允许差值。转子中绝对不能装载单数的离心管，当转子只是部分装载时，离心管必须互相对称地放在转子中，以便使负载均匀地分布在转子的周围。

(2)装载溶液时，要根据各种离心机的具体操作说明进行，根据待离心液体的性质及体积选用适合的离心管。有的离心管无盖，液体不得装得过多，以防离心时甩出，造成转子不平衡、生锈或被腐蚀，而制备性超速离心机的离心管则常常要求必须装满液体，以免离心时塑料离心管的上部凹陷变形。每次使用后，必须仔细检查转子，及时清洗、擦干。转子是离心机中须重点保护的部件，搬动时要小心，不能碰撞，避免造成伤痕。转子长时间不用时，要涂上一层光蜡保护。严禁使用显著变形、损伤或老化的离心管。

(3)若要在低于室温的温度下离心，则转子应在使用前牢固地安装在离心机的转轴上，启动离心机进行预冷。

(4)离心过程中不得随意离开，应随时观察离心机上的仪表是否正常工作，如有异常的声音应立即停机检查，及时排除故障。

(5)每个转子各有其最高允许转速和累计运转时间，使用转子时要查阅说明书，不得过速使用。每个转子都要有一份使用档案，记录累计的使用时间。若超过了该转子的累计运转时间，需更换新转子。

(6)离心时不能打开离心机盖，不能用手停止转头。

第二节 电泳技术

电泳(electrophoresis)是指带电颗粒在电场作用下向着与其电性相反的电极移动的现象。1937年瑞典化学家 Tiselius 首先开发了蛋白质的电泳技术,并成功地将血清蛋白分成5个主要组分,即清蛋白、α_1 球蛋白、α_2 球蛋白、β 球蛋白和 γ 球蛋白。此后,有关电泳理论和实践有了很大发展,用电泳技术分离和分析蛋白质、核酸等生物大分子,有较高的分辨率。目前,电泳已成为生物科学研究中必不可少的手段之一。

一、电泳技术的原理

蛋白质或其他物质由于其本身所具有的功能基团解离而带电。蛋白质是两性电解质,在 pH 不同的溶液中带不同的电荷,在电场作用下发生迁移,迁移的方向取决于它们带电的性质。如果在电场作用下迁移为零,那么此时的 pH 即是该蛋白质的等电点(pI)。

迁移率(mobility)又称为泳动率,是带电颗粒在一定电场强度(E)下,单位时间(t)内在介质中的迁移距离,可用以下公式计算:

$$m = \frac{v}{E} = \frac{d/t}{U/L} = \frac{dL}{Ut}$$

式中,m 为迁移率[$cm^2/(V \cdot min)$];v 为泳动速率(cm/min);E 为电场强度(V/cm);d 为颗粒移动的距离(cm);t 为电泳时间(min);L 是支持物如凝胶的有效长度(cm);U 为实际电压(V)。带电颗粒的迁移率(m)可通过测量 dL 和 Ut 而计算出。

不同的带电颗粒在同一电场中迁移率不同。迁移率与样品分子所带的电荷密度、电场中的电压及电流成正比,与样品的分子大小、介质黏度及电阻成反比。不同大小的带电分子在电场中具有不同的泳动率,在不同的介质条件下又具有不同的分辨效率。

二、电泳技术的种类

电泳的类型可分为下列几种。

(1)按有无支持物划分。无支持物的电泳为自由电泳,有支持物的电泳为区带电泳。

(2)按支持物种类划分。纸电泳、醋酸纤维素薄膜电泳、淀粉电泳、琼脂糖凝胶电泳、聚丙烯酰胺凝胶电泳等。

(3)按支持物形状划分。U 形管电泳、薄层电泳、柱电泳(圆盘柱状电泳)、平板电泳(垂直板电泳、水平板电泳)、毛细管电泳等。

(4)按电压划分。低压电泳、高压电泳。

(5)按原理划分。等速电泳、免疫电泳、等电聚焦电泳等。

(6)按电泳形式划分。单向电泳、双向电泳。

(7)按用途划分。分析电泳、制备型电泳、定量免疫电泳等。

三、影响电泳的主要因素

迁移率是一个物理常数,可用来鉴定蛋白质、核酸等物质以及研究它们的一些性质。在电场作用下,带电颗粒电泳的迁移率大小主要受到3个方面因素的影响:a. 颗粒的性质,如所带电荷数、大小、解离的难易强度等。b. 电泳的介质，如电极缓冲液的浓度、离子强度、pH、黏度、温度等。c. 电场的性质，如电场强度、电流等。

1. 带电颗粒的性质 带电颗粒的性质即指颗粒的净电荷数、颗粒大小及形状，这是影响电泳迁移率的首要因素。一般说来，颗粒带净电荷量越多，或其直径越小，或其形状越接近球形（介质支持物的阻力越小），在电场中的泳动速度就快。反之，则越慢。故电泳迁移率与颗粒的分子大小、介质黏度成反比，与颗粒所带电荷成正比。

在实际电泳中，使用具有一定浓度的电极缓冲液，带电荷的样品在电极缓冲液中将带有相反电荷的离子吸引到其周围，形成一个离子扩散层。在电场中，当带电颗粒移动时，其周围的离子扩散层对颗粒的泳动速度有一定的干扰作用，使之减慢。

2. 电场强度 电场强度对电泳迁移率起着十分重要的作用。一般电场强度越高，带电颗粒的泳动速度越快。反之，则越慢。

根据电场强度大小，可将电泳分为常压电泳和高压电泳。常压电泳的电压在 100~500 V，电场强度是 2~10 V/cm，电泳时间为数小时。高压电泳的电压为 500~1 000 V，电场强度是 20~2 000 V/cm，电泳时间短，有的仅几分钟即可。高压电泳由于具有很高的电压和电流，在电泳过程中产生大量热量，所以需要冷却的装置，或电泳槽要置于 4 ℃冰箱中进行电泳。

3. 缓冲液的 pH 缓冲液的 pH 决定了带电颗粒的解离程度，也决定了颗粒所带电荷的多少。对于蛋白质等两性分子而言，溶液的 pH 离其等电点越远，其带净电荷量就越大，从而泳动速度就越快。反之，则越慢。同时，缓冲液 pH 还会影响其电泳方向，当缓冲液 pH 大于蛋白质分子的等电点时，蛋白质分子带负电荷，其电泳的方向是朝正极泳动。

当要分离数种蛋白质混合物时，应选择某一种缓冲液的 pH，使要分离的各种蛋白质所带电荷具有较大的差异，以利于各种蛋白质分子的分离。

4. 缓冲液的离子强度 在保持足够缓冲能力的前提下，离子强度要求最小。因此，缓冲液通常要保持一定的离子强度，一般为 0.02~0.2 mol/L。离子强度过低，则缓冲能力差。但如果离子强度过高，在待分离样品周围形成较强的带相反电荷的离子扩散层，由于离子扩散层的阻碍作用引起颗粒电泳速度降低，所以溶液中离子强度越高，带电颗粒泳动速度越慢。

在缓冲液中离子强度可用下式计算：

$$I = \frac{1}{2}\sum_{1}^{n} c_i z_i^2$$

式中，I 表示溶液的离子强度(mol/L)；n 表示有 n 种离子；c 表示离子的浓度(mol/L)；z 表示离子的价数。

例如，求 0.154 mol/L NaCl 溶液的离子强度。

$$I = 0.5 \times (0.154 \times 1^2 + 0.154 \times 1^2) = 0.154(\text{mol/L})$$

离子扩散层的阻碍作用与其浓度和离子价数相关。离子价数越高，离子强度越高。如 1 mol/L KCl 溶液离子强度为 1，而 1 mol/L $CaCl_2$ 溶液离子强度为 3。

在电泳中缓冲液的离子强度较低时，泳动速度快，产热少；离子强度高时，泳动速度慢，产热多，但区带较窄。

5. 缓冲液的黏度 缓冲液的黏度也会对电泳速度产生影响。泳动速度与缓冲液黏度成反比例关系。因此，黏度过大或过小，必然影响泳动速度。

6. 焦耳热 电泳过程中释放的热量与电流强度的平方成正比。当电流强度或电极缓冲液中离子强度增高时，电流强度会随之增大。这不仅降低分辨率，而且严重时会烧断滤纸支持物或融化琼脂糖凝胶支持物，甚至使玻璃板破裂，同时产生的热量会使活性蛋白质分子失活。所以，在高压电泳中要求配置冷却设备或在低温下进行电泳。

7. 电渗作用 电渗就是指在电场中，液体对固体支持物的相对运动。根据支持物不同，可产生不同程度、不同方向的电渗流动。当支持物不是绝对惰性物质时，常常会有离子基团如羧基、磺酸基、羟基等吸附溶液中的正离子，使靠近支持物的溶液相对带电。在电场作用下，此溶液层会向负极移动。反之，若支持物的离子基团吸附溶液中的负离子，则溶液层会向正极移动，这就是电渗现象。

因此，当带电颗粒的泳动方向与电渗方向一致时，则加快颗粒的泳动速度；当带电颗粒的泳动方向与电渗方向相反时，则降低颗粒的泳动速度。

8. 筛孔 作为电泳支持物的琼脂糖凝胶和聚丙烯酰胺凝胶都有大小不等的筛孔，在筛孔大的凝胶中带电颗粒泳动速度快。反之，则泳动速度慢。这些凝胶是多孔介质，孔径尺寸和蛋白质分子的大小具有相似的数量级，因而具有分子筛效应。使用这些凝胶进行电泳分离蛋白质样品，泳动速度不仅取决于大分子的净电荷数，还取决于分子的大小。

四、电泳装置

电泳装置主要包括两个部分：电泳仪和电泳槽。电泳仪提供电源产生直流电，在电泳槽中则产生电场，驱动带电颗粒的迁移。电泳槽可以分为垂直式、水平式和圆盘式等。图2-3所示为垂直式电泳仪和电泳槽的装置。

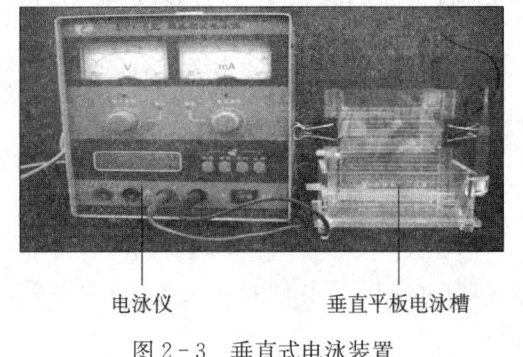

图2-3 垂直式电泳装置

五、醋酸纤维素薄膜电泳

醋酸纤维素薄膜(cellulose acetate membrane, CAM)是一种由醋酸纤维素加工制成的细密且薄的微孔膜。

1. 醋酸纤维素薄膜电泳具有的优点 a. 电泳界限清晰；b. 通电时间较短(20~60 min)；c. 对蛋白质样品基本无吸附；d. 不吸附染料，电泳染色后易洗掉染料，使电泳带清晰。

2. 醋酸纤维素薄膜的电泳不足 a. 在较低电流下进行电泳时，分辨率比聚丙烯酰胺凝胶电泳低；b. 薄膜的电渗作用较大。

3. 影响醋酸纤维素薄膜电泳结果的原因

(1)薄膜方面。a. 薄膜弯曲；b. 在电泳过程中干燥断电；c. 薄膜表面缓冲液过多。

(2)缓冲液方面。a. 浓度过高；b. 薄膜与缓冲液接触不良；c. 使用次数过多，浓度改变。

(3)加样方面。a. 加样太多或太少；b. 加样不整齐；c. 起始位点错误。

(4)电泳方面。a. 时间过长或过短；b. 电泳槽密封性不好或没有盖盖子；c. 电流太大；d. 温度过高。

(5)染色和透明方面。a. 染色液使用多次；b. pH 改变；c. 未完全干燥时进行透明处理。

六、琼脂糖凝胶电泳

琼脂糖是从琼脂中提取出来的，主要是由 D-半乳糖和 3，6-脱水-L-半乳糖连接而成的链状多糖。琼脂糖含硫酸基团比琼脂少，对电泳的分辨率有较好作用。琼脂糖之间以分子内和分子间氢键形成较为稳定的交联结构，这种交联结构使琼脂糖凝胶有较好的抗对流性质。琼脂糖凝胶的孔径可以通过琼脂糖的最初浓度来控制，低浓度的琼脂糖形成较大的孔径，而高浓度的琼脂糖形成较小的孔径。

琼脂糖凝胶电泳的优点：a. 琼脂糖作为支持物具有均匀、区带整齐、分辨率较高、重复性好等优点；b. 电泳速度快；c. 透明而不吸收紫外线，可直接用紫外检测仪做定量测定，如 DNA、RNA 的电泳检测；d. 区带可染色，样品易回收；e. 凝胶孔径可调节。

琼脂糖凝胶电泳的缺点：a. 琼脂糖中仍然含有较多的硫酸基团，在电泳中的电渗作用大；b. 琼脂糖凝胶电泳的分辨率比聚丙烯酰胺凝胶电泳低。

琼脂糖凝胶电泳常用的缓冲液的 pH 为 6～9，离子强度 0.02～0.05 mol/L。常用的缓冲液有硼酸盐缓冲液与巴比妥缓冲液。为了防止电泳时两极缓冲液的 pH 和离子强度改变，可在每次电泳后合并两极的缓冲液，混匀后再使用，以节省试剂。

琼脂糖凝胶可以用作蛋白质和核酸的电泳支持介质，尤其适合于核酸的提纯、分析。

1. DNA 的琼脂糖凝胶电泳　琼脂糖凝胶可以根据不同浓度制成不同大小的孔径，具有分子筛的效应。所以琼脂糖凝胶电泳适于分离 200 bp 至 50 kb 的 DNA 片段，DNA 片段的迁移率与其分子大小和高级结构有密切关系。不同浓度的琼脂糖凝胶分离线性 DNA 分子的有效范围见表 2-1。

表 2-1　不同浓度琼脂糖凝胶的分离范围

琼脂糖浓度(%)	分离范围(kb)	琼脂糖浓度(%)	分离范围(kb)
0.3	6～60	1.2	0.4～6
0.6	1～20	1.5	0.2～3
0.7	0.8～10	2.0	0.1～2
0.9	0.5～7		

2. RNA 的琼脂糖凝胶电泳（变性胶）　琼脂糖变性凝胶常用的变性剂有甲醛、乙二醛和二甲基亚砜等。RNA 分子在琼脂糖变性凝胶中按其大小不同而相互分开。

七、聚丙烯酰胺凝胶电泳

聚丙烯酰胺凝胶电泳(polyacrylamide gel electrophoresis, PAGE)是最早在 1959 年由 S. Raymends 和 L. Weintraub 建立的电泳技术。其后，人们对 PAGE 实验技术进行不断改进和创新。目前，PAGE 已被广泛应用于蛋白质等生物大分子的分离和分析。

聚丙烯酰胺凝胶是由单体丙烯酰胺(acrylamide，Acr)和交联剂 N,N'-亚甲基双丙烯酰胺(methylene-bisacrylamide, Bis)在加速剂和催化剂的作用下聚合交联成的三维网状结构凝胶。形成凝胶是一种化学聚合过程，可以通过控制凝胶的不同大小孔径，从而达到不同的分离效果。

聚丙烯酰胺凝胶电泳的优点：a. 可通过控制凝胶的浓度制成不同孔径的凝胶；b. 凝胶同时具有分子筛效应和电荷效应，使之具有更高的分辨率；c. 凝胶是由—C—C—C—结合的酰胺多聚物，化学上惰性强，侧链没有带电基团，电泳不产生电渗；d. 样品在凝胶中不易扩散；e. 样品点样量少，1～100 μg即可，如果用放射性核素或银染色，则可检出纳克级水平。f. 凝胶透明，机械强度好。

（一）聚丙烯酰胺凝胶电泳的方式

常用的聚丙烯酰胺凝胶电泳方式有3种，即圆盘电泳（disc electrophoresis）、垂直平板电泳（stab electrophoresis）和水平平板电泳。

1. 圆盘电泳 圆盘电泳即管状凝胶电泳。圆盘式电泳槽（图2-4）通常有上、下两个槽和盖子。上槽中具有若干个孔，插有玻璃管（电极管），孔不用时用橡皮塞塞住，以防上槽的缓冲液漏到下槽。上槽的盖子带有铂金丝电极，下槽底座也带有铂金丝电极，用于连接电泳仪。

电极到各凝胶管中心距离相等，使各凝胶管之间的电场强度一致。玻璃管内径5～7 mm或更细。电泳结束后要从玻璃管中把凝胶取出来，然后进行染色和脱色，电泳后的区带形状像圆盘状。

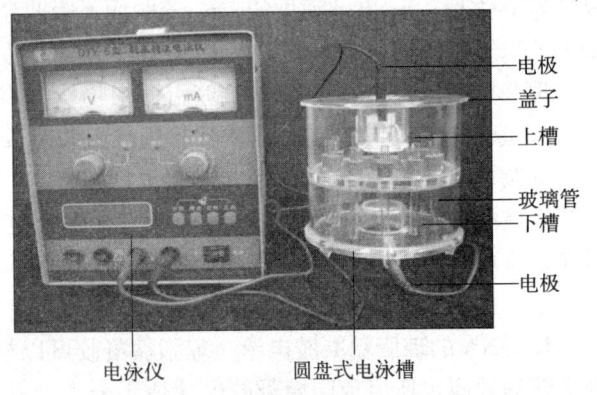

图2-4 圆盘式电泳仪和电泳槽

2. 垂直平板电泳 垂直平板电泳的制胶是在两块垂直放置的平行玻璃板中间，制胶时在凝胶溶液中放一个塑料梳子，在胶聚合后移去梳子，形成加样品的凹槽（图2-5）。

其电泳槽包括上、下各1个电极缓冲液槽，在上、下槽上有电极，电极由铂金丝制成（图2-6）。

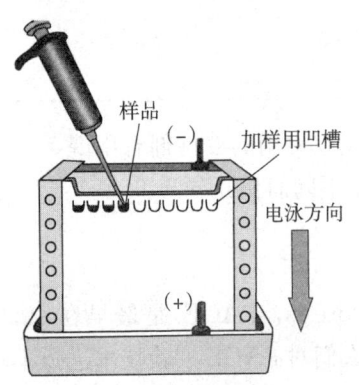

图2-5 垂直平板电泳装置

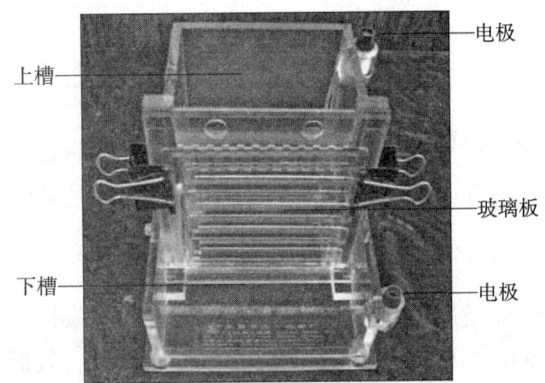

图2-6 垂直平板电泳的电泳槽

垂直平板电泳与圆盘电泳相比，其优点有：a. 由于胶面积大，易于冷却而提高分辨率；b. 由于冷却较均匀，使分离的电泳带平直；c. 可在同一块凝胶板同时点样多个样品，对多个样品进行比较和分析鉴定；d. 电泳后易于取出凝胶进行染色等后处理。

垂直平板电泳与圆盘电泳相比，其缺点是：点样量偏小，一般不超过 100 μL。

3. 水平平板电泳 水平式电泳槽(图 2-7)常用于琼脂糖凝胶电泳中核酸的分离。水平平板电泳装置包括电泳槽基座、冷却板、电泳槽盖子和电极，电泳槽基座包括分置于两侧的缓冲液槽。水平式电泳槽的铂金丝电极由固定型改变为可移动型，使制胶尺寸可以调节，可大可小、可长可短，操作更方便。

(二)凝胶的结构及用量计算

聚丙烯酰胺是由单体丙烯酰胺(CH_2=CH—CO—NH_2)和交联剂 N,N'-甲叉双丙烯酰胺(CH_2=CH—CO—NH—NH—CO—CH=CH_2)聚合的

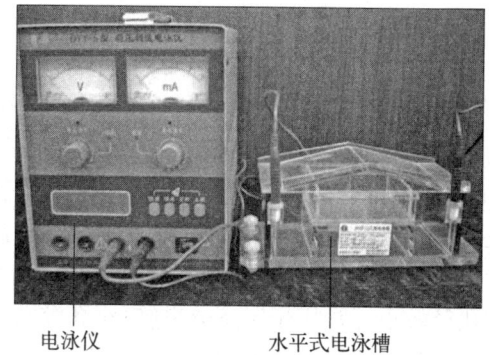

电泳仪　　　水平式电泳槽

图 2-7 水平平板电泳的电泳仪和电泳槽

交联产物(图 2-8)。许多乙烯基(CH_2=CH—)相互聚合形成丙烯酰胺链的交联，从而形成三维网状结构，使凝胶具有分子筛性能。网状结构还能限制蛋白质等样品的扩散运动，使凝胶具有良好的抗对流作用。此外，长链上富含酰胺基团，使其成为稳定的亲水凝胶。该结构中不带电荷，在电场中电渗现象极为微弱。

凝胶溶液中单体和交联剂的浓度和交联度决定凝胶的浓度、孔径、弹性和机械强度。

凝胶浓度(T)：凝胶溶液中含有的单体(Acr)和交联剂(Bis)的总质量浓度。

凝胶交联度(C)：凝胶溶液中，交联剂(Bis)占单体(Acr)和交联剂(Bis)总量的百分比。

$$T=\frac{a+b}{V}\times 100\%$$

$$C=\frac{b}{a+b}\times 100\%$$

式中，T 表示凝胶浓度；C 表示交联度；a 表示 Acr 的质量(g)；b 表示 Bis 的质量(g)；V 表示缓冲液体积(mL)。

如果 $a/b<10$，制成的胶脆而易碎，不透明；如果 $a/b>10$，即使是用 5% 的丙烯酰胺也呈糊状，容易破碎；如果 a/b 接近 30(丙烯酰胺含量必须大于 30%)，可制成既有弹性又完全透明的凝胶。

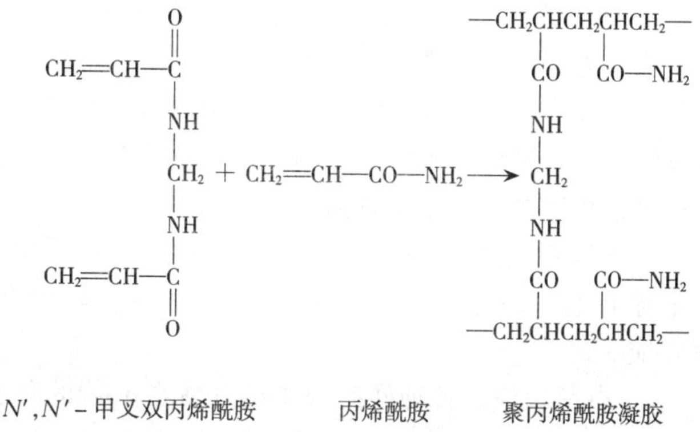

T 大，则孔径小，移动颗粒穿过网孔阻力大；T 小，则孔径大，移动颗粒穿过网孔阻力小。此外，凝胶聚合时的孔径不仅与 Acr 用量有关，还与 Bis 的用量有关。由于凝胶浓度不同，平均孔径不同，能通过可移动颗粒的相对分子质量也不同。

N',N'-甲叉双丙烯酰胺　　丙烯酰胺　　聚丙烯酰胺凝胶

图 2-8 聚丙烯酰胺凝胶的交联反应

改变凝胶浓度(T)和交联度(C)，可获得不同密度、黏度、弹性、机械强度和孔径大小

的凝胶，以便适应各种样品的分离。一般常用 7.5% 凝胶浓度分离蛋白质，而用 2.4% 凝胶浓度分离核酸。

(三)聚丙烯酰胺凝胶聚合原理

1. 聚合反应 聚丙烯酰胺凝胶聚合的体系有两种，即化学聚合和光聚合。

(1)化学聚合。化学聚合的引发剂是过硫酸铵[$(NH_4)_2S_2O_3$, Ap]，催化剂是 N,N,N',N'-四甲基乙二胺(tetramethyl ethylenediamine, TEMED)。TEMED 是一种脂肪族叔胺，它的碱基可催化 AP 水溶液产生游离氧原子，然后激活 Acr 单体，形成单体长链，在交联剂 Bis 作用下聚合成凝胶。合成后的凝胶是三维网状的，由—C—C—C—C—结合，是带不活泼酰胺基侧链的聚合物，没有或很少带有离子侧基，因而凝胶性能稳定，无电渗作用。

在碱性条件下，凝胶易聚合，其聚合的速度与 AP 浓度的平方成正比。用此法聚合的凝胶孔径较小，常用于制备分离胶(小孔胶)，而且每次制备的重复性好。

TEMED 在低 pH 时会失效，低 pH 会使聚合作用延迟或失效；冷却也可使聚合速度变慢；一些金属离子抑制聚合，分子氧阻止链的延长，妨碍聚合作用。这些因素在实际操作时都应予以控制。

固体的丙烯酰胺以及它的水溶液最好存放在棕色瓶中，4 ℃ 避光保存。固体的丙烯酰胺相当稳定，而水溶液只能稳定 1~2 个月。甲叉双丙烯酰胺的稳定性与丙烯酰胺相似。过硫酸铵的水溶液在 4 ℃ 避光保存，只能稳定约 6 d。TEMED 也应 4 ℃ 避光保存。

(2)光聚合。光聚合以光敏感物核黄素(维生素 B_2)作为催化剂，在痕量氧存在下，核黄素经光解形成无色基，无色基被氧再氧化成自由基，从而引起聚合作用。过量的氧会阻止链长的增加，应避免过量氧的存在。

用核黄素进行光聚合的优点是：核黄素用量少(每 100 mL 用量 4 mg)，不会引起酶的钝化或蛋白质生物活性的丧失；通过光照可以预定聚合时间。但光聚合的凝胶孔径较大，而且随时间延长而逐渐变小，不太稳定，所以用于制备浓缩胶(大孔胶)较合适。为使重复性好，每次光照时间、光照度均应一致。采用化学聚合形成的凝胶孔径较小，而且重复性好，常用来制备分离胶。

2. 电泳原理 聚丙烯酰胺凝胶电泳根据其有无浓缩效应，分为连续电泳与不连续电泳两大类。连续电泳体系中缓冲液 pH 及凝胶孔径相同，带电颗粒在电场作用下具有电荷效应及分子筛效应。不连续电泳体系中由于缓冲体系离子成分、pH、凝胶孔径及电位梯度的不连续性，带电颗粒在电场中泳动不仅有电荷效应、分子筛效应，还具有浓缩效应，因而其分离条带清晰度及分辨率均较前者佳。

不连续系统由电极缓冲液、上层浓缩胶及下层分离胶所组成。蛋白质在上层浓缩胶中电泳有电荷效应、分子筛效应、浓缩效应，而在下层分离胶中只有电荷效应、分子筛效应。

(1)电荷效应。各种样品分子按其所带电荷的种类及数量，在电场作用下向一定电极、以一定速度泳动。蛋白质样品净电荷多，则迁移快；反之，则迁移慢。因此，各种蛋白质按电荷多少、相对分子质量及形状，以一定顺序排成一个个区带。

(2)分子筛效应。蛋白质样品的分子大小和形状不同，通过一定孔径的分离胶时，受阻碍程度不同而表现出不同的迁移率，这就是分子筛效应。相对分子质量小、形状为球形的蛋白质分子在电泳过程中受到阻力较小，移动较快；反之，相对分子质量大、形状不规则的蛋白质分子，电泳过程中受到的阻力较大，移动较慢。净电荷相同的蛋白质也因分子筛效应而被分离。这种效应与凝胶过滤过程中的情况不同。

（3）浓缩效应。待分离样品中的各组分在浓缩胶中会被压缩成层，而使原来很稀的样品得到高度浓缩。其原理如下：

在聚丙烯酰胺凝胶中，虽然浓缩胶和分离胶用的都是 Tris‐HCl 缓冲液，但上层浓缩胶的 pH 为 6.7，下层分离胶的 pH 为 8.9。HCl 是强电解质，不管在哪层胶中，HCl 几乎都发生电离，Cl^- 布满整个胶体。将待分离的样品加在浓缩胶顶部，浸在 pH 8.3 的 Tris‐甘氨酸缓冲液中。电泳一开始，有效泳动率最大的 Cl^- 迅速跑到最前边，成为快离子（前导离子）。在 pH 6.7 条件下解离度仅为 0.1%～1% 的甘氨酸有效泳动率最低，跑在最后面，成为慢离子（尾随离子）。这样，快离子和慢离子之间就形成了一个不断移动的接口。在 pH 6.7 条件下带有负电荷的样品，其有效泳动率介于快、慢离子之间，被夹持分布于接口附近，逐渐形成一个区带。

浓缩胶与分离胶之间 pH 的不连续性，是为了控制慢离子的解离度，从而控制其有效迁移率。在浓缩胶中，要求慢离子较所有被分离样品的有效迁移率低，以使样品夹在快离子、慢离子界面之间被浓缩。进入分离胶后，慢离子的有效迁移率比所有样品的有效迁移率高，使样品不再受离子界面的影响。

电泳开始后，由于快离子的迁移率最大，就会很快超过蛋白质，因此在快离子后面，形成一个离子浓度低的区域（即低电导区）。而电位梯度（E）、电流强度（I）和电导率（η）之间有如下式的关系：

$$E=\frac{I}{\eta}$$

从式中可知，E 与 η 成反比，所以低电导区就有了较高的电位梯度。这种高电位梯度使样品和甘氨酸慢离子加速前进，追赶快离子。当快离子、慢离子和蛋白质的迁移率与电位梯度的乘积彼此相等时，则 3 种离子移动速度相同。于是，在快离子和慢离子之间形成一个稳定而又不断向正极移动的界面。由于蛋白质的有效迁移率恰好介于快离子、慢离子之间，因此也就聚集在这个移动的界面附近，被逐渐地压缩聚集成一条更为狭窄的区带。这就是所谓的浓缩效应（图 2-9）。

当蛋白质分子和慢离子都进入分离胶后，pH 从 6.7 变为 8.9，甘氨酸解离度剧增，有效迁移率迅速加大到超过所有蛋白质分子，从而赶上并超过所有蛋白质分子。此时，不连续的高电位梯度不再存在。于是在分离胶的电泳过程中，蛋白质样品在一个均一的电位梯度和 pH 条件下，仅因电荷效应和分子筛效应而被分离。与连续系统相比，不连续系统的分离条带清晰度及分辨率大大提高，因此已成为目前广泛使用的分离分析手段。

(四) 聚丙烯酰胺凝胶电泳的异常现象及原因

1. 凝胶未聚合或聚合不佳的可能原因及措施

(1) 单体丙烯酰胺（Arc）纯度不够，需要重结晶。

(2) 过硫酸铵失效或量不够，应新鲜配制或另换其他批号的过硫酸铵或增加浓度。

(3) TEMED 的量不够。

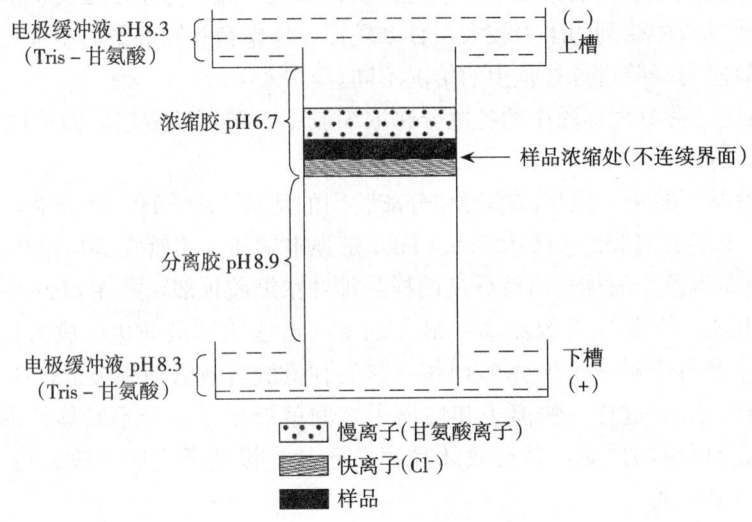

图 2-9 浓缩胶的浓缩效应示意图

(4)在 pH 4.5 以下,凝胶聚合困难,此时,最好加 0.6%硝酸银或采取光聚合方法。

2. 未加水层时凝胶已聚合的改进措施

(1)加催化剂之前,冷却凝胶溶液,让聚合速度减慢。

(2)减少 TEMED 或过硫酸铵用量。

3. 电泳后未能检测出样品的可能原因及改进措施

(1)点样量太少。应增加样品量或浓缩样品再点样。一般电泳样品浓度 0.5~2 mg/mL。

(2)染色液性质、浓度或染色时间不佳。要更换染色液,增加浓度和染色时间。

(3)加样时样品浮出。增加样品溶液相对密度,如加 20%蔗糖或甘油于样品中。

(4)分离胶浓度太高,样品未进入凝胶。应适当改变凝胶浓度。

(5)分离胶浓度太低,样品已电泳出分离胶。应适当改变凝胶浓度和电泳条件。

(6)样品所带净电荷性质与点样凝胶一端电极性质相反,例如,样品带负电,点样凝胶一端电极连接正极,那么样品无法进胶。

(7)若样品是 RNA,可能其中含有蛋白质,形成的巨大复合物将凝胶孔径阻塞。应彻底去除 RNA 样品的蛋白质。

(8)样品中含有水解该样品的酶,在电泳过程中,样品降解。应彻底纯化样品。

4. 电泳指示剂或电泳带异常情况

(1)电泳指示剂呈现两边向上的曲线形。这种情况在垂直平板电泳或较厚的凝胶电泳时发生。因为凝胶聚合不均匀所致,可能与凝胶不均匀冷却有关,使凝胶中的分子有不同的迁移率。

(2)电泳指示剂呈现两边向下的曲线形。这种情况亦常在垂直平板电泳中发生。这与凝胶和垂直玻璃板组合底部有气泡或凝胶聚合不均匀有关。

(3)电泳带拖尾的改进措施。

① 检查电泳缓冲液组成是否合适、样品溶液的离子强度是否太高、缓冲液的 pH 是否合适。

② 减少加样量或降低样品浓度。
③ 加样前离心除去不溶物或增加溶解辅助剂。
④ 对样品进行透析等去离子化处理。
⑤ 降低凝胶浓度。

(4) 电泳带呈现"纹理"现象。这是样品中的不溶性颗粒所致。增加不溶性颗粒的溶解度或离心除去不溶性颗粒。

(5) 电泳带弯曲畸形。这与电泳过程中产生的热量有关。凝胶厚度、冷却温度、电泳参数和电泳时间等因素都影响电泳过程中的温度，使样品在凝胶中有不同的迁移率。

(6) 电泳带过宽。加样量太多或加样孔泄漏引起蛋白质带过宽，甚至与相邻蛋白质泳道的蛋白质带相连。

(7) 电泳带偏斜。由凝胶板或胶条或电极放置不平引起，或是由于加样位置偏斜而引起。

(8) 电泳带模糊不清和分辨不佳。由上述多种原因引起。

八、SDS-聚丙烯酰胺凝胶电泳(SDS-PAGE)

1967年，Shapiro 等人首先发现(Weber 和 Osborn 又进一步证实)，如果在 PAGE 体系中加入一定量的十二烷基硫酸钠(sodium dodecyl sulfate, SDS)，则蛋白质分子电泳迁移率主要依赖于相对分子质量，与所带的净电荷和形状无关，这种电泳方法称为 SDS-PAGE(sodium dodecyl sulfate polyacrylamide gel electrophoresis)。实验证实，蛋白质的相对分子质量为 15 000～200 000 时，电泳迁移率与相对分子质量的对数呈直线关系。

(一) SDS-PAGE 的原理

见实验五十。

(二) SDS-PAGE 测定蛋白质相对分子质量应注意的几个问题

1. SDS 的特性　SDS 是一种阴离子型去污剂，在水溶液中，以单体和分子团的混合形式存在。SDS 作为变性剂和助溶剂，它能够破坏蛋白质分子内和分子间的氢键，使分子去折叠，破坏蛋白质分子的二级、三级结构，使蛋白质变性而改变蛋白质原有的构象。

强还原剂有巯基乙醇(β-mercaptoethanol)和二硫苏糖醇(dithiothreitol, DDT)，它们能使蛋白质分子内的二硫键被还原而打开，且不易再氧化，这就保证了蛋白质分子与 SDS 充分结合，形成带负电荷的蛋白质-SDS 复合物。

2. SDS 与蛋白质结合的程度　实验证明，与蛋白质结合的是 SDS 单体。单体浓度与 SDS 总浓度、温度以及离子强度有关。当 SDS 单体浓度大于 0.5 mmol/L 时，蛋白质和 SDS 就能结合成复合物；当 SDS 单体浓度大于 1 mmol/L 时，它与大多数蛋白质的平均结合比为 1.4∶1(质量比)；在 SDS 单体浓度低于 0.5 mmol/L 时，其结合比一般为 0.49∶1(质量比)。

SDS 与大多数蛋白质结合比为 1.4∶1(质量比)时，相当于 1 个 SDS 分子结合 2 个氨基酸残基。如果蛋白质复合物达不到这个比率并具有相同的构象，就很难得到准确的结果。

3. 影响蛋白质和 SDS 结合的因素

(1) 二硫键是否完全被还原。只有在蛋白质分子内的二硫键被彻底还原的情况下，SDS 才能定量地结合到蛋白质分子上去，并使之具有相同的构象。一般以巯基乙醇作还原剂。在有些情况下，还需进一步将形成的巯基烷基化，以免在电泳过程中重新氧化而形成蛋白质聚合体。

(2) 溶液中 SDS 的浓度。溶液中 SDS 的总量，至少要比蛋白质的总量高 3 倍，一般需高 10 倍以上。

(3) 溶液的离子强度。溶液的离子强度应较低，通常为 $0.01 \sim 0.1$ mol/L，最高不能超过 0.26 mol/L，因为 SDS 在水溶液中是以单体和分子团的混合体而存在，SDS 结合到蛋白质分子上的量，仅决定于平衡时 SDS 单体的浓度而不是总浓度，在低离子强度的溶液中，SDS 单体具有较高的平衡浓度。

4. 凝胶的浓度　不同凝胶浓度适用于不同的相对分子质量(M_r)范围，Weber 的实验指出，蛋白质 M_r 的对数与迁移率呈直线关系要符合下列条件：在 5% 的凝胶中，M_r 范围为 25 000~200 000；在 10% 的凝胶中，M_r 范围为 10 000~70 000；在 15% 的凝胶中，M_r 范围为 10 000~50 000。以上各种凝胶的交联度皆为 2.6%。

因此，可根据所测 M_r 范围选择最适凝胶浓度，并尽量选择 M_r 范围和性质与待测样品相近的蛋白质作标准蛋白质。标准蛋白质的相对迁移率(蛋白质的电泳迁移距离除以染料迁移距离即为相对迁移率)最好在 0.2~0.8 均匀分布。

在凝胶电泳中，影响迁移率的因素较多，而在制胶和电泳过程中，很难每次都将各项条件控制得完全一致，因此用 SDS-PAGE 法测定 M_r，每次测定样品必须同时作标准曲线，而不能利用另外一次电泳的标准曲线。

5. 多亚基蛋白质的相对分子质量　有许多蛋白质，是由亚基(如血红蛋白)或两条以上肽链(如胰凝乳蛋白酶)组成的，它们在 SDS 和巯基乙醇的作用下解离成亚基或单条肽链。因此，对于这一类蛋白质，SDS-PAGE 测定的只是它们的亚基或单条肽链的 M_r，而不是完整分子的 M_r。为了得到更准确的数据，还必须用其他方法测定其 M_r 及分子中肽链的数目等，与 SDS-PAGE 的结果相互参照。

6. 特殊蛋白质的相对分子质量　不是所有的蛋白质都能用 SDS-PAGE 法测定其 M_r，已发现电荷异常或构象异常的蛋白质、带有较大辅基的蛋白质(如某些糖蛋白)以及一些结构蛋白(如胶原蛋白等)用这种方法测定出的 M_r 是不可靠的。它们在 SDS-PAGE 中电泳的相对迁移率与其相对分子质量的对数不呈线性关系。如组蛋白 F_1，它本身带有大量正电荷，尽管结合了正常量的 SDS，仍不能完全掩盖其原有电荷的影响。它的 M_r 是 21 000，但 SDS-PAGE 测定的结果却是 35 000。因此，要确定某种蛋白质的相对分子质量时，最好用两种方法互相验证，使结果更为可靠。

九、等电聚焦电泳

等电聚焦电泳(isoelectric focusing, IEF)操作简单，只要有一般电泳设备就可进行，电泳时间短，分辨率高，应用范围广，可用于分离蛋白质及测定 pI；也可用于临床鉴别诊断、农业、食品研究、动物分类等各种领域。

(一) IEF-PAGE 的原理

以聚丙烯酰胺凝胶为电泳支持物，并在其中加入两性电解质载体(carrier ampholytes)，当通以电流时，即形成一个由阳极到阴极逐步增加的 pH 梯度(pH 3~9.5)。当把蛋白质样品加到凝胶中，等电点(pI)不同的蛋白质即移动并聚焦于与其 pI 相等的 pH 的位置。此电泳方法称为聚丙烯酰胺等电聚焦电泳(isoelectric focusing PAGE，IEF-PAGE)。

蛋白质是两性电解质，利用各种蛋白质 pI 的不同，在电场作用下，蛋白质在 pH 梯度凝胶中泳动：当 pH>pI 时带负电荷，在电场作用下向正极移动；当 pH<pI 时带正电荷，在电场作用下向负极移动；当 pH=pI 时净电荷为零，在电场作用下既不向正极移动也不向负极移动，而是浓缩成狭窄的区带。

这种按等电点(pI)大小在 pH 梯度的某一位置进行聚集的行为即是聚焦。聚焦部位的蛋白质净电荷为零，测定聚焦部位的 pH 即知道该蛋白质的 pI。

(二)IEF-PAGE 的特性

1. 适用范围 利用 IEF-PAGE 技术分析的对象只限于蛋白质和两性物质，要求凝胶中有稳定的、连续的和线性的 pH 梯度。

2. 分辨率 IEF-PAGE 的分辨率高(0.01 pH)，大大高于常规的 PAGE，还具有抵消扩散作用、可使很稀的样品达到高度浓缩等优点。因为在 IEF-PAGE 中，蛋白质的分离仅仅决定于其 pI，这是个稳态的过程。一旦蛋白质到达其 pI 位置，净电荷为零，就不能移动。电泳时间越长，蛋白质不断地在其 pI 位置聚焦成一条窄而稳定的带，这种聚焦效应或称浓缩效应是 IEF-PAGE 的最大优点，是高分辨率的保证。

3. 鉴定蛋白质的原理 IEF-PAGE 可测定蛋白质的 pI，以鉴定蛋白质。在电泳聚焦后测定蛋白质最高浓度部位的 pH，即是其 pI。

4. 两种 pH 梯度胶及其性能的比较 根据建立 pH 梯度的原理不同，pH 梯度胶分为两性电解质载体的 pH 梯度胶和固相 pH 梯度胶。前者的介质是两性分子，在电场中通过两性缓冲离子迁移到自己的 pI 位置从而建立 pH 梯度；后者的介质不是两性分子，在凝胶聚合时在胶中便形成 pH 梯度。因此，固相 pH 梯度胶不受脱水、重新水化和电场因素的影响，pH 梯度十分稳定，其分辨率比两性电解质载体的 pH 梯度胶高。

(三)两性电解质载体的特点

两性电解质载体是一系列脂肪族多氨基多羧酸的同系物和异构物，它们在 pH 3~10 范围内，具有不同又十分接近的 pH 和 pI，在电场作用下可形成平滑而连续的 pH 梯度。

IEF-PAGE 技术的关键在于 pH 梯度的建立，所以，理想的两性电解质载体应该具备下述条件：

1. 相对分子质量小 两性电解质 Ampholine 的相对分子质量一般为 300~1 000，大部分在 600 左右，但也有少量为 5 000。两性电解质载体的相对分子质量要小，以便用分子筛或透析方法将其与被分离的蛋白质分开。

2. 溶解性好 两性电解质载体可溶于大多数蛋白质沉淀剂中，如磺基水杨酸和三氯醋酸(50%TCA)。Ampholine 也可溶于 100%饱和度的 $(NH_4)_2SO_4$ 溶液中。因此两性电解质载体必须有很好的溶解性能，以保证 IEF-PAGE 过程中 pH 梯度的形成和蛋白质样品的迁移，亦避免聚焦的蛋白质在 pI 处引起溶解性能的下降。

3. 缓冲能力强 两性电解质的最大优点是在 pH 3~11 范围内有较好的缓冲能力，尤其在蛋白质 pI 处有足够的缓冲能力，以便能使 pH 梯度稳定。

4. 导电性均匀 良好和均匀的导电性是 IEF-PAGE 所必需的。在 pI 处必须有足够的电导，以使一定电流通过。且要求不同 pI 处的载体有相似的电导系数，以使整个体系的电导均匀。如果局部电导过小，就会产生极大的电压，从而不能保持 pH 梯度而影响聚焦作用，且产生局部过热，使蛋白质变性。

5. 无毒和无生物学效应　动物体外实验已证实，两性电解质是无毒的。两性电解质与被分离的蛋白质不发生反应或使之变性，容易从提纯的蛋白质中把两性电解质除去。

6. 光学性质　紫外吸收少，不发荧光。两性电解质的吸收峰在 280 nm 左右，几乎没有干扰蛋白质检测的光吸收作用，只是在低 pH 组分，稍有些紫外吸收。大多数两性电解质在 365 nm 处有一个较大的吸收峰。

(四)影响 IEF-PAGE 的因素

1. 支持介质　IEF-PAGE 必须使用无电渗的高纯度的稳定介质。在 IEF-PAGE 中，聚丙烯酰胺纯度极为重要，由于介质不纯，常引起 pH 梯度阴极漂移，因而影响分离效果及 pI 测定。

2. 凝胶浓度　在 IEF-PAGE 中，一般凝胶浓度为 5%~7%。凝胶只是一种抗对流支持介质，并无分子筛作用，因此凝胶浓度的选择只要形成的孔径有利于样品分子移动就达到目的。

3. 两性电解质载体　两性电解质载体是 IEF-PAGE 中最关键的试剂，它直接影响 pH 梯度的形成及蛋白质的聚焦。因此，要选用优质两性电解质载体，在凝胶中，其终浓度一般为 1%~2%。

4. 电极缓冲液　应选择在电极上不产生易挥发物的液体作为电极缓冲液。负极溶液、正极溶液的作用是避免样品及两性电解质载体在阴极还原或在阳极氧化，其 pH 应比形成 pH 梯度的阴极略高，比阳极略低。通常强酸或强碱被作为宽 pH 范围的电极缓冲液，弱酸或弱碱被作为窄 pH 范围的电极缓冲液。

5. 丙烯酰胺的聚合　由于 pH 和两性电解质载体的影响，IEF-PAGE 的凝胶的聚合比普通的 PAGE、SDS-PAGE 的凝胶聚合要难些。在酸性条件下(pH<5)凝胶聚合比较困难，可在凝胶中加入 1% 的 $AgNO_3$ 促使凝胶聚合。凝胶聚合后，为防止酶的钝化，在加样前进行 15~30 min 的预电泳，然后将样品点在其 pI 附近。

6. TEMED　在中性及碱性 pH 条件下，加入 TEMED 可加速凝胶聚合，但在 pH<5 时则无加速作用，因为 TEMED 在低 pH 范围内被质子化，TEMED 本身为碱性物质，在 pH 4.5 以上能扩展 IEF-PAGE 凝胶碱性(负极)端 pH 梯度，其扩增幅度与 TEMED 加入量有关。因此，在 IEF-PAGE 实验中需要适当控制 TEMED 的用量。

7. 样品预处理　蛋白质样品应溶解在水中或极低盐浓度的缓冲液中，而一些蛋白质在水中或低盐浓度时只有很小的溶解度，因此，在样品和凝胶中可加入两性电解质、尿素、无离子去污剂或两性离子去污剂，如 Tween-80、Triton X-100、Nonidet P-40(NP-40)，尿素的终浓度为 6~8 mol/L，两性电解质载体终浓度为 2%。含有尿素的样品及凝胶板只能当天使用。

盐离子可干扰 pH 梯度形成并使区带扭曲。进行 IEF-PAGE 时，样品应透析或用 Sephadex G-25 脱盐。不溶解的蛋白质小颗粒会引起拖尾。

8. 电泳参数(电压、温度、时间)　功率是电流与电压的乘积。在 IEF-PAGE 中，样品的迁移越接近 pI 时，电流越小。为使各组分能更好地分离，就应不断增加电压，电压增高可缩短 pH 梯度形成和蛋白质分离所需的时间。所以，一般电压要求 400~800 V，有的甚至高达 1 000 V。但过高的电压会使凝胶板局部范围由于低传导性和高阻抗而过热、烧坏，为此，在电泳过程中，应在 4~10 ℃进行。

电泳的时间取决于胶板厚薄、两性电解质载体的 pH 范围。胶板越薄，电泳时间越短，分辨率越高。窄 pH 范围电泳时间比宽 pH 范围的时间长，这是因为在窄 pH 范围蛋白质迁移接近 pI，带电荷少，故迁移慢。为了提高分辨率，就要增加电压，缩短电泳时间，防止生物活性丧失。

根据 IEF-PAGE 的原理，蛋白质样品到达 pI 位置时，电流应为零，此时应认为等电聚焦完成，但实际上由于介质的复杂性，电流不可能减少为零，如果凝胶的电流已达到最小值，不再下降，如 1~2 mA，说明已达到稳态，便可认为聚焦已完成。

(五)IEF-PAGE 的优点

IEF-PAGE 的优点有：a. 分辨率很高，可把 pI 相差 0.01 的蛋白质分开。b. 无电泳的扩散作用，样品可混入胶中或加入任何位置，在电场中随着电泳的进行区带越来越窄。c. 既可以分离鉴定蛋白质，又可直接测定蛋白质 pI。d. 分离速度快，蛋白质可保持原有生物活性。

十、聚丙烯酰胺凝胶双向电泳

聚丙烯酰胺凝胶双向电泳由任意两个单向聚丙烯酰胺凝胶电泳组合而成，样品经第一向电泳分离后，再以其垂直的方向进行第二向电泳。第一向为 IEF-PAGE、第二向为 SDS-PAGE 的双向分离技术，简称为 IEF/SDS-PAGE；或者第一向为 IEF-PAGE，第二向为 PG-PAGE，简称为 IEF/PG-PAGE。它们的基本原理与 IEF-PAGE、SDS-PAGE 及 PG-PAGE 完全相同，只是操作方法有所不同。

(一)IEF/SDS-PAGE

第一向 IEF-PAGE 通常用柱状聚丙烯酰胺凝胶，第二向 SDS-PAGE 用垂直平板凝胶。这种双向电泳首先利用样品中不同组分 pI 差异，进行 IEF-PAGE 第一向分离，经纵向切割后再以垂直于第一向的方向进行第二向 SDS-PAGE，从而使不同相对分子质量的蛋白质进一步分离(图 2-10)。其原理分别同本书描述的 IEF-PAGE 和 SDS-PAGE 的原理，但在具体操作上却有较大的区别，如下：

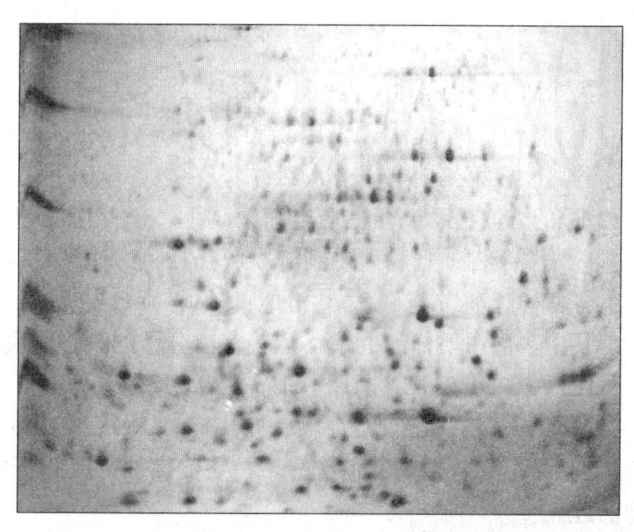

图 2-10 IEF/SDS-PAGE 的电泳图谱

(1)第一向电泳和第二向电泳具有两种不同的电泳体系。在第一向 IEF-PAGE 中的电泳系统加入高浓度尿素和适量的非离子型去污剂 NP-40，有的还加二硫苏糖醇，这些试剂本身不带电荷，不影响各蛋白质组分原有的电荷和 pI，其作用在于破坏蛋白质分子内的二硫键，促使蛋白质变性和肽链舒展，以便使被分离的各蛋白质组分能与

SDS 充分结合，确保第二向 SDS-PAGE 能顺利进行。

(2)第一向 IEF-PAGE 电泳后应将窄条状胶片放在第二向电泳缓冲液中振荡平衡约 30 min，其目的是去除第一向凝胶体系中的尿素、NP-40 及两性电解质载体，使第二向缓冲体系中的 β 巯基乙醇及 SDS 进入凝胶，β 巯基乙醇可使蛋白质内的二硫键保持还原状态，更有利于 SDS 与蛋白质结合形成 SDS-蛋白质复合物。在振荡平衡中有约 10% 蛋白质样品溢出凝胶柱，经平衡后的凝胶条进行第二向电泳加样。

(3)第二向 SDS-PAGE 的加样操作与相应的单向电泳不同，在进行第二向 SDS-PAGE 时，加样操作是将第一向电泳后的凝胶柱包埋在第二向的凝胶板内，通常包埋于凝胶板的上端。

(4)IEF/SDS-PAGE 的染色、pI 及相对分子质量测定与 IEF-PAGE、SDS-PAGE 完全相同。

1975 年，O'Farrell 等首先建立了双向凝胶电泳技术，第一向的 IEF-PAGE 是两性电解质载体 pH 梯度电泳，曾报道可以分离 1 000 多种蛋白质，但这种双向电泳系统的缺陷是：第一向电泳因阴极漂移而丢失碱性蛋白质，两性电解质载体 pH 梯度极不稳定，影响电泳结果和分辨率。1982 年，由 Bjiellqvist 发展并完善的固相 pH 梯度(immobilized pH gradient，IPG)等电聚焦电泳技术被应用于双向电泳第一向分离，可以分离到数千个蛋白质点，大大提高了双向电泳的分辨率和重复性。因此，IEF/SDS-PAGE 的高分辨率是各种类型的单向 PAGE 及其他双向 PAGE 所无法比拟的，是目前分离蛋白质的最好方法，成为蛋白质组学研究不可缺少的核心技术。

(二)IEF/PG-PAGE

这种电泳第一向为 IEF-PAGE，第二向为孔径梯度(pore gradient)-聚丙烯酰胺凝胶电泳(简称 PG-PAGE)。第一向 IEF-PAGE 的电泳分离基本原理与前面讨论的 IEF-PAGE 相同。

第二向 PG-PAGE 的电泳分离的基本原理是：根据凝胶的分子筛效应和蛋白质不同组分的相对分子质量大小，采用凝胶浓度梯度(gel concentration gradient)或称孔径梯度进行电泳分离。在第二向 PG-PAGE 中，在电场作用下，蛋白质沿着凝胶浓度逐渐增高(孔径逐渐减小)的方向迁移。蛋白质电荷数越小，迁移速度越慢；蛋白相对分子质量越大，迁移速度越慢。当蛋白质迁移所受到的凝胶孔径阻力达到足以完全阻止其迁移时，低电荷数的蛋白质组分将"赶上"与它大小相似的高电荷数的蛋白质组分。由此可见，在第二向 PG-PAGE 中，蛋白质样品的最终位置仅由分子的大小所决定，与蛋白质本身的电荷数无关。

IEF/PG-PAGE 与 IEF/SDS-PAGE 的差异：

(1)IEF/PG-PAGE 的第一向 IEF-PAGE 缓冲体系及样品溶液，不含尿素、非离子型去污剂 NP-40、二硫苏糖醇等蛋白质变性剂，因此蛋白质样品保持了原有的天然构象及生物活性。

(2)由于 IEF/PG-PAGE 的第一向无蛋白质变性剂，省去第一向电泳与第二向电泳之间凝胶柱的平衡步骤，只需纵向切割就可横放在已聚合的孔径梯度凝胶胶面上，经封闭固定，即可进行第二向 PG-PAGE。

(3)存在于第一向凝胶中的两性电解质载体在第二向电泳过程中很快消失，从而使凝胶条内的环境与第二向电极缓冲液保持一致。

(4)IEF/PG-PAGE 保持了蛋白质天然构象与活性，这对以后进一步分析研究蛋白质的生物活性具有重要意义。

十一、电泳后的染色方法

(一)核酸的染色

电泳后，核酸染色常用的固定液有三氯乙酸、甲醇-乙酸、乙酸等。最常使用的是溴化乙锭染色法和 SYBR 染色法。

1. 溴化乙锭法 溴化乙锭(ethidium bromide，EB)是一种荧光染料，这种扁平形状的分子可以嵌入核酸双链的配对碱基之间。在紫外光照射下，结合在 DNA 分子中的 EB 本身主要吸收波长为 300 nm 和 360 nm 的紫外光，核酸吸收波长为 260 nm 的紫外光后将能量传送给 EB，使 EB-DNA 复合物中的 EB 发出的荧光，比游离的凝胶中的 EB 本身发射的荧光强度大 10 倍，因此不需要洗净背景就能较清楚地观察到核酸的电泳带型。300 nm 的紫外光对于观察样品(灵敏度最好)和长时间紫外光下操作(如切割含所需 DNA 片段的凝胶并进行回收)均为最佳的选择，DNA 条带的最低检测量为 10 ng。

(1)操作方法。EB 染色操作方法有 2 种：

① 在凝胶或电泳缓冲液中直接加入一定浓度的 EB，电泳结束后，不需要染色，可直接在紫外灯下观察。由于 EB 带有正电荷，会中和核酸分子的负电荷，对核酸分子的迁移率有些影响。

② 将凝胶浸入 0.5 μg/mL 的 EB 水溶液中 20~30 min 进行避光染色。染色完毕后，通常不需要脱色，可直接在紫外灯下观察。聚丙烯酰胺凝胶灌制时不能掺入 EB，这是因为 EB 能够抑制丙烯酰胺聚合。因此只能是电泳结束后用 EB 染色。

(2)EB 染色操作注意事项。EB 见光易分解，故应存棕色试剂瓶中于 4 ℃下保存，染色时也应避光。单链 DNA、RNA 分子中常存在自身配对的双链区，也可以嵌入 EB 分子，但嵌入量的差异较大，荧光也较弱。EB 对人体有伤害作用，是一种强致癌剂，因此使用时必须做好安全防范措施。

2. GoldView 法(GV 法) GoldView 是一种可代替溴化乙锭(EB)的新型核酸染料，采用琼脂糖凝胶电泳检测 DNA 时，GoldView 与核酸结合后能产生很强的荧光信号，使用方法与 EB 完全相同。在紫外光下双链 DNA 呈现绿色荧光，而单链 DNA 呈红色荧光。GoldView 不仅能染 DNA，也可用于染 RNA。

通过 Ames 试验、小鼠骨髓嗜多染红细胞微核试验、小鼠睾丸精母细胞染色体畸变试验，GoldView 致突变性结果均为阴性。因此，用 GoldView 代替 EB 不失为一种明智的选择。

使用注意事项：a. 胶厚度不宜超过 0.5 cm，胶太厚会影响检测的灵敏度。b. 加入 GoldView 的琼脂糖凝胶反复融化可能会对核酸检测的灵敏度产生一定影响，但不明显。c. 通过凝胶电泳回收 DNA 片段时，建议使用 GoldView 染色，在自然光下切割 DNA 条带，避免紫外线与 EB 对目的 DNA 产生的损伤，可明显提高克隆、转化、转录等分子生物学下游操作的效率。d. 虽然未发现 GoldView 有致癌作用，但对皮肤、眼睛会有一定的刺激，操作时应戴上手套。

3. SYBR 法 SYBR 是一种新型高灵敏度的荧光染料的商品名称，它也可用于单链或双链核酸的染色。SYBR Green I 不如 EB 容易诱导有机体突变。该染料对 DNA 有较强的亲和力,并且在与 DNA 结合后其荧光强度大大增强(增加后的荧光强度要比 EB 至少强 10 倍)。

SYBR Green Ⅰ:用 300 nm 的透视法照射,dsDNA 最低检测量为 60 pg(或 6×10^{-11} g)。SYBR Green Ⅰ 比 EB 灵敏 25~100 倍。

SYBR Green Ⅱ:广泛应用于检测琼脂糖凝胶和聚丙烯酰胺凝胶中的 RNA 或单链 DNA。用 300 nm 的透视法照射,可检测到 2 ng 的 RNA。

SYBR 与 EB 相比,优点有:a. 较低的毒性和致变异性;b. 极高的检测灵敏度,可以检测到几十皮克(pg)的 DNA;c. 使用方便,可直接用于中性胶和变性胶的染色;d. SYBR 染料不影响大多数分子生物学实验如酶切、测序和克隆等;染料易于分离,可利用简单的乙醇沉淀法将 SYBR 染料从 DNA 样品中清洗下来。

(二)蛋白质的染色

蛋白质样品电泳后,为了防止凝胶中的蛋白质组分扩散,需要先将分离的区带固定,然后再进行染色、脱色。常用的蛋白质染色方法有:

1. 氨基黑 10B(amino black 10B) 氨基黑 10B 是常用的蛋白质染料,分子式为 $C_{22}H_{13}O_{12}N_6S_3Na_3$,相对分子质量 716.0,$\lambda_{max}=620\sim630$ nm。氨基黑是酸性染料,其氨基与蛋白质反应形成复合盐,此盐可用阴离子交换剂分离,即氨基黑吸附在交换剂上,用水洗脱回收蛋白质。

2. 考马斯亮蓝 R-250(coomassie brilliant blue R-250,CBB R-250) 考马斯亮蓝 R-250 的分子式为 $C_{14}H_{44}O_7H_3S_2Na$,相对分子质量 824,$\lambda_{max}=560\sim590$ nm。染色灵敏度比氨基黑高 5 倍。该染料是通过范德华力与蛋白质结合,尤其适用于 SDS-PAGE 微量蛋白质染色。最低检测 0.1 μg 的蛋白质。

3. 考马斯亮蓝 G-250(CBB G-250) 考马斯亮蓝 G-250 比 CBB R-250 多 2 个甲基,相对分子质量 854,$\lambda_{max}=590\sim610$ nm。染色灵敏度不如 CBB R-250,但比氨基黑 10B 高 3 倍,最低检测 1 μg 的蛋白质。其优点是在三氯乙酸中不溶而成胶体,能选择性地使蛋白质染色而几乎无本底色,所以常用于需要重复性好和稳定的染色,适于做定量分析。

4. 固绿(fast green,FSE) 固绿是一种酸性染料,分子式为 $C_{32}H_{33}N_2O_{10}S_3Na$,相对分子质量 808,$\lambda_{max}=625$ nm。染料灵敏度与氨基黑 10B 相似。

5. 银染色法 1979 年,Switzer 和 Merril 首先提出蛋白质的银染色法。其染色原理为:在硝酸银和蛋白质发生作用后,在碱性 pH 条件下,用甲醛还原离子化的 Ag^+ 生成金属银,以使银颗粒沉淀在代表电泳带上呈黑色。银染色法的灵敏度比考马斯亮蓝染色高 100 倍,可以检测低于 1 ng 的蛋白质。

大部分蛋白质使用银染色法时显示棕色或黑色,还有些蛋白质染色后会生成各种颜色,如脂蛋白呈蓝色、糖蛋白呈黄色、红色或棕色。

银染可以直接进行也可以在考马斯亮蓝染色后进行,这样凝胶主要的蛋白质带可以通过考马斯亮蓝染色分辨,而细小的考马斯亮蓝染色检测不到的蛋白质带可以由银染检测。

(三)多糖的染色

目前多糖染色的主要方法有荧光染色、阿利新蓝染色和高碘酸-Schiff(过碘酸-Schiff)试剂染色。荧光染色需要将电泳后的样品进行标记较长时间甚至过夜,该方法烦琐,处理时间比较长且成本较高。阿利新蓝(alcian blue)为四价阳离子染料,在酸性 pH 条件下与各种酸性多糖结合,染色程序也较为简便,但是该染料价格昂贵,不能满足一般常规实验的需求。

高碘酸-Schiff 为实验室常用的多糖的染色试剂，其成本较低，操作简便。高碘酸-Schiff 染色原理：在多糖的电泳中，利用高碘酸(HIO_4)作为氧化剂，破坏多糖化合物结构的 C—C 键，把多糖氧化成为高分子醛化合物，生成的醛类化合物可与 Schiff 试剂结合而产生紫红色复合物，即高碘酸-Schiff 反应(periodic - acid schiff reaction，PAS)。制备 Schiff 试剂所用染料为碱性品红，品红中的醌基是显色基团。在品红溶液中加入亚硫酸盐溶液使其酸化，品红被还原为无色的亚硫酸品红复合物。甲醛与 Schiff 试剂结合显色后不会褪色，可作为染色后洗涤 Schiff 试剂是否干净的指示剂。

多糖电泳后 PAS 染色中，高碘酸是影响多糖显色效果的关键。高碘酸所起的作用是将多糖链的二醇氧化成二醛，氧化的充分与否决定样品的显色能力。实验表明，在摇床转速为 85 r/min 条件下，以 1% 高碘酸溶液氧化 15 min，凝胶中样品基本氧化完全，此时可倒去高碘酸溶液，用水洗净，倒入 Schiff 染料避光染色。为保证高碘酸的氧化能力，其溶液一般是现配现用，如果存放时间过长，会降低其氧化能力。高碘酸氧化后一定要经蒸馏水洗净再倒入 Schiff 染色剂，否则残留的高碘酸对染色剂有氧化作用，会将无色品红氧化为紫红色的氧化型品红。后者大量滞留在凝胶中导致本底较深，难以洗脱，影响电泳效果。

(四)脂蛋白染色

苏丹黑 B(sudan black B)是脂蛋白的常用染料，脂蛋白也可以用银染色法。尽管银染色法对脂蛋白染色缺乏专一性，但具有较高的灵敏度。

(五)同工酶染色

常规的 PAGE 在电泳过程中能够保持蛋白质的生物活性，这对同工酶的电泳分离鉴定起到非常重要的作用，同工酶染色的特点有：a. 须选择合适的缓冲系统(pH、离子强度)；b. 在低温下电泳；c. 电泳结束马上进行同工酶催化染色反应；d. 小量的酶显示较高的酶催化活性。

同工酶染色方法有：

1. 酶催化反应底物为无色的，而生成的产物是有色物质　例如，红细胞的酸性磷酸酶(EAP)，催化无色的底物磷酸酚酞，生成的酚酞在碱性条件下呈红色。

此类反应适用于水解酶类的反应，其操作方法为：将凝胶浸泡在含有底物和重氮盐的溶液中进行同工酶专一性染色反应，在凝胶中出现的有色带即是有酶活性的电泳带。

2. 电子转移显色法　电子转移染料是通过体外电子传递链反应被氧化或被还原，从而生成有颜色的物质。常用的染料有甲基噻唑四唑蓝(MTT)、氯化硝基四氮唑蓝(NBT)。当有甲硫吩嗪(phenazine methosulfate，PMS)存在时，MTT 或 NBT 很快生成蓝紫色不溶物。其反应模式如图 2-11 所示。

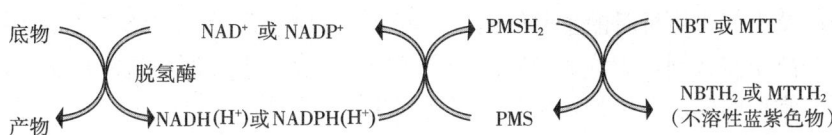

图 2-11　脱氢酶催化电子传递链反应显色法

这种染色方法主要适用于大多数脱氢酶的检测,如乳酸脱氢酶(LDH)、3-磷酸甘油脱氢酶(GPDH)等。

3. 酶偶联染色法 如果一个酶反应的直接底物或产物都不可能呈色,那么可加一种指示酶,使产物变成为能呈色的同工酶,从而进行测定。如磷酸葡萄糖变位酶(PGM)同工酶的测定可以和6-磷酸葡萄糖脱氢酶(G-6PD)偶联在一起,利用测定脱氢酶的电子转移显色法显示同工酶活性谱带。

以G-6PD为指示酶进行测定的酶有:6-磷酸葡萄糖异构酶(GPI)、己糖激酶(HK)等。以LDH为指示酶进行测定的酶有:谷丙转氨酶(GPT)、丙酮酸激酶(PK)、肌酸激酶(CK)、脂肪酶(AK)。由此可见,这一染色方法在同工酶测定中是很重要的。

4. 凝胶中包埋同工酶的底物 为了避免大分子底物不能进入凝胶,只能在凝胶表面进行反应这一情况,可在制胶时加入大分子底物。但在电泳过程中,要求底物不能发生迁移和降解。电泳后将凝胶浸泡在合适的pH缓冲液中,对大分子底物染色。

例如,检测核糖核酸酶和DNA聚合酶,就是将DNA和RNA加到聚丙烯酰胺凝胶中(能使蛋白质迁移的凝胶不能使核酸分子迁移)。

5. 荧光法

(1)正荧光染色法。酶催化反应使无荧光的底物转变为强荧光的产物。如染料4-甲基伞形酮的衍生物(磷酸盐或醋酸盐等)作为底物,经水解酶作用后生成的4-甲基伞形酮在长波长紫外灯下检出强烈的荧光酶谱区带。

(2)负荧光染色法。酶催化反应使荧光底物转变为荧光熄灭的产物。如在紫外线照射下,还原型辅酶(ANDPH或NADH)产生荧光,而氧化型辅酶(AND^+或NAD^+)不产生荧光。此种负荧光染色法适用于脱氢酶。

6. 放射自显影法 此法测定酶作用后自底物至产物的放射性。此方法灵敏度高,但需要特殊设备。

第三节 层析技术

一、薄层层析

薄层层析(TLC)是将作为固定相的支持剂均匀地涂铺在支持板(一般是玻璃板)上,形成薄薄的平面涂层,然后把待分离的样品点到薄层上,用适宜的溶剂展开,经过在吸附剂和展开剂之间的多次吸附-溶解作用,从而使样品各组分达到分离的技术。它是一种微量、操作简单、快速的层析方法,能分离0.01 μg的微量样品,层析时间一般仅需25~35 min,分辨率比纸层析高10~100倍。它不仅可以用于纯物质的鉴定,也可用于混合物的分离、提纯及含量的测定,还可以用于摸索和确定柱层析时的洗脱条件。

如果支持剂是吸附剂,如硅胶、氧化铝、聚酰胺等,则称为薄层吸附层析;如果支持剂是纤维素、硅藻土等,层析时的主要依据是分配系数的不同,则称为薄层分配层析;同理,如果支持剂是离子交换剂,则称为薄层离子交换层析;薄层若由凝胶过滤剂制成,则称为薄层凝胶层析。常用的薄层层析是薄层吸附层析和薄层分配层析。

(一)支持剂的选择

薄层层析的支持剂种类很多,使用时应根据待分离物质的种类和支持剂的理化性质来进行选择(见附录十二)。

在薄层层析中,使用较多的支持剂是硅胶、氧化铝、纤维素粉、硅藻土等。支持剂颗粒大小要适当。颗粒大,则展开速度快。但颗粒过大时,分离效果不好;而颗粒过小,则展开速度太慢,容易出现拖尾现象。一般有机类支持剂如纤维素粉的颗粒为70~140目(直径0.1~0.2 mm),薄层厚度为1~2 mm;无机类支持剂如氧化铝、硅胶等的颗粒一般为150~300目,薄层厚度为0.25~1 mm。

(二)薄层板的制作

薄层板要表面平整、光滑,常用玻璃板。使用前应洗净、干燥。

常用的薄层板有硬板(湿板)与软板(干板)之分。硬板是指在支持剂中加入黏合剂(煅石膏、淀粉、羧甲基纤维素钠盐等),调成糊状物所制成的薄层板;而直接用粉状支持剂制成的薄层板称为软板。硬板的支持剂在支持板上粘着牢固,喷显色剂时不会冲散,也可以直立展开,而软板只能接近水平展开。

薄层板常用的制作方法有:

(1)浸涂法。将玻璃板在调好的支持剂浆液中浸一下,使浆液在玻璃板上形成薄层。

(2)喷涂法。用喷雾器将调好的支持剂浆液喷在玻璃板上,形成薄层。

(3)倾斜涂布法。将调好的支持剂浆液倒在玻璃板上,然后将玻璃板前后、左右倾斜,使支持剂分布于整块玻璃板上而形成薄层。

(4)推铺法。在一根玻璃棒的两端适当距离处分别绕几圈胶布条,胶布条的圈数视所需薄层厚度而定,然后把准备好的支持剂倒在玻璃板上,使玻璃棒压在玻璃板上,将支持剂均衡地向一个方向推动而制成薄层。

推铺法既适用于干板的涂布,也适用于湿板制作。其他方法只能用于湿板制作。湿板制作中的一个重要环节是调浆,支持剂与蒸馏水或缓冲液之比一般为1:(2~2.5)。调浆时要调和均匀,但不宜用力过猛,以免产生气泡而影响分离效果。

薄层板涂好后,让其自然干燥后方能使用。若为吸附薄层层析,制好板后还需加热活化,目的是使其减少水分而具有一定的吸附能力。目前,薄层板制作已经商品化,可以直接购买薄层板,按说明书要求操作即可。

(三)层析方法

1. 点样 点样前,先在制好的薄层板上距一端2 cm左右处轻轻地画一条基线作为点样线,并每隔2 cm左右轻轻地画一个点样点。样品用合适的溶剂溶解。薄层吸附层析的样品一般用氯仿、乙醇等有机溶剂溶解,不宜用水溶解。点样可用微量注射器或微量吸管、毛细管。点样量一般在50 μg之内,点样体积不宜超过20 μL。样品液可直接点在薄层板的点样点上。也可点在圆形滤纸片上(直径2~3 mm),再把滤纸片小心地放在薄层板点样点上,并加少许可溶性淀粉糊,使滤纸片粘牢在薄层板上。点好样的薄层板用吹风机的热风吹干或放入干燥器里晾干。

2. 展开 展开是指将点好样的薄层板放置在密闭容器(可选用层析缸、标本缸、标本筒等)中,使适当的展开剂从薄层的一端向另一端进行浸润展开。展开方式有上行法、下行法等,但软板薄层只能近水平展开(与水平成10°~20°)。展开方向有单向、双向、多向等。应该注意的是:先悬空饱和,再入液展开,即先让展开剂的蒸汽充满密闭容器,再放入薄层板;样点不能泡在展开剂中;薄层板浸入时不能歪斜进入(图2-12)。

展开剂的选择对组分的分离关系极大，一般没有可循的规律。通常是根据被分离物极性、溶剂的极性以及支持剂的特性三方面来考虑。展开剂的极性越大，对化合物的洗脱力也越大。当一种溶剂不能很好地展开各组分时，常选用混合溶剂作为展开剂。薄层吸附层析所用展开剂主要是低沸点的有机溶剂，一般采用含 2~3 种组分的多元溶剂系统。

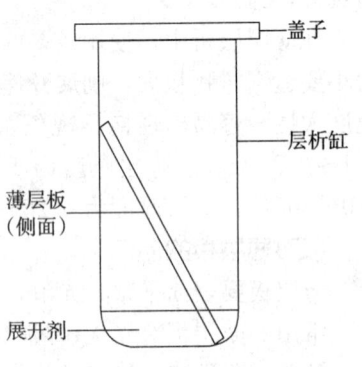

图 2-12 薄层层析展开装置

通常采用预实验的方法来选择展开剂，即在一块薄层板上进行试验。若所选展开剂使样品中各种组分点都移到了溶剂前沿，则此展开剂的极性过强；若所选展开剂几乎不能使样品中各种组分点移动，即留在起点上，那么此展开剂的极性过弱。

3. 显色 展开后，如果样品各成分本身有颜色，就可直接看到各斑点所在位置。若样品是无色物质，则需加以显色。可选用适当的显色剂显色，也可用紫外线显色，使已经分离开来的样品中各组分斑点显示出来，以便观察。

4. 定性与定量分析 薄层经显色后，显示了样品中各组分对应的不同斑点。通常用迁移率或比移值(R_f)来表示被分离物质在薄层上的相对位置，与已知标准物质的 R_f 对照，可进行定性分析(图 2-13)。比移值(R_f)计算公式为：

$$R_f = \frac{斑点中心与起始样点之间的距离}{溶剂前沿与起始样点之间的距离}$$

在不同的展开条件下，同一化合物的比移值不相同，而在相同条件下，测得的比移值可以用作化合物的薄层色谱特征值进行比较。

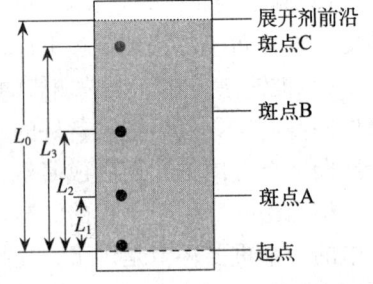

图 2-13 比移值(R_f)计算示意图
L_0. 溶剂前沿与起始样点之间的距离
L_1. 斑点 A 中心与起始样点之间的距离
L_2. 斑点 B 中心与起始样点之间的距离
L_3. 斑点 C 中心与起始样点之间的距离

定量分析时，可把斑点所在位置连同支持剂一起刮下，然后用适当溶剂将其从支持剂中溶解下来，再测定其含量。也可以用目测法，比较样品中各组分的斑点和标准斑点的颜色深浅和斑点大小，或者测量斑点的面积，以进行半定量分析和限度检查。有条件时，可用薄层扫描仪进行定量分析。

二、聚酰胺薄膜（尼龙薄膜）层析

聚酰胺薄膜层析是 1966 年后发展起来的一种层析技术。聚酰胺薄膜（尼龙薄膜）层析是指样品溶液随流动相通过聚酰胺薄膜时，由于聚酰胺与各极性分子产生的氢键吸附能力的不同，而将各组分分离的方法。

聚酰胺是由己二酸与己二胺聚合而成或由己内酰胺聚合而成的高分子化合物，商品名为锦纶、尼龙。聚酰胺的种类很多，如锦纶 6、锦纶 66、锦纶 46、锦纶 11、锦纶 1010 等，其中层析常用的是锦纶 6（聚己内酰胺）和锦纶 66（聚己二酰己二胺），其亲水性能都好，所以是既能分离极性物质又能分离非极性物质的应用广泛的层析材料。聚酰胺薄膜是在涤纶片基上涂一层锦纶薄膜制成的。

聚酰胺的—C=O和—NH可与被分离物质形成氢键。由于不同的物质与聚酰胺形成氢键的能力不同，即聚酰胺对各种物质的吸附力不同，而在层析过程中，展开剂与被分离物质在聚酰胺表面竞相形成氢键。因此，选择适当的展开剂，可使各种待分离物质在聚酰胺表面与溶剂之间有不同的分配系数，经过吸附和解吸附的展层过程，就各自按一定次序分离开来。

聚酰胺薄膜层析可用来分离酚类、醌类、硝基化合物、氨基酸及其衍生物、核酸类物质等。特别是在蛋白质的化学结构分析中，用于氨基酸衍生物如DNS(二甲氨基苯磺酰)-氨基酸、DNP(二硝基苯)-氨基酸等的分析。与纸层析及硅胶薄板层析等方法比较，聚酰胺薄膜层析具有灵敏度高、分辨力强、操作方便、速度较快等优点。

聚酰胺薄膜层析的操作过程包括：a. 将聚酰胺薄膜裁剪成适当大小，一般为7 cm×7 cm；b. 距一端0.5 cm处画一条基线作为点样线；c. 点样；d. 展层；e. 检测。

三、凝胶层析

凝胶层析是利用带孔凝胶珠作基质，按照分子大小分离蛋白质等物质的层析技术。当某混合物通过凝胶层析柱时，小分子物质能进入凝胶颗粒内部，流过的路径长，流下来的速度慢，而大分子物质不能进入凝胶颗粒内部，流过的路径短，流下来的速度快，溶液中的物质就按不同流速而分开。层析柱中的带孔凝胶颗粒填料（图2-14）是惰性的、多孔的、交联的聚糖类物质（如葡聚糖或琼脂糖）。其分离示意图见图2-15。

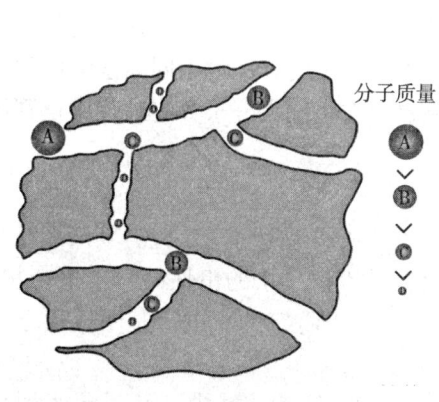

图2-14 凝胶颗粒的网孔结构

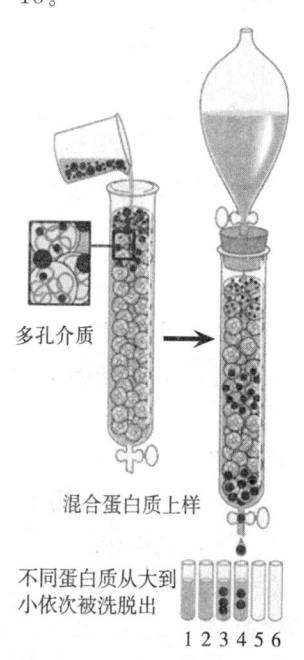

图2-15 凝胶层析技术原理

凝胶层析技术主要用于蛋白质的分离、相对分子质量测定、样品脱盐等方面。它的优点是分离效果好、操作条件温和、对被分离的成分理化性质影响小。

具体的操作方法如下：

1. 凝胶的选择　根据实验目的的不同选择不同型号的凝胶。凝胶的选择一般参照混合物中待分离物质的相对分子质量来决定。

2. 柱的直径与长度　大多采用 10～100 cm 长的层析柱，难于分离的混合物，层析柱要选择长一些。其直径在 1～5 cm，小于 1 cm 产生管壁效应，大于 5 cm 则稀释现象严重。长度与直径的比值一般宜在 5～20。

3. 凝胶溶胀　凝胶型号选定后，将干胶颗粒浸泡于 5～10 倍体积的蒸馏水中，充分溶胀 1 d，或沸水浴中溶胀 3 h（这样可大大缩短溶胀时间，而且可以杀死细菌和霉菌，并可排出凝胶内气泡）。溶胀之后将漂浮的小颗粒倾去。

4. 装柱与凝胶平衡　装柱前将凝胶上面的水溶液大部分倒出。将层析柱垂直装好，关闭出水口，边搅拌边向柱内加入凝胶，自然沉降，待凝胶沉降后，打开柱的出水口，调节合适的流速，待凝胶继续沉积。不断缓慢加入凝胶，待凝胶沉积面上升至离柱的顶端约 5 cm 处时停止，关闭出水口。装好的层析柱中的凝胶要求连续、均匀、无气泡、无"纹路"。

利用恒流泵将 2～3 倍柱容积的洗脱液泵入层析柱，使之平衡，然后在凝胶表面上放一块圆形滤纸（以防后续在加样时凝胶被冲起），并始终保持凝胶上端有一段液体。

5. 加样和洗脱　凝胶经过平衡后，使洗脱液液面与基本凝胶床表面相平，再用滴管加入样品。样品体积一般不超过凝胶总体积的 5%～10%。样品加入后慢慢打开出水口，使样品渗入凝胶床内，当样品液面恰与凝胶床表面相平时，再加入数毫升洗脱液冲洗管壁，使样品液全部进入凝胶床后，将洗脱液连续泵入层析柱，分部收集洗脱液，并对每一馏分做定性、定量测定。

6. 使用后凝胶的处理　凝胶用过后，应反复用蒸馏水洗后保存，如果有颜色或比较脏，可用 0.5 mol/L 的 NaCl 溶液洗涤。短期可保存在水相中，加入防腐剂（0.02% 的叠氮钠）或加热灭菌后于低温保存。长期保存则需干燥状态保存。

四、离子交换层析

离子交换层析（ion exchange chromatography，IEC）是根据要分离物质所带电荷数和性质的不同，从某一混合物中分离、纯化靶物质的一种固液层析方法。它是利用不同的生物大分子的带电基团与具有相反电荷的离子交换剂吸附强弱不同，通过不同离子强度的洗脱剂进行洗脱，从而进行物质的分离。离子交换层析是目前在生物大分子分离纯化中得到最广泛应用的实验技术。

（一）基本原理

离子交换是指液相中的离子与固相交换基团中的离子进行可逆反应。其液相是指要分离的蛋白质混合物；其固相是离子交换剂，它是由一类不溶于水的惰性高分子聚合物（如琼脂糖、纤维素或凝胶等），通过一定的化学反应共价结合上特定的正电荷基团或负电荷基团而形成的特殊剂型。

将要分离的蛋白质混合物事先全部溶解于某一个 pH 的溶液中，然后流经固相，使之与固相上的离子进行交换，并吸附于固相上。如：RA（固相）$+B^+$（液相）$=RB+A^+$。再根据混合物中各组分所带电荷的种类和数目不同，因此与离子交换剂的吸附作用的强弱不同，用不同离子强度或 pH 的溶液分别洗脱下来（吸附能力弱的先洗脱下来，吸附能力强的后洗脱下来），从而将带不同电荷的组分分开，以达到分离混合物组分中靶蛋白的目的。

当增加洗脱液的离子强度时,即增加了它与生物大分子对交换基团竞争吸附的能力,从而可把生物大分子置换下来。

当改变洗脱液的 pH 时,特别是当洗脱缓冲液的 pH 接近生物大分子的等电点时,生物大分子净电荷接近零,其与交换基团的结合能力大大减弱,从而被洗脱下来。

(二)离子交换剂的类型

离子交换剂由不溶性骨架(R)及结合在其上的交换基团(A,与骨架带电荷相反的化学物质)组成(RA)。不溶性骨架有:树脂、纤维素、葡聚糖凝胶、聚丙烯酰胺凝胶和琼脂糖凝胶等。这些骨架在交换过程中不发生任何改变。

离子交换剂是借酯化、氧化或醚化等化学反应,在不溶性骨架(R)分子上引入阳离子或阴离子基团,故交换基团又有阳离子交换基团和阴离子交换基团之分。

当交换基团为阳离子基团(A^+)时,可吸附带阴离子蛋白质样品,成为阴离子交换剂,即:RA(固相)+B^-(液相)=RB+A^-。反之,当交换基团为阴离子基团(A^-)时,可吸附带阳离子蛋白质样品,成为阳离子交换剂,即:RA(固相)+B^+(液相)=RB+A^+。

纤维素离子交换剂的常用类型及其特性见表 2-2。生物大分子的等电点一般在中性附近,因而 DEAE-纤维素和 CM-纤维素应用最广。选择 SP-纤维素或 SE-纤维素时,要求在较强酸性(pH<3)条件下分离物质;而用 GE-纤维素时,要求在较强碱性(pH>10)条件下分离物质。

表 2-2　常用纤维素离子交换基团的类型

商品名	类别	解离基团
DEAE	弱阴离子	二乙氨基乙基
QAE	强阴离子	氨基乙基
TEAE	阴离子	三乙氨基乙基
GE	阴离子	胍乙基
CM	弱阳离子	羧甲基
SE	强阳离子	磺酸乙基
SP	强阳离子	磷酸根

(三)离子交换剂的选择

离子交换剂的选择主要根据要分离样品分子所带电荷性质和分子大小而定。若被分离物质带正电荷,应选用阳离子交换剂;若被分离物质带负电荷,应选用阴离子交换剂。如果某些被分离物质为两性离子,则一般应考虑在它稳定的 pH 范围带有何种电荷来选择相应的离子交换剂。

选择阴离子交换剂时,洗脱液的 pH 要大于样品分子的 pI;相反,选择阳离子交换剂时,洗脱液的 pH 要小于样品分子的 pI。

一般来说,强离子交换剂应用的 pH 范围广,弱离子交换剂应用的 pH 范围窄。强离子交换剂比弱离子交换剂的选择性小,所有的离子全可与强离子交换剂交换。弱离子交换剂的选择性较高。选择弱离子交换剂时,要求待分离样品对交换基团的电荷具有高度亲和力;相反,选择强离子交换剂时,要求待分离样品对交换基团的电荷具有低亲和力。

通常吸附在强离子交换剂上的物质，要用较强的酸或碱洗脱。由于多数蛋白质有生物活性，且对酸和碱不太稳定，所以对蛋白质来说较多地选择弱离子交换剂，而强离子交换剂常用于分离氨基酸、核苷酸等小分子物质。

(四)离子交换剂的预处理

离子交换层析中，交换剂的处理十分重要，尤其是对使用过的离子交换剂的再生处理，往往关系层析的成败。

纤维素离子交换剂一般含有色素和细小颗粒，故在使用前应当进行洗涤。

1. 阴离子交换剂纤维素预处理　a. 取适量的粉剂；b. 加蒸馏水溶胀；c. 倾去细小颗粒；d. 改型，NaOH→HCl→NaOH(0.5 mol/L NaOH 浸泡 40 min→dH_2O 清洗多次，至中性→0.5 mol/L HCl 浸泡 30 min→dH_2O 清洗多次，至中性→0.5 mol/L NaOH 浸泡 30 min→dH_2O 清洗多次，至中性→再用洗脱缓冲液平衡至洗脱液的 pH)；e. 装柱。也可以在柱上平衡。

2. 阳离子交换剂纤维素预处理　与上述基本相同，只是改型进行相反处理。

3. 葡聚糖凝胶离子交换剂的预处理　一般不需要用酸和碱处理，其处理方法为：a. 取适量的粉剂；b. 加蒸馏水浸泡使之完全溶胀(室温 1~2 d，沸水浴数小时)，不需要去除细小颗粒，避免剧烈搅拌；c. 用洗脱缓冲液平衡至洗脱液的 pH。

(五)洗脱方式

为了达到分离样品中的不同组分的目的，洗脱缓冲液应由不同离子强度和不同 pH 的缓冲液组成。选择阴离子交换剂的洗脱缓冲液时，其离子强度是逐渐增加，pH 是逐渐减少(或不变)；选择阳离子交换剂的洗脱缓冲液时，其离子强度是逐渐增加，pH 亦是逐渐增加(或不变)。通常增加离子强度的方法是加入中性盐(NaCl)，以增加离子的竞争能力。

洗脱方式有下述两种：

1. 阶段不连续洗脱　预先配制不同离子强度的缓冲液，分段换用离子强度由低到高、pH 相同或不同的洗脱液以洗脱生物大分子的各组分。这种方式一般是在没有梯度混合器等设备的情况下使用。

2. 梯度连续洗脱　通过梯度混合器使洗脱液的离子强度或 pH 逐渐变化，使结构相近的蛋白质分子较易分离，分离效果比前者好，且具有较好的重现性。

五、亲和层析

生物大分子之间具有许多特异性的结合，如酶与底物的结合、抗原与抗体的结合、激素与受体的结合等。这种结合往往是可逆的。这些特异性结合的生物大分子互称对方为配体或配基。亲和层析(affinity chromatography)就是利用了生物大分子之间的这种特异的、可逆的亲和力，将其中的一方以共价键与惰性的载体(基质)相联结作为固定相，当流动相流过固定相时，混在流动相中的另一方会被固定相特异性地吸附，而没有被吸附的成分随流动相流出。然后通过改变流动相成分，结合的亲和物会被洗脱下来，这样使目标产物得到了分离纯化。亲和层析法分离过程简单、快速、专一，而且分离效率高，可用于普通蛋白质、酶、抗体、核酸、激素等的分离纯化，特别适用于分离目标产物与杂质间溶解度、相对分子质量等理化性质差别较小及目标产物相对含量低且不稳定的活性物质。

亲和吸附剂的选择与制备是影响亲和层析的关键因素之一。它包括基质和配体的选择、基质的活化、配体与基质的偶联等。基质构成了亲和层析的惰性骨架。一个良好的基质应该具有多孔的网状结构，具有良好的理化稳定性，能够与配体稳定结合且不吸附样品中的其他组分。常用的基质是多孔玻璃珠和偶联凝胶，包括葡聚糖凝胶、聚丙烯酰胺凝胶、琼脂糖凝胶和纤维素载体等。其中以琼脂糖凝胶的应用最为广泛，如 Pharmacia 公司的 Sepharose-4B、Sepharose-6B 等。配体的选择对亲和层析来说，是尤为关键的因素，因为只有合适的配体才能与配基具有足够强大的、特异性的结合力，而且该结合是可逆的。配体还应该具有足够的理化稳定性和合适的分子大小。载体是惰性的，往往需要活化后再与配体偶联，而不能直接与配体相连。载体活化的方法多种多样。

亲和层析通常采用柱层析的方法。层析柱一般很短，通常 10 cm 左右。亲和层析的操作方法包括上样、清洗、洗脱和柱的再生等步骤。样品上样前要进行预处理，除去颗粒、细胞碎片等，并将样品浓缩及除去蛋白酶。在目标产物浓度很低的情况下，要将杂质尽量除去，少量杂质的非特异性吸附会极大地降低吸附剂的纯化效果。

在层析过程中，溶液的 pH、离子强度通过影响配体和配基的电荷基团而影响两者的结合与解吸过程，因此选择合适的 pH 和离子强度十分重要。此外，缓冲液种类、温度、柱长度和流速都是影响层析效果的重要因素。选择的样品缓冲液要使待分离的配基与配体有较强的亲和力。通常亲和力随温度的升高而下降，所以在上样时可以选择适当较低的温度，以利于配体对配基的吸附；而在洗脱过程可以选择适当较高的温度，以利于配基从配体上的洗脱。上样时最好使用低流速，以保证样品和亲和吸附剂有充分的接触时间进行吸附，提高回收效率。清洗操作的目的是洗去非特异性吸附在载体介质内部及柱空隙中的杂质。清洗不充分会使杂质增多，回收的目标产物纯度降低。而清洗过度会导致目标产物的损失增多。

洗脱操作就是要选择合适的条件使配基与配体分开而被洗脱出来。洗脱方法分为特异性洗脱和非特异性洗脱。特异性洗脱是指利用能够与配基或配体特异性结合的小分子化合物作为洗脱液，通过该化合物与配基或配体的竞争性结合，将待分离物质从亲和吸附剂上洗脱下来。特异性洗脱方法的优点是特异性强，产物纯度高，洗脱条件温和，有利于保护目标产物的生物活性。非特异性洗脱是指通过改变洗脱缓冲液 pH、离子强度、温度等条件，降低配基与配体的亲和力而将待分离物质洗脱下来，是较常用的洗脱方法。

亲和层析柱使用完毕后，一般用几倍体积的起始缓冲液进行再平衡，以使层析柱再生。再生的层析柱可以用于分离下一批样品液。

六、气相色谱

气相色谱法是在以适当的固定相做成的柱管内，利用气体（载气）作为移动相对试样进行分离。试样中各组分在气相和固定相间的分配系数不同，当汽化后的试样被载气带入色谱柱中运行时，组分就在其中的两相间进行反复多次分配，由于固定相对各组分的吸附或溶解能力不同，因此各组分在色谱柱中的运行速度就不同，经过一定的柱长后，便彼此分离，按顺序离开色谱柱进入检测器，产生的离子流讯号经放大后，在记录器上描绘出各组分的色谱峰。

(1) 一般的气相色谱仪包括以下部分：

① 载气系统：包括气源、气体净化装置、气体流速控制和测量。

② 进样系统：包括进样器、汽化室(将液体样品瞬间汽化为蒸气)。
③ 色谱柱和柱温：包括恒温控制装置(将多组分样品进行分离)。
④ 检测系统：包括检测器、控温装置。
⑤ 记录系统：包括放大器、记录仪或数据处理装置、工作站。

(2) 气相色谱操作流程(以 GC7890F 气相色谱仪为例)：

① 打开载气高压阀，调节减压阀至所需压力。打开净化器上的载气开关阀，用检漏液检漏，保证气密性良好。调节载气稳流阀使载气流量达到适当值(查氮气或氢气流量输出曲线，用刻度流量表)，通载气 10 min 以上。

② 打开电源开关，根据分析需要设置柱温、进样温度和 FID 检测器的温度(FID 检测器的温度应>100 ℃)。

③ 打开空气、氢气高压阀，调节减压阀至所需压力。打开净化器的空气、氢气开关阀，分别调节空气和氢气针形阀使流量达到适当值(查空气和氢气流量输出曲线)。

④ 按"基流"键，观察此时的基流值。按"量程"键，设置 FID 检测器微电流放大器的量程。按"衰减"键，设置输出信号的衰减值。

⑤ 打开 T2000P 色谱工作站。

⑥ 待 FID 检测器的温度升高到 100 ℃以上，按"点火"键，点燃 FID 检测器的火焰。点火后再观察基流值，如果此时基流显示值大于原来的显示值，说明 FID 的火焰已点燃。

⑦ 进样分析，采集数据。

⑧ 关机时，先关闭高效净化器的氢气和空气开关阀，以切断 FID 检测器的燃气和助燃气将火焰熄灭。然后设置柱箱、检测器、进样器的温度至 30 ℃，气相色谱仪开始降温，在柱箱温度低于 80 ℃时才能关闭氮气钢瓶总阀，最后关闭仪器电源。

七、高效液相色谱

高效液相色谱(high performance liquid chromatography, HPLC)是利用颗粒小而均匀的填料，采用高压输送流动相，由于溶于流动相中的各组分经过固定相时，与固定相发生作用(亲和、吸附、离子吸引、分配等)的大小、强弱不同，在固定相中滞留时间不同，从而先后从固定相中流出，达到分离和检测样品的目的。高效液相色谱具有分析速度快、分离效率高、检出极限低和操作自动化等优点。

HPLC 系统一般由输液泵、进样器、色谱柱、检测器、数据记录及处理装置等组成。有的仪器还有梯度洗脱装置、在线脱气机、自动进样器、预柱或保护柱、柱温控制器、微机控制系统等。制备型 HPLC 仪还备有自动馏分收集装置。

高效液相色谱法按分离机制的不同分为固液吸附色谱法、液液分配色谱法、离子交换色谱法及分子排阻色谱法。

1. 固液吸附色谱法　吸附剂为固定相，其分离机制是基于样品各组分与吸附剂表面活性中心的吸附能力的差异而进行混合物分离。分离过程是一个吸附-解吸附的平衡过程，常用的吸附剂为氧化铝或硅胶。

2. 液液分配色谱法　液液分配色谱是根据样品中组分在两相间分配系数的差异而达到分离的。常用化学键合的固定相，如 C_{18}、C_8、氨基柱、氰基柱和苯基柱。根据固定相和流动相的极性关系，液液分配色谱可分为三种类型。

(1)正相(分配)色谱。固定相的极性大于流动相的极性。分离时,溶质的保留值随分子极性增加而增加。正相色谱适于分离中等极性和极性较强的化合物(如酚类、胺类、羰基类及氨基酸类等)。

(2)反相(分配)色谱。固定相的极性小于流动相的极性。反相色谱分离的保留规律一般与正相色谱相反,流出顺序为先极性后非极性。这种方法适于分离非极性和极性较弱的化合物。

(3)离子对(分配)色谱。离子对(分配)色谱是液液分配色谱的一种特殊形式,又可分为正相离子对色谱和反相离子对色谱两种。所用固定相分别与正相色谱和反相色谱的固定相相同,但在色谱体系中要加入离子对试剂。该法主要用于分析离子强度大的酸碱物质。

3. 离子交换色谱法 离子交换色谱以离子交换剂为固定相,借助于样品中电离组分对离子交换剂的亲和力的不同而彼此分离。亲和力强的,保留值大。在离子交换色谱中,常常由于非离子作用力使分离过程复杂化,因而分离机制非常复杂。该法主要用于分析有机酸、氨基酸、多肽及核酸等。

4. 分子排阻色谱法 固定相是有一定孔径的多孔性填料,流动相是可以溶解样品的溶剂。相对分子质量小的化合物可以进入孔中,滞留时间长;相对分子质量大的化合物不能进入孔中,直接随流动相流出。它利用分子筛对相对分子质量大小不同的各组分排阻能力的差异而完成分离。常用于分离高分子化合物,如组织提取物、多肽、蛋白质、核酸等。

有关高效液相色谱的原理和详细分离技术请参阅有关专著。

第四节　膜分离技术简介

膜分离技术在近 20 多年来迅速发展,是利用膜的选择透过性,以外界能量为推动力,凭借多组分流体中各组分在膜内传质速度的不同,对物质进行分离、分级、提纯和浓缩的方法。

一、分离膜的种类

膜是两个或多个浓度相之间具有选择性的分离材料,其孔径一般为微米级,根据其截留相对分子质量(孔径大小)的不同,可将膜分为微滤膜、超滤膜、纳滤膜和反渗透膜;根据材料的不同,可分为无机膜和有机膜(无机膜主要是金属膜和陶瓷膜;有机膜是由高分子材料做成的,如醋酸纤维素、聚氟聚合物、聚醚砜、芳香族聚酰胺等);根据结构不同,可分为均质膜(或致密膜)、对称微孔膜、非对称膜、离子交换膜、复合膜、荷电膜、液膜;根据形状不同,可分为平板膜、管式膜和中空纤维膜。

二、膜分离过程

膜是膜分离过程的核心部件,它可以看成是两相之间一个具有选择透过性的屏障。当膜两侧存在某种推动力(如压力差、浓度差、电位差、温度差等)时,原料侧组分选择性地透过膜,达到分离、提纯的目的。不同的膜分离过程使用不同的膜,推动力也不同。目前应用较广的膜分离过程有微滤(MF)、超滤(UF)、纳滤(NF)、反渗透(RO)等。

1. 微滤(MF)　其基本原理是筛孔分离过程,截留直径在 $0.1\ \mu m$ 以上的物质,通常用于物料的除菌及澄清过滤,也常用于超滤、纳滤、反渗透的预过滤,特点是容量大、运行成本低。

2. 超滤(UF)　是与膜孔径大小相关的筛分过程，截留相对分子质量为 1 000~500 000 的可溶性物质，是一种能够将溶液进行净化、分离、浓缩的膜分离技术，多用于多肽、糖等产品的脱色和分级。

3. 纳滤(NF)　是介于超滤与反渗透之间的一种膜分离技术，截留相对分子质量在 150 以上、直径在 1 nm 左右的物质，用于从溶液中脱除一价无机盐和水。

4. 反渗透(RO)　水及部分微小分子物质可透过，其他分子及离子都被膜截留，多用于纯水制备、海水淡化等领域，也用于氨基酸等小分子的浓缩。

三、膜分离的优点

膜分离所需条件温和，可在室温或低温下操作，有效成分损失极少，适宜于热敏性物质的分离与浓缩；膜分离是典型的物理分离过程，无化学变化，产品不受污染；无相态转变（除渗透汽化外），能耗很低；膜分离的选择性好，可在分离、浓缩的同时达到部分纯化；膜分离技术的适应性强，工艺简单，操作方便，易于与反应或其他分离过程集成和偶联。

四、膜分离技术的应用领域

膜分离技术与人类的生活密切相关，在人类的生活与实践中，早已接触和应用到了膜分离技术。如：在食品行业中的果汁和酒类的澄清、糖液脱色和脱灰等；在制药行业中的口服液的澄清过滤、合成药品的脱盐提纯、抗生素发酵液过滤等；在环保及水处理领域中市政污水处理及回用、纯水及超纯水的制备等；在化工、轻工行业的增白剂浓缩纯化，活性染料脱盐、提纯、浓缩等。

虽然膜分离技术在许多方面离产业化的成熟应用还有一定的距离，但是随着新型膜材的不断开发、高效强化膜过程的深入研究，膜分离技术将会得到更广泛的应用。

第三章　生物化学的分析方法

第一节　质量分析法

质量分析法即在一定质量的样品中，用合适的方法将待测组分与样品中其他组分分离，称量待测组分的质量。

质量分析法是历史上用得较多的一种方法。因为质量分析中的所有数据都是由分析天平称量得来的，不需引入基准物质和容量器皿的数据，所以分析结果准确。但质量分析法操作时间长且复杂，一般尽量用别的方法代替。

质量分析法一般需将试样中的待测组分从样品中分离出来。分离方法通常有以下3种。

1. 沉淀法　加入某试剂使其与待测组分生成难溶化合物沉淀下来，经过滤、洗涤、干燥后称量沉淀物的质量，再换算出待测组分的含量。其中，最重要的是沉淀反应中的影响因素，如沉淀剂的选择和用量、沉淀反应的条件等，都可影响待测组分的分析结果。

2. 萃取法　将待测组分从一种溶剂萃取到另一种易挥发的溶剂中，通过挥发去掉易挥发的溶剂，干燥后称量。

3. 挥发法　有直接挥发法和间接挥发法之分。利用被测组分加热挥发或加入试剂将其转化为挥发性物质，称量挥发前后供试品的质量，计算被测组分的含量。

上述3种方法中沉淀法容易操作，应用较多。下面就沉淀法进行详细阐述。

一、对沉淀物质的要求

(1)沉淀物的溶解度要非常小，以保证待测组分从样品中完全析出，减少分析误差。

(2)沉淀要容易通过过滤和洗涤等方式与样品中其他组分分离完全。颗粒较粗的沉淀一般能达到这一要求。较粗的颗粒易于过滤，不堵塞滤孔；其总表面积较小，对杂质的吸附能力减小，洗涤也比较容易。因此，在进行沉淀反应时必须选择恰当的沉淀方法和反应条件，尽量使得到的沉淀颗粒大一些。

(3)沉淀物质要稳定，不吸收空气中的水和二氧化碳，在干燥或灼烧时不会分解。

(4)获得的沉淀物质量要大。这样便于称量操作，减小称量误差，可以提高分析的准确性。

二、对沉淀剂的要求

(1)沉淀剂最好具有挥发性。多余的沉淀剂能在干燥或灼烧过程中自行挥发，不影响称量结果的准确性。

(2)具有高度选择性。沉淀剂只与被测组分反应产生沉淀，而与其他组分无反应。

(3)在反应体系中具有较大溶解度。沉淀剂不易吸附于沉淀上，得到的沉淀杂质少。

三、对沉淀条件的要求

(一)晶形沉淀的形成条件

(1)要在适当低浓度的溶液中进行沉淀。样品溶液和沉淀剂溶液都应该是稀溶液,这样在沉淀形成的过程中,晶核的生成速度慢,容易形成较大颗粒的晶体。但溶液也不能太稀,以免因沉淀的少量溶解而引起误差。

(2)沉淀过程中要对溶液进行加热。一般情况下,沉淀在热溶液中的溶解度都有所增大,所以对溶液进行加热既可以降低沉淀在溶液的相对过饱和度,减少吸附杂质,又可以防止胶体的形成。沉淀以后再将溶液冷却、过滤,就会减少因沉淀的溶解而发生的误差。

(3)加入沉淀剂时要不断缓慢地搅拌。搅拌是为了防止沉淀剂局部过浓而不能得到颗粒较大的晶形沉淀。

(4)要"陈化"处理沉淀。在沉淀作用完毕后,将沉淀连同溶液放置一段时间,这一过程称为陈化。在陈化过程中小晶粒逐渐溶解,大晶粒不断长大,这是因为在同样浓度溶液中,小晶粒的溶解度比大晶粒大。

(二)无定形沉淀

有些物质在沉淀时不形成一定的形状,如 $Fe_2O_3 \cdot nH_2O$、$Al_2O_3 \cdot nH_2O$ 等。这些沉淀物溶解度一般都很小,沉淀时它们在溶液中相对过饱和度都很大,不能通过减小溶液的相对过饱和度来改变沉淀的物理性质。无定形沉淀颗粒微小,相对表面积大,吸附杂质多,难以过滤和洗涤,容易形成胶体溶液而无法沉淀出来。因此,为减少误差,主要采用的是加速沉淀微粒凝聚从而获得紧密沉淀,减少对杂质的吸附,防止胶体溶液形成。常采用以下方法解决:

(1)要在比较浓的溶液中进行沉淀作用。在浓度大的溶液快速加入较浓的沉淀剂,可获得比较紧密的沉淀。但这样沉淀吸附的杂质也比较多,所以在沉淀作用后,应立刻加入大量的热水并搅拌,使被吸附的一部分杂质转入水溶液中。

(2)沉淀在热溶液中进行,防止形成胶体,使沉淀容易过滤,并减少对杂质的吸附。

(3)加入可挥发性电解质,防止胶体形成。胶体在强电解质作用下易于凝聚。

(4)无需陈化。沉淀完成后,静置几分钟等沉淀下沉,立即过滤。这是因为这类沉淀一经放置,将会失去水分而紧密聚集,不易洗涤除去所吸附的杂质。

第二节 滴定分析法

滴定分析法是根据已知浓度的滴定液与待测组分作用时所消耗的体积来计算待测物的含量的定量分析方法。该法适于常量分析(即被测组分的含量一般在1%以上),操作简便、测定快速、仪器设备简单、用途广泛,分析结果准确度较高。

一、滴定分析的要求和滴定方式

(一)滴定分析对化学反应的要求

滴定分析对化学反应的要求:a. 能定量地完成化学反应;b. 反应完成迅速;c. 确定终

点的方法简便可靠。

(二)滴定方式

1. 直接滴定法 凡滴定反应迅速,能定量地完成反应,确定终点的方法简便可靠,就可以用标准溶液直接滴定待测溶液。

2. 返滴定法 又称为剩余滴定法。如果反应速度较慢,或反应物是固体,或没有可靠的确定终点的指示剂,可先加入过量滴定液,待反应完全后再用另一种标准溶液滴定剩余的滴定液。根据反应中滴定液的消耗量就可以推算出被测物质的含量。

3. 置换滴定法 对于那些不按一定反应式进行或伴有副反应的反应,不能直接用标准溶液滴定并检测出来,可先加入适当试剂与被测物质起反应,定量置换出另一产物,再用标准溶液滴定此产物,这种方法称为置换滴定法。

4. 间接滴定法 某些待测组分不能直接与滴定剂反应,但可通过其他的化学反应,间接通过滴定测定其含量。例如,测定溶液中 Ca^{2+} 的含量时,可利用它与 $C_2O_4^{2-}$ 反应生成 CaC_2O_4 沉淀,将沉淀过滤洗涤后,加入硫酸使其溶解,用 $KMnO_4$ 标准溶液滴定 $C_2O_4^{2-}$,就可间接测定 Ca^{2+} 含量。

二、滴定分析方法的分类

根据所利用的化学反应类型的不同,滴定分析方法可分为以下4类:

1. 酸碱滴定法 酸碱滴定法是以酸碱反应为基础的滴定分析方法。该方法可以测定一些具有酸碱性的物质,也可以测定某些能与酸碱作用的物质。有许多不具有酸碱性的物质,也可通过化学反应产生酸碱,并用酸碱滴定法测定它们的含量。该方法包括水溶液中的酸碱滴定和非水溶液中的酸碱滴定。

2. 配位滴定法 配位滴定法是以配位反应为基础的滴定分析方法。它是用配位剂作为标准溶液直接或间接滴定被测物质。在滴定过程中需要选用适当的指示剂来指示滴定终点。配位滴定剂一般用乙二胺四乙酸(EDTA),主要用于测定金属离子的含量。

3. 氧化还原滴定法 氧化还原滴定法是以氧化还原反应为基础的滴定分析方法。氧化还原反应较为复杂,一般反应速度较慢,副反应较多,所以并不是所有的氧化还原反应都能用于滴定反应,只有反应完全、反应速度快和无副反应的氧化还原反应才能用于滴定分析。可以用来进行氧化还原滴定的反应很多,根据所应用的氧化剂和还原剂,可将氧化还原滴定法分为:高锰酸钾法、重铬酸钾法、碘量法、铈量法、溴酸盐法、钒酸盐氧化法等。

4. 沉淀滴定法 沉淀滴定法是以沉淀反应为基础的一种滴定分析方法。沉淀反应必须具备下列条件:沉淀的溶解度必须很小,反应快速。另外,确定终点的方法要简便。

三、标准溶液的制备

标准溶液是已知准确浓度的溶液,滴定分析中必须使用标准溶液。只有通过标准溶液的浓度和用量,才能计算出被测物质的含量。因此,正确地配制标准溶液对提高滴定分析结果的准确度意义重大。配制方法有两种:一种是直接配制法,即准确称量基准物质,溶解后定容至一定体积;另一种是间接配制法,即先配制成近似需要的浓度,再用基准物质来标定它的准确浓度。

第三节　分光光度法

分光光度法是通过测定被测物质在特定波长处或一定波长范围内光的吸收值，对该物质进行定性和定量分析的方法。在生物化学实验中常用的有：可见分光光度法（光源波长为380～780 nm）和紫外分光光度法（光源波长为10～380 nm）。

白光的波长范围为400～760 nm。当一束白光经棱镜分光后即色散为红、橙、黄、绿、青、蓝、紫7种色光。这种只具有一种波长的不能再行分解的色光称为单色光。白光是由各种不同波长的单色光按一定比例混合而成的复合光。

波长范围在400～760 nm的光是人的视觉所能觉察的，故称为可见光。波长小于400 nm的光为紫外光，大于760 nm的光为红外光。

一、分光光度法基本原理

分光光度法的理论依据是朗伯-比尔定律，即单色光穿过被测物质溶液时，被该物质吸收的量与该物质的浓度和溶液层的厚度（即光路长度）成正比。其关系式如下：

$$A = KcL$$

式中，A 为吸光度；K 为光吸收系数；c 为溶液浓度；L 为溶液层的厚度。

在生物化学实验中，分光光度法的使用非常普遍。分光光度法的主要特点为：a. 灵敏度高；b. 准确度高，重复性好；c. 操作简便、快速；d. 应用广泛。

二、分光光度法定量测定方法

分光光度法既可定性分析，也可定量分析。分光光度法定量测定方法一般有以下几种：

1. 标准曲线法　标准曲线法是分光光度法中最常用的方法。其一般过程是：称取标准品配制不同浓度梯度的标准溶液，反应显色，在特定波长处（一般是在最大光吸收峰处）测定相应的吸光度。以标准溶液的浓度为横坐标、相应的吸光度为纵坐标作图，绘制一条通过坐标原点的直线——标准曲线。然后使待测样品在同等条件下反应显色，在同样的波长处测定吸光度，根据待测样品溶液的吸光度从标准曲线上查出其对应的浓度，这样就可换算出待测样品的含量。

2. 标准对照法　标准对照法为分光光度法定量测定方法之一。先配制一个与待测样品溶液浓度相近的标准溶液，标准溶液中所含被测成分的量应为对照样品溶液中被测成分量的 $100\% \pm 10\%$，如果实验后发现超过此范围，应重新测定。对照样品和待测样品的反应方法、条件和测定方法完全一致。在测定待测样品溶液和对照样品溶液的吸光度后，计算待测样品的浓度 (c_x)：

$$c_x = (A_x/A_y)c_y$$

式中，A_x 和 A_y 分别为待测样品溶液和对照样品溶液的吸收度；c_y 为对照样品溶液的浓度。

三、可见分光光度法

可见分光光度法是通过物质对可见光的选择性吸收来测定组分含量的方法，是生物化学实验中最常用的检测手段之一。在实验设计中需要注意以下问题：

1. 显色剂的选择　可见分光光度法只能测定有色溶液，但大多数物质溶液的颜色很浅或者无色，必须加入适当的试剂与之生成稳定的有色物质，再进行测定。这种帮助显色的试剂就称为显色剂。

进行显色反应的显色剂必须专一性强、灵敏度高，生成的有色化合物组成清晰且在此反应条件下化学性质稳定，显色剂与有色化合物之间颜色差别要大，一般要求有色化合物的最大吸收波长与显色剂最大吸收波长之差在 60 nm 以上。

2. 波长的选择　入射光波长的选择非常重要，对测定的灵敏度和准确度影响很大。选择入射光波长时，应先作此有色化合物全可见光波段扫描，选择该有色化合物溶液的最大吸收波长的光作入射光。如果待测液中其他组分在同样的波长也有光吸收，对测定有干扰，可选灵敏度稍低且能避免干扰的入射光。

3. 显色反应条件的选择　在选择显色反应条件时，必须考虑到各种显色反应的速度，以及反应体系的温度、pH、溶液离子强度对显色反应的影响。必须通过试验选择适宜的反应时间、温度、pH、溶液离子强度。显色反应的条件不能过于苛刻，要易于控制，这样测定结果的重复性好。

4. 空白对照溶液的选择　空白对照溶液的正确选择非常重要，是实验设计时应着重考虑的一环。设计空白对照溶液的目的是消除反应体系中其他物质对有色化合物光吸收的干扰。在设计空白对照溶液时，有一个重要的原则是：与待测溶液相比，基本所有试剂都有加入，但可通过改变反应条件或试剂加入顺序而使显色反应不能进行，只有这样才能排除其他物质光吸收的干扰。

四、紫外分光光度法

有些物质虽然没有颜色，在可见光区无光吸收，但在紫外光区有特征吸收。紫外光区分两个区段，200 nm 以下为远紫外光区，200～380 nm 为近紫外光区，目前基本是在近紫外光区对有特征吸收的物质进行分析测定。由于紫外光不能透过玻璃，紫外分光光度计中的棱镜、透镜、比色杯等均用石英材料制成。

紫外分光光度法的应用主要有以下 3 个方面：

1. 定性分析　根据化合物所具有的近紫外光区光谱吸收特征，如吸收峰的形状、位置和吸光系数等，对化合物进行定性鉴别。

2. 纯度鉴定　如果某化合物在紫外光区没有吸收峰，而其杂质有较强的吸收峰，就可通过紫外吸收值来判断是否有此杂质。如果某化合物与其杂质在紫外光区都有吸收峰，可根据不同物质具有不同的吸收峰来判断是否有此杂质。

3. 定量测定　在近紫外光区，光的吸收仍符合朗伯-比尔定律，所以紫外分光光度法在近紫外区可用于定量测定。其测定方法与可见分光光度法基本相同。在实验设计中，波长、空白对照溶液的选择也与可见分光光度法的要求基本相似。

第二篇 生物化学实验

第四章 糖 类

实验一 植物组织中总糖和还原糖含量的测定
——3,5-二硝基水杨酸法

一、实验目的

(1) 掌握总糖和还原糖的提取方法。
(2) 掌握定量测定总糖和还原糖含量的原理和操作要点。
(3) 熟练地掌握分光光度法的操作技术。

二、实验原理

生物体内的糖类化合物种类繁多,可分为单糖、双糖、寡糖和多糖。单糖是只有一个糖基的糖类,分子中含有3~7个碳原子。寡糖是含有少数几个糖基的糖类。多糖则含有多个糖基。总糖含量就是指生物体内全部单糖、双糖、寡糖和多糖的含量。所谓还原糖,就是指含有半缩醛羟基的糖,环状结构的单糖一般含有半缩醛羟基。单糖都是还原糖,有些双糖也是还原糖(如乳糖、麦芽糖等)。多糖(如淀粉、纤维素、糖原等)就不是还原糖。单糖一般都溶于水,但多糖一般较难溶解在水中。

3,5-二硝基水杨酸(3,5-dinitrosalicylic acid,DNS)是一种具有芳香环结构的分子。还原糖与3,5-二硝基水杨酸在碱性条件下加热时,还原糖将3,5-二硝基水杨酸还原成为棕红色的3-氨基-5-硝基水杨酸,而还原糖本身则被氧化成为糖酸。在一定浓度范围内,棕红色颜色的深浅与3-氨基-5-硝基水杨酸的含量成正比,可用分光光度计在540 nm波长下测定其吸光度。通过测定不同浓度的葡萄糖标准溶液的 A_{540},绘制还原糖含量-A_{540} 的标准曲线,可以查出和计算出样品中还原糖的相应含量。样品中的双糖、寡糖和多糖需要用酸水解转变成为还原糖后再用此法测定。

三、实验仪器和用品

1. 仪器 可见光分光光度计、电子天平等。
2. 用品 广泛 pH 试纸、试管(Φ15 mm×150 mm×11)、锥形瓶(50 mL×2)、容量瓶(50 mL×1、100 mL×1)、量筒(50 mL×1)、滤纸(Φ 9 cm×4)、移液枪。

四、实验材料和试剂准备

1. 实验材料 采用发芽的水稻种子或其他植物材料。

2. 试剂准备

(1) 3,5-二硝基水杨酸(DNS)试剂。先称取 192 g 分析纯酒石酸钾钠溶解在蒸馏水中，定容到 500 mL，摇匀，得酒石酸钾钠溶液；称取 40 g 氢氧化钠溶解在蒸馏水中，定容到 500 mL，得 2 mol/L 的 NaOH 溶液；准确称取 6.3 g 分析纯的 3,5-二硝基水杨酸，量取 2 mol/L 的 NaOH 溶液 262 mL，将 3,5-二硝基水杨酸和 NaOH 溶液加到 500 mL 的酒石酸钾钠热溶液中，再加入 5 g 重蒸酚和 5 g 亚硫酸钠，摇匀溶解，冷却后定容到 1 000 mL。将此液贮存在棕色瓶中备用。

(2) 500 μg/mL 的标准葡萄糖溶液。在电子天平上准确称取干燥恒重的分析纯葡萄糖 500 mg，溶解于蒸馏水中，加入 3~4 mL 浓盐酸，用蒸馏水定容至 1 000 mL。

(3) 6 mol/L 的氢氧化钠溶液。称取 24 g 氢氧化钠，搅拌溶解在蒸馏水中，冷却后定容到 100 mL。

(4) 6 mol/L 的盐酸溶液。量取 50 mL 浓盐酸溶解在蒸馏水中，冷却后定容到 100 mL。

五、实验步骤

1. 葡萄糖标准曲线的绘制　取 6 支试管，编号 1~6，按照表 4-1 的顺序加入试剂：

表 4-1　葡萄糖标准曲线的绘制

项 目	试管编号					
	1	2	3	4	5	6
500 μg/mL 标准葡萄糖溶液(mL)	0.0	0.1	0.2	0.3	0.4	0.5
蒸馏水(mL)	0.5	0.4	0.3	0.2	0.1	0.0
DNS 试剂(mL)	0.5	0.5	0.5	0.5	0.5	0.5
沸水浴 5 min，冷却						
蒸馏水(mL)	4	4	4	4	4	4
各管糖含量(μg)	0	50	100	150	200	250
A_{540}	0.000					

将各管溶液摇匀后，在分光光度计上用 1 号管溶液调零，在 540 nm 分别读取各管的吸光度(A_{540})，分别填到表中。以表中"各管糖含量(μg)"一项数据为横坐标，以"A_{540}"一项为纵坐标，作出标准曲线。标准曲线要经过原点。

2. 样品中还原糖的提取　在天平上称取植物材料 0.5 g，放到研钵中，加蒸馏水 3 mL，加少许石英砂研磨成浆。匀浆液转移到 50 mL 锥形瓶中，用少许蒸馏水清洗研钵，一并转入锥形瓶。将锥形瓶放到沸水浴中保温 20 min，取出冷却后，将匀浆液转移到 50 mL 容量瓶中，用少量水荡洗锥形瓶，一起转入容量瓶，用水定容到 50 mL。过滤，取滤液待测。

3. 样品中总糖的水解和提取　在天平上准确称取植物材料 0.2 g，放到研钵中，加蒸馏水 3 mL，加少许石英砂研磨成浆。匀浆液转移到 50 mL 锥形瓶中，用 10 mL 蒸馏水分 2 次清洗研钵，一并转入锥形瓶。向锥形瓶中加入 6 mol/L 的 HCl 溶液 10 mL。摇匀。将锥形瓶放到沸水浴中保温 20 min。取出冷却后，向锥形瓶中加入 6 mol/L 的 NaOH 溶液 10 mL，摇匀。用广泛 pH 试纸检测溶液显碱性，如果溶液不呈碱性，需要再滴加 NaOH 溶液。将瓶中匀浆液转移到 100 mL 容量瓶中，用少量蒸馏水清洗锥形瓶，一起转入容量瓶，用蒸馏水定容到 100 mL，过滤。取滤液 1 mL 放到试管中，加蒸馏水 1 mL，摇匀待测。

4. 样品中含糖量的测定 取 5 支试管，分别编号 1~5，按照表 4-2 加入样品和试剂。

表 4-2 样品中含糖量的测定

项目	试管编号				
	1	2	3	4	5
还原糖待测样品(mL)	0	0.5	0.5	0	0
总糖待测样品(mL)	0	0	0	0.5	0.5
蒸馏水(mL)	0.5	0	0	0	0
DNS 试剂(mL)	0.5	0.5	0.5	0.5	0.5
沸水浴中加热保温 5 min，取出冷却					
蒸馏水(mL)	4	4	4	4	4
A_{540}	0.000				

将各试管摇匀后，在分光光度计上用 1 号管溶液调零，在 540 nm 分别读取各管的吸光度（A_{540}），分别填到表中。用各管的吸光度读数分别在标准曲线上查出相应的含糖量。记录数据。

六、结果与计算

用下列公式计算植物样品中还原糖和总糖的含量：

$$还原糖含量 = \frac{M \times V}{W \times 0.5} \times 100\%$$

式中，M 是在标准曲线中读出的还原糖的相应含量（μg）；V 是还原糖提取的总体积（50 mL）；W 是提取还原糖时称取植物材料的质量（0.5 g，即 500 000 μg）；0.5 是测定还原糖时取滤液的体积（mL）。

$$总糖含量 = \frac{M \times V \times 0.9}{W \times 0.5} \times 100\%$$

式中，M 是在标准曲线中读出的总糖的相应含量（μg）；V 是总糖提取的总体积（200 mL）；W 是提取还原糖时称取植物材料的质量（0.2 g，即 200 000 μg）；0.5 是测定还原糖时取滤液的体积（mL）；0.9 是在多糖水解成单糖时，水解每个糖苷键加了 1 分子水，因而在计算中扣除 10%。

七、注意事项

(1) 制作标准曲线各管溶液的 A_{540} 与样品各管的 A_{540} 应在相同的分光光度计上进行测定，否则，A_{540} 的数值会不准确。

(2) 样品 A_{540} 所测定的数值要在标准曲线的范围内，如果超出标准曲线的范围，样品需要稀释后再进行 A_{540} 测定。

八、思考题

(1) 在分光光度计上测定时，为什么要调零？

(2) 本实验在分光光度计上测定时，用的是玻璃比色杯还是石英比色杯？为什么？

实验二 血糖的定量测定——Folin-Wu 法

一、实验目的

(1) 熟悉 Folin-Wu 法测定血糖的基本原理。
(2) 学会制备无蛋白血液的方法。

二、实验原理

动物的血液是一个复杂的体系,含有糖、水分、蛋白质等多种物质。动物的血液中糖的含量应该维持在一定的水平,不能太高(高血糖),也不能太低(低血糖)。因而临床上往往要检查血糖含量。血糖以葡萄糖为主。葡萄糖的半缩醛羟基具有还原性,能够将碱性铜试剂中的 Cu^{2+} 还原成为棕色的 Cu_2O 沉淀:

$$Cu^{2+} + 葡萄糖 \longrightarrow Cu_2O\downarrow + 葡萄糖酸$$

刚生成的 Cu_2O 又可以将磷钼酸还原,生成蓝色的钼蓝。生成的钼蓝在 620 nm 波长下有最大吸收峰。在一定的浓度范围内,其颜色深浅与葡萄糖含量成正比。因此可以用分光光度计在此波长下测定葡萄糖的含量。

但是,血液中的蛋白质会干扰血糖的测定。因此测定血糖前,要将血液中的蛋白质去掉。去除蛋白质的方法有多种,本实验是采用钨酸使蛋白质沉淀而去除。钨酸由下列反应而生成:

$$\underset{钨酸钠}{Na_2WO_4} + H_2SO_4 \longrightarrow \underset{钨酸}{H_2WO_4} + Na_2SO_4$$

空气中的氧气会干扰测定。为了尽量减少空气的干扰,科学家设计了血糖管和奥氏吸管(图 4-1)。血糖管有一段细颈,细颈下部是一个球状反应泡。奥氏吸管中间也有一个泡,使用时较大量的被转移液体存于泡内,可减少被转移液体与管壁的接触面积,有利于较黏稠液体的定量转移。本实验采用血糖管和奥氏吸管进行测定。

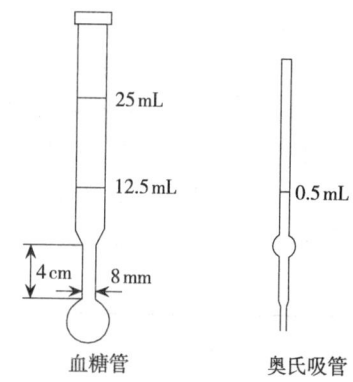

图 4-1 血糖管和奥氏吸管示意图

三、实验仪器和用品

1. 仪器 可见光分光光度计、恒温水浴锅、电炉、电子天平、剪刀等。

2. 用品 移液枪、玻璃漏斗(2 个)、滤纸、锥形瓶(50 mL×1)、血糖管(25 mL×3)、奥氏吸管(0.5 mL×1)、试管架。

四、实验材料和试剂准备

1. 实验材料 将鸡致死并取鸡血,在每升鸡血中加入 2 g 草酸钾,搅匀,以制备抗凝血液。

2. 试剂准备

(1) 10% 的钨酸钠溶液。准确称取 10 g 钨酸钠,溶解到蒸馏水中,定容到 100 mL。
(2) 碱性铜试剂。称取 4.5 g 硫酸铜结晶溶解在 200 mL 蒸馏水中;称取 40 g 无水碳酸钠溶解在 400 mL 蒸馏水中；称取 7.5 g 酒石酸溶解在 300 mL 蒸馏水中。先将后两种试剂混合均匀，再倒入硫酸铜溶液，混合均匀后定容到 1 000 mL。此试剂在室温下可长期保存使用。若有沉淀，应过滤后再使用。

(3)磷钼酸试剂。称取钼酸 70 g 溶解于 400 mL 10% 的 NaOH 溶液中；加入 10 g 钨酸钠。为了除去溶液中可能存在的氨，要将混合液置于电炉上煮沸腾 20 min。冷却后加入 85% 的磷酸 250 mL，混合摇匀后定容到 1 000 mL。将此溶液贮存在棕色玻璃瓶中备用。

(4)0.25% 的苯甲酸溶液。准确称取 2.5 g 苯甲酸，溶解在蒸馏水中，定容到 1 000 mL。

(5)标准葡萄糖溶液。称取 1.000 g 葡萄糖，用 0.25% 的苯甲酸溶液溶解后，再用 0.25% 的苯甲酸溶液定容到 1 000 mL。此时的糖浓度是 1 mg/mL，放在 4 ℃ 冰箱中保存。使用前，用 0.25% 的苯甲酸溶液将该葡萄糖溶液稀释到 0.1 mg/mL。

(6)0.33 mol/L 的硫酸溶液。用移液管吸取 18.3 mL 浓硫酸，慢慢滴加到蒸馏水中，边加边搅拌。定容到 1 000 mL。

五、实验步骤

1. 无蛋白动物血滤液的制备

(1)在一个 50 mL 的锥形瓶中加入蒸馏水 7.5 mL。用奥氏吸管吸取制备好的抗凝血液 0.5 mL，小心用滤纸抹去吸管外面和吸管尖端的血液后，将吸管内的血液慢慢滴入锥形瓶的蒸馏水内，吸取锥形瓶内的蒸馏水将吸管内的血液全部洗进锥形瓶内。然后轻轻地充分摇匀，使血液均匀分散在蒸馏水中。

(2)用移液枪吸取 10% 的钨酸钠溶液 1 mL 加到锥形瓶内，充分摇匀。

(3)吸取 0.33 mol/L 的硫酸溶液 1 mL，慢慢滴加到锥形瓶内，边滴加边摇匀。然后放置 5 min，使蛋白质充分沉淀。

(4)过滤，收集滤液备用。过滤时最好用表面皿盖住漏斗，以减少蒸发。如果滤液不清，可再过滤 1 次。这样制得的滤液每毫升相当于全血 0.05 mL。

2. 血糖的测定 取 3 支血糖管，编号 1、2、3。1 号管为空白管，2 号管为标准管，3 号管为测定管。分别按照表 4-3 加试剂和处理。

表 4-3 血糖的测定

项 目	血糖管编号		
	1(空白管)	2(标准管)	3(测定管)
无蛋白动物血滤液(mL)	0	0	2
蒸馏水(mL)	2	0	0
标准葡萄糖溶液(mL)	0	2	0
碱性铜试剂(mL)	2	2	2
混合，置沸水浴中 8 min，勿摇动，取出用流水冷却			
磷钼酸试剂(mL)	2	2	2
混合，室温放置 3 min，使 CO_2 逸尽			
用蒸馏水将各管定容到 25 mL			

将各管用胶塞塞住管口，倒转慢慢混匀后，小心慢慢拔开胶塞(不要快速拔出胶塞，因为管内有气体，防止液体冲出)。以空白管调零，在分光光度计 620 nm 波长处分别测定标准管和测定管的吸光度(A_{620})。

六、结果与计算

用测定的 A_{620} 值来计算每 100 mL 血液中葡萄糖的含量,公式如下:

$$每100 \text{ mL 血液中血糖含量(mg)} = \frac{测定管 A_{620} 值}{标准管 A_{620} 值} \times \frac{c}{0.05} \times 100$$

式中,0.05 是测定时 1 mL 样品相当于全血 0.05 mL;c 是标准葡萄糖的浓度(0.1 mg/mL)。

七、思考题

(1)在本实验中,钨酸钠的作用是什么?
(2)血糖管和奥氏吸管与平时使用的试管和吸管有什么不同?其作用分别是什么?

实验三　肝糖原的提取和鉴定

一、实验目的

学会从动物的肝组织中提取糖原的方法。

二、实验原理

在动物组织中,多糖一般以糖原的形式存在。糖原是由 α 葡萄糖以 α-1,4-糖苷键和 α-1,6-糖苷键连接起来的。糖原没有半缩醛羟基,不是还原糖,因而没有还原性。肝组织中的糖原称为肝糖原。肝糖原虽然含量不多,但对动物的代谢起着非常重要的作用。

糖原一般微溶于水,但不溶于乙醇。在提取肝糖原时,一般要先将其肝组织提取液用三氯乙酸将蛋白质沉淀,剩下的糖原溶液用乙醇沉淀,再将糖原沉淀溶解在水中,得到糖原制备液。糖原与碘溶液作用时,生成棕色化合物,利用这种性质可以鉴定糖原。当用酸水解糖原时,生成的葡萄糖可用班氏试剂来鉴定。

三、实验仪器和用品

1. 仪器　电子天平、离心机、电炉等。
2. 用品　研钵、白瓷板(1 片)、移液管(2 mL×3)、刻度离心管(10 mL×1)、玻璃棒(2 支)、广泛 pH 试纸等。

四、实验材料和试剂准备

1. 实验材料　采用鸡的新鲜肝组织。
2. 试剂准备
(1)碘液。准确称取碘 1 g、碘化钾 2 g,溶解在蒸馏水中,定容到 500 mL。
(2)5%三氯乙酸溶液。称取 5 g 三氯乙酸,溶解在蒸馏水中,定容到 100 mL。
(3)10%三氯乙酸溶液。称取 10 g 三氯乙酸,溶解在蒸馏水中,定容到 100 mL。
(4)20%的 NaOH 溶液。称取氢氧化钠 20 g,溶解到蒸馏水中,定容到 100 mL。
(5)95%乙醇。

(6)浓盐酸。

(7)班氏试剂。先在天平上准确称取硫酸铜 17.3 g，溶解在 100 mL 蒸馏水中。然后称取柠檬酸钠 173 g 和无水碳酸钠 100 g，溶解在 700 mL 蒸馏水中。再将硫酸铜溶液慢慢倒进柠檬酸钠和无水碳酸钠溶液中。最后定容到 1 000 mL。

五、实验步骤

1. 提取肝糖原 将活鸡处死，立即取出肝，用滤纸将肝表面的血迹抹去。在天平上称取 1 g 肝组织，放在研钵中，用剪刀剪成碎片，添加少许石英砂，加入 1 mL 10%的三氯乙酸溶液，迅速研磨匀浆，再添加 5%的三氯乙酸溶液 2 mL，继续研磨至细浆为止。将肝匀浆转入离心管中，用少量 5%的三氯乙酸洗研钵，液体一并转入离心管。平衡后，在离心机上用 8 000 r/min 的转速离心 15 min。把上清液取出，测量其体积，转入另一支离心管，并加入与上清液等体积的 95%乙醇，摇匀，静置 7 min，可见到有絮状物出现。将离心管平衡后，放进离心机用 8 000 r/m 的转速离心 15 min。离心后去掉上清液，保留沉淀。将离心管倒置在滤纸上，放置 2 min，让离心管中的残余液体流出。然后向离心管中的沉淀物加入蒸馏水 1 mL，用玻璃棒搅拌溶解，得到糖原溶液。

2. 肝糖原鉴定

(1)与碘液反应。取白瓷板一块，用滴管取上面提取的糖原溶液，滴 2 滴到白瓷板的孔中；另取 2 滴蒸馏水放到白瓷板的另一个孔中。在两个孔中分别滴加碘液一滴，观察两个孔中的颜色是否有所不同。记录所见到的现象，并解释。

(2)糖原水解产物葡萄糖的鉴定。将剩余的肝糖原溶液转入试管中，滴加浓盐酸 3~4 滴，摇匀后置于沸水浴中保温 15 min。此时，肝糖原在酸中水解。保温结束后取出冷却，向试管中滴加 20%的 NaOH 中和，用广泛试纸监测 pH 的变化，直至溶液 pH 接近 7 为止。在试管中加入班氏试剂 2 mL。再将试管放进沸水浴中保温 5 min。取出后在流水中冷却，观察试管中是否有沉淀物生成。记录实验现象。

六、注意事项

(1)在取肝前，鸡最好饱食，使肝中有高含量的糖原。

(2)肝取出后，其糖原会快速分解，因此应抓紧时间操作，用三氯乙酸处理。若太长时间不处理，肝糖原分解殆尽，可能检测不到肝糖原。

七、思考题

(1)糖原的水解产物是什么？

(2)试述本实验提取肝糖原的原理。

实验四　蒽酮比色定糖法

一、实验目的

了解利用蒽酮比色法的测定原理，掌握其测定糖含量的技术。

二、实验原理

在强酸的存在下，单糖能够脱水而生成糠醛类化合物。不同的单糖脱水后生成的糠醛类化合物有所不同。例如，图 4-2 所示的戊糖和己糖的脱水反应。

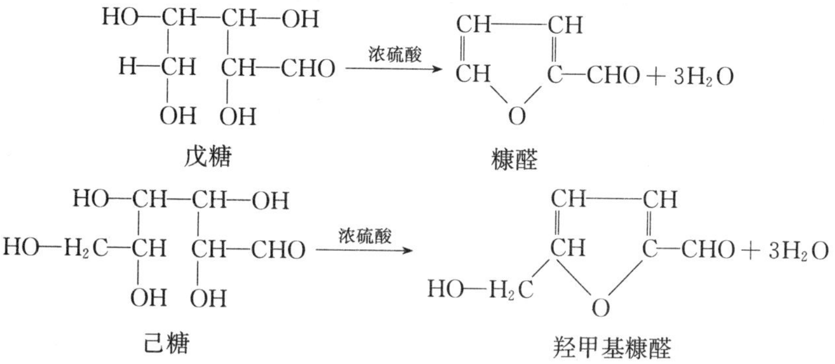

图 4-2 戊糖和己糖的脱水反应

单糖脱水形成的糠醛类化合物能与蒽酮脱水缩合，形成具有蓝绿色的糠醛类衍生物（图 4-3），这类物质在 620 nm 波长有强吸收。在 10～100 μg 的范围内，这类物质的吸光度与其浓度成正比例。因此，可以利用这种方法测定糖的含量。

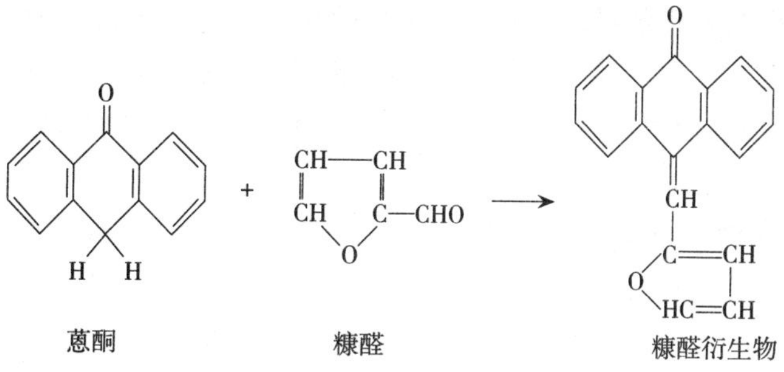

图 4-3 糠醛与蒽酮的缩合反应

这种方法灵敏度较高，可以检测到 10 μg 糖的含量。

三、实验仪器和用品

1. 仪器 可见光分光光度计、电子天平、恒温水浴锅、电炉等。
2. 用品 锥形瓶（50 mL×1）、试管（10 支）、试管架、试管夹、漏斗、滤纸若干、容量瓶（50 mL×2）、吸管（1 mL×3、2 mL×1、5 mL×1）、洗耳球、烧杯、量筒、冰水。

四、实验材料和试剂准备

1. 实验材料 采用甘蔗茎、萝卜块根等植物材料。
2. 试剂准备
（1）浓硫酸。
（2）100 μg/mL 标准葡萄糖溶液。准确称取葡萄糖 100 mg，溶解在蒸馏水中，定容到 100 mL。
（3）蒽酮试剂。准确称取 0.2 g 蒽酮，溶解在 100 mL 浓硫酸中。现配现用。

五、实验步骤

1. 葡萄糖标准曲线的绘制 取 7 支试管，编号 1~7，按表 4-4 加入试剂。

表 4-4 绘制葡萄糖标准曲线加量

项 目	试管编号						
	1	2	3	4	5	6	7
葡萄糖标准溶液(mL)	0	0.1	0.2	0.4	0.6	0.8	1.0
蒸馏水(mL)	1.0	0.9	0.8	0.6	0.4	0.2	0.0
蒽酮试剂(mL)	4	4	4	4	4	4	4
立即在冰水中冷却							
葡萄糖含量(μg)	0	10	20	40	60	80	100
吸光度(A)	0						

在各支试管中加入蒽酮试剂后立即将试管放到冰水中冷却。然后将各试管放进沸水浴中保温 10 min。保温后取出用流水冷却，放置 10 min 后在分光光度计上用 620 nm 波长比色，以第一支管调零。记录各管的吸光度(A)。然后用表 4-4 中的葡萄糖含量数据为横坐标，以各管的相应吸光度为纵坐标作图，得标准曲线。注意，标准曲线要经过原点。

2. 植物样品中可溶性糖的提取 准确称取植物材料 1 g，剪碎，放到 50 mL 锥形瓶中，加 25 mL 煮沸的蒸馏水，然后将锥形瓶放到沸水浴中保温 10 min。取出冷却后，过滤到 50 mL 的容量瓶中，用蒸馏水定容到 50 mL。从中吸取 2 mL，放到另一个 50 mL 容量瓶中，用蒸馏水定容到 50 mL，摇匀待测。

3. 样品中可溶性糖的测定 取试管 3 支，编号 1~3。按照表 4-5 中步骤加入试剂和处理。

表 4-5 可溶性糖的测定加量

项 目	试管编号		
	1	2	3
样品提取液(mL)	0	1	1
蒸馏水(mL)	1	0	0
蒽酮试剂(mL)	4	4	4
立即在冰水中冷却			

将各试管放进沸水浴中保温 10 min。保温后取出用流水冷却，放置 10 min 后在分光光度计上用 620 nm 波长比色，以第一支管调零。记录各管的吸光度(A)。根据 A 值在标准曲线中查找对应的糖含量。

六、结果与计算

根据下式计算样品含糖量：

$$样品含糖量 = \frac{从标准曲线查到的含糖量(\mu g) \times 稀释倍数}{样品质量(g) \times 10^6} \times 100\%$$

式中，稀释倍数要算准确。根据提取过程，稀释倍数应是：
$$50 \times (50 \div 2) = 1\,250(倍)$$

七、注意事项

(1) 糖类不同，其与蒽酮显色的稳定性有差异，故加热和比色时间应严格控制。若操作疏忽就会引起误差。

(2) 蒽酮试剂不稳定，应该现配现用。

八、思考题

(1) 加入蒽酮试剂时为什么要放到冰水中冷却？
(2) 用水提取的糖类有哪些？

实验五　粗纤维的测定——酸性洗涤剂法

一、实验目的

粗纤维包括纤维素、半纤维素、木质素、果胶物质等。许多食品都含有粗纤维。测定某种食品的粗纤维含量，可以对其营养价值进行评价。本实验要求同学们掌握利用十六烷基三甲基溴化铵酸性洗涤剂法提取和测定粗纤维的技术。

二、实验原理

十六烷基三甲基溴化铵(cetyltrimethylammonium bromide，CTAB)是一种表面活性剂。将这种表面活性剂溶解在一定浓度的硫酸中，用其处理植物材料(如水果等)能将植物材料中的蛋白质、核酸等成分水解和乳化，进而除去这些物质。而样品中的粗纤维成分基本不受破坏。因此，将植物样品用CTAB硫酸溶液煮沸后，过滤，去除酸液和可溶部分，从剩下的残渣量可以计算粗纤维的含量。

三、实验仪器和用品

1. 仪器　电子天平、250 mL回流装置1套、电炉、粉碎机、100目网筛、干燥箱等。
2. 用品　量筒(100 mL×1)、玻璃坩埚滤器(2个)等。

四、实验材料和试剂准备

1. 实验材料　采用苹果、杨桃、香蕉等水果或其他材料，切片后在干燥箱中用65~70 ℃烘干，粉碎，过100目筛。所得粉末备用。

2. 试剂准备

(1) 0.50 mol/L的H_2SO_4溶液。量取浓硫酸(相对密度1.86)27.1 mL，慢慢加入500 mL蒸馏水中，边加边搅拌，定容至1 000 mL。

(2) 酸性洗涤剂的配制。准确称取十六烷基三甲基溴化铵20 g，加到1 000 mL 0.50 mol/L的H_2SO_4溶液中，慢慢搅拌，使之溶解。

(3) 丙酮。

五、实验步骤

(1)准确称取样品粉末 1 g,放进回流装置的 250 mL 锥形瓶中,加入酸性洗涤剂 100 mL。

(2)装上回流装置,接通回流,在锥形瓶加热,使锥形瓶的溶液在 5~10 min 内沸腾。控制温度,使锥形瓶内溶液处于缓慢沸腾状态。回流持续 1 h。

(3)将玻璃坩埚滤器称重,记录其质量(W_1)。

(4)取下锥形瓶,将锥形瓶内的溶液倒进玻璃坩埚滤器中,减压抽滤。

(5)抽干液体后,用玻璃棒将滤器中的沉淀物搅碎,用 90 ℃ 热水淋洗沉淀物 2~3 次。

(6)抽干水后,用丙酮淋洗沉淀 2~3 次,直至流出的滤液无色为止。

(7)将玻璃坩埚滤器放进干燥箱中,用 70 ℃ 烘干。冷却后称重,记录质量(W_2)。

六、结果与计算

利用下列式子计算样品中粗纤维的含量:

$$样品粗纤维含量 = \frac{W_2 - W_1}{干样品质量} \times 100\%$$

式中,W_1 是玻璃坩埚滤器的质量(g);W_2 是烘干产品后坩埚滤器和产品的质量(g)。

七、注意事项

实际测定时,一般需要做 2~3 次重复。

八、思考题

(1)试述本实验的原理。

(2)测定粗纤维含量前为什么要将样品烘干并粉碎?

第五章 脂　　类

实验六　植物叶片在衰老过程中过氧化脂质含量的变化

一、实验目的

(1) 掌握丙二醛含量测定的实验原理及方法。
(2) 熟悉试剂配制及掌握分光光度计的使用。

二、实验原理

衰老是成熟细胞有序降解最终导致死亡的一系列衰退过程。高等植物的叶片衰老是一个复杂的过程，叶片衰老最明显的外观标志是植物叶色由绿色变黄色直到脱落，而在细胞水平上表现为叶绿体的解体、叶绿素含量下降、蛋白质等多种内容物的释放、光合磷酸化能力降低、膜脂过氧化加剧、游离氨基酸积累、腐胺含量上升而精胺含量下降、细胞分裂素(CTK)含量下降、脱落酸(ABA)含量上升、多种酶活性改变等。

植物体在正常代谢过程中可通过多种途径产生活性氧。这些活性氧包括：$\cdot O_2^-$、$\cdot OH^-$、H_2O_2、ROOH 和 RO·。它们能使细胞受到伤害，如能导致酶失活，破坏 DNA 结构，对 DNA 复制造成损伤，妨碍蛋白质合成，启动膜脂过氧化连锁反应，使维持细胞区域化的膜系统受损或瓦解。许多研究表明，膜脂过氧化是细胞衰老的直接而重要的原因，它不仅能连续诱发脂质的过氧化作用，而且还可使蛋白质脱 H^+ 而产生蛋白质自由基，使蛋白质分子发生链式聚合，从而使细胞膜变性，最终导致细胞损伤或死亡。丙二醛(MDA)是膜脂过氧化的主要产物之一，因此可作为判断膜脂过氧化程度以及叶片衰老程度的重要指标。

丙二醛在酸性和高温条件下可与硫代巴比妥酸(TBA)形成红棕色的三甲双酮(3,5,5-三甲基噁唑-2,4 二酮)，其在 532 nm 处有最高吸收峰，因此可根据其在 532 nm 处的吸光度计算出细胞中丙二醛的含量。丙二醛含量的多少则代表细胞膜损伤程度的大小，从而指示叶片衰老的程度。

虽然该方法自 1944 年由 Kohn 和 Liversedgd 提出后即应用于食品和生物材料中脂类氧化的检测和定量，其应用程度居所有测试方法之首，但是该试验的特异性一直受到争议，其原因有三：a. 丙二醛仅仅是脂类氧化的某些初级和次级产物再降解形成的低相对分子质量终产物中的其中一种；b. 只有含有 3 个或 3 个以上双键的多聚不饱和脂肪酸才能进行一系列环化反应继而生成丙二醛；c. 可溶性糖与 TBA 反应的产物在 532 nm 处也有吸收。也有研究表明，当植物叶片衰老到一定程度后，MDA 含量难以表现出高叶龄叶片中 MDA 含量大于低叶龄叶片中 MDA 含量的规律性变化。

三、实验仪器和用品

1. 仪器　分光光度计、电子天平、恒温水浴锅等。
2. 用品　量筒、试管、研钵、剪刀等。

四、实验材料和试剂准备

1. 实验材料　采用小麦、木瓜或烟草叶片。

2. 试剂准备

(1) 20%的三氯乙酸。称取三氯乙酸 20 g，溶解并定容到 100 mL。

(2) 0.5%硫代巴比妥酸。称取硫代巴比妥酸 0.5 g，溶于 100 mL 的 20%三氯乙酸中。

五、实验步骤

(1) 分别摘取实验植株上不同叶位的叶片，洗净擦干，剪碎。

(2) 称取每一个叶位的碎叶各 0.2 g 分别放研钵中，加入少许石英砂和 2 mL 蒸馏水，研磨成匀浆，并将匀浆转移到试管中，再用 3 mL 蒸馏水分两次冲洗研钵，合并提取液。每一个叶位的材料各做两个重复。

(3) 向提取液中加入 5 mL 0.5%硫代巴比妥酸溶液，摇匀。

(4) 将试管放入沸水浴中，自试管内溶液中出现小气泡开始计时 10 min，完毕立即将试管取出并放入冷水浴中。

(5) 待试管内溶液冷却后，8 000 r/min 离心 15 min，取上清液并定容到 10 mL。

(6) 以 0.5%硫代巴比妥酸溶液为空白样调零，测各管在 532 nm 和 600 nm 处的吸光度。

六、结果与计算

叶片中过氧化脂质的含量计算：

$$过氧化脂质含量[\text{mmol/g 鲜重}] = \frac{(A_{532}-A_{600}) \times V}{155 \times W}$$

式中，V 为上清液总体积；155 为 1 mmol 三甲双酮在 532 nm 的吸光系数；W 为称取植物材料的鲜重(g)。

由所计算得到的数据，比较不同叶位的叶片中过氧化脂质含量的高低，说明不同衰老程度的叶片中过氧化脂质含量的变化。

七、思考题

(1) 哪些因素影响细胞膜的完整程度？试说明细胞膜的完整程度与细胞衰老的关系。

(2) 细胞衰亡有何积极意义？

实验七　血清胆固醇含量的测定——磷硫铁法

一、实验目的

(1) 掌握血清胆固醇总量测定的实验原理。

(2) 掌握血清胆固醇总量测定的实验操作。

(3) 了解血清胆固醇总量测定的临床意义。

二、实验原理

胆固醇又称为胆甾醇，是一种环戊烷多氢菲的衍生物。早在 18 世纪，人们已从胆石中发现了胆固醇，1816 年化学家本歇尔将这种具脂类性质的物质命名为胆固醇。胆固醇广泛存在于动物体内，尤其以脑及神经组织中最为丰富，在肾、脾、皮肤、肝和胆汁中含量也较高。其溶解性与脂肪类似，不溶于水，易溶于乙醚、氯仿等溶剂。胆固醇是动物组织细胞所不可缺少的重要物质，它不仅参与形成细胞膜，而且是合成胆汁酸、维生素 D 以及甾体激素的原材料。

血液中的胆固醇绝大多数都是以和脂肪酸结合的胆固醇酯形式存在，其存在形式包括高密度脂蛋白胆固醇、低密度脂蛋白胆固醇、极低密度脂蛋白胆固醇几种，仅有 10% 不到的胆固醇是以游离态存在的。高密度脂蛋白有助于清除细胞中的胆固醇，而低密度脂蛋白超标一般被认为是心血管疾病的前兆。血液中胆固醇含量每单位为 140~199 mg，是比较正常的胆固醇水平。胆固醇在体内有着广泛的生理作用，但当其过量时便会导致高胆固醇血症，对机体产生不利的影响。现代研究已发现，动脉粥样硬化、静脉血栓形成及胆石症与高胆固醇血症有密切的相关性。自然界中的胆固醇主要存在于动物体内，植物中没有胆固醇，但存在结构上与胆固醇十分相似的物质——植物固醇。

血清中胆固醇的含量测定方法有多种，如化学法、酶法、同位素稀释-质谱分析法等，磷硫铁法测定血清中胆固醇含量操作简便，精确度较高。血清经无水乙醇处理，产生蛋白质沉淀，胆固醇及其酯则溶于其中。在乙醇提取液中，加磷硫铁试剂（即浓硫酸和三价铁溶液），胆固醇及其酯与试剂形成比较稳定的紫红色化合物，呈色程度与胆固醇及其酯含量成正比，可用分光光度计(560 nm)进行定量测定。

三、实验仪器和用品

1. 仪器 离心机、分光光度计、电子天平等。
2. 用品 试管、移液管等。

四、实验材料和试剂准备

1. 实验材料 采用动物（兔等）的血清。
2. 试剂准备

(1) 10% $FeCl_3$。称取 10 g $FeCl_3 \cdot 6H_2O$ 溶于 85%~87% 浓磷酸中，然后定容至 100 mL，存于棕色瓶内。

(2) 磷硫铁试剂。取 10% $FeCl_3$ 溶液 1.5 mL，以浓硫酸定容至 100 mL，存于棕色容量瓶中。

(3) 1.0 mg/mL 胆固醇标准贮液。称取胆固醇 100 mg，溶于无水乙醇中，定容至 100 mL，于棕色瓶低温贮存。

(4) 0.05 mg/mL 胆固醇标准溶液。取 2.5 mL 胆固醇标准贮液，用无水乙醇定容至 50 mL。

五、实验步骤

1. 胆固醇的提取 吸取 0.2 mL 血清置于干燥离心管中，加无水乙醇 4.8 mL（向管底吹入以冲散血清使蛋白质成细颗粒），加盖，用力振荡或涡旋 10 s，静置 5 min，然后 3 000 r/min 离心 5 min。取出上清液，备用。

2. 比色测定　取 4 支干燥试管，编号，分别按表 5-1 添加试剂：

表 5-1　胆固醇测定加量

试剂	试　管			
	空白管	标准管	样品管Ⅰ	样品管Ⅱ
无水乙醇(mL)	2.0	—	—	—
胆固醇标准液(mL)	—	2.0	—	—
血清乙醇提取液(mL)	—	—	2.0	2.0
磷硫铁试剂(mL)	2.0	2.0	2.0	2.0

摇匀各管，室温放置 20 min 后，560 nm 下比色。

六、结果与计算

血清胆固醇的含量计算：

$$每 100 \text{ mL} \text{ 血清胆固醇含量}(\text{mg}) = \frac{样品液 A_{560}}{标准液 A_{560}} \times 0.05 \times \frac{100}{0.04}$$

式中，0.04 表示 1 mL 血清胆固醇乙醇提取液相当于 0.04 mL 的血清；0.05 表示胆固醇标准溶液的浓度，单位为 mg/mL；100 为血清的体积，单位为 mL。

临床意义：正常人每 100 mL 血清胆固醇含量范围 100～250 mg。年轻的成年人若每 100 mL 血清胆固醇含量等于或大于 300 mg，这是冠心病的标志。其他疾病如肾炎、糖尿病、黏液性水肿和黄瘤也呈血清胆固醇高水平。

七、注意事项

(1) 实验操作中，应小心操作浓硫酸、浓磷酸。

(2) 磷硫铁试剂应沿试管壁缓慢加入，如室温过低(15 ℃以下)可先将离心管上清液置 37 ℃恒温水浴中片刻，然后加磷硫铁试剂显色，分成两层后，轻轻旋转试管，均匀混合。

(3) 所用试管、比色杯均必须干燥，如吸收水分，会影响呈色反应。

(4) 呈色稳定仅约 1 h。

(5) 胆固醇含量过高时，应先将血清用生理盐水稀释后再测定，其结果乘以稀释倍数。

八、思考题

胆固醇在人体内有何功能？

实验八　血清三酰甘油含量的测定——乙酰丙酮显色法

一、实验目的

(1) 学习用乙酰丙酮显色法测定血清三酰甘油的原理及方法。

(2) 熟悉试剂配制及掌握分光光度计使用。

二、实验原理

血清三酰甘油（TG）是血脂的成分之一，由 3 分子脂肪酸和 1 分子甘油酯化而成，是体内能量的主要来源。血液中的三酰甘油主要从食物中通过肠道摄取，同时肝是合成三酰甘油的主要器官。测定血清三酰甘油水平主要用于了解机体内三酰甘油代谢状况、高三酰甘油血症诊断和评价冠心病危险、代谢综合征的诊断。血清 TG 测定方法一般可分为化学法、酶法和色谱法三大类。早期测定方法是以总脂质与胆固醇和磷脂之差估算。化学法是用有机溶剂抽提标本中的三酰甘油，去除抽提液中磷脂等干扰物后，用碱水解（皂化）三酰甘油，以过碘酸氧化甘油生成甲醛，然后用显色反应测甲醛。用酶法检测血清三酰甘油含量方法较多，但一般都包括 3 个基本步骤：首先水解三酰甘油生成甘油和脂肪酸；接着是转化，该步骤一般只用一种酶，如甘油激酶，将甘油磷酸化以进行下一步反应，或者生成中间待测物；最后是有色染料（常为醌亚胺等）或者紫外吸收物质的形成，再通过分光光度法测定相应的三酰甘油浓度。

本方法用正庚烷-异丙醇选择提取血清中的三酰甘油，用氢氧化钾皂化得到甘油，甘油被过碘酸氧化生成甲醛，最后甲醛与乙酰丙酮在氨的存在下，反应生成黄色的 3,5-二乙酰-2,6-二甲基吡啶化合物。用相同方法处理标准品后同时比色测定，则可求得样品中三酰甘油含量。

三、实验仪器和用品

1. 仪器　分光光度计、电子天平、恒温水浴锅、涡旋混合仪等。
2. 用品　量筒、试管、移液枪等。

四、实验材料和试剂准备

1. 实验材料　采用动物（兔等）血清。
2. 试剂准备

（1）提取液。将正庚烷、异丙醇按 2∶3.5 比例混合使用。此液可选择性地提取血清中的 TG。加入稀硫酸后将磷脂溶入水相中，省去吸附除去磷脂的步骤。

（2）皂化剂。称取 6 g KOH，溶于 60 mL 蒸馏水中，加入 40 mL 异丙醇，混匀后置于棕色瓶中，室温保存。

（3）氧化剂。称取 130 mg 过碘酸钠，溶于约 50 mL 蒸馏水中，先加入 8 g 无水乙酸铵，待完全溶解后再加入 6 mL 冰乙酸，最后加水至 100 mL，混匀，置于棕色瓶备用。

（4）显色剂。取 0.4 mL 乙酰丙酮，加异丙醇至 100 mL，混匀，置于棕色瓶中备用。

（5）三酰甘油标准液（1.13 mmol/L）。准确称取三酰甘油 100 mg，用提取液稀释至 100 mL，置于冰箱保存备用。

（6）0.04 mol/L H_2SO_4。吸取浓硫酸（95%～98%）0.22 mL，用蒸馏水定容至 100 mL。

五、实验步骤

（1）取干净试管 3 支，设为空白管、标准管、测定管，按表 5-2 操作：

表 5-2　TG 含量的测定加样

试剂	空白管	标准管	测定管
血清(mL)	—	—	0.2
三酰甘油标准液(mL)	—	0.2	—
蒸馏水(mL)	0.2	0.2	—
提取液(边加边摇，mL)	2.5	2.3	2.5
0.04 mol/L H_2SO_4 (mL)	0.5	0.5	0.5

(2)将上述各管充分振摇 20 min，静置分层后，再按表 5-3 操作：

表 5-3　TG 含量的测定补充试剂

试剂	空白管	标准管	测定管
各管上层提取液(mL)	0.3	0.3	0.3
异丙醇(mL)	1.0	1.0	1.0
皂化剂(mL)	0.3	0.3	0.3
涡旋 30 s，放入 65 ℃水浴 3 min			
氧化剂(mL)	1.0	1.0	1.0
显色剂(mL)	1.0	1.0	1.0

(3)充分摇匀，放入 65 ℃水浴 15 min，取出冷却至室温；以"空白管"调零，在 420 nm 波长测定各管吸光度(A_{420})。

六、结果与计算

用下式计算三酰甘油的含量，$A_{测}$ 是测定管的吸光度，$A_{标}$ 是标准管的吸光度，1.13 是三酰甘油标准液的浓度（mmol/L）：

$$三酰甘油(mmol/L) = \frac{A_{测}}{A_{标}} \times 1.13$$

正常成人空腹血脂参考范围：0.11~1.69 mmol/L(或 10~150 mg/L)。

七、注意事项

(1)实验过程中每加一次试剂必须充分摇匀。

(2)提取时充分摇匀后静置，待完全分层后才能吸取上层液体，并注意不要带出下层液体，否则显色时将发生浑浊。

(3)葡萄糖、胆红素以及严重溶血对测定结果无明显影响。抗凝剂如肝素、EDTA-Na_2 和草酸钠对测定结果也无干扰，但柠檬酸钠在通常浓度下即可使结果偏低。

(4)皂化、氧化与显色的温度和时间对吸光度均有影响。因此，每批标本都需要设标准管，而不宜从标准曲线直接查出结果。

(5)血清三酰甘油含量在 3.39 mmol/L 以下时，其吸光度和浓度成直线关系。含量高时，应将血清稀释后再行测定。

八、思考题

(1)与血脂升高有关的疾病有哪些？

(2) 为什么随年龄的增长，血清中的三酰甘油有逐步升高的趋势？

实验九　血清中游离脂肪酸含量的测定

一、实验目的

(1) 学习血清中游离脂肪酸含量的测定原理及方法。
(2) 熟悉试剂配制及掌握分光光度计使用。

二、实验原理

脂肪酸(fatty acid)是指一端含有一个羧基的脂肪族碳氢链，是最简单的一种脂，是中性脂肪、磷脂和糖脂的主要成分。脂肪酸是动物和人体重要的营养和代谢物质，对调节体内各项生理和生物功能起着重要的作用。低级的脂肪酸是无色液体，有刺激性气味，高级的脂肪酸是蜡状固体，无可明显嗅到的气味。脂肪酸包括饱和脂肪酸、单不饱和脂肪酸及多不饱和脂肪酸。

游离脂肪酸又称为非酯化脂肪酸(nonesterified fatty acid，NEFA/FFA)，是由油酸、软脂酸、亚油酸等组成的，大部分游离脂肪酸与清蛋白结合，存在于血液中。血清中游离脂肪酸的浓度与脂类代谢、糖代谢、内分泌功能有关，游离脂肪酸的浓度会因为糖尿病、重症肝障碍、甲状腺功能亢进等疾病而上升，因此一些重要的游离脂肪酸，如花生四烯酸等不饱和脂肪酸含量的异常变动，是判断病情发展的重要依据。

血清中的游离脂肪酸含量测定方法主要有毛细管气相色谱法、酶法、铜皂法等，本实验根据游离脂肪酸能与铜离子结合形成脂肪酸的铜盐，该产物能溶于氯仿中，与显色剂发生反应后最终产物在 440 nm 具有最大光吸收的原理进行游离脂肪酸含量的测定。

三、实验仪器和用品

1. 仪器　分光光度计、电子天平、离心机等。
2. 用品　具塞离心管、容量瓶、试管、移液管等。

四、实验材料和试剂准备

1. 实验材料　采用动物(兔、鸡等)血清。
2. 试剂准备

(1) 0.02 mol/L pH 6.4 的磷酸二氢钾-磷酸氢二钠缓冲液。
(2) 显色剂。称取二乙基二硫代氨基甲酸钠 100 mg，溶解到正丁醇中，用正丁醇定容至 100 mL。
(3) 铜试剂。将 1 mol/L 醋酸溶液、1 mol/L 三乙醇胺溶液、6.45% 硝酸铜溶液按 1∶9∶10 比例混合。
(4) 棕榈酸标准液(1 mmol/L)。准确称取棕榈酸 25.6 mg，置于 100 mL 容量瓶中，用氯仿溶液稀释至刻度。

五、实验步骤

取 4 支试管，分别标记空白管、标准管、测定管 1、测定管 2。按表 5-4 依次加入试剂：

表 5-4 加样量

试剂	离心管编号			
	空白管	标准管	测定管 1	测定管 2
血清(mL)	—	—	0.3	0.3
棕榈酸标准液(mL)	—	0.3	—	—
蒸馏水(mL)	0.3	0.3	—	—
pH 6.4 磷酸盐缓冲液(mL)	1.0	1.0	1.0	1.0
铜试剂(mL)	2.0	2.0	2.0	2.0
氯仿(mL)	6.0	5.7	6.0	6.0

加试管塞，振荡摇匀，静置 10 min 后 3 000 r/min 离心 5 min，仔细吸去上层液体及蛋白质凝块，吸出下层氯仿液，加入另外 4 支试管中(表 5-5)。

表 5-5 补加试剂

试剂	离心管编号			
	空白管	标准管	测定管 1	测定管 2
下层氯仿液(mL)	4.0	4.0	4.0	4.0
显色剂(mL)	0.5	0.5	0.5	0.5

各试管充分混合，放置 5 min，以空白管调零，于 440 nm 进行比色测定标准管和两支测定管的吸光度。两支测定管的吸光度求平均值。

六、结果与计算

$$待测血清游离脂肪酸含量(\mu mol/L) = \frac{测定管吸光度的平均值 \times 1\,000}{标准管吸光度}$$

七、注意事项

(1)血清中含游离脂肪酸的量极微，易受生理变化的影响，如饥饿、运动可使其含量升高；饲喂后可使其含量降低，故测定时应该考虑这些影响。

(2)用氯仿提取 FFA 时，加入 pH 6.4 磷酸盐缓冲液可消除磷脂的干扰，但此 pH 不是脂肪酸的铜盐形成的最适条件，故可能使测定结果偏低。

(3)显色前吸取氯仿层时，氯仿层必须清澈，否则结果偏高。

(4)胆红素可被氯仿抽提而干扰比色，故溶血样品不适用此法。

(5)氯仿操作尽量在通风橱进行。

八、思考题

不饱和脂肪酸有哪些生理功能？

第六章 氨基酸和普通蛋白质

实验十 甲醛滴定法测定氨基酸含量

一、实验目的

(1) 掌握甲醛滴定法测定氨基酸含量的原理。
(2) 熟悉滴定操作。

二、实验原理

氨基酸具有酸性的羧基和碱性的氨基，是两性电解质，不能直接用碱滴定氨基酸的羧基。—NH_3^+ 是弱酸，完全解离时 pH 为 11~12 或更高，若用碱滴定所释放的 H^+ 来测量氨基酸，一般指示剂变色域小于 10，很难准确指示滴定终点。常温下，甲醛可与氨基酸的氨基结合，生成羟甲基化合物，使—NH_3^+ 上的 H^+ 游离出来，这样就可以用碱滴定放出的 H^+，测定氨基氮，从而计算出氨基酸的含量（图 6-1）。

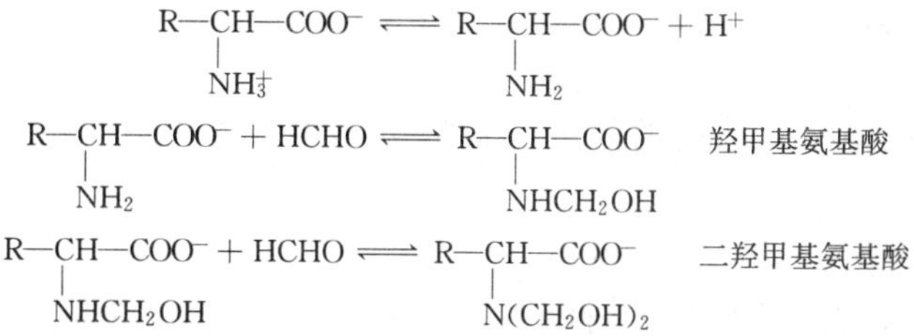

$$R-CH(NH_3^+)-COO^- \rightleftharpoons R-CH(NH_2)-COO^- + H^+$$

$$R-CH(NH_2)-COO^- + HCHO \rightleftharpoons R-CH(NHCH_2OH)-COO^- \quad 羟甲基氨基酸$$

$$R-CH(NHCH_2OH)-COO^- + HCHO \rightleftharpoons R-CH(N(CH_2OH)_2)-COO^- \quad 二羟甲基氨基酸$$

图 6-1 甲醛与氨基酸反应

如果样品中只含某一种已知氨基酸，由甲醛滴定的结果即可算出该氨基酸的含量。如果样品是多种氨基酸的混合物（如蛋白质水解液），则滴定结果不能作为氨基酸的定量依据。此外，脯氨酸与甲醛作用后，生成不稳定化合物，导致滴定结果偏低；酪氨酸的酚基结构，又会使滴定结果偏高。甲醛滴定法常用来测定蛋白质的水解程度，随着水解程度的增加，滴定值增加，当水解完全后，滴定值不再增加，保持恒定。

三、实验仪器和用品

1. 仪器 铁架台、滴定管夹等。
2. 用品 锥形瓶(100 mL×3)、移液管(2.0 mL×2、5.0 mL×2、10.0 mL×1)、洗耳球、碱式滴定管等。

四、实验材料和试剂准备

(1) 1% 甘氨酸溶液。称取 1 g 甘氨酸，溶解后用蒸馏水定容至 100 mL。
(2) 0.5% 酚酞乙醇溶液。称取 0.5 g 酚酞溶于 100 mL 60% 乙醇溶液中。

(3)0.05%溴麝香草酚蓝溶液。称取 0.05 g 溴麝香草酚蓝溶于 100 mL 20%乙醇溶液中。

(4)中性甲醛溶液。量取甲醛溶液 50 mL,加入 0.5%酚酞乙醇溶液约 3 mL,再滴加 0.1 mol/L NaOH 溶液,直至溶液呈微红,临用前配制。

(5)0.100 mol/L 标准氢氧化钠溶液。

五、实验步骤

取 3 个 100 mL 锥形瓶编号,按表 6-1 加入试剂。

表 6-1 加样量

试 剂	锥形瓶编号		
	样品 1	样品 2	空白
1%甘氨酸溶液(mL)	2.0	2.0	0
蒸馏水(mL)	5.0	5.0	7.0
中性甲醛溶液(mL)	5.0	5.0	5.0
0.05%溴麝香草酚蓝溶液(滴)	2	2	2
0.5%酚酞乙醇溶液(滴)	4	4	4

混匀后,用 0.100 mol/L 标准氢氧化钠溶液滴定至紫色(pH 8.7~9.0)。记录下滴定每瓶溶液所消耗的氢氧化钠溶液的体积。

六、结果与计算

先求出样品 1 和样品 2 消耗的氢氧化钠溶液体积的平均值,然后代入下面公式进行计算。

$$m=(V_1-V_0)\times 1.400\,8/2$$

式中,m 为 1 mL 氨基酸溶液中含氨基氮的质量(mg);V_1 为滴定样品消耗标准 NaOH 溶液的体积(mL);V_0 为滴定空白样消耗标准 NaOH 溶液的体积(mL);1.400 8 为 1 mL 0.100 mol/L NaOH 溶液相当的氮量(mg/mL)。

七、注意事项

中性甲醛溶液应在临用前配制,如已放置一段时间,则使用前必须重新中和。

八、思考题

(1)甲醛滴定法测定氨基酸含量的原理是什么?

(2)为什么氢氧化钠溶液滴定氨基酸—NH_3^+ 上的 H^+ 时,不能用一般的酸碱指示剂?

实验十一 茚三酮显色法测定氨基酸含量

一、实验目的

(1)学习茚三酮显色法测定氨基酸含量的原理。

(2)掌握分光光度计的使用方法及工作原理。

二、实验原理

氨基酸或多肽与茚三酮(水合茚三酮)在弱酸性的条件下共热,发生氧化、脱氨、脱羧反应,氨基酸被氧化,生成 NH_3、CO_2 和醛,而茚三酮被还原,生成还原型茚三酮,然后茚三酮(水合茚三酮)与氨和还原型茚三酮发生作用,生成蓝紫色化合物,生成的颜色在 1 h 内稳定(图 6-2)。该化合物在 570 nm 处有最大吸收峰,其颜色深浅与氨基酸含量在一定范围内呈线性关系。

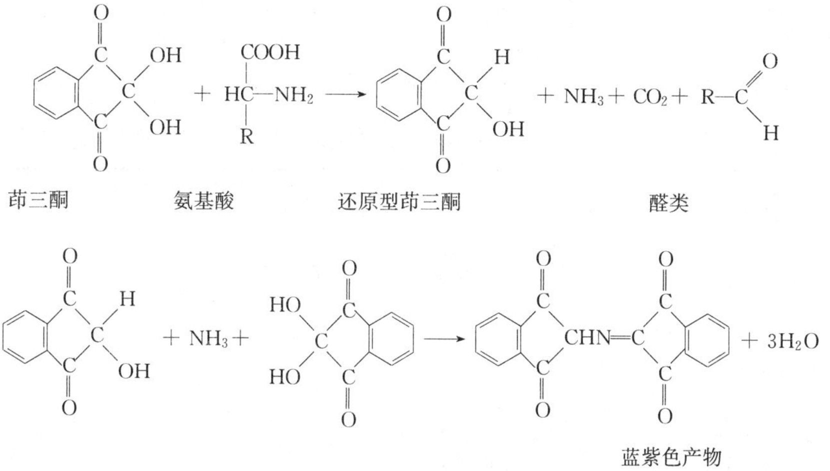

图 6-2 茚三酮反应

脯氨酸和羟脯氨酸这两种亚氨基酸与茚三酮反应并不释放出 NH_3,在酸性条件下,有氰化物存在时,生成黄色化合物,最大吸收峰在 440 nm;无氰化物存在时,生成红色化合物,最大吸收峰是 520 nm。

茚三酮反应灵敏度非常高,可以检测出 0.5~50 μg 的氨基酸,操作简便,广泛应用于氨基酸的定性和定量测定。

三、实验仪器和用品

1. 仪器 分光光度计、水浴锅、pH 计等。

2. 用品 具塞试管(10 mL×9)、移液管(0.2 mL×1、0.5 mL×1、1 mL×3、5 mL×1)、洗耳球、烧杯、容量瓶等。

四、实验材料和试剂准备

(1) 0.3 mmol/L 标准氨基酸溶液。以标准赖氨酸溶液为例。准确称取 43.86 mg 赖氨酸,溶解后用蒸馏水定容至 1 L。

(2) 2 mol/L 乙酸缓冲溶液(pH 5.4)。称取 164.06 g 无水乙酸钠,用蒸馏水溶解定容至 1 L,即为 2 mol/L 乙酸钠溶液;量取 11.5 mL 冰乙酸定容至 100 mL,即为 2 mol/L 乙酸溶液,将乙酸钠溶液与乙酸溶液按 43:7 的比例混合即为乙酸缓冲溶液,用 pH 计检查校正 pH。

(3) 茚三酮显色液。称取 0.85 g 茚三酮和 0.15 g 还原型茚三酮,用 100 mL 乙二醇甲醚溶解。还原型茚三酮的制备：称取 5 g 茚三酮（水合茚三酮），溶解在 125 mL 煮沸的蒸馏水中，得到黄色溶液。将 5 g 维生素 C 溶解在 250 mL 温的蒸馏水中。边加边搅拌，将维生素 C 溶液滴加到茚三酮溶液中，滴加过程中不断出现沉淀，滴加完后在室温下继续搅拌 15 min，然后放入冰箱冷却，过滤，沉淀用冷水洗涤 3 次，置于五氧化二磷真空干燥器中干燥。

(4) 60% 乙醇。量取 60 mL 无水乙醇，用蒸馏水定容至 100 mL。

(5) 样品溶液。0.5～50 μg/mL 氨基酸溶液。

五、实验步骤

1. 标准曲线的绘制 取 6 支干净的具塞试管，编号，按表 6-2 加入试剂。

表 6-2 加样量

试 剂	试管编号					
	1	2	3	4	5	6
标准氨基酸溶液(mL)	0	0.2	0.4	0.6	0.8	1.0
蒸馏水(mL)	1.0	0.8	0.6	0.4	0.2	0
乙酸缓冲溶液(mL)	1.0	1.0	1.0	1.0	1.0	1.0
茚三酮显色液(mL)	1.0	1.0	1.0	1.0	1.0	1.0
各管氨基酸含量(μmol)	0	0.06	0.12	0.18	0.24	0.30

将上述试剂添加完后，充分混匀，盖上塞子，在 100 ℃ 水浴中加热 15 min 后，用自来水冷却，放置 5～10 min 后，加 3 mL 60% 乙醇稀释。充分混匀后，以 1 号管作空白调零，于 570 nm 波长处比色测定吸光度（A_{570}）。以氨基酸含量为横坐标，A_{570} 为纵坐标，绘制标准曲线。

2. 样品的测定 取 3 支干净的具塞试管，编号，各加入 1 mL 样品溶液，再加入 1 mL 乙酸缓冲溶液和 1 mL 茚三酮显色液，充分混匀，盖上塞子，100 ℃ 水浴加热 15 min 后，用自来水冷却，放置 5～10 min 后，加 3 mL 60% 乙醇稀释。充分混匀后，以 1 号管作空白调零，于 570 nm 波长处比色测定吸光度（A_{570}）。根据标准曲线，查出样品中氨基酸含量。

六、结果与计算

先求 3 支样品管吸光度的平均值，然后从标准曲线图中查出样品的氨基酸含量。

七、注意事项

(1) 本实验必须在无氨环境中进行，一切试剂必须密封保存，以免被空气中的氨气污染。

(2) 茚三酮的纯度要求必须高于 99%，有时由于包装不好或放置不当常带微红色，配成的溶液也带红色，影响比色测定，必须重结晶后方可使用。

茚三酮重结晶方法：称取 5 g 茚三酮（水合茚三酮）溶于 15～25 mL 热蒸馏水中，加入 0.25 g 活性炭，轻轻搅拌，加热 30 min 后趁热过滤（漏斗最好先预热），滤液放入冰箱过夜。次日即可析出黄白色结晶，抽滤，结晶用 1 mL 冷水洗涤，置干燥器中干燥后，装入棕色玻璃瓶内保存。

(3)长期放置的乙二醇甲醚往往含有少量过氧化物,影响茚三酮溶液显色,用前必须除去。乙二醇甲醚的处理:称取 5 g 硫酸亚铁,加入 500 mL 乙二醇甲醚中,振荡 1~2 h,过滤,再进行蒸馏,收集沸程为 121~125 ℃的馏分,该无色透明液体即为乙二醇甲醚。
(4)加入乙醇稀释后应尽快进行比色。

八、思考题

(1)茚三酮显色法能否用于蛋白质的定性分析和定量测定?
(2)还有哪些测定氨基酸的方法?

实验十二 植物体内游离脯氨酸含量的测定

一、实验目的

近年来关于植物抗逆性与脯氨酸关系的研究很受重视,在通常情况下植物体内游离的脯氨酸含量很低,但在逆境(旱、热、冷、冻等)条件下,脯氨酸含量可猛增数十倍至上百倍。因此,植物体内游离脯氨酸的含量可作为植物抗逆性的一项生理生化指标。另外,植物花粉中游离脯氨酸含量的高低与植物的育性也有关系,有人把它作为植物育性的指标。故测定植物体内游离脯氨酸的含量具有重要的理论和实践意义。

二、实验原理

磺基水杨酸对脯氨酸有特定的反应,当用磺基水杨酸溶液处理植物样品时,脯氨酸便溶于其中。然后加酸性茚三酮,加热后,溶液呈红色反应。再用甲苯萃取,则红色物质全部转移至甲苯中。红色的深浅与脯氨酸的含量呈正比。可在 520 nm 波长下进行比色测定。根据标准曲线即可计算出样品中脯氨酸的含量。

三、实验仪器和用品

721 型分光光度计、恒温水浴、烧杯、移液管、容量瓶、具塞试管、大试管、注射器及穿刺针头 1 套等。

四、实验材料和试剂准备

1. 实验材料　采用植物叶片。
2. 试剂准备
(1)酸性茚三酮溶液。取 1.50 g 茚三酮,溶于 30 mL 冰醋酸和 20 mL 6 mol/L 磷酸溶液中,搅拌加热(70 ℃)溶解后冷却,置棕色试剂瓶中,于 4 ℃下其稳定性可保持 2 d。
(2)3%磺基水杨酸。取 3 g 磺基水杨酸加水溶解后,稀释至 100 mL。
(3)标准脯氨酸(分析纯)溶液。称取 10.0 mg 脯氨酸(Pro),置于小烧杯内,加少量蒸馏水,溶解后转入 100 mL 容量瓶中,烧杯内的残液用少量蒸馏水冲洗数次,冲洗液一并倒入容量瓶内,最后加蒸馏水稀释至刻度,其浓度为 100 μg/mL。再取此液 10 mL 用蒸馏水稀释至 100 mL,即成 10 μg/mL 的标准脯氨酸溶液。
(4)85%的磷酸。

(5)冰醋酸。
(6)甲苯。

五、实验步骤

1. 标准曲线的绘制

(1)系列标准脯氨酸溶液的配制。取具塞试管 7 支(编号),按表 6-3 分别加入各试剂。

表 6-3 标准曲线的绘制

项 目	试管编号						
	1	2	3	4	5	6	7
标准脯氨酸溶液(mL)	0	0.2	0.4	0.8	1.2	1.6	2.0
蒸馏水 (mL)	2.0	1.8	1.6	1.2	0.8	0.4	0
冰醋酸 (mL)	2	2	2	2	2	2	2
酸性茚三酮(mL)	3	3	3	3	3	3	3
Pro 含量(μg/mL)	0	1	2	4	6	8	10
吸光度 (A)							

(2)显色。将上述各试管摇均匀,加塞后在沸水上加热 30 min。

(3)提取。将各管取出冷却至室温后,向各管准确加入 5 mL 甲苯,剧烈振荡 0.5 min,静置片刻,使红色物质全部转移到甲苯溶液中去。

(4)测定。用注射器轻轻吸取各管内上层含脯氨酸的红色甲苯溶液,于分光光度计 520 nm 波长下进行比色测定,并记录各管的吸光度(A)。

(5)标准曲线的绘制。以 A 值为纵坐标、脯氨酸含量为横坐标,绘制出标准曲线。

2. 样品的测定

(1)样品中脯氨酸的提取。取待测的植物叶片(剪碎)0.500 g,放入大试管中,准确加入 3%磺基水杨酸溶液 5 mL,加盖,将试管浸入沸水浴中 10 min。

(2)显色。从水浴中取出大试管,冷却至室温,待管内碎片全部下沉后,从其中取 2 mL,置入具塞试管中,加入 2 mL 冰醋酸及 3 mL 酸性茚三酮试剂,加塞后在沸水浴中加热 30 min,然后取出。

(3)测定。待试管内溶液冷却至室温后,再向管内加入 5 mL 甲苯,振荡 0.5 min,静置使之分层后,用注射器吸取上层(红色)的甲苯溶液,于分光光度计 520 nm 波长下进行比色测定,并记录 A 值。

六、结果与计算

从标准曲线上查出样品液中脯氨酸的含量,按下式计算样品中脯氨酸含量。

$$c = \frac{P \times V}{W}$$

式中,c 为样品中脯氨酸含量(μg/g);V 为样品溶液总体积(mL);P 为样品溶液中脯氨酸含量(μg/mL);W 为样品质量(g)。

七、注意事项

(1)脯氨酸与茚三酮试剂于 100 ℃下的反应时间需严格控制,不宜过久,否则将产生沉淀。

(2)酸性茚三酮溶液最好现配现用。

(3)茚三酮用量与脯氨酸含量相关。当脯氨酸浓度在 10 μg/mL 时,显色液中茚三酮的尝试需达到 10 mg/mL,才能保证脯氨酸充分显色。

八、思考题

(1)测定植物体内游离脯氨酸有何意义?

(2)提取脯氨酸的方法有哪些?各有何优缺点?

实验十三 双缩脲法测定蛋白质的含量

一、实验目的

(1)掌握双缩脲法测定蛋白质浓度的原理和方法。

(2)掌握分光光度计的使用。

(3)了解分光光度计的工作原理。

二、实验原理

双缩脲(NH_2—CO—NH—CO—NH_2)是两个分子脲经 180 ℃左右加热,放出一个分子氨后得到的产物。在碱性溶液中,双缩脲能与 Cu^{2+} 作用,形成紫色络合物,该反应即为双缩脲反应(图 6-3)。双缩脲反应是肽和蛋白质所特有的而氨基酸所没有的一种颜色反应。凡有两个或两个以上肽键的化合物皆有双缩脲反应。该紫色络合物在 540 nm 处有最大吸收峰,其颜色深浅与蛋白质浓度成正比,而与蛋白质的相对分子质量和氨基酸的组成无关,可用比色法定量测定。该法测定蛋白质的浓度范围为 1~10 mg/mL。

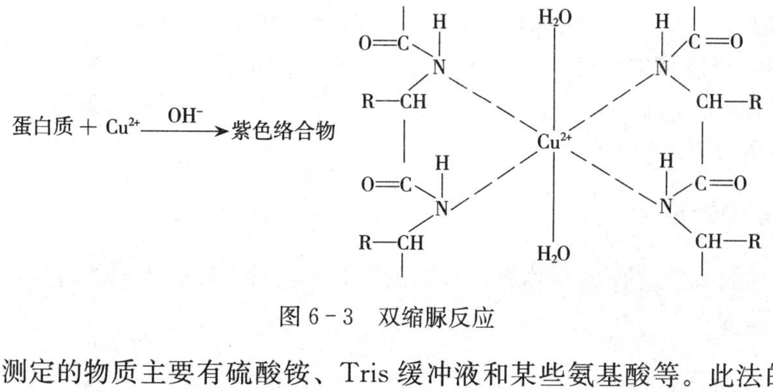

图 6-3 双缩脲反应

干扰这一测定的物质主要有硫酸铵、Tris 缓冲液和某些氨基酸等。此法的优点是较快速,不同的蛋白质产生颜色的深浅相近,干扰物质少;缺点是灵敏度差。因此,双缩脲法常用于需要快速但并不需要十分精确的测定。

三、实验仪器和用品

1. 仪器　分光光度计、恒温水浴锅等。
2. 用品　试管(9支)、移液管(0.2 mL×2、0.5 mL×2、1 mL×3、5 mL×1)。

四、实验材料和试剂准备

(1)标准蛋白质溶液(10 mg/mL)。准确称取结晶牛血清蛋白1.0 g，溶于蒸馏水，定容至100 mL。

(2)双缩脲试剂。称取1.5 g硫酸铜($CuSO_4 \cdot 5H_2O$)和6.0 g酒石酸钾钠溶于500 mL蒸馏水中，边搅拌边加入300 mL 10%的NaOH溶液，用水稀释至1 000 mL。此试剂可长期保存，如有黑色沉淀产生，应重新配制。

(3)血清稀释液。将鸡血清用水稀释10倍后置于冰箱保存备用。

五、实验步骤

1. 标准曲线的绘制　取6支干净的试管编号，按表6-4加入试剂。

表6-4　测定系统加样量

项目	试管编号					
	1	2	3	4	5	6
10 mg/mL 标准蛋白质溶液(mL)	0	0.2	0.4	0.6	0.8	1.0
蒸馏水(mL)	1.0	0.8	0.6	0.4	0.2	0
双缩脲试剂(mL)	4.0	4.0	4.0	4.0	4.0	4.0
	充分混匀后，在室温下放置15 min					
各管蛋白质含量(mg)	0	20	40	60	80	100
A_{540}	0.000					

以1号管为空白管调零，测540 nm波长下的吸光度，将测定结果写进表6-4中。以蛋白质含量为横坐标，A_{540}为纵坐标，绘制标准曲线(标准曲线过原点)。

2. 样品蛋白质浓度的测定　取3支试管编号，分别都加入1 mL血清稀释液和4 mL双缩脲试剂，充分混匀，室温下放置15 min后，用表6-4中的1号管调零，在540 nm波长处进行比色测定，记录吸光度。

六、结果与计算

求3支试管样品吸光度的平均值，对照标准曲线，查出样品蛋白质含量，并计算血清原液中的蛋白质含量：

$$M = \frac{X}{n}$$

式中，M是每毫升稀释血清中蛋白质含量(mg/mL)；X是样品的吸光度在标准曲线中对应的蛋白质含量(mg)；n是测定时吸取稀释血清的体积(mL)。

七、注意事项

(1) 应在显色后 30 min 内比色测定，且各管由显色到比色的时间应尽可能一致，30 min 后可能产生雾状沉淀。

(2) 样品中如果有大量脂肪性物质存在，会产生浑浊的反应混合物，可以用乙醇或石油醚来澄清溶液，离心后取上清液进行测定。

(3) 血清稀释液的吸光度应在标准曲线范围内，如大于 6 号管的吸光度，应稀释后再测。

八、思考题

(1) 双缩脲法能否测定含有不溶性蛋白质的样品？
(2) 双缩脲法测定蛋白质浓度的优缺点有哪些？

实验十四　考马斯亮蓝 G-250 法测定蛋白质的含量

一、实验目的

(1) 掌握考马斯亮蓝 G-250 法测定蛋白质含量的原理和方法。
(2) 掌握可见光分光光度计和离心机的使用。
(3) 了解分光光度计的工作原理。

二、实验原理

蛋白质含量的测定方法是生物化学研究中最基本、最常用的分析方法之一。考马斯亮蓝 G-250 法是在 1976 年由 Bradford 建立的，根据蛋白质与染料相结合的原理而设计。

考马斯亮蓝 G-250 是一种染料，在未结合蛋白质之前为棕褐色，最大吸收峰在 465 nm；在酸性溶液中与蛋白质结合后，溶液的颜色变为蓝色，最大吸收峰变为 595 nm。该蓝色化合物颜色的深浅与蛋白质的含量在一定范围内呈线性关系。染料与蛋白质的结合是很迅速的过程，大约只需 2 min，结合物的颜色在 60 min 内是稳定的。一些阳离子（如 K^+、Na^+、Mg^{2+}、NH_4^+）、乙醇等物质不干扰测定，而大量的去污剂如 Triton X-100、SDS 等严重干扰测定，少量的去污剂可通过做对照实验消除。该法简单迅速，干扰物质少，灵敏度高，现已广泛应用于蛋白质含量的测定。

三、实验仪器和用品

1. 仪器　分光光度计、离心机、电子天平。

2. 用品　试管（16 支，短试管 6 支，长试管 10 支）、移液枪、研钵、石英砂、容量瓶（10 mL×1）、离心管、漏斗、滤纸。

四、实验材料和试剂准备

1. 实验材料　采用新鲜绿豆芽或其他植物材料、动物血清。

2. 试剂准备

(1) 标准蛋白质溶液（1 000 μg/mL）。称取 0.1 g 牛血清蛋白，溶于适量蒸馏水中，定容至 100 mL。

(2) 考马斯亮蓝 G-250 试剂。称取 0.1 g 考马斯亮蓝 G-250 溶于 50 mL 95％乙醇中，加入 100 mL 85％磷酸，将溶液用蒸馏水稀释到 1 000 mL，过滤，滤液贮藏在棕色瓶中备用。在常温情况下，此液可在半个月内使用。

五、实验步骤

1. 标准曲线的绘制 取 6 支短试管，编号 1～6，按表 6-5 加入试剂，摇匀。

表 6-5 不同浓度蛋白质溶液的配制

项 目	短试管编号					
	1	2	3	4	5	6
1 000 μg/mL 标准蛋白质溶液(mL)	0	0.2	0.4	0.6	0.8	1.0
蒸馏水(mL)	1.0	0.8	0.6	0.4	0.2	0
各管蛋白质浓度(μg/mL)	0	200	400	600	800	1 000

得到一系列浓度不同的蛋白质溶液，1～6 号管蛋白质浓度分别为 0 μg/mL、200 μg/mL、400 μg/mL、600 μg/mL、800 μg/mL、1 000 μg/mL。取另外 6 支长试管，重新编号为 7、8、9、10、11 和 12，从对应的管（如 7 号管对应管为 1 号管，以此类推）中吸取 0.1 mL 蛋白质溶液，再加入 5 mL 考马斯亮蓝 G-250 试剂，混匀，静置 2 min 后，在分光光度计上于 595 nm 波长处比色测定吸光度 A_{595}，以 7 号管作空白调零。以蛋白质浓度（分别为 0 μg/mL、200 μg/mL、400 μg/mL、600 μg/mL、800 μg/mL、1 000 μg/mL）为横坐标，A_{595} 为纵坐标，绘制蛋白质标准曲线（曲线要过原点）。

2. 样品蛋白质的提取及测定 称取新鲜绿豆芽 2～4 g，剪碎，放入研钵中，加 2 mL 蒸馏水和少量石英砂，研磨成匀浆。将匀浆转移到 2 支离心管中，再用约 5 mL 蒸馏水分 2～3 次冲洗研钵，一并转入离心管中（每支离心管的匀浆液体积不能超过 5 mL），盖上离心管的盖子，反复摇匀。2 支离心管平衡，对称放入离心机中，然后以 10 000 r/min 离心 10 min。弃去沉淀，上清液转入 10 mL 容量瓶中，以蒸馏水定容到刻度，摇匀待测。

取 3 支长试管，各吸取 0.1 mL 样品蛋白质溶液，分别加入 5 mL 考马斯亮蓝 G-250 试剂，混匀。再取 1 支长试管，加入 0.1 mL 蒸馏水和 5 mL 考马斯亮蓝 G-250 试剂后摇匀，以此作为对照管。静置 2 min 后，在分光光度计上，以对照管作空白调零，于 595 nm 波长处比色测定吸光度 A_{595}。

六、结果与计算

将 3 支样品管的吸光度计算平均值，从蛋白质标准曲线中查出或计算出该吸光度相对应的样品蛋白质浓度，然后按下式计算每克新鲜豆芽中蛋白质含量：

$$C = \frac{A \cdot B}{W}$$

式中，C 是豆芽样品中蛋白质含量(μg/g)；A 是从标准曲线上查出或计算出的蛋白质浓度(μg/mL)；B 是离心后上清液定容的体积(mL)；W 是称取豆芽的质量(g)。

七、注意事项

(1) 制作标准曲线各管溶液的 A_{595} 和样品各管的 A_{595} 要在同一台分光光度计上进行测定。

(2)样品 A_{595} 所测定的数值要在蛋白质标准曲线的范围内,如果超出蛋白质标准曲线的范围,样品需要稀释后再进行 A_{595} 测定。

八、思考题

(1)用考马斯亮蓝 G‑250 法测定蛋白质的含量时,应注意哪些问题?
(2)比较考马斯亮蓝 G‑250 法与其他几种常用的蛋白质测定方法的优缺点。

实验十五 蛋白质含量测定——Folin‑酚试剂法

一、实验目的

(1)掌握 Folin‑酚试剂法测定蛋白质含量的原理和方法。
(2)熟悉分光光度计的使用。

二、实验原理

Folin‑酚试剂法又称为 Lowry 法,其显色原理与双缩脲法是相同的,只是加入了磷钼酸-磷钨酸试剂,使显色量增加而提高灵敏度。Folin‑酚试剂由两部分组成,反应也包括两步:第一步,双缩脲反应,碱性条件下形成铜-蛋白质络合物;第二步,该络合物还原磷钼酸-磷钨酸试剂,生成深蓝色物质(钼蓝和钨蓝混合物)。在一定浓度范围内,其颜色深浅与蛋白质含量成正比。

该法比双缩脲法灵敏约 100 倍,但干扰物较多,如酚类、柠檬酸、硫酸铵以及浓度稍高的脲、硫酸钠、硝酸钠、乙醇、乙醚等。有些干扰物的影响可通过空白试验消除。

三、实验仪器和用品

1. 仪器 分光光度计、离心机、电子天平等。
2. 用品 试管 10 支、移液管(0.1 mL×1、0.2 mL×2、0.5 mL×3、1 mL×3、5 mL×1)、研钵、石英砂、容量瓶(10 mL×1)、离心管、滤纸。

四、实验材料和试剂准备

1. 实验材料 采用绿豆芽等植物材料或血清。
2. 试剂准备

(1)标准蛋白质溶液(250 μg/mL)。准确称取 25 mg 结晶牛血清蛋白,溶于蒸馏水后定容至 100 mL。
(2)Folin‑酚试剂 A。a. 碳酸钠-氢氧化钠溶液:4% Na_2CO_3 溶液与 0.2 mol/L NaOH 溶液等体积混合。b. 硫酸铜-酒石酸钾钠溶液:1% $CuSO_4 \cdot 5H_2O$ 溶液与 2%酒石酸钾钠(或酒石酸钾、酒石酸钠)溶液等体积混合。然后 a 和 b 按 50∶1 的比例混合,混合后的溶液有效期为 1 d。
(3)Folin‑酚试剂 B。将 100 g 钨酸钠($Na_2WO_4 \cdot 2H_2O$)、25 g 钼酸钠($Na_2MoO_4 \cdot 2H_2O$)、700 mL 蒸馏水、50 mL 85%磷酸、100 mL 浓盐酸在 2 L 的磨口圆底烧瓶中充分混

匀后，接上磨口冷凝管，小火回流 10 h。再加 150 g 硫酸锂（$LiSO_4$）、50 mL 蒸馏水及液溴数滴，开口继续煮沸 15 min，驱除过量的溴。冷却后定容至 1 000 mL。过滤，滤液应呈淡黄绿色，贮于棕色试剂瓶中。临用前，以酚酞为指示剂，用标准氢氧化钠溶液滴定，然后稀释约 1 倍，使其最终酸浓度相当于 1 mol/L。置于冰箱中可长期保存。

五、实验步骤

1. 标准曲线的绘制　取 7 支干净的试管，编号 0~6，按表 6-6 加入试剂。

以 0 号管为空白调零，测 500 nm 波长处的吸光度，记录到表 6-6 中。以 6-6 中各管蛋白质浓度为横坐标、A_{500} 为纵坐标，绘制标准曲线。标准曲线过原点。

2. 样品蛋白质的提取及测定　称取新鲜绿豆芽下胚轴 2 g，剪碎放进研钵中，加入 2~3 mL 蒸馏水和少量石英砂，研磨成匀浆。将匀浆转移到离心管中，再用约 6 mL 蒸馏水分 2~3 次冲洗研钵，一并转入离心管，静置 15 min 以充分提取。然后以 10 000 r/min 离心 10 min，弃去沉淀，上清液转入 10 mL 容量瓶中，以蒸馏水定容到刻度，摇匀待测。

表 6-6　标准曲线的配制

项目	试管编号						
	0	1	2	3	4	5	6
250 μg/mL 标准蛋白质溶液(mL)	0	0.1	0.2	0.4	0.6	0.8	1.0
蒸馏水(mL)	1.0	0.9	0.8	0.6	0.4	0.2	0
Folin-酚试剂 A(mL)	5.0	5.0	5.0	5.0	5.0	5.0	5.0
混匀，室温放置 10 min							
Folin-酚试剂 B(mL)	0.5	0.5	0.5	0.5	0.5	0.5	0.5
立即混匀，室温放置 30 min 后比色							
各管蛋白质含量(μg)	0	25	50	100	150	200	250
A_{500}	0						

取 3 支干净试管编号，按表 6-7 加入试剂。

表 6-7　样品的测定

项目	试管编号		
	7	8	9
样品蛋白质溶液(mL)	0.5	0.5	0.5
蒸馏水(mL)	0.5	0.5	0.5
Folin-酚试剂 A(mL)	5.0	5.0	5.0
混匀，室温放置 10 min			
Folin-酚试剂 B(mL)	0.5	0.5	0.5
立即混匀，室温放置 30 min 后比色			
A_{500}			

以表 6-6 中的 0 号管为空白调零，测 7~9 号管在 500 nm 波长处的吸光度，记录在表 6-6 中。

六、结果与计算

计算样品管 7～9 号管吸光度的平均值,从蛋白质标准曲线中查出该吸光度相对应的样品蛋白质含量。然后用下式计算样品豆芽的蛋白质含量:

$$C = \frac{AB}{0.5W}$$

式中,C 是豆芽样品蛋白质含量($\mu g/g$);A 是从标准曲线上查出的蛋白质含量(μg);B 是离心后上清液定容的体积(mL);0.5 是测定样品时吸取样品液的体积(mL);W 是称取豆芽的质量(g)。

七、注意事项

(1)配制 Folin-酚试剂 B 时,因加入了液溴,应在通风橱内操作。

(2)Folin-酚试剂 B 在酸性条件下稳定,但 Folin-酚试剂 A 在 pH 10 的碱性条件下才与蛋白质反应。所以当加入试剂 B 到碱性的铜-蛋白质溶液中时,必须立即混匀,使磷钼酸-磷钨酸试剂在未被破坏之前发生还原反应,否则显色程度减弱。

(3)本法适用于酪氨酸和色氨酸含量的测定。

(4)若蛋白质或多肽的浓度在 5～25 $\mu g/mL$,应在 755 nm 波长处比色;若蛋白质或多肽的浓度在 25 $\mu g/mL$ 以上,应在 500 nm 波长处比色。通常测定浓度在 25～250 $\mu g/mL$ 较合适。

八、思考题

(1)Folin-酚试剂法测定蛋白质含量的原理是什么?有何优缺点?

(2)比较 Folin-酚试剂法和双缩脲法的异同。

实验十六 紫外吸收法测定蛋白质含量

一、实验目的

(1)掌握紫外吸收法测定蛋白质含量的原理。

(2)熟悉紫外分光光度计的使用,了解其工作原理。

二、实验原理

蛋白质分子中,酪氨酸、色氨酸、苯丙氨酸残基的苯环含有共轭双键,使蛋白质在 280 nm 紫外光波长处有最大吸收峰。在一定范围内,蛋白质溶液的浓度与其在 280 nm 的吸光度成正比,故可用于定量测定。

本测定方法的优点是简便快捷、不消耗样品、低浓度的盐类不干扰测定,因此,广泛应用在蛋白质和酶的生化制备中。本法的缺点是嘌呤、嘧啶等吸收紫外光的物质对测定有较大干扰;核酸最强吸收峰在 260 nm,但在 280 nm 也有强烈吸收,可通过计算校正核酸对蛋白质测定的干扰;若待测蛋白质与标准蛋白质中酪氨酸、色氨酸和苯丙氨酸含量差异较大,也会引起误差。

三、实验仪器和用品

1. 仪器　紫外分光光度计。
2. 用品　试管(9支)、移液管(1 mL×3、2 mL×2、5 mL×2)。

四、实验材料和试剂准备

1. 实验材料　采用动物血清(鸡血清)。
2. 试剂准备
(1)0.9% NaCl。称取 0.9 g NaCl，加蒸馏水溶解后，用蒸馏水定容至 100 mL。
(2)标准蛋白质溶液(1 mg/mL)。称取 100 mg 牛血清蛋白，溶于 100 mL 生理盐水(0.9% NaCl)中。
(3)血清稀释液。用生理盐水将血清稀释 10~20 倍备用。

五、实验步骤

1. 标准曲线的绘制　取 6 支干净试管，按表 6-8 加入试剂。

混匀后，测定 280 nm 波长下的光吸光度，以 0 号管为空白调零，将测定结果写在表 6-8 中。以蛋白质浓度为横坐标、A_{280} 为纵坐标，绘制标准曲线。

2. 样品测定　取 3 支干净的试管，各管分别加血清稀释液 1.0 mL 和蒸馏水 4.0 mL，摇匀后即可比色测定。以 0 号管为空白调零。

表 6-8　蛋白质标准曲线制作

项目	试管编号					
	0	1	2	3	4	5
1 mg/mL 标准蛋白质溶液(mL)	0	1.0	2.0	3.0	4.0	5.0
蒸馏水(mL)	5.0	4.0	3.0	2.0	1.0	0
各管蛋白质浓度(mg/mL)	0	0.2	0.4	0.6	0.8	1.0
A_{280}						

六、结果与计算

计算 3 支血清样品管吸光度的平均值，从蛋白质标准曲线中查出该吸光度相对应的蛋白质含量，其含量就代表每毫升血清中的蛋白质含量(mg/mL)。

七、注意事项

(1)含有核酸的蛋白质溶液，可分别测定其在 280 nm 和 260 nm 波长下的吸光度，然后利用经验公式，即可算出蛋白质的浓度：

$$C = 1.45 A_{280} - 0.74 A_{260}$$

其中，C 为蛋白质质量浓度(mg/mL)；A_{280} 为蛋白质溶液在 280 nm 波长下测得的吸光度；A_{260} 为蛋白质溶液在 260 nm 波长下测得的吸光度。

(2)溶液的 pH 最好与标准曲线的 pH 一致,因 pH 的改变会影响蛋白质的紫外吸收高峰。

八、思考题

(1)与其他方法比较,紫外吸收法测定蛋白质含量的突出优点是什么?
(2)干扰测定结果准确性的因素有哪些?该如何消除或校正?

实验十七　血清蛋白醋酸纤维素薄膜电泳

一、实验目的

(1)掌握醋酸纤维素薄膜电泳的原理和方法。
(2)初步了解电泳技术。

二、实验原理

电泳是指带电颗粒在电场的作用下,朝着与其所带电性相反的电极移动的过程。蛋白质是典型的两性电解质,当其所带净电荷为零时,该溶液的 pH 就为这种蛋白质的等电点(pI)。

当溶液 pH 小于或大于 pI 时,蛋白质就带上正电荷或负电荷,在电场的作用下,向负极或正极移动。血清中 5 种蛋白质的 pI 都在 7.50 以下(表 6-9),在 pH 8.6 的缓冲溶液中,它们都带上负电荷,但所带电量有差异,在电场中向正极移动的速率也就有快有慢(图 6-4)。$α_1$ 球蛋白和 $α_2$ 球蛋白的 pI 相同,所带的电量也相同,但是它们的相对分子质量不同,相对分子质量越大,在电场中泳动的速率就越慢。

醋酸纤维素薄膜是用纤维素经醋酸乙酰化后制成的多微孔干薄膜。蛋白质能与氨基黑 10B 特异结合而显色,而醋酸纤维素薄膜却不吸附这种染料。用这种膜作为支持介质的电泳具有简便快捷、灵敏度高、所需样品少、对样品吸附少、对染料不吸附等优点。

表 6-9　血清蛋白的等电点及相对分子质量(M_r)

蛋白质名称	pI	M_r
清蛋白	4.88	69 000
$α_1$ 球蛋白	5.06	200 000
$α_2$ 球蛋白	5.06	300 000
$β$ 球蛋白	5.12	9 000～150 000
$γ$ 球蛋白	6.85～7.50	156 000～300 000

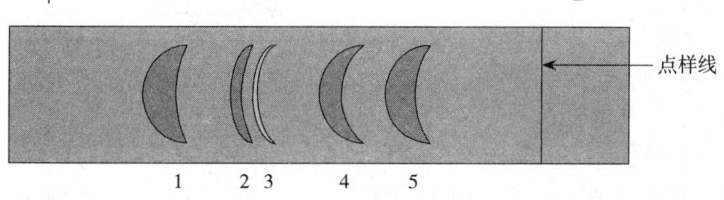

图 6-4　血清蛋白电泳图谱
1. 清蛋白　2. $α_1$ 球蛋白　3. $α_2$ 球蛋白　4. $β$ 球蛋白　5. $γ$ 球蛋白

三、实验仪器和用品

1. 仪器 水平电泳槽、电泳仪等。

2. 用品 醋酸纤维素薄膜(8 cm×2 cm)、镊子、铅笔、直尺、滤纸、载玻片、盖玻片、培养皿。

四、实验材料和试剂准备

1. 实验材料 采用新鲜血清。

2. 试剂准备

(1)巴比妥-巴比妥钠缓冲溶液(pH 8.6,离子强度 0.06 mol/L)。称取巴比妥钠 12.76 g 和巴比妥 1.66 g,溶于适量的蒸馏水中(可加热溶解),冷却后定容至 1 000 mL。

(2)染色液。称取氨基黑 10B 0.5 g,溶解于 50 mL 甲醇、10 mL 冰乙酸和 40 mL 蒸馏水的混合物中。

(3)漂洗液。量取 95%乙醇 45 mL、冰乙酸 5 mL 和蒸馏水 50 mL,混匀即可。

五、实验步骤

1. 仪器的准备 将缓冲溶液倒入电泳槽至刻度线处,使槽内液面高度一致,以淹没电极为准。根据电泳槽的尺寸,把滤纸裁剪成长宽合适的滤纸条,将滤纸条一端搭在电泳槽的支架上,另一端浸没在缓冲溶液中。待缓冲溶液渗满滤纸,用玻璃棒使滤纸紧贴在支架上,并将气泡赶走,即成滤纸桥。

2. 浸泡和点样 将醋酸纤维素薄膜放到巴比妥-巴比妥钠缓冲溶液中浸泡 30 min 左右。准备 2 张滤纸条,用镊子夹取已在巴比妥-巴比妥钠缓冲溶液中充分浸泡的醋酸纤维素薄膜 1 张,平放在滤纸条上,并吸去多余的缓冲液,在灯光下识别光泽面和无光泽面。在薄膜光泽面的左上角,用圆珠笔或者铅笔做记号,如 01、02 等。在无光泽面一端内 1.5 cm 处用铅笔轻轻画一条直线,作为点样线。将 2 滴无气泡的血清滴在干净的载玻片上,并划成长度大于盖玻片宽度的长条,用盖玻片边缘垂直于载玻片,均匀蘸取适量血清,"印"在点样线上。点样是获得理想电泳图谱的重要环节之一。点样时,应尽量使血清均匀分布在点样线上,不能太用力,不能重复点样,点样量要适中(图 6-5)。

3. 电泳 点样后,将醋酸纤维素薄膜的点样一端靠近负极,光泽面朝上,扣在滤纸桥上,注意不要让点样线接触到滤纸。盖上电泳槽的盖子,待缓冲溶液重新浸润薄膜后,接通电源,调节电压为每厘米膜长 12~14 V,电流为每厘米膜宽 0.5~0.7 mA。薄膜大小为 8 cm(长)×2 cm(宽),所以实验中,每张薄膜承载电压为 96~112 V、电流为 1.0~1.4 mA。我们通常采用 110 V 恒压电泳,此时电流随着薄膜数量不同而改变,电泳时间约 60 min。

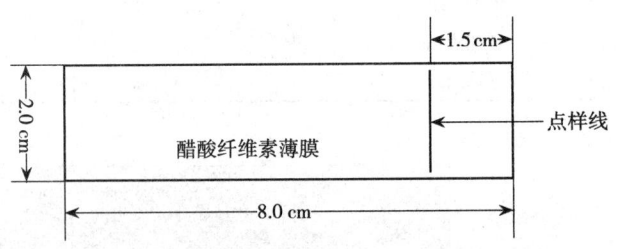

图 6-5 醋酸纤维素薄膜及点样线示意图

4. 染色和漂洗 电泳完毕,关闭电源,立即取出醋酸纤维素薄膜,浸入培养皿的染色液中染色 3~5 min，用镊子摆动薄膜，使其充分染色。回收染色液。将染色好的薄膜夹进另一个培养皿的漂洗液中漂洗 3 次，每隔约 5 min 换一次漂洗液，用镊子摆动薄膜，使其充分脱色，直至背景清晰。将漂洗干净的薄膜夹在滤纸中吸干、晾干，然后进行观察，对电泳图谱进行分析。并将晾干薄膜用透明胶密封好，贴在实验报告纸上，并标出各电泳带的名称、点样线、正负极。

六、结果与观察

观察并分析电泳图谱，从正极端到负极端，有几条条带？分别为何种蛋白质带？

七、注意事项

(1)醋酸纤维素薄膜应选择质地均匀、颜色一致、无斑点的薄膜，且浸泡时间不宜过长。
(2)实验材料(血清)应新鲜，不得溶血。
(3)缓冲溶液越新鲜越好，不用时宜贮存于 4 ℃冰箱。
(4)染色液若存放和使用过久，应更换新的染色液，否则会致使结果出现偏差。
(5)漂洗干净的薄膜用滤纸吸干后也可定量。剪下各个蛋白质带，分别浸入 4 mL 0.4 mol/L氢氧化钠中，使色泽浸出，在 580~620 nm 处比色测定。
(6)透明：待薄膜完全干燥后，浸入透明液中约 3 min 后迅速取出，待完全干燥后即成透明的膜，可进行光密度扫描或长期保存。

八、思考题

(1)血清蛋白电泳图谱中怎样确定各种蛋白质？
(2)蛋白质条带的颜色深浅和宽度分别表示什么？
(3)电泳时盖上盖子的作用是什么？

第七章 酶

实验十八 影响酶促反应速率的因素

一、实验目的

(1)掌握酶的催化性质,了解温度、pH、激活剂和抑制剂对酶促反应的影响。
(2)了解测定酶的最适温度、最适 pH 的方法。

二、实验原理

1. 酶的高效性   酶作为一种生物催化剂,能高效地催化反应,主要是由于能降低反应的活化能。酶催化的反应速率要比一般催化剂催化的快很多,这是酶的高效性。本实验比较过氧化氢在不同催化条件下分解速率的变化。过氧化氢分解的反应如下:

$$H_2O_2 \longrightarrow H_2O + O_2 \uparrow$$

比较生马铃薯糜(含有过氧化氢酶)、熟马铃薯糜(过氧化氢酶已变性失活)、铁粉对这个反应的催化作用,放出的氧气气泡越多,反应速率越快。

2. 酶的专一性   酶对底物及其催化反应的严格选择性。一种酶只能作用于一种物质或一类结构相似的物质发生一定的化学反应,这种对底物和反应的选择性称为酶的专一性(特异性)。本实验分别研究淀粉酶和蔗糖酶的专一性。蔗糖酶和淀粉酶催化的反应分别如下:

$$蔗糖 + H_2O \xrightarrow{蔗糖酶} 果糖 + 葡萄糖$$

$$淀粉 + H_2O \xrightarrow{淀粉酶} 麦芽糖$$

蔗糖和淀粉均无还原性,上述两个反应生成的单糖(果糖)和二糖(麦芽糖)都是还原糖。还原糖与本乃狄试剂中的铜离子在沸水浴下发生反应,生成砖红色的 Cu_2O 沉淀。

$$还原糖 + Cu^{2+} \longrightarrow 糖酸 + Cu_2O \downarrow$$

(砖红色沉淀)

因而可以利用是否有砖红色沉淀产生来判断是否有产物(还原糖)生成,从而确定某种底物存在下是否有酶促反应发生。

3. 影响酶促反应的外部因素   本章所讨论的酶的化学本质是蛋白质,因此凡能影响蛋白质的理化因素,如温度、pH 及某些离子或物质都可影响酶的催化活性。使酶的催化活性最高的条件称为酶的最适条件。本实验以淀粉酶对淀粉的水解作用来观察温度、pH、激活剂及抑制剂对酶促反应的影响。根据淀粉及其水解产物与碘呈色的不同来判断淀粉的水解程度,作为酶活性大小的指标。淀粉酶对淀粉的水解是一个逐步水解的过程:

$$淀粉 \xrightarrow{淀粉酶} 紫色糊精 \xrightarrow{淀粉酶} 红色糊精 \xrightarrow{淀粉酶} 麦芽糖 + 少量葡萄糖$$

与碘反应:墨蓝色   紫色   红色   黄色(实为碘本身颜色)

(1)环境 pH 对酶促反应有显著的影响。这是因为 pH 可以影响酶蛋白的解离程度、带电情况,也可以影响底物分子的解离状态。通常各种酶只有在一定的 pH 范围内才能进行酶促反应。酶促反应速率最高时的 pH,称为该酶的最适 pH。高于或低于这个最适 pH,酶促反应速率都会下降。

本实验比较淀粉酶在 3 种不同 pH 条件下催化淀粉水解的能力大小。反应后加碘液,蓝色越深,淀粉残留越多,淀粉酶活力越低。蓝色越浅,淀粉残留越少,淀粉酶活力越高。

(2)温度是影响酶促反应的重要因素。在某一温度下,酶促反应速率最高,这个温度就是该酶的最适温度。高于或低于这个最适温度,酶促反应速率都会下降。本实验比较 0 ℃、37 ℃、100 ℃ 3 个温度条件下,淀粉酶催化反应后淀粉的残余情况。加碘液后蓝色越深,残留淀粉越多,该反应的酶活力越低。

(3)酶活力常受某些物质或离子的影响。能够使酶促反应速率升高的化学物质称为激活剂。能够使酶促反应速率下降的化学物质称为抑制剂。本实验在淀粉酶催化的反应系统中分别加入一定浓度的 NaCl 和 $CuSO_4$,比较其反应后淀粉的残留量。蓝色越深,酶活力越低。蓝色越浅,酶活力越高。根据实验结果可以确定淀粉酶的激活剂和抑制剂。

三、实验仪器和用品

1. 仪器 电子天平、恒温水浴锅、制冰机等。

2. 用品 白瓷板 1 个、电磁炉、不锈钢锅、试管、试管架、移液器、滴管、饮水杯、大烧杯、小烧杯、玻璃棒、量筒、容量瓶等。

四、实验材料和试剂准备

1. 实验材料 采用马铃薯块茎、新鲜酵母菌、自制唾液。

(1)马铃薯块茎处理。将马铃薯块茎分成两份,一份充分煮熟,用研钵捣成熟马铃薯糜待用;另一份切碎后用研钵磨烂成为生马铃薯糜待用。

(2)0.075%淀粉酶溶液或者同学自制唾液淀粉酶。用饮水杯饮一大口水将口腔清洁后,再饮一大口蒸馏水含在口腔中(不要吞了!),做咀嚼动作 2~3 min,然后将水吐到烧杯中,作为唾液淀粉酶的提取物备用。

2. 试剂准备

(1)1%的淀粉溶液。在电子天平上准确称取淀粉 1 g,置于烧杯中,加入 10 mL 蒸馏水,用玻璃棒搅拌成悬浮液。在另一个烧杯中加入蒸馏水 60 mL,在电炉上加热沸腾后,将淀粉悬浮液慢慢倒进沸腾的蒸馏水中,使淀粉溶解后,取出烧杯冷却。溶液定容到 100 mL。

(2)蔗糖酶粗酶液制备。称取新鲜酵母菌(或市售干酵母)1 g 置于研钵中,加蒸馏水 2 mL,研磨成匀浆。将匀浆转移到离心管中,用少量蒸馏水冲洗研钵,液体一并转入离心管。用 1 000 r/min 的转速离心 10 min,取上清液,用蒸馏水定容至 100 mL,作为蔗糖酶的粗酶使用。

(3)本乃狄(Benedict)试剂的配制。首先称取 173 g 柠檬酸钠和无水 100 g 碳酸钠置于 1 000 mL 大烧杯中,加入蒸馏水 600 mL,搅拌溶解。另称取硫酸铜($CuSO_4 \cdot 5H_2O$) 17.3 g,将之溶解在 100 mL 的蒸馏水中。然后将此硫酸铜溶液缓慢地倒进大烧杯的柠檬酸钠和碳酸钠溶液中,搅拌,定容至 1 000 mL。

(4)碘液的配制。称取碘化钾 2 g 置于烧杯中,加蒸馏水 5 mL,用玻璃棒搅拌溶解。称取碘 1 g,加入到碘化钾溶液中,搅拌溶解。将溶液用蒸馏水定容到 300 mL,装在棕色玻璃瓶中备用。

(5) 2% H_2O_2 溶液的配制。吸取 30% 过氧化氢溶液 6.7 mL，用蒸馏水稀释到 100 mL。

(6) 铁粉。

(7) 2% 的蔗糖溶液。称取分析纯的蔗糖 2 g，溶解在蒸馏水中，定容到 100 mL。

(8) 不同 pH 的磷酸氢二钠-柠檬酸缓冲液配制。

① pH 3.4 的磷酸氢二钠-柠檬酸缓冲液配制：准确称取二水磷酸氢二钠（$Na_2HPO_4 \cdot 2H_2O$）2.03 g、柠檬酸（$C_6H_8O_7 \cdot H_2O$）3.004 g，溶解到蒸馏水中，定容到 200 mL。

② pH 6.0 的磷酸氢二钠-柠檬酸缓冲液配制：准确称取二水磷酸氢二钠 4.498 g、柠檬酸 1.548 g，溶解到蒸馏水中，定容到 200 mL。

③ pH 8.0 的磷酸氢二钠-柠檬酸缓冲液配制：准确称取二水磷酸氢二钠 6.926 g、柠檬酸 0.116 g，溶解到蒸馏水中，定容到 200 mL。

(9) 1% 的 NaCl 溶液配制。称取氯化钠（NaCl）1 g，溶解到蒸馏水中，定容到 100 mL。

(10) 1% 的 $CuSO_4$ 溶液的配制。称取硫酸铜 1 g，溶解到蒸馏水中，定容到 100 mL。

(11) 0.075% 淀粉酶溶液：称取 α-淀粉酶 0.75 g 溶于 1000 mL 蒸馏水中，搅拌均匀，置于冰箱中保存。

五、实验步骤

1. 酶催化的高效性实验 取 4 支试管，编号 1～4，按照表 7-1 分别加入过氧化氢和各种催化物质，立即观察各管的气泡出现情况。把现象记录在表 7-1 中。

表 7-1 酶催化的高效性实验

项目	试管编号			
	1	2	3	4
2% H_2O_2 溶液(mL)	4	4	4	4
生马铃薯糜	少许			
熟马铃薯糜		少许		
铁粉			少许	
所见现象(气泡多少)				
解释各管现象产生的原因				

2. 酶催化的专一性实验 取试管 6 支，编号 1～6。按照表 7-2 的顺序加入试剂，并进行保温处理。处理后将各管的颜色变化记录在表 7-2 中。

表 7-2 酶催化的专一性实验

项目	试管编号					
	1	2	3	4	5	6
1%淀粉溶液(mL)	1	1			1	
2%蔗糖溶液(mL)			1	1		1
0.075%淀粉酶溶液(mL)	1		1			
蔗糖酶液(mL)		1		1		
蒸馏水(mL)					1	1
将各管摇匀，在 37 ℃中酶促反应 10 min						
本乃狄试剂(mL)	2	2	2	2	2	2
将各管摇匀，放进沸水浴中保温 5 min						
各管颜色和沉淀产生情况						
解释各管现象产生的原因						

3. pH 对酶促反应的影响实验　取试管 3 支，编号 1~3。按照表 7-3 的顺序加入试剂和保温处理。把现象记录在表 7-3 中。

表 7-3　pH 对酶促反应的影响实验

项　目	试管编号		
	1	2	3
pH 3.4 缓冲溶液(mL)	3		
pH 6.0 缓冲溶液(mL)		3	
pH 8.0 缓冲溶液(mL)			3
1% 淀粉溶液(mL)	1	1	1
0.075% 淀粉酶溶液(mL)	1	1	1
	将各管摇匀，在 37 ℃ 恒温水浴保温		
检查淀粉水解程度	每隔 30 s 从 2 号管吸取一滴反应液放在白瓷板上，加一滴碘液，观察，当颜色变为淡黄色时，立即取出所有试管，马上加碘液		
碘液（滴）	3	3	3
记录各管的颜色			
解释各管颜色不同的原因			

4. 温度对酶促反应的影响实验　取试管 3 支，编号 1~3。按照表 7-4 的顺序加进相应试剂和保温处理。把现象记录在表 7-4 中。

表 7-4　温度对酶促反应的影响实验

项　目	试管编号		
	1	2	3
0.075% 淀粉酶溶液(mL)	1	1	1
pH 6.0 缓冲液(mL)	2	2	2
	0 ℃ 保温 5 min	37 ℃ 保温 5 min	100 ℃ 保温 5 min
1% 淀粉溶液(mL)	1	1	1
	0 ℃ 酶促反应 5 min	37 ℃ 酶促反应 5 min	100 ℃ 酶促反应 5 min
碘液（滴）	马上加 3 滴碘液，摇匀	马上加 3 滴碘液，摇匀	自来水中冷后加 3 滴碘液，摇匀
各管颜色			
解释各管颜色不同的原因			

5. 酶的激活与抑制实验　取试管 3 支，编号 1~3。按照表 7-5 的顺序加入试剂和保温处理。将观察的结果写进表 7-5 中。

表 7-5　酶的激活与抑制实验

项　目	试管编号		
	1	2	3
1% 的 NaCl 溶液(mL)	1		
1% 的 $CuSO_4$ 溶液(mL)		1	
蒸馏水(mL)			1
1% 的淀粉溶液(mL)	1	1	1
0.075% 淀粉酶溶液(mL)	1	1	1

(续)

项目	试管编号		
	1	2	3
将各管摇匀，在37 ℃恒温水浴保温			
检查淀粉水解程度	每隔30 s从3号管吸取1滴反应液滴在白瓷板上，加1滴碘液，观察，当颜色变为棕红色时，立即取出3支试管，加碘液于试管中		
碘液(滴) 记录各管颜色 解释各管颜色不同的原因	3	3	3

六、注意事项

(1)各反应管在加入酶液后，务必充分摇匀，保证酶与底物的充分接触。

(2)各人的唾液淀粉酶活力高低差异较大，酶的稀释倍数也不同，可能导致各组实验结果稍有差异。

(3)同一组实验中的反应体系，要控制酶促反应进行相同时间，避免因时间误差导致实验结果的不准确。

(4)实验中购买的商品淀粉酶为α-淀粉酶，最适pH为6.0。

(5)酶的激活与抑制实验中，3支试管应显示不同颜色，如果有2支试管颜色相同，需要重做实验。如果淀粉酶的活性太高，需要适当减少酶的用量或增加底物的用量，控制好时间进行呈色反应。

(6)本实验使用的蔗糖酶是从酵母细胞中提取的粗酶液，必然含有其他酶类(如淀粉酶)。因而在专一性实验中，底物淀粉加蔗糖酶那一支试管有时也可能出现少量棕红色物。

七、思考题

(1)在激活剂与抑制剂对酶促反应影响的实验中，为什么要在对照管(3号管)呈棕红色时马上向各管加碘液？

(2)什么叫酶催化的最适温度、最适pH？

实验十九　植物组织中淀粉酶活性的测定

一、实验目的

掌握测定淀粉酶活力的原理和方法。

二、实验原理

淀粉是植物最主要的贮藏多糖，也是人和动物的重要食物和发酵工业的基本原料。淀粉分为直链淀粉和支链淀粉两大类。淀粉酶不仅存在于人和动物体内，而且存在于植物和微生物体内。淀粉经淀粉酶作用后生成麦芽糖等小分子物质而被机体利用。

淀粉酶根据作用的方式可分为α淀粉酶、β淀粉酶、脱支酶和葡萄糖淀粉酶。α淀粉酶是一种含Ca^{2+}的金属酶，其催化特点是具有内切酶的性质，能随机地作用于淀粉中的α-1,4-糖苷键。在分解直链淀粉时其产物以麦芽糖为主，另外还有麦芽三糖；而在分解支链淀粉时，除麦芽糖外，还生成分支部分具有 α-1,6-糖苷键的 α 极限糊精。最终引起淀粉溶液的黏度降低和碘反应的消失。β 淀粉酶的催化特点具有外切酶的性质，能专一地从淀粉外层的非还原性末端进行水解，每次水解切下一分子麦芽糖，若遇到分支点，则在离分支点 4 个葡萄糖残基处停止作用，因此也不能水解 α-1,6-糖苷键。淀粉酶催化产生的这些还原糖在碱性条件下加热时能使 3,5-二硝基水杨酸还原，生成棕红色的 3-氨基-5-硝基水杨酸，其反应如图 7-1 所示。

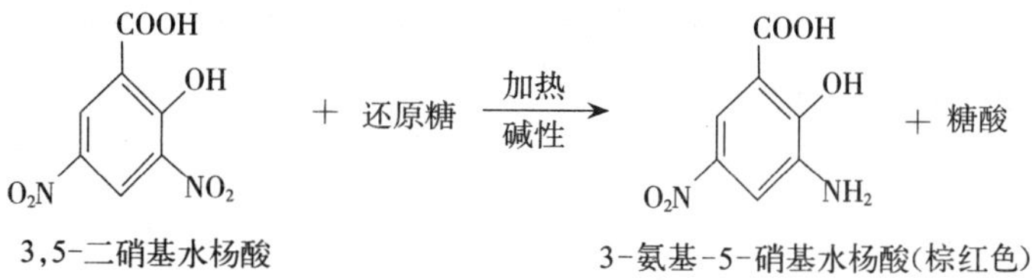

图 7-1　还原糖与 3,5-二硝基水杨酸的反应

淀粉酶活力的大小与其作用后产生的还原糖的量成正比。用标准浓度的麦芽糖溶液制作标准曲线，用比色法测定淀粉酶作用于淀粉后生成的还原糖的量，以单位质量样品在每分钟内生成的麦芽糖的量表示酶活力。

在萌发后的禾谷类种子中，淀粉酶活力最强，其中主要是 α 淀粉酶和 β 淀粉酶。两种淀粉酶特性不同，α 淀粉酶不耐酸，在 pH 3.6 以下迅速钝化。β 淀粉酶不耐热，在 70 ℃ 15 min 钝化。根据它们的这种特性，在测定活力时钝化其中之一，就可测出另一种淀粉酶的活力。本实验采用加热的方法钝化 β 淀粉酶，测出 α 淀粉酶的活力。在非钝化条件下测定淀粉酶总活力（α 淀粉酶活力＋β 淀粉酶活力），然后将淀粉酶总活力减去 α 淀粉酶的活力，就可求出 β 淀粉酶的活力。

三、实验仪器和用品

1. 仪器　离心机、离心管、研钵、电炉、恒温水浴锅、可见光分光光度计等。
2. 用品　20 mL 具塞刻度试管 13 支、试管架、刻度吸管（2 mL 3 支、1 mL 2 支、10 mL 1 支）、容量瓶（50 mL 1 个、100 mL 1 个）。

四、实验材料和试剂准备

1. 实验材料　采用萌发的水稻种子（芽长约 1 cm）。
2. 试剂（均用分析纯）准备
(1) 标准麦芽糖溶液（1 000 μg/mL）。精确称取 100 mg 麦芽糖，用蒸馏水溶解并定容至 100 mL。
(2) 1% 3,5-二硝基水杨酸试剂。精确称取 3,5-二硝基水杨酸 1 g，溶于 20 mL 2 mol/L 的 NaOH 溶液中，加入 50 mL 蒸馏水，再加入 30 g 酒石酸钾钠，搅拌溶解，若不溶可稍加热使其溶解完全，然后用蒸馏水定容至 100 mL。盖紧瓶塞，勿使 CO_2 进入。若溶液混浊可过滤后使用。
(3) 0.1 mol/L pH 5.6 的柠檬酸缓冲液。取 0.1 mol/L 柠檬酸钠溶液 145 mL 与 0.1 mol/L 柠檬酸溶液 55 mL 混合均匀即可。

(4)1‰淀粉溶液。称取1g淀粉置于烧杯中,加少量的0.1 mol/L pH 5.6的柠檬酸缓冲液搅拌均匀,然后倒入热的60 mL 0.1 mol/L pH 5.6的柠檬酸缓冲液中,搅拌溶解,冷却后,用柠檬酸缓冲液定容到100 mL。

五、实验步骤

1. 麦芽糖标准曲线的制作 取7支干净的20 mL具塞刻度试管,编号,按表7-6加入试剂:

表7-6 标准曲线的制作

试 剂	试管编号						
	1	2	3	4	5	6	7
1 000 μg/mL麦芽糖标准液(mL)	0	0.1	0.2	0.4	0.6	0.8	1.0
蒸馏水(mL)	2.0	1.9	1.8	1.6	1.4	1.2	1.0
1‰ 3,5-二硝基水杨酸(mL)	2.0	2.0	2.0	2.0	2.0	2.0	2.0
	摇匀,置沸水浴中煮沸5 min,冷却						
蒸馏水(mL)	加蒸馏水定容至20 mL,摇匀						
各管的麦芽糖含量(mg)	0	0.1	0.2	0.4	0.6	0.8	1.0
A_{540}	0.000						

将各管摇匀,以1号管作为空白调零管,在540 nm波长处分别测定各管的吸光度(A_{540}),分别填在表7-6中。以各管的麦芽糖含量(mg)为横坐标,以A_{540}为纵坐标,绘制标准曲线。标准曲线要过原点。

2. 淀粉酶液的制备 称取1 g萌发3 d的水稻种子(芽长约1 cm),置于研钵中,加入少量石英砂和2 mL 0.1 mol/L pH 5.6的柠檬酸缓冲液水,研磨匀浆。将匀浆倒入离心管中,用6 mL 0.1 mol/L pH 5.6的柠檬酸缓冲液分次将残渣洗入离心管。将提取液在室温下放置提取10 min,使其充分提取。然后在10 000 r/m离心10 min,将上清液定容至100 mL,摇匀,即为淀粉酶原液,用于测定α淀粉酶活性。

吸取上述淀粉酶原液10 mL,倒入50 mL容量瓶中,用0.1 mol/L pH 5.6的柠檬酸缓冲液定容至刻度,摇匀,即为淀粉酶稀释液,用于测定淀粉酶总活性。

3. 淀粉酶活性的测定 取6支干净的20 mL具塞刻度试管,编号,按表7-7进行操作。

表7-7 淀粉酶活性的测定

测定项目	α淀粉酶活力测定			(α+β)淀粉酶活力测定		
试管号	1'	2'	3'	4'	5'	6'
淀粉酶原液(mL)	1.0	1.0	1.0	0	0	0
钝化β淀粉酶	70 ℃水浴15 min,取出后冷却					
淀粉酶稀释液(mL)	0	0	0	1.0	1.0	1.0
1‰ 3,5-二硝基水杨酸(mL)	2.0	0	0	2.0	0.	0
	将各管和淀粉液于40 ℃水浴中保温5 min					
1‰淀粉溶液(mL)	1.0	1.0	1.0	1.0	1.0	1.0

(续)

			40 ℃水浴中准确保温 5 min			
1% 3,5-二硝基水杨酸(mL)	0	2.0	2.0	0	2.0	2.0
		摇匀，沸水浴煮沸 5 min，取出冷却；加蒸馏水定容至 20 mL，摇匀				
A_{540}						

将各试管摇匀，以表 7-6 中的 1 号管调零，分别测定表 7-7 中 1′、2′、3′、4′、5′和 6′号管在 540 nm 处的吸光度，分别填到表 7-7 中。用各管的吸光度分别在标准曲线上查出相应的麦芽糖含量(mg)。

六、结果与计算

以单位质量样品在每分钟内生成的麦芽糖的量表示淀粉酶活性。即 mg/(min·g 鲜重)或 mg/(min·mg 蛋白质)表示。

1. α 淀粉酶总活性的计算

$$\alpha\text{ 淀粉酶活性}[\text{mg/(min·g 鲜重)}] = \frac{M \times V}{m \times t \times V_1}$$

式中，M 是在标准曲线中读出麦芽糖含量(mg)，是 2′号管和 3′号管的麦芽糖含量平均值 $[M_{2'}+M_{3'}]/2$ 与 1′号管的麦芽糖含量 $M_{1'}$ 的差值，即 $(M_{2'}+M_{3'})/2 - M_{1'}$；$V$ 是提取酶液定容的体积(100 mL)；V_1 是测定 α 淀粉酶活性时用酶液的体积(1 mL)；m 是提取淀粉酶时用水稻发芽种子的质量(1 g)；t 是酶催化反应的时间(5 min)。

2. (α+β)淀粉酶(总淀粉酶)活性的计算

$$(\alpha+\beta)\text{淀粉酶总活性}[\text{mg/(min·g 鲜重)}] = \frac{M \times V}{m \times t \times V_1}$$

式中，M 是在标准曲线中读出麦芽糖含量(mg)，是 5′号管和 6′号管的麦芽糖含量平均值 $[(M_{5'}+M_{6'})/2]$ 与 4′号管的麦芽糖含量 $M_{4'}$ 的差值，即 $(M_{5'}+M_{6'})/2 - M_{4'}$；$V$ 是提取酶液定容的体积(100×5＝500 mL)；V_1 是测定(α+β)淀粉酶总活性时用淀粉酶稀释液的体积(1 mL)；m 是提取淀粉酶时用水稻发芽种子的质量(1 g)；t 是酶催化反应的时间(5 min)。

3. β 淀粉酶活性的计算

β 淀粉酶活性[mg/(min·g 鲜重)]＝(α+β)淀粉酶总活性－α 淀粉酶总活性

若淀粉酶活性以 U/(min·mg 蛋白质)来表示，则上述算出的结果再除以蛋白质含量(mg/g 鲜重)即可。

七、注意事项

(1)测定淀粉酶活性时，加入试剂的先后顺序不能颠倒。
(2)酶促反应的时间一定要严格控制，酶活性与酶促反应的时间密切相关。

八、思考题

(1)α 淀粉酶和 β 淀粉酶性质有何不同？其作用特点又有何不同？
(2)测定萌发种子中淀粉酶活性有何生物学意义？

实验二十　过氧化氢酶(CAT)活性的测定

生物体内的黄素氧化酶类代谢产物常包含过氧化氢(H_2O_2)，H_2O_2 的积累可导致细胞膜破坏性的氧化作用。过氧化氢酶(catalase，CAT)是清除 H_2O_2 的重要保护酶之一，能将 H_2O_2 分解为 O_2 和 H_2O，从而使机体免受 H_2O_2 的毒害作用。

过氧化氢酶催化反应如下：

$$H_2O_2 \xrightarrow{\text{过氧化氢酶}} H_2O + O_2 \uparrow$$

一般通过测定 H_2O_2 的减少量来测定过氧化氢酶的活性。常用的方法有紫外分光光度法、碘量法和高锰酸钾滴定法等。

一、紫外分光光度法

(一)实验目的
掌握用紫外分光光度法测定过氧化氢酶活性的原理和方法。

(二)实验原理
H_2O_2 在 240 nm 波长下有强烈吸收，过氧化氢酶能分解过氧化氢，使反应溶液的吸光度(A_{240})随反应时间而降低。根据测量吸光度的变化速度即可测出过氧化氢酶的活性。

(三)实验仪器和用品
1. 仪器　电子天平、恒温水浴锅、紫外分光光度计和离心机等。
2. 用品　研钵、10 mL 容量瓶 1 个、0.5 mL 刻度吸管 2 支、2 mL 刻度吸管 1 支、10 mL 试管 3 支与洗耳球。

(四)实验材料和试剂准备
1. 实验材料　采用水稻苗或小麦苗叶片。
2. 试剂准备
(1) 50 mmol/L pH 7.0 的磷酸缓冲液。准确称取十二水磷酸氢二钠 10.925 g、二水磷酸二氢钠 0.304 g，溶解于蒸馏水中，定容至 1 000 mL。
(2) 反应体系混合液。吸 0.4 mL 30% 过氧化氢，加入 90 mL pH 7.0 的磷酸缓冲液，混匀，置 4 ℃下保存。现配现用。

(五)实验步骤
1. 酶液的提取　称取新鲜水稻苗或小麦苗叶片 0.2 g 置预冷的研钵中，加入 1 mL 4 ℃下预冷的 pH 7.0 磷酸缓冲液和少量石英砂，研磨成匀浆后，转入离心管，再分别用 2 mL 缓冲液冲洗研钵，一并倒入离心管，4 ℃下 10 000 r/min 离心 15 min，上清液定容至 10 mL，即得到过氧化氢酶粗提液，置 4 ℃下保存备用。

2. 测定　取 10 mL 试管 3 支，其中 2 支为样品测定管，1 支为空白管。空白管中加入 3 mL pH 7.0 磷酸缓冲液，调零；样品测定管中各加入 3 mL 反应体系混合液，其中 1 支中加入 10 μL 过氧化氢酶粗提液，迅速混匀后，240 nm 波长下比色，计时，立刻读取第一个吸光度，以后每 30 s 读一次，共读 4 个数据。按此法测定另一支样品测定管。注意应选取变化值相差不大的时间段来平均。

(六)结果与计算

将每分钟 A_{240} 减少 0.01 定义为 1 个酶活性单位(U),CAT 酶活性以 U/(min·g 鲜重)或 U/(min·mg 蛋白质)表示。

$$过氧化氢酶活性[U/(min·g 鲜重)] = \frac{\Delta A_{240} \times V_t}{0.01 \times V_1 \times t \times m}$$

式中,ΔA_{240} 为每分钟吸光度的下降值,即为 $2(A_{S_0} - A_{S_1})$;A_{S_0} 为开始时样品管的第一个吸光度;A_{S_1},A_{S_2} 为样品管每 30 s 的吸光度;V_t 为粗酶提取液总体积(mL);V_1 为测定用粗酶液体积(mL);m 为样品鲜重(g);0.01 为 A_{240} 每下降 0.01 为 1 个酶活性单位(U);t 为反应时间(min),以 1 min 计。

若 CAT 酶活性以 U/(min·mg 蛋白质)来表示,则上式算出的结果再除以蛋白质含量(mg/g 鲜重)即可。

(七)注意事项

(1)试验前应先将混合体系试剂制备好,便于试验操作。
(2)摇比色杯时应戴塑料手套,减少外界因素的干扰。
(3)每次摇比色杯时,摇动时间都应该相同或相近,减小人为因素对试验造成的影响。
(4)试验前应先粗测酶活性,找出合适的酶液浓度,以免影响吸光度的测定。

(八)思考题

(1)过氧化氢酶与哪些生物化学过程有关?
(2)影响过氧化氢酶活性测定的因素有哪些?

二、碘量法

(一)实验目的

掌握用碘量法测定过氧化氢酶活性的原理和方法。

(二)实验原理

过氧化氢酶能把过氧化氢分解成水和氧,其活力大小以一定时间内一定量的酶所分解的过氧化氢量来表示。被分解的过氧化氢量可用碘量法间接测定。当酶促反应进行一定时间后,终止反应,然后以钼酸铵作催化剂,使未被分解的过氧化氢与碘化钾反应生成碘,再用硫代硫酸钠滴定碘。其反应为:

$$H_2O_2 + 2KI + H_2SO_4 \xrightarrow{钼酸铵} I_2 + K_2SO_4 + 2H_2O$$

$$I_2 + 2Na_2S_2O_3 \longrightarrow 2NaI + Na_2S_4O_6$$

反应完后,以样品溶液和空白溶液的滴定值之差求出被酶分解的过氧化氢量,即可计算出酶的活力。

(三)实验仪器和用品

1. 仪器 电子天平、恒温水浴锅等。
2. 用品 研钵、容量瓶、移液枪、洗耳球、锥形瓶、滴定管。

(四)实验材料和试剂准备

1. 实验材料 采用新鲜白菜叶片。
2. 试剂准备

(1)0.05 mol/L 过氧化氢溶液。吸取 1 mL 30%的 H_2O_2 溶液,放入 100 mL 蒸馏水中,

定容到 150 mL。

(2) 1.8 mol/L 硫酸溶液。量取 100 mL 浓硫酸,慢慢加入 500 mL 蒸馏水中,边加边搅拌,然后在容量瓶中定容到 1 000 mL。

(3) 10% 钼酸铵溶液。准确称取 10 g 钼酸铵,溶解到蒸馏水中,定容到 100 mL。

(4) 0.1 mol/L 硫代硫酸钠溶液。准确称取 25 g 五水硫代硫酸钠($Na_2S_2O_3 \cdot 5H_2O$),溶解在 800 mL 煮沸过的蒸馏水中。加入无水 Na_2CO_3 固体 0.1 g,搅拌溶解,然后定容到 1 000 mL。用棕色瓶盛装,然后进行标定。

(5) 重铬酸钾标定溶液的配制及对硫代硫酸钠溶液的标定。准确称取 0.15 g 分析纯的重铬酸钾($K_2Cr_2O_7$),溶解在 30 mL 蒸馏水中,搅拌。在溶液中加入 6 mol/L 的盐酸 5 mL,再加入 KI 固体 2 g,搅拌溶解,用蒸馏水定容到 200 mL。将此液转到 500 mL 锥形瓶中,用 0.05 mol/L 硫代硫酸钠溶液滴定,当溶液由棕红色变成浅黄色时,往溶液中加入 1% 的淀粉溶液 1 mL,此时溶液变成蓝色。然后继续滴定到溶液从蓝色变成亮绿色。计算硫代硫酸钠溶液的准确浓度。

(6) 1% 淀粉溶液。称取 1 g 淀粉置于烧杯中,加水搅拌,然后慢慢倒入沸腾的蒸馏水中,搅拌溶解,冷却后定容到 100 mL。

(7) 20% 碘化钾溶液。准确称取 KI 固体 20 g,溶解在蒸馏水中,定容到 100 mL。

(8) 碳酸钙粉末。

(五) 实验步骤

1. 酶液提取 称取新鲜白菜叶片 2 g 或白菜叶柄 5 g,剪碎置于研钵中,加入约 0.2 g 无水碳酸钙粉末和 2 mL 蒸馏水,研磨成匀浆,移入 10 mL 离心管中。研钵用少量水冲洗,冲洗液也一起移入离心管中,摇荡片刻,静置 5 min。然后在 10 000 r/min 转速下离心 10 min,将上清液倒入 100 mL 容量瓶中,加蒸馏水定容至刻度,摇匀,备用。

2. 酶活性测定 取 4 个 50 mL 锥形瓶,编号 1~4,按表 7-8 进行操作。

表 7-8 酶活性测定

项 目	锥形瓶编号			
	1	2	3	4
酶液(mL)	5	5	5	5
1.8 mol/L 硫酸溶液(mL)	0	0	5	5
0.05 mol/L 过氧化氢溶液(mL)	5	5	5	5
	在 20 ℃ 准确保温 5 min			
1.8 mol/L 硫酸溶液(mL)	5	5	0	0
	迅速摇匀终止反应			
20% 碘化钾溶液(mL)	1	1	1	1
	各瓶加入钼酸铵溶液 3 滴,摇匀			
	各瓶加入 1% 淀粉溶液 5 滴,摇匀			
用 0.1 mol/L 的硫代硫酸钠滴定,记录所用的体积(mL)				

用 0.1 mol/L 硫代硫酸钠滴定至蓝色消失,即为滴定终点。将硫代硫酸钠的用量记录进表 7-8 的最后一栏中。

(六)结果与计算

以单位质量样品在每分钟内分解过氧化氢的量表示过氧化氢酶活性。即 mg H_2O_2/(min·g 鲜重)或 mg H_2O_2/(min·mg 蛋白质)表示。

将 1 号和 2 号锥形瓶滴定所用的硫代硫酸钠体积平均,得 V_1;将 3 号和 4 号瓶滴定所用的硫代硫酸钠体积平均,得 V_2。用下式计算反应中被分解的过氧化氢量:

$$M=(V_2-V_1)N\times 34.02\times 0.5$$

式中,M 为反应被分解的过氧化氢量(mg);V_1 为滴定 1、2 号瓶所用的硫代硫酸钠体积平均值(mL);V_2 为滴定 3、4 号瓶所用的硫代硫酸钠体积平均值(mL);N 为硫代硫酸钠的浓度(0.1 mol/L);34.02 是过氧化氢的相对分子质量;0.5 是反应过程中 I_2 和 $Na_2S_2O_3$ 的比值(1:2)。

用下式计算过氧化氢酶活力:

$$\text{过氧化氢酶活力}[\text{mg } H_2O_2/(\text{min}\cdot\text{g 鲜重})]=\frac{MV}{V_3\times m\times t}$$

式中,M 是被分解的过氧化氢量(mg);V 是提取过氧化氢酶定容的总体积(100 mL);V_3 是测定酶活力时用酶液的体积(mL);m 是提取过氧化氢酶时白菜叶片的质量(g);t 是酶促反应保温时间(min)。

(七)注意事项

研磨植物材料时一定要充分磨细,以免影响酶的提取。

(八)思考题

(1)滴定时为何要设置空白对照?
(2)本法与紫外分光光度法相比,各有何优缺点?

实验二十一 过氧化物酶(POD)活性的测定

过氧化物酶(peroxidase,POD)广泛存在于植物体中,是活性较高的一种氧化酶,它与植物体内的许多生理代谢过程及抗逆性都有密切关系。在植物生长发育过程中,它的活性不断发生变化,因此测定它的活性,可以反映某一时期植物体内代谢的变化。

过氧化物酶能催化过氧化氢释放出氧以氧化某些酚类和胺类物质,产物为醌类或胺类化合物,此化合物进一步缩合或与其他分子缩合,产生颜色较深的化合物。有色物质的生成速率与反应体系中过氧化氢分解速率呈正相关。因此,用分光光度计测出有色物质吸光度的变化(单位时间内反应液中吸光度的变化),可以表示过氧化物酶的活性。此方法具有迅速、简便、灵敏度高和重复性好的优点。常用的比色方法有愈创木酚比色法和联苯胺比色法。

一、愈创木酚比色法

(一)实验目的
掌握用愈创木酚比色法测定过氧化物酶活性的原理和方法。

(二)实验原理
过氧化物酶催化过氧化氢将邻甲氧基苯酚(即愈创木酚)氧化成红棕色的 4-邻甲氧基苯酚,其反应如图 7-2 所示。

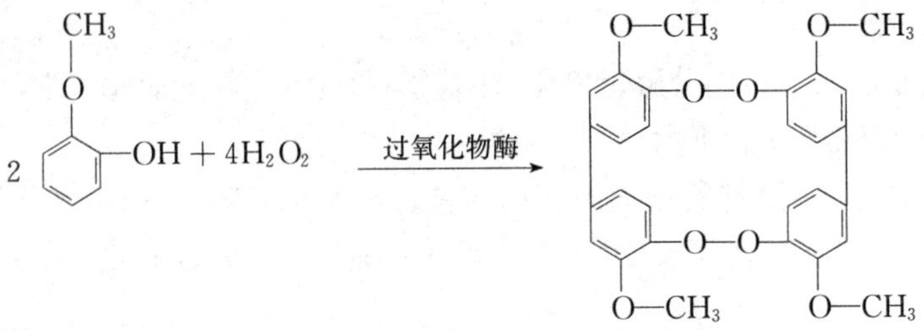

邻甲氧基苯酚　　　　　　4-邻甲氧基苯酚（红棕色）
图 7-2　过氧化物酶催化的反应

红棕色的 4-邻甲氧基苯酚在波长 470 nm 处有最大吸收峰，所以可通过测 470 nm 处的吸光度变化来测定过氧化物酶的活性。

(三)实验仪器和用品

1. 仪器　电子天平、恒温水浴锅、紫外分光光度计和离心机等。

2. 用品　研钵、容量瓶(10 mL×1)、刻度吸管(0.5 mL×2、2 mL×1)、试管(10 mL×3)、洗耳球。

(四)实验材料和试剂准备

1. 实验材料　采用白菜或水稻苗或小麦苗叶片。

2. 试剂准备

(1) 50 mmol/L pH 7.0 的磷酸缓冲液。准确称取十二水磷酸氢二钠 10.925 g、二水磷酸二氢钠 0.304 g，溶解到蒸馏水中，定容至 1 000 mL。

(2) 反应体系混合液。取 50 mmol/L 磷酸缓冲液(pH 7.0) 50 mL 于烧杯中，加入愈创木酚 28 μL，于磁力搅拌器上加热搅拌，直至愈创木酚溶解，待溶液冷却后，加入 30% 过氧化氢 19 μL，混合均匀，保存于冰箱中。

(五)实验步骤

1. 酶液的提取　称取新鲜水稻苗或小麦苗叶片 0.2 g 置预冷的研钵中，加入 1 mL 4 ℃ 下预冷的 pH 7.0 磷酸缓冲液和少量石英砂研磨成匀浆后，转入离心管，再分别用 2 mL 缓冲液冲洗研钵，一并倒入离心管，4 ℃ 下 10 000 r/min 离心 15 min，上清液定容至 10 mL，即得到过氧化物酶粗提液，置 4 ℃ 下保存备用。

2. 酶活性测定　取 10 mL 试管 3 支，其中 2 支为样品测定管，1 支为空白管。空白管中加入 3 mL pH 7.0 磷酸缓冲液，调零；样品测定管中各加入 3 mL 反应体系混合液，其中 1 支中加入 50 μL 过氧化物酶粗提液(视酶活性高低做适当稀释)，迅速混匀后，470 nm 波长下比色，计时，立刻读取第一个吸光度值，以后每 30 s 读一次，共读 4 个数据。用该法测定另一支样品测定管。注意应选取变化值相差不大的时间段来平均，通常在 0～60 s 较好。

(六)结果与计算

将每分钟 A_{470} 变化 0.01 定义为 1 个酶活单位(U)。POD 酶活性以 U/(min·mg 蛋白质)或 U/(min·g 鲜重)表示。

$$过氧化物酶活性[U/(min·g 鲜重)] = \frac{\Delta A_{470} \times V_t}{0.01 \times V_1 \times t \times m}$$

式中，ΔA_{470} 为每分钟吸光度的下降值，即为 $2(A_{S_0} - A_{S_1})$；A_{S_0} 为开始时样品管的第一

个吸光度；A_{S_1}，A_{S_2}为样品管每30 s的吸光度；V_t为粗酶提取液总体积(mL)；V_1为测定用粗酶液体积(mL)；m为样品鲜重(g)；0.01为A_{240}每下降0.01为1个酶活性单位(U)；t为反应时间，以1 min计。

若POD酶活性以U/(min·mg蛋白质)来表示，则上式算出的结果再除以蛋白质含量(mg/g 鲜重)即可。

(七)注意事项

(1)研磨植物材料时一定要充分磨细，提取过程要尽量在低温条件下进行，以免影响酶的提取。

(2)试验前应先粗测酶活，找出合适的酶液浓度。

如果室温较低，反应要在28～30 ℃水浴中进行。

(八)思考题

(1)测定酶的活性要注意控制哪些条件？

(2)测定过氧化物酶活性有何生理意义？你知道还有哪些方法可以测定过氧化物酶活性？

二、联苯胺比色法

(一)实验目的

掌握用联苯胺比色法测定过氧化物酶活性的原理和方法。

(二)实验原理

过氧化物酶催化过氧化氢将联苯胺氧化成蓝色或棕色化合物，后者在波长580 nm处有最大吸收峰，所以可通过测定580 nm处吸光度的变化来测定过氧化物酶的活性。

(三)实验仪器和用品

1. 仪器 电子天平、恒温水浴锅、紫外分光光度计和离心机等。

2. 用品 研钵、容量瓶(10 mL×1)、刻度吸管(0.5 mL×2，2 mL×1)、试管(10 mL×3)、洗耳球。

(四)实验材料和试剂准备

1. 实验材料 采用白菜或水稻苗或小麦苗叶片。

2. 试剂准备

(1)50 mmol/L pH 7.0的磷酸缓冲液。准确称取十二水磷酸氢二钠10.925 g、二水磷酸二氢钠0.304 g，溶解到蒸馏水中，定容至1 000 mL。

(2)0.1 mol/L过氧化氢。取1 mL 30%过氧化氢稀释至100 mL。

(3)0.005 mol/L 联苯胺醋酸-醋酸钠缓冲液。在200 mL容量瓶中，先加入2/3的蒸馏水及2.3 mL冰乙酸和184 mg联苯胺，在50～60 ℃水浴中加热溶解，然后加入5.45 g醋酸钠。待完全溶解后，冷却，加蒸馏水至刻度线。

(五)实验步骤

1. 酶液的提取 称取新鲜水稻苗或小麦苗叶片0.2 g置预冷的研钵中，加入1 mL 4 ℃下预冷的pH 7.0磷酸缓冲液和少量石英砂研磨成匀浆后，转入离心管，再分别用2 mL缓冲液冲洗研钵，一并倒入离心管，4 ℃下10 000 r/min离心15 min，上清液定容至10 mL，即得到过氧化物酶粗提液，置4 ℃下保存备用。

2. 过氧化物酶活性测定 取 10 mL 试管 3 支，其中 2 支为样品测定管，1 支为空白管。空白管中加入 1 mL pH 7.0 磷酸缓冲液、2 mL 联苯胺醋酸-醋酸钠缓冲液和 1 mL 0.1 mol/L 过氧化氢，调零；测定前，再将酶液(原 10 mL/g)稀释 300～500 倍。样品测定管中加入酶液 1 mL，加入 2 mL 联苯胺醋酸-醋酸钠缓冲液，在 28～30 ℃水浴中保温 3～5 min，加入 1 mL 0.1 mol/L 过氧化氢，立即摇匀，并转入比色杯中，在波长 580 nm 下测定吸光度的变化，从加入过氧化氢起计时，立刻读取第一个吸光度值，以后每 15 s 读数一次，共读 4 个数据。重复另一支样品测定管。注意应选取变化值相差不大的时间段来平均，通常在 0～60 s较好。

(六)结果与计算

将每分钟 A_{580} 变化 0.01 定义为 1 个酶活性单位(U)，POD 酶活性以 U/(min·g 鲜重)或 U/(min·mg 蛋白质)表示。

$$过氧化物酶活性[U/(min·g 鲜重)]=\frac{\Delta A_{580} \times V_t}{0.01 \times V_1 \times t \times m}$$

式中，ΔA_{580} 为每分钟吸光度的下降值，即为 $2(A_{S_0}-A_{S_1})$；A_{S_0} 为开始时样品管的第一个吸光度；A_{S_1}，A_{S_2} 为样品管每 30 s 的吸光度；V_t 为粗酶提取液总体积(mL)；V_1 为测定用粗酶液体积(mL)；m 为样品鲜重(g)；0.01 为 A_{240} 每下降 0.01 为 1 个酶活性单位(U)；t 为反应时间，以 1 min 计。

若 POD 酶活性以 U/(min·mg 蛋白质)来表示，则上式算出的结果再除以蛋白质含量(mg/g 鲜重)即可。

(七)注意事项

(1)研磨植物材料时一定要充分磨细，提取过程要尽量在低温条件下进行，以免影响酶的提取。

(2)试验前应先粗测酶活，找出合适的酶液浓度。一般稀释倍数在 3 000～5 000 倍为宜。

(3)加入过氧化氢以后，反应速度极快，在开始后的 45～60 s，蓝色物质的生成量呈直线上升。因此，加入过氧化氢、摇匀、转入比色杯、第一次读数等步骤应在 15 s 内完成。

(八)思考题

(1)简述过氧化物酶活性的定义。

(2)影响酶活性的因素有哪些？分析温度对酶活性的影响。

实验二十二 超氧化物歧化酶(SOD)活性的测定

一、实验目的

掌握氯化硝基四氮唑蓝(NBT)光还原法测定 SOD 活性的方法和原理，并了解 SOD 的作用特性。

二、实验原理

超氧化物歧化酶(superoxide dismutase，SOD)普遍存在于动物、植物和微生物体内，是一种含金属辅基的酶。按照所含金属离子可分为 Mn-SOD、Cu,Zn-SOD 和 Fe-SOD 3 种。它能通过歧化反应清除生物细胞中的超氧自由基(O_2^-)，生成 H_2O_2 和 O_2。H_2O_2 由过氧化氢酶(CAT)催化生成 H_2O 和 O_2，从而减少自由基对有机体的毒害。它们催化的反应是：

$$2O_2^- + 2H \xrightarrow{SOD} H_2O_2 + O_2 \quad 2H_2O_2 \xrightarrow{CAT} 2H_2O + O_2$$

由于超氧自由基 O_2^- 为不稳定自由基，寿命极短，测定 SOD 活性一般采用间接方法，并利用各种呈色反应来测定。本实验依据超氧化物歧化酶抑制氯化硝基四氮唑蓝(NBT)在光照下的还原作用来测定酶活性大小。在氧化物质存在时，核黄素可被光还原，被还原的核黄素在有氧条件下极易再氧化而产生 O_2^-。当加入 NBT 后，在光照条件下，NBT 与 O_2^- 反应生成单甲䐠(黄色)，继而还原生成二甲䐠，后者是一种蓝色物质，在 560 nm 波长下有最大吸收峰。当加入 SOD 时，可以使 O_2^- 与 H^+ 结合生成 H_2O_2 和 O_2，从而抑制了 NBT 光还原的进行，使蓝色二甲䐠生成速度减慢。通过在反应液中加入不同量的 SOD 酶液，光照一定时间后测定 560 nm 波长下各溶液吸光度，抑制 NBT 光还原相对百分率与酶活性在一定范围内呈正比，即反应液蓝色越深，说明酶活性越低，反之酶活性越高。找出 SOD 抑制 NBT 光还原相对百分率为 50% 时的酶量作为一个酶活力单位(U)。

三、实验仪器和用品

1. 仪器 高速台式离心机，分光光度计，微量进样器，荧光灯(反应试管处光照度为 4 000 lx)等。

2. 用品 指形管或 10 mL 烧杯 10 个，黑色硬纸套。

四、实验材料和试剂准备

1. 实验材料 采用水稻苗或小麦苗叶片。

2. 试剂准备

(1) 0.05 mol/L 磷酸缓冲液(pH 7.8)。准确称取十二水磷酸氢二钠 16.388 g、二水磷酸二氢钠 0.663 g，溶解到蒸馏水中，定容至 1 000 mL。如 pH 高于或低于 7.8，则用 NaH_2PO_4 或 Na_2HPO_4 调节。

(2) 提取缓冲液。内含 1% 聚乙烯吡咯烷酮(PVP)的 0.05 mol/L 磷酸缓冲液(pH 7.8)。

(3) 130 mmol/L 甲硫氨酸(Met)溶液。称 1.939 9 g Met，用磷酸缓冲液溶解并定容至 100 mL。

(4) 750 μmol/L 氯化硝基四氮唑蓝(NBT)溶液。称取 0.061 33 g NBT，用磷酸缓冲液定容至 100 mL，避光保存。

(5) 100 μmol/L $EDTA-Na_2$ 溶液。称取 0.037 21 g $EDTA-Na_2$，用磷酸缓冲液溶解并定容至 1 000 mL。

(6) 20 μmol/L 核黄素溶液。称取 0.075 3 g 核黄素，用蒸馏水溶解并定容至 1 000 mL，避光保存，现用现配。

五、实验步骤

1. 酶液提取 取一定部位的水稻苗或小麦苗叶片 0.5 g，加 2 mL 预冷的提取缓冲液在冰浴上研磨成浆，用提取缓冲液冲洗研钵，提取缓冲液终体积为 5 mL。于 4 ℃下 10 000 r/min 离心 10 min，上清液即为 SOD 粗提液。

2. 显色反应　取 5 mL 指形管或小试管(要求透明度好)7 支,其中 3 支为测定管,另 4 支为对照管,各管按表 7-9 加入各种溶液。当样品量较大时,可在临用前根据用量将表中

表 7-9　加样量

试剂名称	用量(mL)	终浓度(比色时)
0.05 mol/L 磷酸缓冲液	1.5	
130 mmol/L Met 溶液	0.3	13 mmol/L
750 μmol/L NBT 溶液	0.3	75 μmol/L
100 μmol/L EDTA-Na$_2$ 溶液	0.3	10 μmol/L
20 μmol/L 核黄素溶液	0.3	2.0 μmol/L
酶液	0.05	2 支对照管以缓冲液代替酶液
蒸馏水	0.25	—
总体积	3.0	—

各试剂(酶和核黄素除外)按比例混合后每支试管一次加入 2.65 mL,然后依次加入核黄素和酶液,但各试剂终浓度不变。

混匀后将 1 支对照管罩上比试管稍长的双层黑色硬纸套遮光或置暗处,其他各管于 4 000 lx 日光下反应 10 min。要求各管受光情况一致,反应温度控制在 25~35 ℃,温度高时间缩短,温度低时间延长(视酶活性高低可适当调整反应时间)。

3. SOD 活性测定　至反应结束后,用黑布罩盖上试管,以不照光的对照管作空白调零,分别测定其他各管在 560 nm 下的吸光度。

六、结果与计算

超氧化物歧化酶(SOD)活性单位定义为:以抑制 NBT 光化还原相对百分率为 50% 时的酶量为一个酶活性单位(U)。按下式计算 SOD 活性。

$$超氧化物歧化酶活性(U/g 鲜重) = \frac{(A_0 - A_S) \times V_t}{A_0 \times 0.5 \times m \times V_S}$$

式中,A_0 为对照管的吸光度;A_S 为样品管的吸光值;V_t 为样液总体积(mL);V_S 为测定时样品用量(mL);m 为样品鲜重(g);蛋白质浓度为每克鲜重含蛋白质毫克数(mg/g)。

七、注意事项

(1)核黄素产生 O_2^-、NBT 还原为蓝色的化合物都与光密切相关,因此,测定时要严格控制光照的强度和时间。为保证各小烧杯所受光照度一致,所有小烧杯应排列在与日光灯管平行的直线上。

(2)富含酚类物质的植物叶片(如茶叶)在匀浆时产生大量的多酚类物质,会引起酶蛋白不可逆沉淀,使酶失去活性,因此在提取此类植物 SOD 酶时,必须添加多酚类物质的吸附剂,将多酚类物质除去,避免酶蛋白变性失活。一般在提取液中加 1%~4% 的聚乙烯吡咯烷酮(PVP)。

(3)测定 SOD 活性时加入的酶量,以能抑制反应的 50% 为佳。

八、思考题

(1)为什么 SOD 活力不能直接测得?

(2)超氧自由基为什么能对机体活细胞产生毒害?SOD 如何减少超氧自由基的毒害?

实验二十三 多酚氧化酶(PPO)活性的测定

一、实验目的

(1)掌握测定多酚氧化酶活性的方法。

(2)了解多酚氧化酶的特性。

二、实验原理

多酚氧化酶(polyphenol oxidase,PPO)是一类广泛存在于植物体内的非线粒体末端氧化酶。它包括单酚氧化酶(酪氨酸酶)、双氧化酶(儿茶酚氧化酶)、漆酶。铜是它的活性中心,从蛋白质中除去一部分或全部铜,将引起酶活性下降或完全失活,若添加铜,酶活性又能恢复。不同果蔬中的 PPO 铜辅基的数量有所不同,如蘑菇中 PPO 含 4 个铜原子,而扁豆的 PPO 含 1 个铜原子。

由于 PPO 与果蔬加工、品质等密切相关,人们很早就开始对它进行深入细致的研究。PPO 是决定红茶品质的关键酶类。在啤酒生产过程中,PPO 与啤酒风味的陈化紧密相关。反之,为了防止水果褐化,保持水果新鲜,生产上也运用多种方法降低水果中 PPO 活性和含量。由于醌类物质对病原微生物起着抑制作用或杀伤作用,具有一定的抗病能力。现在 PPO 多用于提高植物对病原菌的抗性。

多酚氧化酶能使一元酚和二元酚等氧化成相应的醌类物质。醌有颜色,在 410 nm 下有最大吸收峰,可通过分光光度法测定 410 nm 处吸光度的变化来测定 PPO 活性。

三、实验仪器和用品

1. 仪器 电子天平、恒温水浴锅、紫外分光光度计和离心机等。

2. 用品 研钵、容量瓶(10 mL×1)、刻度吸管(1 mL×2、2 mL×2、5 mL×2)、试管(10 mL×3)、洗耳球。

四、实验材料和试剂准备

1. 实验材料 采用马铃薯或水稻苗或小麦苗叶片等。

2. 试剂准备

(1)0.05 mol/L pH 7.2 磷酸缓冲液。准确称取十二水磷酸氢二钠 12.895 g、二水磷酸二氢钠 0.218 g,溶解到蒸馏水中,定容至 1 000 mL。

(2)0.1 mol/L 邻苯二酚(儿茶酚)。准确称取 11.01 g 邻苯二酚,用磷酸缓冲液溶解并定容至 1 000 mL。

(3)聚乙烯吡咯烷酮(PVP)。

五、实验步骤

1. 样品制备 称取马铃薯0.5 g，加入2.5 mL pH 7.2的磷酸缓冲液，加入0.05 g不溶性聚乙烯吡咯烷酮（事先用蒸馏水浸洗，然后过滤以除去杂质），研磨成匀浆，转移到离心管，再用2.5 mL pH 7.2磷酸缓冲液冲洗研钵，合并提取液。4 ℃、10 000 r/min离心15 min，上清液即为粗酶液。

2. 酶活性测定 取10 mL试管3支，其中2支为样品测定管，1支为空白管。空白管中加入3.5 mL pH 7.2磷酸缓冲液、1.5 mL 儿茶酚，调零；样品测定管中各加入2.5 mL pH 7.2磷酸缓冲液、1.5 mL 儿茶酚，其中1支中加入1 mL 粗酶液（视酶活性高低做适当稀释），迅速混匀后，410 nm波长下比色，计时，立刻读取第一个吸光度值，以后每30 s读一次，反应时间为3 min。按此法测定另1支样品测定管。注意应选取变化值相差不大的时间段计算平均值。

六、结果与计算

以每分钟A_{410}变化0.01为1个酶活力单位（U），PPO活性以U/(min·g 鲜重)或U/(min·mg 蛋白质)表示。

$$多酚氧化酶活性[U/(min·g 鲜重)] = \frac{\Delta A_{410} \times V_t}{0.01 \times V_1 \times t \times m}$$

式中，ΔA_{410}为每分钟吸光度的下降值，即$2(A_{S_0} - A_{S_1})$；A_{S_0}为开始时样品管的第一个吸光度值；A_{S_1}，A_{S_2}为样品管每30 s 的吸光值；V_t为粗酶提取液总体积(mL)；V_1为测定用粗酶液体积(mL)；m为样品鲜重(g)；0.01为A_{240}每下降0.01为1个酶活性单位（U）；t为反应时间(min)。

若PPO活性以U/(min·mg 蛋白质)来表示，则上式算出的结果再除以蛋白质含量(mg/g 鲜重)即可。

七、注意事项

(1)研磨植物材料时一定要充分磨细，提取过程要尽量在低温条件下进行，以免影响酶的提取。

(2)植物中的酚类对测定有干扰，制备粗酶液时可加入聚乙烯吡咯烷酮(PVP)，尽可能除去植物组织中的酚类等次生代谢物质。

(3)如果室温较低，反应要在28~30 ℃水浴中进行。

八、思考题

简述本法中测定多酚氧化酶活性的原理。

实验二十四 蛋清溶菌酶的制备及其活性测定

一、实验目的

掌握溶菌酶的提纯方法和酶活性的测定方法。

二、实验原理

溶菌酶又称为胞壁质酶或 N-乙酰胞壁质聚糖水解酶，是一种碱性糖苷水解酶，能作用于细菌细胞壁的黏多糖，具有杀菌等作用，广泛应用于临床医学。

溶菌酶的化学性质稳定，纯品为白色或微黄色结晶体，易溶于水，不溶于丙酮、乙醇，是一种分子质量在 14～15 ku，等电点在 11.0 左右，最适温度在 50 ℃，最适 pH 为 6.0～7.0 的碱性球蛋白。溶菌酶的抗菌及抗病毒活力与 pH 有关，在酸性介质中，活力显著增强。

溶菌酶存在于植物及动物(蛋清、血浆、淋巴液和鼻黏膜等处)中，其中鸡蛋清中含量较为丰富，且鸡蛋清取材方便，因此实验室及实际生产中一般以鸡蛋清为原料进行溶菌酶的提取制备。

从鸡蛋清中分离溶菌酶可以选用多种不同的方法和步骤。本实验采用的分离纯化步骤为：等电点及热变性选择性沉淀→聚丙烯酸处理→葡聚糖凝胶柱层析→聚乙二醇浓缩。溶菌酶具有耐热性，在酸性条件下经长时间高温处理而不丧失活性，而且溶菌酶具有特别高的等电点，因此采用热变性与等电点沉淀相结合的方法可除去大部分的杂蛋白质。聚丙烯酸是一种多聚蛋白质，在酸性条件下可以与溶菌酶结合形成凝聚物；当有钙离子存在时溶菌酶又能从这种凝聚物中分离出来，同时生成丙烯酸钙沉淀，后者经过硫酸的酸化又重新形成聚丙烯酸。在实验中，一旦提取液中溶菌酶与聚丙烯酸结合，所形成的凝聚物会立即黏附于试管的底部，倾去上层液体可使溶菌酶既得到纯化，又得到浓缩。最后再用葡聚糖凝胶柱层析，使杂蛋白质、溶菌酶和钙离子分开。

目前，测定溶菌酶活性的方法主要是：采用溶壁微球菌作底物，通过酶作用前后吸光度的变化来表示酶活性。

三、实验仪器和用品

玻璃层析柱(2.5 cm×34 cm)、电热恒温水浴锅、普通离心机、分光光度计、自动部分收集器、恒流泵、剪刀、滤纸、酸性 pH 试纸。

四、实验材料和试剂准备

1. 实验材料　采用新鲜鸡蛋。

2. 试剂准备

(1) Sephadex G-50。

(2) 1%NaCl-0.05 mol/L HCl。称取 1 g NaCl 溶于 100 mL 0.05 mol/L HCl。

(3) 1 mol/L HCl。吸取 8.3 mL 浓 HCl 置于 100 mL 容量瓶，用蒸馏水定容至刻度。

(4) 10%聚丙烯酸。称取 10 g 聚丙烯酸于烧杯中，加 60 mL 蒸馏水溶解，定容至 100 mL。现配现用。

(5) 0.5 mol/L Na_2CO_3。称取 53 g 无水 Na_2CO_3 于烧杯中，加 80 mL 蒸馏水溶解，定容至 100 mL。

(6) 50%$CaCl_2$。称取 50 g 无水 $CaCl_2$ 于烧杯中，加 60 mL 蒸馏水溶解，定容至 100 mL。

(7) 0.6%NaCl。称取 0.6 g NaCl 于烧杯中，加 80 mL 蒸馏水溶解，定容至 100 mL。

(8) 饱和草酸溶液。称取 15 g 草酸，溶于 100 mL 蒸馏水中，充分搅拌，滤去沉淀即得。

(9) 细菌悬液。取 1 g 艳红 K-2BP 标记的微球菌 *M. lysodeikticus* 悬于 100 mL 0.1 mol/L

的 pH 6.2 磷酸缓冲液中,置于冰箱内保存备用。

(10)0.1 mol/L 的 pH 6.2 磷酸缓冲液。分别称取 12.714 g $NaH_2PO_4 \cdot 2H_2O$ 和 6.627 g $Na_2HPO_4 \cdot 12H_2O$,溶于 800 mL 的蒸馏水,定容至 1 000 mL。

五、实验步骤

1. 蛋清溶菌酶的分离提取

(1)热变性与等电点选择性沉淀。取 2 个新鲜的鸡蛋,两端各敲一个小洞(直径约 4 mm),使蛋清流出,用 1% NaCl - 0.05 mol/L HCl 溶液搅拌稀释,加 20% HAc 调至 pH 4.6,3 000 r/min 离心 10 min,收集上清液并记录体积(V),留样 2 mL 待分析。将上清液置于沸水浴中迅速升温至 75 ℃,用流动水迅速冷却后,3 500 r/min 离心 20 min,收集上清液,记录体积(V_1),并留样 2 mL 待分析。

(2)丙烯酸处理。在所得上清液中滴加 10% 聚丙烯酸(用量为上清液体积的 1/4),慢速搅拌,当凝聚物出现后,静置 30 min 使凝聚物黏附于容器底部。倾去上清液,加入适量蒸馏水,搅拌使沉淀悬浮,并滴加少量 0.5 mol/L Na_2CO_3,使浊液变清,此时溶液 pH 为 6.0 左右。搅拌条件下向溶液中滴加 500 g/L $CaCl_2$(体积为聚丙烯酸用量的 1/12.5)。3 500 r/min 离心 10 min,收集上清液,记录体积(V_2),留样 0.5 mL 待分析。

(3)Sephadex G - 50 柱层析。①装柱:称取 12.5 g Sephadex G - 50,加入 250 mL 蒸馏水溶胀 6 h 以上,置沸水浴中加热除去气泡(约加热 10 min),冷却后装入玻璃层析柱。用 6 g/L NaCl 溶液 200 mL 平衡层析柱。②上样:上样时先吸去层析柱凝胶面上的溶液,再沿管壁滴加样品,样品不宜超过 10 mL。加完后打开层析柱出口,让样品均匀流入凝胶内。③洗脱:样品流完后,先分次加入少量 6 g/L NaCl 洗脱液洗下柱壁上的样品,然后接通蠕动泵,继续用 6 g/L NaCl 洗脱,调节操作压力使流速控制在每 10 min 7~8 mL,用部分收集器收集,4 mL/管,共收集 200 mL 左右。④分析:记录各管体积,测定各管中蛋白质浓度。合并含有蛋白质的收集管,记录体积(V_3)。用草酸溶液鉴定是否有 Ca^{2+} 存在,留出样品 0.5 mL 做蛋白质含量和酶活性测定。

(4)乙二醇浓缩。将洗脱液放入透析袋,外面裹以聚乙二醇 6 000,置于加盖容器中。当酶液水分被聚乙二醇吸收而浓缩至 5 mL 左右时,用蒸馏水洗去透析膜外的聚乙二醇,倒出浓缩液,记录体积(V_4),留样 0.5 mL 做蛋白质含量和酶活性分析。

2. 溶菌酶活力测定 取上述各待测酶液用 0.1 mol/L 磷酸缓冲液(pH 6.2)稀释 30~50 倍,进行酶活性测定。将酶液和菌悬液分别置于 25 ℃ 预热保温 5 min,然后吸取菌悬液 2.5 mL 置比色杯中,A_{450} nm 下测吸光度,此时为零时读数。然后加入稀酶液 0.2 mL,迅速摇匀。从加入酶液起计时,每隔 30 s 测一次 A_{450},共测 3 次(90 s)。空白管用磷酸缓冲液调零。

六、结果与计算

1. 洗脱曲线 以收集管号为横坐标,以吸光度(A_{280})为纵坐标,绘制洗脱曲线。

2. 计算回收率

$$回收率 1(\%) = m_1/m \times 100\%$$
$$回收率 2(\%) = m_2/m \times 100\%$$

回收率 3(%)＝m_4/m×100%

$$m=c\times v \quad m_1=c_1\times v_1 \quad m_2=c_2\times v_2 \quad m_3=c_3\times v_3 \quad m_4=c_4\times v_4$$

式中，m、m_1、m_2、m_3 为蛋白质的质量(mg)；v、v_1、v_2、v_4 为收集得到的上清液体积(mL)；v_3 为含蛋白质的洗脱液的总体积(mL)；c、c_1、c_2、c_3 为蛋白质浓度(mg/mL)。

注：蛋白质的浓度测定用考马斯亮蓝 G-250 染色法(参照以前的实验)。

3. 计算酶活力

本实验溶菌酶的活力单位定义为：每分钟 A_{450} 下降 0.001 为一个活力单位(25 ℃，pH 6.2)。

$$P=\frac{A_0-A_1}{m}\times 1\,000$$

式中，P 为每毫克蛋白质的酶活力单位(U/mg)；A_0 为零时 450 nm 处的吸光度；A_1 为 1 min 时 450 nm 处的吸光度；m 为 0.2 mL 稀酶液的蛋白质质量(mg)；1 000 为 0.001 的倒数，即相当于除以 0.001。

七、思考题

(1)溶菌酶的杀菌机理是什么？

(2)根据自身的实验体会，还有其他的提取和纯化溶菌酶的方法吗？请写出相关的原理。

实验二十五　分光光度法测定植酸酶的活性

一、实验目的

掌握分光光度法测定植酸酶活性的原理和方法。

二、实验原理

植酸酶(phytase)是催化植酸(肌醇六磷酸)或植酸盐水解成肌醇和磷酸或磷酸盐的一类酶的总称，属于磷酸单酯水解酶，它实际上包括植酸酶和酸性磷酸酶两种酶。由于植物性饲料中的磷大多以植酸磷的形式存在，因此，在动物饲料中添加植酸酶可分解植物饲料中的植酸磷，从而提高畜禽对植物饲料中磷的利用率，在减少粪便中磷的排放、改善生态环境和预防疾病等方面均发挥了积极作用。

在一定温度和 pH 条件下，植酸酶将底物植酸钠水解，生成肌醇和磷酸(盐)，并释放出无机磷。在酸性条件下，无机磷能与钒钼酸铵生成黄色的钒钼磷络合物。在一定浓度范围内，黄色的颜色深浅与无机磷的含量成正比，可用分光光度计在 415 nm 波长下测定，利用测定系列浓度的标准磷溶液后制成的标准曲线，可以查出酶促反应后溶液的磷含量，然后计算酶的活性。该方法被称为钒-钼酸铵法，又称为钼黄法、偏钒酸铵法，因其标准曲线线性关系好、颜色稳定、干扰物质相对较少而成为测定低含量磷的经典方法。

三、实验仪器和用品

1. 仪器　可见光分光光度计、恒温水浴锅、离心机、电子天平、酸度计、磁力搅拌器等。

2. 用品 量筒、移液管、离心管、烧杯、试管与试管架、洗耳球、容量瓶、试剂瓶、锥形瓶等。

四、实验材料和试剂准备

1. 实验材料 采用植酸酶制剂或萌发 3~5 d 的小麦(水稻)芽。

2. 试剂准备

(1)醋酸缓冲液(0.25 mol/L，pH 5.50)。称取三水合乙酸钠 34.02 g 于 1 000 mL 烧杯中，加双蒸水约 900 mL 溶解，用冰醋酸调节 pH 至 5.50±0.05，再加 3 滴吐温-20，用双蒸水定容至 1 000 mL，摇匀。本溶液最好为现配现用。

(2)植酸钠溶液(7.5 mmol/L，pH 5.50)。准确称取植酸钠 0.692 8 g($C_6H_6O_{24}P_6Na_{12}$，相对分子质量为 923.8，纯度为 95%)，精确至 0.1 mg，溶于约 80 mL 醋酸缓冲液中，用冰乙酸或氢氧化钠调 pH 至 5.50±0.03，再用醋酸缓冲液定容至 100 mL。本溶液临用时新配(实际反应液中的最终浓度为 5 mmol/L)。

(3)磷标准溶液。取适量的磷酸二氢钾于 105 ℃ 干燥 2 h，置干燥器中冷却至室温后，精确称取 0.340 2 g 于 100 mL 容量瓶中，用醋酸缓冲液溶解，并定容至刻度，得 25.00 μmol/mL 磷标准溶液。

(4)(1+2)硝酸溶液。10 mL 浓硝酸与 20 mL 双蒸水混合。

(5)100 g/L 钼酸铵溶液。称取四水合钼酸铵 100 g，加双蒸水约 800 mL 溶解，加 25% 氨水 10 mL，再用双蒸水定容至 1 000 mL。摇匀。本溶液室温下避光保存，有效期 3 个月。

(6)2.35 g/L 偏钒酸铵溶液。称取偏钒酸铵(NH_4VO_3) 2.35 g 于烧杯中，加双蒸水 500 mL 溶解，待完全溶解后，搅拌条件下缓缓加入(1+2)硝酸溶液 20 mL，待冷却至室温后用双蒸水定容至 1 000 mL。本溶液室温下避光保存，有效期 3 个月。

(7)钒钼酸铵显色/终止溶液。取 100 g/L 钼酸铵溶液和 2.35 g/L 偏钒酸铵溶液各 250 mL 于 1 000 mL 容量瓶中，用(1+2)硝酸溶液定容。本液临用时新配。

五、实验步骤

1. 标准曲线的绘制 取 7 支干净的 10 mL 具塞刻度试管，编号，按表 7-10 稀释成不同浓度的磷标准溶液。

表 7-10 标准曲线的绘制

项目	试管编号						
	0	1	2	3	4	5	6
25.0 μmol/mL 磷标准溶液(mL)	0	0.1	0.2	0.4	0.6	0.8	1.0
醋酸缓冲液(mL)	10	9.9	9.8	9.6	9.4	9.2	9.0
磷标准溶液浓度(μmol/mL)	0	0.25	0.5	1.0	1.2	2.0	2.5
吸光度(A_{415})							

注：醋酸缓冲液后加，可直接加至刻度(10 mL)。塞上塞子混匀。

另取 7 支干净试管，编号，依次加入 1 mL 不同浓度的磷标准溶液，再分别加入 2 mL 7.5 mmol/L、pH 5.50 植酸钠溶液和 2 mL 钒钼酸铵显色/终止液，混匀后静置 10 min，在分光光度计415 nm波长处以0号管作空白对照分别测吸光度（A_{415}）。以表7-10中"磷标准溶液浓度"一项数据为横坐标，以吸光度（A_{415}）为纵坐标，作出标准曲线。标准曲线要经过原点。

2. 植酸酶粗酶液的提取 样品粉碎后过60目筛。称取2.0 g粉碎样品，放入100 mL烧杯中，加入50 mL浓度为0.25 mol/L、pH 5.50的冷却醋酸缓冲液，用磁力搅拌器高速搅拌30 min，使酶蛋白充分溶出，制成悬浮液，用滤纸过滤或4 000 r/min离心10 min，上清液定容至100 mL，即得植酸酶粗酶溶液。置于冰箱中低温保存备用。

3. 植酸酶的活性测定 取4支已标号的10 mL刻度试管，其中1管作空白对照，其他3管为反应管。在4支刻度试管中分别加入2 mL 7.5 mmol/L、pH 5.50植酸钠溶液，置于37 ℃水浴预热5 min，然后以相同时间间隔依次在3支反应管中加入已预热的植酸酶粗酶溶液1.00 mL，在37 ℃水浴中精确保温30 min。保温后，按与加入酶液相同顺序和时间间隔在4管中分别加入2 mL钒钼酸铵显色/终止液。在空白对照中补加入1.00 mL植酸酶粗酶溶液，混合摇匀。在室温下静置10 min，如出现浑浊，需离心（以4 000 r/min离心10 min）。上清液用分光光度计在415 nm处测定吸光度，以空白管作对照调零。根据标准曲线求出无机磷的含量，计算植酸酶活性。

六、结果与计算

植酸酶活性单位定义：在温度37 ℃、pH 5.50的条件下，每分钟水解浓度为5 mmol/L的植酸钠产生1 μmol无机磷所需要的酶量，即为一个植酸酶活性单位（U）。

按下式计算植酸酶的活性：

$$植酸酶的活性[U/(min \cdot g) 或 U/(min \cdot mL 酶)] = \frac{c \times 1 \times 100}{m \times t}$$

式中，C为在标准曲线中读出的相应无机磷浓度（μg/mL）的平均值；1为粗植酸酶溶液的体积（mL）；100为样品的稀释倍数；m为固体酶粉的质量（2.0 g）或液体酶的体积（2.0 mL）；t为酶促反应时间（30 min）。

若植酸酶活性以U/(min·mg 蛋白质)来表示，则上式算出的结果再除以蛋白质含量（mg/g 或 mg/mL 酶）即可。

七、注意事项

(1) 酶促反应的温度和时间一定要严格控制，酶活性与酶促反应的温度和时间密切相关。

(2) pH在植酸酶活性测定时影响很大，严格要求pH为5.5。当pH为3.0时，植酸酶活力基本丧失。底物溶液和醋酸缓冲液在配制时的pH应及时检测。

(3) 根据酶活性的强弱，配制的酶液可适当稀释以供测定用。即当A_{415}最大值超过0.8时，应将酶液再稀释1倍。

(4) Cu^{2+}、Zn^{2+}对植酸酶活性有较大影响。因此测定植酸酶活性时，应先屏蔽Cu^{2+}、Zn^{2+}的影响，然后再进行植酸酶活性的测定。

(5) 植酸酶活性测定要求的蒸馏水比较严格，一定要双蒸以上的蒸馏水。

八、思考题

钼黄法测定植酸酶活性的原理是什么？实验过程中应注意什么问题？

实验二十六　分光光度法测定蛋白酶的活性

一、实验目的

掌握分光光度法测定蛋白酶活性的原理和方法。

二、实验原理

蛋白酶广泛存在于生物体内，可按如下的方法进行分类。按蛋白酶水解蛋白质的方式来分：a. 内肽酶，切开蛋白质分子内部肽键，生成相对分子质量较小的多肽类；b. 外肽酶，切开蛋白质或多肽分子氨基或羧基末端的肽键，从而游离出氨基酸的酶类；c. 水解蛋白质或多肽的酯键的蛋白酶；d. 水解蛋白质或多肽的酰胺键的蛋白酶。按酶的来源可分为：植物蛋白酶、动物蛋白酶、微生物蛋白酶。微生物蛋白酶又可分为：细菌蛋白酶、霉菌蛋白酶、酵母菌蛋白酶和放线菌蛋白酶等。按蛋白酶作用的最适 pH 可以分为：pH 2.5~5.0 的酸性蛋白酶，pH 9.5~10.5 的碱性蛋白酶，pH 7~8 的中性蛋白酶。

蛋白酶对酪蛋白、乳清蛋白、谷物蛋白等都有很好的水解作用。磷钨酸与磷钼酸的混合试剂（即福林(Folin)试剂）在碱性条件下极不稳定，易被酚类化合物还原为蓝色的钼蓝和钨蓝的混合物。由于蛋白质分子中具有含酚基的氨基酸（如酪氨酸、色氨酸和苯丙氨酸等），因此，蛋白质及其水解产物呈此颜色反应，利用这个原理可以测定蛋白酶活性的强弱。

本实验选用蛋白酶水解酪蛋白产生酪氨酸的反应体系。产物酪氨酸在碱性条件下与 Folin 试剂反应生成蓝色化合物，该蓝色化合物在 680 nm 处有最大吸收峰。在一定浓度范围内，其吸光度与酪氨酸浓度呈正比。通过测定一定条件下产物酪氨酸的含量变化，可计算出蛋白酶的活力。

三、实验仪器和用品

1. 仪器　分析天平（精度 0.001 g）、离心机、分光光度计、恒温水浴锅等。

2. 用品　试管(10 支)、100 mL 容量瓶、50 mL 烧杯、移液管(0.5 mL×1、1 mL×4、2 mL×1、5 mL×1)等。

四、实验材料和试剂准备

1. 实验材料　市售的胃蛋白酶、木瓜蛋白酶、枯草杆菌蛋白酶等。

2. 试剂准备

(1)福林(Folin)试剂。于 2 L 磨口回流装置内加入 100 g 钨酸钠($Na_2WO_4 \cdot 2H_2O$)、25 g 钼酸钠($Na_2MoO_4 \cdot 2H_2O$)、700 mL 蒸馏水、50 mL 85% 的磷酸、100 mL 浓盐酸，充分混匀后，接上磨口冷凝器，小火回流 10 h。取去冷凝器，再加入 150 g 硫酸锂(Li_2SO_4)、50 mL 蒸馏水及几滴液体溴，开口继续煮沸 15 min，以除去残溴及除去颜色，溶液最终应呈金黄色。若溶液有绿色，需再加数滴液溴，再煮沸除去。冷却后定容至 1 000 mL，混匀，过滤，置于棕色瓶中保存。使用时，此溶液加 2 倍蒸馏水稀释。

(2)0.4 mol/L 碳酸钠溶液。准确称取 4.24 g 无水碳酸钠，用蒸馏水溶解后定容至 100 mL。

(3) 0.4 mol/L 三氯醋酸溶液。准确称取 6.54 g 三氯醋酸，以蒸馏水溶解后定容至 100 mL。

(4) 0.5 mol/L NaOH 溶液。准确称取 2.00 g NaOH，以蒸馏水溶解后定容至 100 mL。

(5) 2% 酪蛋白溶液。称取 2.000 g 酪蛋白，精确至 0.001 g，用 0.5 mL 的 0.5 mol/L NaOH（若测定酸性蛋白酶活性则用 0.5 mL 浓乳酸）湿润，加入缓冲液约 80 mL，在沸水浴中边加热边搅拌，直至完全溶解，转入 100 mL 容量瓶中，用缓冲液定容至刻度，此溶液在冰箱（4 ℃）内贮存，有效期为 3 d。

(6) 缓冲溶液。不同的蛋白酶用不同的缓冲溶液。

① 0.05 mol/L pH 3.0 乳酸缓冲液，适用于酸性蛋白酶测定。

甲液：称取 10.6 g 乳酸（80%～90%），用蒸馏水溶解并定容至 1 000 mL。

乙液：称取 16 g 乳酸钠（70%），用蒸馏水溶解并定容至 1 000 mL。

使用溶液：取甲液 8 mL，加乙液 1 mL 混匀，稀释 1 倍，即成 0.05 mol/L pH 3.0 的乳酸缓冲溶液。

② pH=7.5 磷酸缓冲溶液，适用于中性蛋白酶测定。准确称取 6.02 g 磷酸氢二钠（$Na_2HPO_3·12H_2O$）和 0.5 g 磷酸二氢钠（$NaH_2PO_3·2H_2O$），加蒸馏水溶解并定容至 1 000 mL。

③ 0.05 mol/L pH 10 硼砂缓冲溶液，适用于碱性蛋白酶测定。

甲液：称取 19.08 g 硼酸钠，加蒸馏水溶解并定容至 1 000 mL。

乙液：称取 4.0 g 氢氧化钠，加蒸馏水溶解并定容至 1 000 mL。

使用溶液：取甲液 500 ml，加乙液 400 ml，摇匀，用蒸馏水稀释至 1 000 mL。

(7) 100 μg/mL 酪氨酸标准溶液。准确称取预先于 105 ℃ 干燥至恒重的 L-酪氨酸 0.100 0 g，用 1 mol/L 的盐酸 60 mL 溶解后定容至 100 mL，即为 1.00 mg/mL 的酪氨酸溶液。吸取 1.00 mg/mL 酪氨酸标准溶液 10.00 mL，用 0.1 mol/L 盐酸定容至 100 mL，即得 100 μg/mL L-酪氨酸标准溶液。

五、实验步骤

1. 标准曲线的绘制 取 7 支干净试管，按表 7-11 编号进行实验。

表 7-11 酪氨酸标准曲线的绘制

项目	试管编号						
	0	1	2	3	4	5	6
100 μg/mL 酪氨酸溶液（mL）	0	0.1	0.2	0.3	0.4	0.5	0.6
蒸馏水（mL）	1	0.9	0.8	0.7	0.6	0.5	0.4
摇匀各管							
0.4 mol/L 碳酸钠溶液（mL）	5	5	5	5	5	5	5
福林试剂使用溶液（mL）	1	1	1	1	1	1	1
摇匀各管，40 ℃ 水浴 20 min							
酪氨酸溶液浓度（μg/mL）	0	10	20	30	40	50	60
A_{680}	0.000						

将各管溶液摇匀后,在分光光度计上用 0 号管溶液调零,在 680 nm 处分别读取各管的吸光度(A_{680}),分别填到表 7-11 中。以表 7-11 中"酪氨酸溶液浓度"一项数据为横坐标,以吸光度"A_{680}"一项为纵坐标,作出标准曲线。标准曲线要经过原点。

2. 蛋白酶液的制备 准确称取固体酶 1.000 g 或吸取液体酶 1 mL,用少量的适宜缓冲液溶解并用玻璃棒捣研,然后将上清液倒入 100 mL 容量瓶,沉渣中再添入少量缓冲液捣研多次,最后全部移入容量瓶,稀释到刻度。摇匀后过滤,滤液可作为测试酶用。该酶已经稀释 100 倍。

3. 蛋白酶活性的测定 在 40 ℃恒温水浴中先将酪蛋白溶液预热 5 min。取 4 支干净试管,编号,按表 7-12 顺序加入试剂。

表 7-12 蛋白酶活性的测定

项目	试管编号			
	1′	2′	3′	4′
2%酪蛋白溶液(mL)	1	1	1	1
0.04 mol/L 三氯醋酸(mL)	2			
蛋白酶液(mL)	1	1	1	1
摇匀各管,40 ℃水浴 10 min				
0.04 mol/L 三氯醋酸(mL)		2	2	2

取出试管摇匀后,静置 10 min,过滤。取 4 支干净试管,分别加入各滤液 1 mL,分别各加入 5 mL 0.4 mol/L 碳酸钠和 1 mL 福林试剂使用溶液。摇匀,置 40 ℃水浴中显色 20 min。然后在 680 nm 处测定各管的吸光度(A_{680}),以 1′号管调零。分别在标准曲线上查出各相应的酪氨酸浓度(μg/mL),并计算出平均值(c)。

六、结果与计算

蛋白酶活性定义:1 g 固体酶粉(或 1 mL 液体酶),在 40 ℃(酸性 pH=3.0、中性 pH=7.5、碱性 pH=10.5)条件下,1 min 水解酪蛋白产生 1 μg 酪氨酸为一个酶活力单位(U)。
按下式计算蛋白酶的活性:

$$\text{蛋白酶的活性}[U/(\min \cdot g) \text{ 或 } U/(\min \cdot mL \text{ 酶})] = \frac{c \times 4 \times 100}{m \times t}$$

式中,c 为在标准曲线中读出的相应酪氨酸浓度(μg/mL)的平均值;4 为蛋白酶活性的测定中反应液的总体积(mL);100 为蛋白酶液的稀释倍数;m 为固体酶粉的质量(1 g)或液体酶的体积(1 mL);t 为酶促反应时间(10 min)。

若蛋白酶活性以 U/(min·mg 蛋白质)来表示,则上式算出的结果再除以蛋白质含量(mg/g 或 mg/mL 酶)即可。

七、注意事项

(1)酶活性测定时,加入试剂的先后次序不能颠倒。
(2)酶促反应的温度和时间一定要严格控制,酶活性与酶促反应的温度和时间密切相关。
(3)根据酶活性的强弱,配制的酶液可适当稀释以供测定用。

(4)酪蛋白被蛋白酶水解的产物——酪氨酸在 275 nm 处有最大吸收峰,根据这一特性可以测定蛋白酶的活性。

(5)有些蛋白酶在测定酶活性时需要添加激活剂,如半胱氨酸。

八、思考题

(1)蛋白酶可分为哪几类?

(2)0.4 mol/L 碳酸钠、0.4 mol/L 三氯醋酸溶液的作用是什么?

第八章 核苷酸和核酸

实验二十七 醋酸纤维素薄膜电泳分离核苷酸

一、实验目的

(1)掌握醋酸纤维素薄膜电泳法分离物质的原理及方法。
(2)了解核苷酸的紫外吸收原理。

二、实验原理

电泳(electrophoresis，EP)是带电粒子在电场中向着与其自身所带电荷相反的电极移动的现象。利用带电粒子在电场中移动速度不同而达到分离的技术称为电泳技术，它是1937年由瑞典的 A. W. K. 蒂塞利乌斯创建的。

在一定的电泳条件下，混合物中的样品由于所含有的解离基团不同，会发生不同的解离，使混合物样品带上不同的净电荷。这些带电粒子由于所带净电荷不同、分子质量不同、分子形状也不一样，所以在电场的作用下，各组分移动的速度各不相同，从而达到了电泳分离的目的。

电泳具有多种介质。醋酸纤维素薄膜电泳是利用醋酸纤维素薄膜作为电泳的支持物。醋酸纤维素是纤维素的羟基被乙酰化之后得到的。将它溶解在丙酮等有机溶剂中，并涂布成均一、细密的微孔薄膜，就是醋酸纤维素薄膜。用该薄膜作电泳的介质具有样品用量少、样品吸附少、简单、快速省时等优点，但是由于分辨率不高，限制了它在有些方面的应用。如用电泳分离血清蛋白时，用醋酸纤维素薄膜作电泳介质只能分离出5～6条区带，而用聚丙烯酰胺凝胶作电泳介质可分离出数十条区带。

组成核酸的 4 种核糖核苷酸都是两性电解质，它们的等电点各不相同(AMP、GMP、CMP、UMP 的等电点分别为 2.65、2.35、4.5、1.55)。在本实验电泳缓冲液 pH 4.8 的条件下，4 种不同的核苷酸会带有不同的负电荷。在电场中，带电粒子的泳动速度不同(UMP>GMP>AMP>CMP)，从而形成位置不同的条带。由于 4 种核苷酸都有共轭双键，所以具有紫外吸收的特点。将电泳后的醋酸纤维素薄膜放在紫外灯下观察，会检测到不同位置的紫红色的核苷酸条带。参照标准样品在同样条件下的电泳情况，就可以对分离后的各组分进行鉴定。

三、实验仪器和用品

电泳仪、紫外观察仪、吹风机、平头镊子、醋酸纤维素薄膜(4 cm×8 cm)、微量进样器、滤纸、铅笔、直尺等。

四、实验材料和试剂准备

1. 实验材料 采用 4 种核苷酸(UMP、GMP、AMP、CMP)。

2. 试剂准备

(1) 0.02 mol/L 柠檬酸钠缓冲液。称取柠檬酸 3.84 g、柠檬酸钠 5.86 g，溶解于蒸馏水中，调 pH 到 4.8，加蒸馏水定容到 1 000 mL。

(2) 10 mg/mL 核苷酸溶液。称取 4 种核苷酸(UMP、GMP、AMP、CMP)各 10 mg，分别加蒸馏水 1 mL 溶解，配成 10 mg/mL 的溶液。

(3) 核苷酸混合样品液。称取 4 种核苷酸(UMP、GMP、AMP、CMP)各 10 mg，将称取的 4 种核苷酸混合，加入 1 mL 蒸馏水溶解。

五、实验步骤

1. 浸膜　取一张醋酸纤维素薄膜，在柠檬酸钠缓冲液中浸泡约 20 min。

2. 点样　将浸泡的醋酸纤维素薄膜用镊子取出，夹在干燥清洁的滤纸中吸干水分，并区分出薄膜的光泽面和无光泽面。在薄膜的无光泽面距离一端 1.5 cm 左右的位置，用铅笔画一条直线，并在直线上用进样器均匀地点样，一共点 5 个点样点(4 种单核苷酸和一个核苷酸混合样品)。每两个点样点之间相距约 8 mm，每个点样点的上样量 2~3 μL，按照小量多次的原则分 4~5 次点完样品。注意不要使点样点太大，从而使样品过于分散，更不要使相邻的样品在薄膜上相互覆盖。

3. 电泳　向电泳槽的正极和负极倒入缓冲液，注意两个液面等高。在正极和负极之间的电泳槽支架上铺上滤纸，使滤纸的一端浸入电泳槽缓冲液中，另外一端与支架的边缘平齐。等滤纸湿润后，驱除其中的气泡，使滤纸紧密地贴在支架上。将点了样品的醋酸纤维素薄膜的点样面向下，架在正极和负极间的滤纸桥上，注意点样的一端靠近负极，点样线不要压在滤纸桥上。接通电源，按照 10 V/cm 的电压降进行电泳，电泳 1~1.5 h。

4. 观察　电泳结束后将薄膜用吹风机吹干，放在紫外观察仪上进行观察，用铅笔画出电泳斑点。将混合样品中的斑点与单核苷酸样品相比较，鉴定出哪一个斑点是哪一种核苷酸。

六、结果与计算

在记录本上绘出 4 种核苷酸的醋酸纤维素薄膜电泳图谱，并分析确定各斑点代表哪种核苷酸。

七、注意事项

(1) 点样要点在薄膜的无光泽面，点样线要靠近负极，点样点要尽可能小，否则实验结果不理想。

(2) 架薄膜时，点样点不要接触滤纸桥。

(3) 紫外光对人体有伤害，要注意防护。

八、思考题

(1) 醋酸纤维素薄膜电泳分离核苷酸的原理是什么？

(2) 为什么点样要点在薄膜的无光泽面？无光泽面(点样面)为什么要向下放置在滤纸桥上？

实验二十八　从动物组织中提取 DNA——SDS 法

一、实验目的

(1)掌握从动物组织中提取 DNA 的原理。
(2)通过动物组织 DNA 的提取，掌握 DNA 提取的一般方法和步骤。

二、实验原理

真核生物 DNA 在细胞中与蛋白质相结合，主要以形成核蛋白(DNP)的方式存在于细胞核中。提取 DNA 的过程一般包括下列几个步骤：a. 裂解细胞，使用物理机械、化学或酶解的方式，使细胞膜和核膜破裂；b. 纯化，以适当的方式使释放出的核蛋白解体，使核酸和蛋白质各自分开，并除去蛋白质、脂类、糖类和 RNA 等物质；c. 以适当的方式沉淀 DNA。

除去蛋白质的方法主要有氯仿-异戊醇法、SDS 法、苯酚法和 CTAB 法等。SDS(十二烷基硫酸钠)是一种阴离子表面活性剂，它可以溶解细胞膜上的脂类和核膜上的蛋白质，因而 SDS 可以溶解和破坏细胞膜或核膜。并且 SDS 可以使蛋白质变性，能与蛋白质结合而形成沉淀，从而解离细胞中的核蛋白。蛋白酶 K 能水解消化蛋白质，特别是与 DNA 结合的组蛋白。

本实验用 SDS 裂解细胞，使核蛋白释放，然后 SDS 和蛋白酶 K 使蛋白质变性、降解，核蛋白解体，进一步用酚、氯仿抽提的方法除去蛋白质，得到的 DNA 溶液经乙醇沉淀得到 DNA。提取液中的 EDTA 及 SDS 具有抑制细胞中的 DNA 酶活性的作用。

三、实验仪器和用品

1. 仪器　台式高速离心机、恒温加热器或恒温水浴锅、移液器、陶瓷研钵、电子天平等。

2. 用品　离心管、滤纸。

四、实验材料和试剂准备

1. 实验材料　采用新鲜的动物肝组织。

2. 试剂准备

(1)提取缓冲液。含 10 mmol/L Tris - HCl(pH 7.4)，10 mmol/L NaCl，25 mmol/L EDTA。提取缓冲液按照如下的方法配制：称取 1.21 g Tris、0.585 g NaCl、9.3 g EDTA - $Na_2 \cdot 2H_2O$，溶解在蒸馏水中，用盐酸调节 pH 至 7.4。定容到 1 000 mL。

(2)10% SDS。称取 10 g SDS，加蒸馏水溶解，定容至 100 mL。

(3)20 mg/mL 蛋白酶 K。称取 200 mg 蛋白酶 K，加蒸馏水溶解，定容至 10 mL。

(4)酚-氯仿溶液。体积比 1∶1。

(5)无水乙醇。

(6)70% 乙醇。

(7)TE 缓冲液。在 800 mL 蒸馏水中依次加入 1 mol/L Tris - HCl(pH 8.0)10 mL、0.5 mol/L EDTA(pH 8.0)2 mL，加蒸馏水定容至 1 000 mL，分装后高压蒸汽灭菌。

(8)5 mol/L 氯化钠的配制。在 800 mL 水中溶解 292.2 g 氯化钠,加蒸馏水定容至 1 000 mL,分装后高压蒸汽灭菌。

五、实验步骤

(1)取新鲜的肝组织,用蒸馏水或生理盐水洗涤多遍,直到无明显血水。将肝组织用滤纸吸干水分,去除结缔组织后,称取 1 g 肝组织。

(2)将肝组织放入研钵,加入 4 mL 提取缓冲液研磨,直到形成匀浆。

(3)将匀浆液转移到离心管中,加入 500 μL 10%的 SDS 溶液,混匀,然后加入 50 μL 蛋白酶 K 溶液,37 ℃保温 1 h。

(4)将肝匀浆用 5 000 r/min 的转速离心 1 min,转移上清至另一个清洁的离心管中,加入 500 μL 5 mol/L NaCl 溶液,然后再加入与上清液等体积的酚-氯仿溶液,颠倒混匀,分层后,用 3 000 r/min 转速离心 10 min。

(5)转移上清液至另一个清洁的离心管中,加入 2.5 倍体积的无水乙醇,混匀,室温下静止放置 10 min,这时可以看到白色的絮状沉淀,此即基因组 DNA 的粗制品。用 5 000 r/min 的转速离心 10 min。

(6)去掉上清液,在离心管中加入 70%的乙醇溶液洗涤 2 次,5 000 r/min 离心 2 min。

(7)将上清液去除干净,在室温下干燥 DNA。加入 500 μL TE 缓冲液重新溶解 DNA 沉淀后,置于-20 ℃保存。

六、注意事项

(1)生物材料要新鲜。
(2)研磨尽量快速,防止内源 DNA 酶引起 DNA 降解。

七、思考题

(1)为什么 SDS 可以用于提取 DNA?
(2)提取 DNA 时 EDTA 和酚-氯仿溶液的作用是什么?

实验二十九　从植物组织中提取 DNA——CTAB 法

一、实验目的

(1)掌握用 CTAB 法提取植物组织基因组 DNA 的方法。
(2)了解植物基因组 DNA 提取过程中的注意事项。

二、实验原理

CTAB 法是一种快速简便提取植物组织 DNA 的方法,该方法由 Murray 和 Thompson(1980)修改而成。CTAB(hexadecyltrimethylammonium bromide,十六烷基三乙基溴化铵)是一种阳离子表面活性剂,也是一种去污剂。CTAB 可以溶解细胞的细胞膜,使核酸释放出来。同时 CTAB 在低盐溶液中可与核酸和酸性多聚糖结合形成沉淀,而在这种条件下,蛋白质和中性多聚糖仍留在溶液里。经过离心之后,CTAB-核酸的沉淀物就可与蛋白质、多糖类物质分开。离心得到的 CTAB-核酸沉淀物中，再加入乙醇或异丙醇，使 CTAB 溶解于乙醇或异丙醇，而核酸遇到乙醇形成沉淀，这样核酸便得到纯化。

在用 CTAB 抽提 DNA 时经常需要在提取液中加入巯基乙醇和 EDTA－Na_2。巯基乙醇作为一种强还原剂，可以降低细胞匀浆中氧化酶类的影响，防止 DNA 被氧化酶降解。EDTA-Na_2 具有抑制细胞匀浆中的 DNA 酶活性的作用，同样可以防止 DNA 被降解。

CTAB 溶液在低于 15 ℃ 的时候会形成沉淀而析出，所以在将冰冻的材料加入 CTAB 溶液的时候，需要预先将 CTAB 溶液加热至 65 ℃，在离心的时候也要保证离心温度不低于 15 ℃。在提取的过程中要避免剧烈振荡和搅拌。

三、实验仪器和用品

1. 仪器 台式高速离心机、恒温加热器或恒温水浴槽、移液器、陶瓷研钵、电子天平等。

2. 用品 离心管（有盖）、弯成钩状的小玻璃棒、药匙、滤纸。

四、实验材料和试剂准备

1. 实验材料 采用新鲜的水稻叶片或其他植物的叶片或 －80 ℃ 冻存的植物材料。

2. 试剂准备

（1）2×CTAB 提取缓冲液。含 2% 的 CTAB，1.4 mol/L 的 NaCl，0.02 mol/L 的 EDTA，0.1 mol/L 的 Tris－HCl(pH 8.0)，0.2%（体积分数）的 β 巯基乙醇。2×CTAB 提取缓冲液的配制方法如下：在 800 mL 去离子水中加入 81.9 g 氯化钠、7.45 g EDTA－Na_2、12.11 g Tris（三羟甲基氨基甲烷）、20 g CTAB，用盐酸调节 pH 至 8.0，加去离子水定容至 1 000 mL，高压蒸汽灭菌，临用前加入 0.2% 的 β 巯基乙醇。

（2）氯仿-异戊醇（体积比为 24∶1）或氯仿。

（3）10 mg/mL RNase A。将 10 mg 胰 RNA 酶溶解于 987 μL 去离子水中，然后加入 1 mol/L Tris－HCl(pH 7.5) 10 μL、5 mol/L 氯化钠 3 μL，于 100 ℃ 水浴中保温 15 min，缓慢冷却至室温，分装成小份保存于 －20 ℃。

① 1 mol/L Tris－HCl(pH 7.5) 的配制：在 800 mL 去离子水中溶解 121.1 g 三羟甲基氨基甲烷(Tris)，加入 60 mL 浓盐酸，冷却至室温后调节 pH 至 7.5，加去离子水定容至 1 000 mL，分装后高压蒸汽灭菌。

② 5 mol/L 氯化钠的配制：在 800 mL 去离子水中溶解 292.2 g 氯化钠，加去离子水定容至 1 000 mL，分装后高压蒸汽灭菌。

（4）乙醇或异丙醇。

（5）70% 乙醇。70 mL 无水乙醇加去离子水定容至 100 mL。

（6）乙酸钠溶液。在 800 mL 去离子水中溶解 408.1 g 三水乙酸钠，用冰乙酸调节 pH 至 5.2，加去离子水定容至 1 000 mL，高压蒸汽灭菌。

（7）TE 缓冲液。在 800 mL 去离子水中依次加入 1 mol/L Tris－HCl(pH 8.0) 10 mL、0.5 mol/L 的 EDTA(pH 8.0) 2 mL，加去离子水定容至 1 000 mL，分装后高压蒸汽灭菌。

0.5 mol/L 的 EDTA(pH 8.0) 溶液的配制：称取 186.1 g Na_2EDTA·$2H_2O$ 和 20 g NaOH，溶于去离子水中，定容至 1 000 mL。

（8）液氮。

五、实验步骤

(1)取 2 mL 离心管 1 支,加入 2×CTAB 提取缓冲液 600 μL。将离心管置于 65 ℃水浴锅预热。

(2)取新鲜的或冻存的植物叶片 1 g,用蒸馏水洗涤干净,加液氮将叶片在研钵中研磨成粉末,用干净的药匙将叶片粉末转入预热的 2 mL 离心管中,混匀,在 65 ℃水浴保温 1 h,保温期间每隔 10 min 混匀一次。注意:向离心管中转移粉末时,不要让粉末解冻。

(3)将离心管从 65 ℃水浴中取出,冷却至室温,向离心管中加入等体积的氯仿或等体积的氯仿-异戊醇(体积比为 24∶1),轻轻颠倒混匀 5 min。

(4)室温下用 5 000 r/min 转速离心 10 min,取上清液转入另一支干净的 2 mL 离心管中,加入 10 μL RNase A。

(5)加入等体积的异丙醇或 2 倍体积的 100%乙醇,室温放置约 15 min,以沉淀 DNA。用玻璃棒挑出絮状的 DNA 沉淀(也可以通过离心得到沉淀),放入另一支干净的 2 mL 离心管中,加入 1 mL 70%乙醇,轻轻颠倒混匀几次,室温下用 5 000 r/min 转速离心 5 min,把上清液去掉。

(6)将 DNA 在室温下自然干燥或吹干后,加入 500 μL TE 缓冲液溶解,然后加入 2～4 μL RNase A,在 37 ℃保温 30 min。

(7)在 DNA 溶液中加入等体积氯仿,混匀后室温用 5 000 r/min 转速离心 10 min。

(8)取上清液,加入 1/10 体积 3 mol/L 的 NaAc、2.5 倍体积无水乙醇,室温放置 15 min,然后用 5 000 r/min 转速离心 5 min。

(9)去除上清液,用 70%乙醇冲洗 DNA 沉淀两次,干燥后,加 100 μL TE 缓冲液溶解,−20 ℃保存。

六、注意事项

(1)研磨材料时,应在粉末化冻前转移到离心管的缓冲液中,否则,内源性 DNA 酶可能降解基因组 DNA。

(2)转移上清液时要小心,不要触动下层及中间层溶液。

(3)用玻璃棒钩出 DNA 的时候动作要柔和,避免 DNA 受到机械的剪切作用而断裂。

七、思考题

(1)为什么用 CTAB 可以提取 DNA?

(2)提取 DNA 的过程中要注意哪些问题?

实验三十 小牛胸腺 DNA 的制备——浓盐法

一、实验目的

(1)了解用浓盐法提取 DNA 的原理。

(2)掌握用浓盐法提取 DNA 的技术要领。

二、实验原理

核酸通常与蛋白质结合,以核蛋白的形式存在于细胞核中。核酸有两种:脱氧核糖核酸(DNA)和核糖核酸(RNA)。由此形成的核蛋白也有两种:核糖核蛋白(RNP)和脱氧核糖核蛋白(DNP)。DNP 和 RNP 的溶解度在不同浓度的盐溶液中表现出较大差异。DNP 的溶解度受盐溶液浓度的影响较大。比如,DNP 在 0.14 mol/L 的低浓度盐溶液中溶解度最低,几乎不溶解,此时的溶解度仅为在水中溶解度的 1%。随着盐浓度的增加,DNP 的溶解度也迅速增加,在 1 mol/L 氯化钠溶液中,DNP 的溶解度很大,比在纯水中的溶解度大 2 倍。而 RNP 在盐溶液中的溶解度受盐浓度的影响较小,在 0.14 mol/L 氯化钠中溶解度较大。因此,在提取时,常选用 0.14 mol/L 的氯化钠溶液提取核糖核蛋白,而用 1 mol/L 的氯化钠溶液提取脱氧核糖核蛋白。提取出的 DNP 还要以适当的方式使其解体,使核酸和蛋白质各自分开。除去蛋白质的方法主要有氯仿-异戊醇法、SDS 法和苯酚法。

小牛胸腺、鱼精子等生物材料细胞核大,核酸含量高,且内源核酸酶活性较低,是提取核酸的良好材料。本实验用小牛胸腺作为实验材料,用 SDS 裂解细胞膜,释放出 DNP,再提高氯化钠的浓度,以增加 DNP 的溶解度,然后用氯仿-异戊醇使蛋白质变性,最后用乙醇或异丙醇沉淀得到 DNA。

三、实验仪器和用品

匀浆器、烧杯、小培养皿、量筒、离心管、高速冷冻离心机、玻璃棒、冰箱等。

四、实验材料和试剂准备

1. 实验材料 采用小牛胸腺。

2. 试剂准备

(1) 0.1 mol/L 氯化钠-0.05 mol/L 柠檬酸钠缓冲溶液(pH 7.0)。先配制 0.05 mol/L 柠檬酸钠缓冲溶液(pH 7.0),然后将氯化钠溶于此缓冲溶液中,使其最终浓度达到 0.1 mol/L。准确称取柠檬酸钠($Na_3C_6H_5O_7 \cdot 2H_2O$,相对分子质量 294.12)14.706 g 溶解在 800 mL 蒸馏水中,加入氯化钠 5.844 g,溶解后定容到 1 000 mL。

(2) 10% 氯化钠溶液。称取 10 g 氯化钠固体,加蒸馏水溶解,定容到 100 mL。

(3) 氯仿-异戊醇混合液(体积比为 20∶1)。

(4) 95% 乙醇。

(5) 无水乙醇

(6) TE 缓冲液。在 800 mL 蒸馏水中依次加入 1 mol/L Tris-HCl(pH 8.0)10 mL、0.5 mol/L $EDTA-Na_2$(pH 8.0)2 mL,加蒸馏水定容至 1 000 mL。

0.5 mol/L $EDTA-Na_2$(pH 8.0)的配制:称取 186.1 g $Na_2EDTA \cdot 2H_2O$ 和 20 g NaOH,溶于蒸馏水中,定容至 1 000 mL。

五、实验步骤

(1) 取新鲜的小牛胸腺组织,洗涤,除去脂肪和结缔组织,用吸水纸吸干水分。在冰冻的培养皿上将小牛胸腺组织切成小块,称取 10 g,放入匀浆器,再加入 20 mL 0.1 mol/L 氯化钠-0.05 mol/L 柠檬酸钠缓冲溶液，在组织匀浆器中匀浆 5 min。

(2)将匀浆后的组织糜加入两支离心管，在 4 ℃以 10 000 r/min 的转速离心 10 min，弃去上清液。

(3)将沉淀再分别用 20 mL 的 0.1 mol/L 氯化钠-0.05 mol/L 柠檬酸钠缓冲溶液洗涤 2 次，每次洗涤时用匀浆器研磨洗涤，用离心机离心。向最后得到的沉淀中加入 6 倍于组织质量的 1 mol/L 氯化钠溶液，充分混匀后将匀浆物置于冰箱中放置过夜，提取 DNP。然后将匀浆物加入两支离心管，在 4 ℃以 10 000 r/min 的转速离心 5 min，弃去沉渣，留上清液。

(4)向上清液中加入 95% 的乙醇，待溶液中出现凝胶状的核蛋白后，立即停止加入 95% 的乙醇，将液体在 4 ℃以 10 000 r/min 的转速离心 10 min，弃去上清液，收集沉淀。

(5)向沉淀中立即加入 1 mol/L 的氯化钠溶液，搅拌以重新溶解核蛋白。向溶解的核蛋白溶液中加入等体积的氯仿-异戊醇混合液，剧烈振荡 5 min 左右，将该溶液在 4 ℃以 3 000 r/min 的转速离心 10 min。这时，溶液分为三层：上清液中含有 DNA 和 DNP，下层液中是氯仿和异戊醇的有机相，位于上清液和下层液之间的中间层含有变性的蛋白质。

(6)用移液器吸出上清液，放入一支新的离心管中。再加入等体积的氯仿-异戊醇混合液，重复上面的除蛋白质操作两次。

(7)向最后得到的上清液中加入 2 倍体积的无水乙醇，混匀，在 4 ℃以 3 000 r/min 的转速离心 15 min。

(8)收集沉淀，再加入 1 mL 70% 乙醇，轻轻颠倒混匀几次，室温 5 000 r/min 离心 5 min，把上清液去掉。重复这一洗涤步骤 2~3 次。

(9)将 DNA 沉淀在室温下自然干燥或吹干后，加入 TE 缓冲液溶解，-20 ℃保存。

六、注意事项

(1)破碎胸腺时，应严格控制条件，既要将细胞膜破碎，又要尽可能避免细胞核被破坏。因为 DNA 主要存在于细胞核中，细胞核破碎将导致 DNA 断裂。

(2)在用氯仿-异戊醇除去组织蛋白质时，要剧烈振荡。若振荡不够，蛋白质变性会不完全，就不能很好地除去蛋白质，这样就影响了 DNA 制品的品质。

七、思考题

在操作中应该注意哪些方面，以避免核酸在提取过程中断裂和被降解？

实验三十一　植物组织中 DNA 的制备——浓盐法

一、实验目的

(1)掌握提取植物组织基因组 DNA 的方法。
(2)了解植物基因组 DNA 提取过程中的注意事项。

二、实验原理

在真核细胞中，核酸通常与蛋白质相结合，以核蛋白的形式存在于细胞核中。核蛋白有两种形式：核糖核蛋白(RNP)和脱氧核糖核蛋白(DNP)。DNP 和 RNP 的溶解度在不同浓度的盐溶液中表现出较大差异。DNP 不溶于 0.14 mol/L 的 NaCl 溶液中，但在 1 mol/L NaCl 溶液中的溶解度较大。而 RNP 则能溶于 0.14 mol/L 的 NaCl 溶液中，利用这一性质就可以将二者从破碎细胞匀浆液中分开。

提取出 DNP 后还要以适当的方式使 DNP 解体，使核酸和蛋白质各自分开。除去蛋白质的方法主要有氯仿-异戊醇法、SDS 法和苯酚法。含有异戊醇的氯仿溶液可使蛋白质变性并乳化，此时蛋白质停留在水相和氯仿相之间，而 DNA 进入上层水相。在上层水相中加入 2 倍体积的 95% 预冷乙醇，可以将 DNA 沉淀出来。SDS(十二烷基硫酸钠)是一种阴离子表面活性剂，可使蛋白质变性，从而溶解细胞膜及解离细胞中的核蛋白。苯酚也能使蛋白质变性，变性的蛋白质进入酚层，而 DNA 进入上层水相。在水相中加入乙醇可使 DNA 沉淀。

核酸酶可使 DNA 发生降解。DNA 的提取要在低温(0～4 ℃)下进行，低温能够抑制核酸酶的降解作用。在提取缓冲液中加入适量的柠檬酸盐和乙二胺四乙酸盐(EDTA - Na_2)，既可抑制核酸酶的活性又可使蛋白质变性而与核酸分离。提取缓冲液要避免过酸或过碱，防止 DNA 变性降解。在提取的过程中，还要避免因剧烈搅拌等机械剪切作用而引起的 DNA 断裂和降解。

三、实验仪器和用品

1. 仪器　台式高速离心机、恒温加热器或恒温水浴锅、移液器、陶瓷研钵、天平、药匙、量筒(25 mL)、小烧杯(50 mL)、试管、玻璃棒。

2. 用品　离心管、滤纸。

四、实验材料和试剂准备

1. 实验材料　采用花生种子的胚。

2. 试剂准备

(1) NaCl - EDTA - Na_2 溶液。称取 8.18 g NaCl 和 37.2 g EDTA - Na_2，用蒸馏水溶解后，定容到 1 000 mL。

(2) 25% SDS。称取 25 g SDS，溶解于 100 mL 45% 的乙醇溶液中。

(3) 5 mol/L 氯化钠的配制。在 800 mL 蒸馏水中溶解 292.2 g 氯化钠，加蒸馏水定容至 1 000 mL，分装后高压蒸汽灭菌。

(4) 氯仿-异戊醇。体积比 24∶1。

(5) 95% 乙醇。

(6) 丙酮。

五、实验步骤

1. 制备脱氧核糖核蛋白(DNP)　将花生种子的两片子叶打开，剥取其胚(胚轴、胚根、胚芽部分)。称取 2 g 花生种子的胚。将胚用 NaCl - EDTA - Na_2 溶液洗涤 1～2 次后，置于冰冻的陶瓷研钵中。加入 5～6 mL NaCl - EDTA - Na_2 溶液和少许石英砂，在冰浴中将胚研磨成匀浆，匀浆液转入离心管。用 15～20 mL NaCl - EDTA - Na_2 溶液洗涤研钵，洗涤液一并转入离心管中，4 ℃、10 000 r/min 离心 10 min。弃去上清液和浮在上面的絮状物(主要是脂类和部分变性蛋白质），保留沉淀，将沉淀用 NaCl-EDTA-Na₂ 溶液洗涤 1~2 次。

2. 去除 DNP 中的蛋白质　向上述沉淀中加入 5 mL NaCl-EDTA-Na₂，用玻璃棒轻轻搅拌使沉淀悬浮。转移到小烧杯中，加入 1 mL 25% SDS 溶液，搅拌混匀后，将烧杯置于 60 ℃ 水浴中保温 10 min，其间每隔 2 min 搅拌混匀一次。保温结束后，将烧杯取出，溶液冷却到室温。

3. DNA 沉淀　向上述溶液中加入 1.8 mL 5 mol/L NaCl 溶液，轻轻（不能太快）搅拌 10 min，然后将溶液转入离心管，在 4 ℃ 用 10 000 r/min 的转速离心 10 min。收集上清液于小烧杯中，弃去沉淀。向上清液中缓慢加入 2 倍体积的 95% 乙醇溶液，边加边用玻璃棒轻轻搅拌，使 DNA 的絮状沉淀缠在玻璃棒上。将缠在玻璃棒上的 DNA 收集于一个洁净的 10 mL 试管中。向试管中加入丙酮 1 mL，浸泡 2 min 后倒掉丙酮。这就是 DNA 的粗制品。在试管上贴上标签，写明班级和姓名，将试管放到冰箱中保存，待下次实验测定其含量。

六、注意事项

(1) 提取过程中应保持低温。
(2) 所有的搅拌应动作轻缓，避免剧烈搅拌的机械剪切力使 DNA 断裂。
(3) 第一次离心后的清洗步骤应将脂肪去除干净。

七、思考题

(1) 采用 0.14 mol/L NaCl 和 1 mol/L NaCl 两种盐浓度怎样分离 DNA 和 RNA？为什么？
(2) 在 DNA 提取实验中，除去细胞蛋白质的方法有哪些？
(3) 在 DNA 提取实验中，离心管分成上层水相和下层异戊醇-氯仿有机相，DNA 和变性蛋白质各在哪一相？
(4) DNA 提取缓冲液中加入适量的柠檬酸盐和 EDTA-Na₂ 的作用是什么？

实验三十二　动物肝 RNA 的制备——Trizol 法

一、实验目的

(1) 掌握用 Trizol 试剂提取 RNA 的技术。
(2) 了解 Trizol 法提取 RNA 的原理。

二、实验原理

核酸通常与蛋白质结合，形成两种核蛋白：核糖核蛋白(RNP)和脱氧核糖核蛋白(DNP)。在分离 RNA 时必须使 RNP 中的 RNA 与蛋白质解离，并除去蛋白质。除去蛋白质的方法主要有氯仿法、盐酸胍法、十二烷基硫酸钠(SDS)法和苯酚法。

本实验用 Trizol 试剂提取动物肝组织中的 RNA。Trizol 是一种新型总 RNA 抽提试剂。Trizol 的主要成分是苯酚，并含有异硫氰酸胍等物质。苯酚的主要作用是裂解细胞，使细胞中的蛋白质和核酸解聚得到释放。但苯酚不能完全抑制 RNA 酶活性。Trizol 试剂内含有的异硫氰酸胍等物质，能迅速破碎细胞，抑制细胞释放出的核酸酶。此外，Trizol 中还加入了

8-羟基喹啉、β-巯基乙醇等来抑制内源和外源 RNase。

Trizol 试剂具有多组分分离效果，可以同时分离一个样品的 RNA、DNA 和蛋白质。在加入氯仿并离心后，溶液分为 3 层：上层的水相、中间层和下层的有机相。在上层水相中加入异丙醇，可以沉淀纯化 RNA，从中间层可以得到 DNA，从下层的有机相可以得到蛋白质。Trizol 试剂既可用于 5~100 mg 小量样品的 RNA 提取，也可以用于大于 1 g 的样品的 RNA 提取。

RNA 酶(RNase)是导致 RNA 降解最主要的物质。RNase 非常稳定，并且很难灭活，常规高温高压灭菌方法和蛋白抑制剂不能使所有的 RNase 完全失活。在一些极端的条件下 RNase 可暂时失活，但限制因素去除后又迅速恢复活性。RNase 污染的主要来源是操作过程中的手和空气中的浮尘，因此制备 RNA 时必须戴手套，样品尽可能盖严。塑料制品尽量使用一次性无菌塑料制品。玻璃和金属物品在 250 ℃烘烤 3 h 以上。DEPC(二乙基焦碳酸酯)是 RNA 酶的化学修饰剂，它和 RNA 酶的活性基团(组氨酸的咪唑环)反应而抑制 RNA 酶活性。RNA 提取过程中的试剂要用 DEPC 水配制。但 DEPC 能与胺和巯基反应，因而含 Tris 和 DTT 的试剂不能用 DEPC 处理。

三、实验仪器和用品

匀浆器、高速冷冻离心机、离心管、烧杯、量筒、剪刀、冰等。

四、实验材料和试剂准备

1. 实验材料 采用动物肝。

2. 试剂准备

(1) Trizol：购自 invitrogen 公司。

(2) 异丙醇。

(3) 氯仿。

(4) 75% 乙醇。

(5) DEPC 水在玻璃烧杯中注入 999.5 mL 去离子水，加入 0.5 mL 二乙基焦碳酸酯(DEPC)，在摇床上振荡混匀 8 h，高压蒸汽灭菌后使用。注意：DEPC 为活性很强的剧毒物，必须在通风橱中小心使用)。

五、实验步骤

(1) 取新鲜的肝组织，用蒸馏水或生理盐水洗涤多遍，直到无明显血水。将肝组织用滤纸吸干水分，去除结缔组织后，称取 100 mg 肝组织，剪碎。

(2) 将肝组织放入冰冻的研钵中，加 1 mL 冰冷的 Trizol 试剂充分研磨，直到形成均匀的匀浆。将匀浆转移到 1.5 mL 离心管中，室温静置 5 min。

(3) 向离心管中加入氯仿溶液 0.2 mL，剧烈振荡 15~30 s，室温静置 2~3 min，然后在 4 ℃、10 000 r/min 离心 15 min。

(4) 离心后的溶液，上层水相含有 RNA，下层有机相和中间层分别含蛋白质和 DNA 等杂质。小心用移液器转移上层水相至一支新的 1.5 mL 离心管中，注意移液器枪头不要触动中间层和下层溶液。向上清液中加入 0.5 mL 异丙醇，充分混匀，室温静置 10 min，然后在

4 ℃、12 000 r/min 离心 10 min。

(5)弃上清液，分别用 1 mL 75％乙醇溶液洗涤沉淀两次，在 4 ℃以 10 000 r/min 离心 5 min。

(6)弃上清液，在室温真空下干燥沉淀。用约 20 μL DEPC 水溶解沉淀，置于－20 ℃ 保存。

六、注意事项

(1)Trizol 的主要成分是异硫氰酸胍和酚，Trizol 试剂对眼睛有刺激性，腐蚀皮肤，应注意防护。用 Trizol 抽提 RNA 时要戴一次性手套，避免接触皮肤和衣服。

(2)DEPC 为活性很强的剧毒物，必须在通风橱中小心使用。

(3)在提取 RNA 过程中要注意避免 RNase 的污染。

七、思考题

(1)Trizol 试剂中含哪些成分？各种成分分别起什么作用？

(2)在提取 RNA 过程中如何避免 RNase 的污染？

实验三十三　酵母菌 RNA 的提取——浓盐法

一、实验目的

(1)了解浓盐法提取酵母菌 RNA 的原理。

(2)掌握用浓盐法提取 RNA 的技术。

二、实验原理

微生物尤其是酵母菌，是工业上生产 RNA 的理想原料。这是因为酵母细胞中 RNA 含量较高(2.67％～10％)，而 DNA 含量较低(0.03％～0.52％)。工业上常用浓盐法和稀碱法从酵母菌中提取 RNA。本实验用浓盐法提取酵母菌 RNA。高盐以及加热条件会引起细胞彻底溶胀破碎，可以使核酸从细胞内释放出来，并与蛋白质分离。然后将溶液的 pH 调节到 RNA 的等电点(pH 2.0～2.5)。在等电点处 RNA 溶解度小，因此在中性盐存在时，RNA 从溶液中被沉淀出来。通过离心的方法，可以收集产品。浓盐法与稀碱法相比，一般浓盐法提取率低于稀碱法，但产品纯度高，而稀碱法的提取时间短，更利于工业化生产。用浓盐法提取 RNA 时应使溶液的温度迅速升高到 90～100 ℃，避免在 20～70 ℃停留过长时间。这是因为，在 20～70 ℃的温度范围内，磷酸单酯酶和磷酸二酯酶的活性较强，会降解 RNA，而加热到 90～100 ℃，磷酸单酯酶和磷酸二酯酶等变性失活，RNA 不会被降解。

三、实验仪器和用品

天平、烧杯、锥形瓶、量筒、玻璃棒、离心机、离心管、水浴锅、pH 试纸或 pH 计。

四、实验材料和试剂准备

1. 实验材料　采用干酵母。

2. 试剂准备

(1) 15% NaCl。称取 15 g 氯化钠，加水溶解，定容到 100 mL。
(2) 6 mol/L HCl。量取浓盐酸 50 mL，加到 50 mL 蒸馏水中，摇匀。
(3) 75% 乙醇。

五、实验步骤

(1) 称取 2 g 干酵母，放入锥形瓶中，向锥形瓶中加入 20 mL 15% NaCl 溶液，混匀后，放在沸水浴中加热，提取 60 min。

(2) 将锥形瓶取出，用自来水冷却，将提取液转移到离心管中，在 10 000 r/min 离心 10 min。

(3) 将上清液转入烧杯中，烧杯放在冰上冰浴。加入 6 mol/L HCl 调节溶液的 pH 至 2.0~2.5，边加盐酸边搅拌(要严格控制溶液的 pH 在 2.0~2.5)。当溶液的 pH 到达 RNA 的等电点(pH 2.0~2.5)时，溶液中会出现 RNA 沉淀，在冰浴上静止放置 10 min，以使 RNA 沉淀完全。

(4) 将上述溶液转到离心管中，10 000 r/min 离心 5 min。弃去上清液，用勺子将沉淀从离心管中挖出，放到试管内。加入乙醚 2 mL 脱水。在试管上贴上标签，写明姓名班级。将试管放到冰箱保存，用于以后测定其含量。

六、注意事项

(1) 在提取 RNA 过程中要注意避免 RNase 的污染。
(2) 加热提取 RNA 时应使溶液的温度迅速升高到 90~100 ℃，避免在 20~70 ℃ 停留过长时间。
(3) 调节 pH 时要严格控制溶液的 pH 在 2.0~2.5。

七、思考题

(1) 浓盐法提取 RNA 的原理是什么？为什么要使用高盐溶液？
(2) 为什么提取过程中调节溶液的 pH 可以使 RNA 沉淀？除此方法以外，还可以用什么方法沉淀 RNA？

实验三十四 酵母菌 RNA 的提取——稀碱法

一、实验目的

(1) 了解稀碱法提取酵母菌 RNA 的原理。
(2) 掌握稀碱法提取 RNA 的技术。

二、实验原理

酵母细胞中 RNA 含量较高(2.67%~10%)，而 DNA 含量较低(0.03%~0.52%)，是工业上生产 RNA 的理想原料。本实验用稀碱法提取酵母菌 RNA。酵母细胞在碱液中会被裂解，释放出 RNA。在稀碱处理下 RNA 成为可溶性的钠盐，而且由于碱使蛋白质变性，所以 RNA 与蛋白质发生分离。然后用酸中和，上清液用乙醇沉淀 RNA，或调 pH 2.5 利用等电点沉淀，经离心后得到 RNA。

三、实验仪器和用品

离心机、恒温水浴锅、离心管、研钵、锥形瓶、量筒、滴管、试管、烧杯、玻璃棒、电子天平。

四、实验材料和试剂准备

1. 实验材料 采用干酵母。

2. 试剂准备

(1) 0.2%氢氧化钠溶液。2 g NaOH 溶于蒸馏水并稀释至 1 000 mL。

(2) 75%乙醇。

(3) 酸性乙醇溶液。30 mL 无水乙醇加 0.3 mL 浓 HCl。

五、实验步骤

(1) 称 5 g 干酵母放在研钵中,用力干磨成粉,将干粉转移到 100 mL 烧杯中,加入 40 mL 0.2%NaOH 溶液,用玻璃棒小心搅匀。将烧杯放到沸水浴上加热 40~45 min,其间不断搅拌。

(2) 冷却上述溶液,由于加热时体积减小,可补加部分(4~5 mL)0.2%的 NaOH。转移溶液至离心管中,用 10 000 r/min 的转速离心 10 min。

(3) 取上清液于烧杯中,缓慢加入 20 mL 酸性乙醇溶液,边加边搅动。加完后,静置 5 min,待 RNA 沉淀完全后,用 10 000 r/min 转速离心 10 min。

(4) 去上清液,用勺子将沉淀从离心管中取出,放到试管里。将 2~3 mL 乙醚加到试管里,浸泡 3 min 脱水。小心倒掉乙醚,此为 RNA 粗制品。在试管上贴上标签,写明班级和姓名,放冰箱保存,等待测定其含量。

六、思考题

(1) RNA 提取过程中的关键步骤及注意事项有哪些?

(2) 比较稀碱法和浓盐法制备酵母菌 RNA 的优缺点?

实验三十五 核酸的含量测定——紫外吸收法

一、实验目的

掌握紫外吸收法测定核酸含量的原理及实验方法。

二、实验原理

核酸(DNA 和 RNA)都有吸收紫外光的性质,最大紫外吸收值在 260 nm 处。这一性质是由于核酸组成中的嘌呤环和嘧啶环都具有共轭双键系统。遵照 Lambert-Beer 定律,核酸的含量可以根据紫外光吸收值的变化来测定。由于嘌呤碱基、嘧啶碱基的结构可以随 pH 的变化表现出互变异构,紫外光吸收值也随之表现出明显的差异。所以,在测定核酸含量时应维持 pH 恒定。

核酸和核苷酸的摩尔吸光系数(或称为吸收系数)用 $\varepsilon(\rho)$ 来表示,$\varepsilon(\rho)$ 为每升溶液中含有

1 mol核酸磷在260 nm波长处的吸光度（即光密度，或称为光吸收）。核酸的摩尔吸光系数不是一个常数。RNA的$\varepsilon(\rho)$(pH 7)为7 700～7 800。RNA的含磷量约为9.5%，因此每毫升溶液含1 μg RNA的吸光度相当于0.022～0.024。小牛胸腺DNA钠盐的$\varepsilon(\rho)$(pH 7)为6 600，含磷量为9.2%，因此每毫升溶液含1 μg DNA的钠盐吸光度为0.020。所以，采用紫外分光光度法测定核酸含量时，通常规定：在260 nm波长下，浓度为1 μg/mL的DNA溶液其吸光度为0.020，而浓度为1 μg/mL的RNA溶液其吸光度为0.024。因此，测定未知浓度的DNA/RNA溶液的吸光度，即可计算测出其中的核酸含量。

蛋白质也能吸收紫外光，因为有些氨基酸含有芳香环。通常蛋白质的紫外吸收高峰在280 nm波长处，而在260 nm处，蛋白质的紫外光吸收值仅为核酸紫外光吸收值的1/10或更低，故核酸样品中蛋白质含量较低时，对核酸的吸光度测定值影响不大。一般情况下，RNA在260 nm与280 nm的紫外光吸收值的比值在2.0以上；DNA在260 nm与280 nm的紫外光吸收值的比值则在1.9左右。但当样品中蛋白质含量较高时，这一比值即下降，这时表明核酸样品受到了较严重的蛋白质污染。

三、实验仪器和用品

电子分析天平、紫外分光光度计、烧杯、容量瓶(50 mL)、试管、冰或冰箱、石英比色杯。

四、实验材料和试剂准备

1. 实验材料 采用DNA或RNA。

2. 试剂准备 钼酸铵-过氯酸试剂：取3.6 mL 70%的过氯酸和0.25 g钼酸铵溶于96.4 mL蒸馏水中。

五、实验步骤

(1) 将样品配制成每毫升含5～50 μg核酸的溶液，于紫外分光光度计上分别测定260 nm和280 nm的紫外光吸收值。利用下面的公式，计算核酸浓度，并计算A_{260}/A_{280}紫外吸收值的比值，推断核酸的纯度。

$$\text{RNA浓度 } (\mu g/mL) = \frac{A_{260}}{0.024 \times L} \times 稀释倍数$$

$$\text{DNA浓度 } (\mu g/mL) = \frac{A_{260}}{0.020 \times L} \times 稀释倍数$$

式中，A_{260}为被测稀释液在260 nm处的吸光度；L为比色杯的厚度，一般为1 cm；0.020为脱氧核糖核酸的比消光系数，即每毫升含1 μg DNA钠盐的水溶液(pH为中性)在260 nm波长处，通过光径为1 cm时的吸光度；0.024为核糖核酸的比消光系数，是浓度为1 μg/mL的核糖核酸水溶液(pH为中性)在260 nm波长处，通过光径为1 cm时的吸光度。

(2) 如果待测的核酸样品中含有酸性核苷酸或有小分子质量的低聚核苷酸，应当用钼酸铵-过氯酸作为沉淀剂，除去这些物质。具体操作如下：

取2支试管，A管加入2 mL核酸样品溶液和2 mL蒸馏水，B管加入2 mL核酸样品溶液和2 mL钼酸铵-过氯酸沉淀剂。摇匀，在冰浴中放置30 min。将A管和B管的溶液转移入离心管中，在 4 ℃、3 000 r/min 离心 10 min。从 A、B 两管中分别吸取 1 mL 上清液，用蒸馏水定容至 100 mL。选择厚度为 1 cm 的石英比色杯，测定样品稀释液在 260 nm 处的吸光度值。

$$\text{RNA（或 DNA）浓度（mg/mL）} = \frac{\Delta A_{260}}{0.024（\text{或} 0.020）\times L} \times N$$

式中，ΔA_{260} 为 A 管稀释液在 260 nm 波长处吸光度值减去 B 管稀释液在 260 nm 波长处吸光度值；L 为比色杯的厚度，一般为 1 cm；N 为稀释倍数。

六、思考题

(1) 紫外吸收法测定样品的核酸含量时，为何必须要使用石英比色杯？

(2) 如果测定的样品中含有核苷酸类杂质，应如何校正？

实验三十六　二苯胺法测定 DNA 含量

一、实验目的

了解和掌握二苯胺法测定 DNA 含量的原理及操作技术。

二、实验原理

强酸可以使 DNA 中的嘌呤碱基与脱氧核糖间的糖苷键断裂，产生 2-脱氧核糖。在酸性环境中，2-脱氧核糖转变为 ω-羟基-γ-酮基戊醛，后者与二苯胺反应生成蓝色化合物，在 595 nm 处有最大吸收峰。当 DNA 浓度在 40～400 μg 范围内时，DNA 浓度与吸光度成正比。利用这一性质，可以通过吸光度的变化检测 DNA 的含量。在反应液中加入少量乙醛，可以提高反应的灵敏度，其他化合物的干扰作用也明显降低。蛋白质、多种糖（如脱氧木糖、阿拉伯糖等）都能与二苯胺形成各种有色物质。这对 DNA 含量的测定结果有干扰。而 RNA 中的核糖一般无此反应，所以少量 RNA 的存在不会干扰测定结果。

$$\text{DNA} \xrightarrow{\text{酸性条件}} \text{HO—CH}_2\text{—C—CH}_2\text{—CH}_2\text{—CHO} \xrightarrow{\text{二苯胺}} \text{蓝色化合物}$$

$$\underset{\text{ω-羟基-γ-酮基戊醛}}{}$$

三、实验仪器和用品

可见光分光光度计、恒温水浴锅、试管、移液管、比色杯。

四、实验材料和试剂准备

(1) DNA 标准溶液。称取小牛胸腺 DNA 20 mg，用 0.1 mol/L 氢氧化钠溶液溶解，定容到 100 mL，配制成 200 μg/mL 的溶液。

(2) DNA 样品液。称取一定量的将要测定的 DNA 样品溶解于 3 mL 0.01 mol/L NaOH 溶液加热溶解，冷却后定容至 10 mL，使浓度为 50～100 μg/mL。

(3) 0.3% 乙醛。取 47% 乙醛 0.64 mL，加重蒸水定容至 100 mL。

(4) 二苯胺试剂。称取 1 g 二苯胺，溶于 100 mL 冰乙酸中，再加入 10 mL 过氯酸（60%

以上），混匀待用，所配试剂应为无色。

(5)前面实验中从动植物材料提取得到的DNA产品。

五、实验步骤

1. 绘制DNA标准曲线 取11支试管，分别依次编号为0～10，按照表8-2在0～10号试管中分别加入试剂。

加完后摇匀，于60℃恒温水浴中保温1 h(或于沸水中煮沸15 min)。取出试管后，用自来水冷却。以0号管溶液为对照调零，用分光光度计测定各试管在595 nm的吸光度值，分别记到表8-1的A_{595}相应位置上。然后以吸光度(A_{595})为纵坐标、DNA含量(μg)为横坐标作图，绘制标准曲线。注意，标准曲线要经过原点。

表8-1 绘制DNA标准曲线的加样量

项目	试管编号										
	0	1	2	3	4	5	6	7	8	9	10
200 μg/mL的DNA标准溶液(mL)	0	0.2	0.4	0.6	0.8	1.0	1.2	1.4	1.6	1.8	2.0
蒸馏水(mL)	2.0	1.8	1.6	1.4	1.2	1.0	0.8	0.6	0.4	0.2	0
0.3%乙醛(mL)	0.2	0.2	0.2	0.2	0.2	0.2	0.2	0.2	0.2	0.2	0.2
二苯胺试剂(mL)	4.0	4.0	4.0	4.0	4.0	4.0	4.0	4.0	4.0	4.0	4.0
各管DNA含量(μg)	0	40	80	120	160	200	240	280	320	360	400
A_{595}	0										

2. 测定样品 如果要测定前面实验从动物或植物组织中提取得到的DNA含量，将上面实验中提取得到的DNA样品用0.1 mol/L的NaOH溶液或1 mol/L的HCl 2 mL在酒精灯上加热溶解，注意不要让其沸腾冲出。溶解后定容到10 mL。

取2支试管，各加入2 mL样品溶液(前面实验从动物或植物组织中提取得到的DNA样品或者是本实验中所配制的DNA样品)，然后加入0.3%乙醛0.2 mL、4 mL二苯胺试剂，摇匀，于60℃恒温水浴中保温1 h(或沸水中煮沸15 min)。取出试管后，用自来水冷却。以表8-1中的0号管溶液为对照调零，用分光光度计测定样品管在595 nm的吸光度值。根据测得的样品管的吸光度，从标准曲线上查出与该吸光度相对应的DNA的含量(μg)。

六、结果与计算

按下式计算样品中DNA的含量：

$$DNA含量(\mu g/g) = \frac{NA}{2W}$$

式中，N是从标准曲线中查到的DNA含量(μg)；A是样品溶解后定容的体积(mL)；2是测定样品时用样液的体积(mL)；W是前面的实验中提取DNA时生物材料的质量，或者是本实验中称取DNA粗品的质量(g)。

七、思考题

(1)本实验中为什么要加入乙醛？

(2)测定 DNA 含量可用哪几种方法？试加以比较。

实验三十七　地衣酚法测定 RNA 含量

一、实验目的

了解和掌握地衣酚法测定 RNA 含量的原理及操作技术。

二、实验原理

RNA 在加热条件下与浓盐酸共热时，RNA 被降解，产物中的核糖进一步转变为糠醛。在用三氯化铁或氯化铜作催化剂的条件下，糠醛与 3,5-二羟基甲苯（地衣酚）反应，其反应产物呈鲜绿色（图 8-1），在 670 nm 处有最大吸收峰。RNA 在 20~250 μg/mL 范围内，吸光度与 RNA 的浓度成正比。根据这一原理可以测定 RNA 的浓度。需要指出的是，地衣酚反应特异性较差，戊糖均有此反应，DNA 和其他杂质对反应也有影响。因此，测定 RNA 含量时可先测定 DNA 含量，再计算出 RNA 含量。

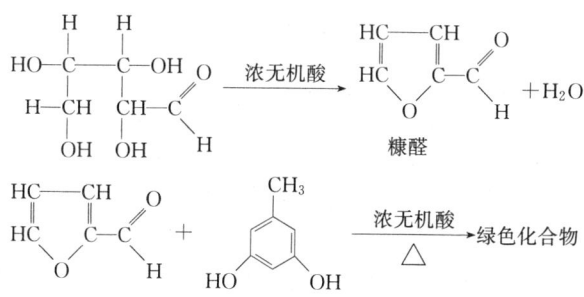

图 8-1　地衣酚法测定 RNA 含量的原理

三、实验仪器和用品

可见光分光光度计、水浴锅、移液管、试管、比色杯。

四、实验材料和试剂准备

1. 实验材料　采用前面实验中同学们自己从酵母菌提取得到的 RNA 产品，或者用购买的 RNA 样品。

2. 试剂准备

(1) RNA 标准溶液。称取酵母菌 RNA 20 mg，在蒸馏水中溶解（如不溶，可滴加氢氧化铵溶液帮助溶解，调至 pH=7.0），定容到 100 mL。配成 200 μg/mL 的标准溶液。

(2) 待测的样品溶液。称取一定量的待测 RNA 样品，用水和少许氢氧化氨溶解，定容到 10 mL。

(3) 地衣酚试剂。先配制 0.1% 三氯化铁浓盐酸溶液。使用前再用该溶液为溶剂配成 0.1% 的地衣酚溶液（临用时配制）。

五、实验步骤

1. 标准曲线制作　取 11 支试管，分别依次编号为 0~10，按照表 8-2 在 0~10 试管中

分别加入试剂:

表 8-2　绘制标准曲线的加样量

项目	试管编号										
	0	1	2	3	4	5	6	7	8	9	10
200 μg/mL 的 RNA 标准溶液(mL)	0	0.2	0.4	0.6	0.8	1.0	1.2	1.4	1.6	1.8	2.0
蒸馏水(mL)	2.0	1.8	1.6	1.4	1.2	1.0	0.8	0.6	0.4	0.2	0
地衣酚试剂(mL)	2.0	2.0	2.0	2.0	2.0	2.0	2.0	2.0	2.0	2.0	2.0
各管 RNA 含量(μg)	0	40	80	120	160	200	240	280	320	360	400
A_{670}	0.000										

加完后摇匀,于沸水浴中加热 20 min。取出试管后,用自来水冷却。以 0 号管溶液为对照调零,用分光光度计测定各试管在 670 nm 的吸光度,记录在表 8-2 的 A_{670} 一栏中。然后以吸光度为纵坐标、RNA 含量为横坐标作图,绘制标准曲线。标准曲线要经过原点。

2. 实验三十三或实验三十四从酵母细胞中提取得到的 RNA 产品处理　将实验三十三或实验三十四提取得到的 RNA 产品加 3 mL 蒸馏水,滴加 5~6 滴氨水帮助溶解(如果有沉淀,要进行离心)。将所得清液转入容量瓶,用蒸馏水定容到 100 mL。摇匀待测。

3. 样品测定　取 2 支试管,各加入 2 mL 样品溶液(同学们自己提取的待测液或者是本实验中所配制的待测液),然后加入 2 mL 地衣酚试剂,摇匀,于沸水中加热 20 min,取出试管后,用自来水冷却。以表 8-2 中 0 号管溶液为对照调零,测定样品管在 670 nm 的吸光度。根据测得的吸光度值,从标准曲线上查出与该吸光度相对应的 RNA 的含量(μg)。

六、结果与计算

按下式计算样品中 RNA 的含量。

$$\text{RNA 含量}(\mu g) = \frac{NA}{2W}$$

式中,N 是从标准曲线中查到的 RNA 含量(μg);A 是样品溶解后定容的体积(mL);2 是测定样品时用的样液体积(mL);W 是前面的实验中提取 RNA 时用的生物材料的质量,或者是本实验中称取 RNA 粗品的质量(g)。

七、注意事项

(1)本法较灵敏。样品中蛋白质含量高时,应先用 5% 三氯醋酸溶液将蛋白质沉淀后再测定,否则将发生干扰。

(2)地衣酚是用浓盐酸配制的,使用时要注意安全。

八、思考题

(1)采用该法测定 RNA 的含量有何优点及缺点?

(2)地衣酚反应中,干扰 RNA 测定的因素有哪些?

第九章 维生素

实验三十八 维生素 A 的定性测定

一、实验目的

了解维生素 A 的性质,掌握其定性测定的原理和方法。

二、实验原理

维生素 A 属于脂溶性维生素,又称为视黄醇,是一种具有酯环的不饱和一元醇,其醛衍生物为视黄醛。维生素 A 易被空气中的氧、氧化剂、紫外光及金属氧化物破坏而损失其生理活性。缺乏维生素 A,会使人眼膜干燥,暗适应性差,将会患夜盲症甚至失明。动物肝和鱼肝油含有丰富的维生素 A。

维生素 A 在三氯甲烷溶液中能与三氯化锑($SbCl_3$)相互作用生成蓝色物质,在一定范围内蓝色深浅与溶液中维生素 A 的浓度成正比。此蓝色反应常用作维生素 A 的定性测定,若更好地控制条件,也可用作维生素 A 的定量测定。

因为 $SbCl_3$ 遇水生成碱式盐[$Sb(OH)_2Cl$],再变为白色的氯氧化锑($SbOCl$)沉淀。不再与维生素 A 起反应,妨碍实验进行。因此,在实验中所用的器材和试剂必须干燥无水。

三、实验仪器和用品

试管架和 1.5 cm×15 cm 试管(3 支)或白瓷板(1 个)、移液管(2.0 mL×1)、胶头滴管。

四、实验材料和试剂准备

1. 实验材料 采用鱼肝油或维生素 AD 丸、植物油。

2. 试剂准备

(1)三氯甲烷。应不含分解物,否则会破坏维生素 A,最好用新开封的。如杂质或水分较多,需对三氯甲烷进行精馏:将市售的三氯甲烷置于分液漏斗内,用蒸馏水洗涤 2~3 次。将三氯甲烷层放于棕色瓶中,加入经煅烧过的 K_2CO_3 或无水 Na_2SO_4,放置 1~2 d,用有色烧瓶精馏,取 61~62 ℃馏分。

(2)三氯化锑-三氯甲烷溶液。称取干燥的 $SbCl_3$ 20 g,溶于三氯甲烷并稀释至 100 mL。如浑浊,可静置澄清,取上清液使用。如有必要,可先用少量三氯甲烷反复洗涤 $SbCl_3$,然后再配制。

五、实验步骤

(1)取 2 支洁净干燥的试管,分别加鱼肝油、植物油各 2 滴,再各加 2 滴三氯甲烷和 2 滴醋酸酐,混匀,最后加入 10 滴三氯化锑-三氯甲烷溶液,摇匀。观察两管的颜色变化有何不同，并作解释。

(2)取 1 支干燥试管，加水 1 滴，然后加入三氯化锑氯仿饱和溶液 2 滴，摇匀，观察有什么变化。再加入鱼肝油 2 滴，观察有无颜色反应。

六、注意事项

(1)为了吸收可能混入的微量水分，可向反应液中添加 1～2 滴醋酸酐。

(2)维生素 A 能与 $SbCl_3$ 起蓝色反应，并非其特异反应，胡萝卜素也有类似反应，不过其呈色程度很弱。

(3)维生素 A 极易受阳光破坏，实验操作应在微弱光线下进行。

(4)三氯化锑腐蚀性强，应注意不能溅在手上或用手洗器皿。凡接触过 $SbCl_3$ 的玻璃仪器必须先用 10% HCl 洗涤后，再用水冲洗。

(5)检查三氯甲烷是否含有分解物的方法是：取少量三氯甲烷置试管中，加水振荡摇匀使三氯甲烷溶到水层，加入几滴硝酸银溶液，如有白色沉淀即说明三氯甲烷中有分解物。

七、思考题

(1)本实验中所用的试剂、器材为什么必须绝对干燥？

(2)某些物质是否含有维生素 A 的鉴定方法是什么？

实验三十九　维生素 B_1 的定性测定

一、实验目的

掌握维生素 B_1 定性测定的原理和方法。

二、实验原理

维生素 B_1 又称为抗脚气病维生素，属于水溶性维生素，是由含氨基的嘧啶环和含硫的噻唑环借亚甲基连接而成的化合物，故又称为硫胺素。维生素 B_1 在酸性溶液中稳定，碱性溶液及加热条件下易破坏。它的主要功能是以辅酶方式参加糖的分解代谢。主要存在于种子外皮及胚芽中，麦麸、米糠、大豆、酵母菌和蛋黄均为维生素 B_1 的良好来源。

鉴定维生素 B_1 的定性方法主要有两种：

(1)重氮化苯磺酸反应。维生素 B_1 在有碳酸氢钠存在的碱性溶液中能与重氮化对氨基苯磺酸发生反应，产生红色。加入少量的甲醛，可使红色稳定。本反应不是很灵敏，但因操作简单迅速，常用作维生素 B_1 的定性测定。反应可表示为图 9-1：

(2)荧光反应。维生素 B_1 在碱性高铁氰化钾溶液中被氧化成噻嘧色素(硫色素)，在紫外灯照射下产生黄色而带有蓝色的荧光。没有其他物质干扰时，在一定范围内此荧光相对强度与溶液中的维生素 B_1 浓度成正比。因此，该方法常用来定量测定维生素 B_1。此荧光反应非常灵敏，特异性很高，维生素 B_1 的最低检测量为 $0.01\ \mu g$。

三、实验仪器和用品

1. 仪器　天平和紫外灯。

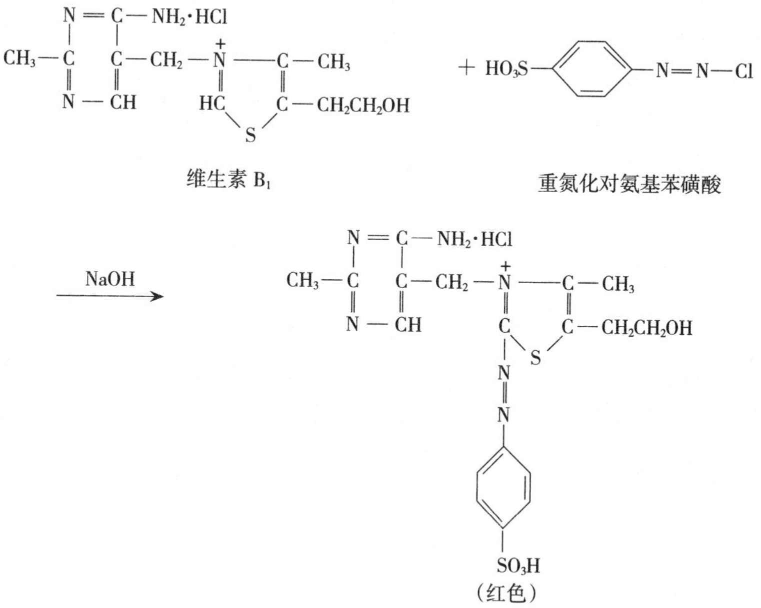

图 9-1 维生素 B_1 的反应

2. 用品 试管架和试管(1.5 cm×15 cm，3 支)、移液管(5.0 mL×1、2.0 mL×3、1.0 mL×3)、胶头滴管、漏斗。

四、实验材料和试剂准备

1. 实验材料 采用米糠。

2. 试剂准备

(1) 0.2 mol/L 硫酸溶液。取 1.2 mL 浓硫酸(相对密度 1.84)，缓慢加入盛有 60 mL 蒸馏水的烧杯中，边加边搅拌，冷却后用蒸馏水定容至 100 mL。

(2) 0.2% 维生素 B_1 溶液。称取硫胺素盐酸盐 0.2 g，溶于 100 mL 蒸馏水，倒入棕色瓶中保存。

(3) 1% 对氨基苯磺酸溶液。称取对氨基苯磺酸 1 g，溶解于 15 mL 浓盐酸(相对密度 1.19)中，然后转入 100 mL 容量瓶内，加蒸馏水至刻度。

(4) 0.5% $NaNO_2$ 溶液。称取 $NaNO_2$ 0.5 g，溶于 100 mL 蒸馏水。每次用前新配。

(5) 重氮化对氨基苯磺酸溶液。取 0.5% $NaNO_2$ 溶液 3 mL 加到 1% 对氨基苯磺酸溶液 100 mL 中，充分混匀。此试剂于混匀后至少隔 15 min 方能使用，24 h 内有效。最好新鲜配制。

(6) 碳酸氢钠碱性溶液。称取 20 g NaOH 溶解于 600 mL 蒸馏水中，再加入 28.8 g 碳酸氢钠，混匀溶解后，用蒸馏水稀释至 1 000 mL。

(7) 1% 铁氰化钾溶液。称取 1 g 铁氰化钾，溶于 100 mL 蒸馏水，贮存于棕色瓶。

(8) 30% 氢氧化钠溶液。称取 30 g NaOH，溶于 100 mL 蒸馏水。

(9) 异丁醇。

五、实验步骤

1. 重氮苯磺酸反应 称取米糠 1 g，倒入试管中，加入 0.2 mol/L 硫酸溶液 5 mL，并小心用力振荡 2 min，用以提取硫胺素。放置 10 min 后，用滤纸过滤。取滤液 1 mL，加入碳酸氢钠碱性溶液 1.5 mL 和重氮化对氨基苯磺酸溶液 1 mL。摇匀后，观察红色的出现，此红色在 30～60 min 内逐渐加深。

2. 荧光反应　取 1 支试管，加入铁氰化钾溶液 2 mL 及 30％氢氧化钠溶液 1 mL，摇匀，再加入 0.2％硫胺素溶液 1 mL，混匀后加入 2 mL 异丁醇，充分振荡。待分层后，在紫外灯下观察上层异丁醇溶液中蓝色荧光的产生。

六、注意事项

(1) 与蛋白质结合的硫胺素也能形成硫色素，但不能直接用异丁醇提取。因此，要测定结合形式的硫胺素时，必须先用磷酸酶或硫酸水解，使其从蛋白质中释放出来。

(2) 重氮化对氨基苯磺酸溶液需要新鲜配制，过夜会出现红色，一般不能超过 24 h。

七、思考题

(1) 鉴定维生素 B_1 的两种方法各有何优缺点？
(2) 简述维生素 B_1 的生理功能。

实验四十　维生素 B_2 的定性测定

一、实验目的

掌握维生素 B_2 定性测定的原理和方法。

二、实验原理

维生素 B_2 属水溶性维生素，又称为核黄素，是 6，7-二甲基异咯嗪与核酸的缩合物。它是生物体内脱氢酶的组成成分，在细胞中具有催化氧化反应过程，促进糖、脂肪、蛋白质的氧化还原等作用。维生素 B_2 在蛋、乳、肝、牛肉及叶菜中的幼嫩组织含量丰富。若缺乏维生素 B_2，则会引起口角炎、唇舌炎、眼角膜炎等症状。

维生素 B_2 的乙醇中性溶液和水溶液都呈黄色。在中性或酸性溶液中经光照射自身可产生黄绿色荧光，在稀溶液中产生的荧光相对强度与维生素 B_2 的浓度成正比。这种荧光在强酸和强碱中易被破坏。维生素 B_2 能被亚硫酸盐还原成无色二氢化物，不产生荧光。但此二氢化物在空气中易重新被氧化，恢复其荧光。这种特性也可用来定量测定维生素 B_2。

三、实验仪器和用品

试管架和试管 1.5 cm×15 cm(3 支)、移液管(1.0 mL×1)、紫外灯、胶头滴管。

四、实验材料和试剂准备

(1) 30 μg/mL 维生素 B_2 溶液。称取核黄素 3 mg，溶于 100 mL 蒸馏水，倒入棕色瓶中保存。

(2) 2.5％亚硫酸氢钠溶液。称取 2.5 g 亚硫酸氢钠，溶于 100 mL 的 2％碳酸钠溶液，倒入棕色瓶中保存。

五、实验步骤

取 2 支试管，各加入维生素 B_2 溶液 1 mL，在紫外灯下观察其产生荧光（黄绿色）情况。在其中一管里继续加入 5～10 滴亚硫酸氢钠溶液，轻轻摇匀后比较两管产生荧光的变化。充分剧烈摇动后，再比较两管荧光变化。

六、注意事项

(1)亚硫酸氢钠有强还原性，在空气中易被氧化成硫酸钠，应避光密封保存。亚硫酸氢钠溶液最好临用时现配。

(2)维生素 B_2 是经光照射后产生荧光的，因此阴天时应在紫外灯下观察，晴天时可在阳光下观察。

七、思考题

(1)在实验中要将核黄素还原成无色的二氢化物（无荧光），还可以使用什么试剂？
(2)简述维生素 B_2 的生理功能。

实验四十一　维生素 C 的含量测定——2,6-二氯酚靛酚滴定法

一、实验目的

(1)熟悉维生素 C 的氧化还原性质，掌握其定量测定的原理和方法。
(2)巩固并熟练掌握滴定分析法的基本操作过程。

二、实验原理

维生素 C 是具有 L 糖构型的不饱和多羟基化合物，属水溶性维生素，因其缺乏时易得坏血病（毛细管脆弱，牙龈发炎出血，肌肉出血），所以又称为抗坏血酸（ascorbic acid）。它在自然界中分布广泛，在植物的绿色部分及黄瓜、番茄等蔬菜和许多水果中含量丰富。人类因在肝中缺少古洛内酯氧化酶而不能自身合成维生素 C，必须从饮食中获得。

维生素 C 具有很强的还原性。它能以还原型、脱氢型和结合型的形式存在，都同样具有维生素 C 的生理功能。金属铜和酶（抗坏血酸氧化酶）可以催化维生素 C 氧化为脱氢型抗坏血酸。因此，当从蔬菜、水果提取维生素 C 时，必须抑制抗坏血酸氧化酶的活性，草酸、偏磷酸、三氯乙酸和盐酸均可抑制其活性。本实验以还原型维生素 C 还原染料 2,6-二氯酚靛酚（2,6-dichlorophenolindophenol，DCPIP）的反应来测定其含量。

在中性或碱性溶液中氧化型 2,6-二氯酚靛酚呈蓝色，而在酸性溶液中其呈红色。还原型维生素 C 在中性或微酸性环境中能将染料氧化型 2,6-二氯酚靛酚还原成无色的还原型 2,6-二氯酚靛酚，同时自身被氧化成脱氢型抗坏血酸。其反应过程如图 9-2 所示。

因此，在酸性条件下，可用 2,6-二氯酚靛酚滴定样品中的还原型维生素 C。当维生素 C 尚未全部被氧化时，滴下的染料立即被还原成无色。当溶液中的维生素 C 已全部被氧化时，稍多滴 1 滴染料，溶液立即变成浅红色，此时即为滴定终点。如无其他杂质干扰，则消耗的染料量与溶液中所含的还原型维生素 C 量成正比。从滴定的染料 2,6-二氯酚靛酚溶液

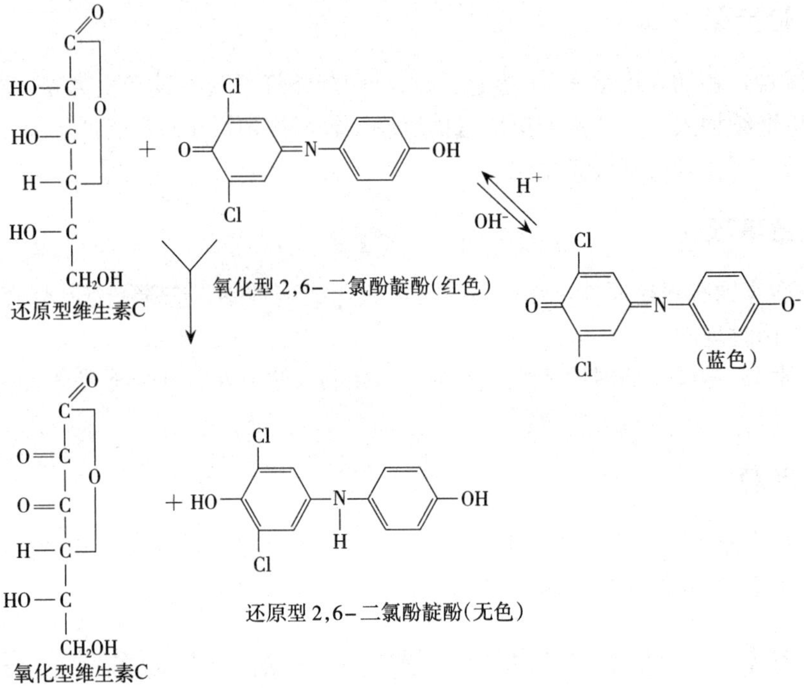

图 9-2 维生素 C 的反应

的消耗量,即可计算出样品中含有维生素 C 的量。

应用本法测定维生素 C 含量,操作简便易行,但也存在一些缺点,如受样品中其他还原性物质的影响而引起误差、滴定终点受提取液中有色物质的干扰等。

三、实验仪器和用品

1. 仪器 电子分析天平。

2. 用品 移液枪、锥形瓶(50 mL×4)、容量瓶(50 mL×2)、滴定管(10 mL×1)、研钵(1 个)、烧杯(50 mL×1)、漏斗。

四、实验材料和试剂准备

1. 实验材料 采用白菜叶。

2. 试剂准备

(1)2%草酸溶液。称取 2 g 草酸,溶于 100 mL 蒸馏水中。

(2)0.005 mg/mL 维生素 C 标准溶液。准确称取 10 mg 抗坏血酸(纯度为 99.5%以上,应为洁白色,如变为黄色则不能用),溶解于 30 mL 2%草酸溶液中,然后定容至 100 mL。吸取此液 5 mL,以 2%草酸稀释定容至 100 mL。贮于棕色瓶中,冷藏。现配现用。

(3)0.01% 2,6-二氯酚靛酚溶液。称取 10 mg 2,6-二氯酚靛酚,小心倒入 100 mL 容量瓶中,加入热蒸馏水 70 mL,滴加 0.01 mol/L NaOH 溶液 2~3 滴,强烈摇动 10 min,冷却后加水至刻度。摇匀后用滤纸过滤于棕色瓶中。贮于棕色瓶中冷藏(4 ℃)约可保存 1 周。每次临用时,以维生素 C 标准溶液标定。

(4)白陶土(或称为高岭土),对维生素 C 无吸附性。

五、实验步骤

1. 样品提取 取白菜叶,用纯水或蒸馏水洗干净,然后用纱布或吸水纸吸干表面水分。称取 1 g 于研钵中,加 1 mL 2%草酸溶液,研磨成匀浆。将匀浆液倒入 10 mL 离心管中,研钵及杵用 3~5 mL 2%草酸冲洗,并将洗液一并倒入该离心管中,加入约 0.5 g 高岭土(旨在除去色素),混匀,静置 5~10 min。再等量分装于两支 10 mL 离心管中,平衡,10 000 r/min 离心 15 min。上清液倒入 50 mL 的容量瓶中,用 2%草酸定容至刻度(如浆状物泡沫很多,可加数滴辛醇或丁醇)。摇匀,备用。

另取白菜叶柄洗干净并擦干表面水分。称取 4 g 于研钵中,接下来的步骤如上述,但不用加高岭土。

2. 滴定

(1)标准溶液的滴定(或染料的标定)。准确吸取 0.005 mg/mL 维生素 C 标准溶液 10 mL,置于 50 mL 锥形瓶中,用微量滴定管以 0.01% 2,6-二氯酚靛酚溶液滴定至浅红色,并保持 15 s 内不褪色,即达终点,记录所用的体积 $V_{标}$。另取 10 mL 2%草酸溶液作空白对照,并记录所用的体积 V_0。由所消耗的染料体积来计算出每毫升 2,6-二氯酚靛酚所能氧化抗坏血酸的质量 T [$T=(0.005\times10)/(V_{标}-V_0)$]。重复 3 次,取平均值。

(2)样品提取液的滴定。准确吸取样品提取液两份,每份 10 mL 分别放入两个 50 mL 锥形瓶内,立即用 0.01% 2,6-二氯酚靛酚溶液滴定至浅红色,并保持 15 s 内不褪色,即为终点。用 2%草酸溶液作空白对照。记录染料的用量(分别记为 V_A、V_B)。

六、结果与计算

用下列公式分别计算出白菜叶和白菜叶柄中维生素 C 的含量,并加以比较。

$$每 100 \text{ g}\ 样品维生素 C 含量(\text{mg})=\frac{(V_A-V_B)\times V\times T\times 100}{V_3\times W}$$

式中,V_A 为滴定样品所用的染料的平均体积(mL);V_B 为滴定样品空白所用的染料的平均体积(mL);V 为样品提取液的总体积(mL);V_3 为滴定时所取的样品提取液体积(mL);T 为每毫升染料能氧化抗坏血酸质量(mg/mL);W 为测定时称取样品的质量(g)。

七、注意事项

(1)滴定样品所用的 2,6-二氯酚靛酚溶液不应小于 1 mL 或多于 4 mL。如果样品含维生素 C 太高或太低,可酌情增减样品提取液用量或改变提取液浓度。

(2)用 2,6-二氯酚靛酚滴定样品液时,速度尽可能快一些,一般不应超过 2 min,并必须不断摇动锥形瓶,因为样品液内含有一些能将 2,6-二氯酚靛酚还原的其他物质。但它们还原此染料的能力一般比维生素 C 弱,所以如果能加快滴定速度,取浅红色出现并保持 15 s 不褪色为终点,一般可减少误差。

(3)样品的提取制备和滴定过程要避免阳光照射,以免维生素 C 被破坏。

(4)2%草酸溶液可抑制抗坏血酸氧化酶。

(5)Fe^{2+} 能还原 2,6-二氯酚靛酚。若样品中含有大量 Fe^{2+},可用 8%乙酸溶液代替草酸溶液来提取,此时 Fe^{2+} 不会很快与染料起作用。

八、思考题

(1)本实验测定维生素 C 含量的方法有何优缺点?实验过程中应注意哪些问题?
(2)草酸的作用是什么?
(3)测定维生素 C 含量还有哪些方法?各有何优缺点?

实验四十二　果蔬中还原型维生素 C 含量测定——钼蓝比色法

一、实验目的

(1)掌握钼蓝比色法测定还原型维生素 C 含量的原理和方法。
(2)理解吸收光谱法的原理并掌握分光光度计的使用方法。

二、实验原理

维生素 C(抗坏血酸)广泛存在于各种食品、药物之中,特别是水果、蔬菜中含量丰富。人类因在肝中缺少古洛内酯氧化酶而不能自身合成维生素 C,必须从饮食中获得。因此,测定各种食品及药物中维生素 C 的含量,对于许多食品、药物的开发和检验有重要的作用。

维生素 C 具有很强的还原性。它能以还原型、脱氢型和结合型的形式存在,都同样具有维生素 C 的生理功能。金属铜和酶(抗坏血酸氧化酶)可以催化维生素 C 氧化为脱氢型。因此,当从蔬菜、水果提取维生素 C 时,必须抑制抗坏血酸氧化酶的活性,草酸、偏磷酸、三氯乙酸和盐酸均可抑制其活性。

测定维生素 C 的含量一般有 2,6 -二氯酚靛酚滴定法、碘滴定法、2,4 -二硝基苯肼分光光度法、荧光分光光度法等。本实验采用钼蓝比色法测定还原型维生素 C 含量。

磷酸盐与钼酸铵在酸性溶液中反应生成黄色的磷钼酸铵:

$$PO_4^{3-} + 12MoO_4^{2-} + 3NH_4^+ + 24H^+ \longrightarrow (NH_4)_3[P(Mo_3O_{10})_4] + 12H_2O$$

磷钼酸铵(黄色)

磷钼酸铵有很强的氧化活性,能将还原型维生素 C 氧化成脱氢型维生素 C,而磷钼酸铵本身被还原成磷钼蓝。

$$(NH_4)_3[P(Mo_3O_{10})_4] + \text{还原型维生素 C} \longrightarrow H_7P\begin{bmatrix}Mo_2O_5\\(Mo_2O_7)_5\end{bmatrix} + \text{脱氢型维生素 C}$$

磷钼蓝　　　　脱氢型维生素 C

磷钼蓝在 705 nm 附近有最大吸收峰。在一定浓度范围(样品浓度控制在 $25\sim250\ \mu g/mL$)内吸光度与浓度成直线关系。在偏磷酸存在下,样品中存在的还原糖及其他常见的还原物质均无干扰,并且不受样液颜色的影响。因此本方法具有简便、快速、准确的特点。

三、实验仪器和用品

1. 仪器 电子分析天平、分光光度计、离心机等。
2. 用品 刻度试管(10 mL×8)、试管架和移液管架、移液管(5.0 mL×1、2.0 mL×1、1.0 mL×3、0.5 mL×2、0.1 mL×2)、研钵。

四、实验材料和试剂准备

1. 实验材料 采用橘子、橙汁、番茄、辣椒等。
2. 试剂准备
(1) 5%钼酸铵溶液。准确称取钼酸铵 5.00 g,加适量蒸馏水溶解后定容至 100 mL。
(2) 草酸(0.05 mol/L)-EDTA(0.2 mmol/L)溶液。准确称取含二结晶水的草酸 6.30 g 和 EDTA-Na_2 0.075 g,分别溶解后,混合并定容至 1 000 mL。
(3) 5%硫酸溶液。取 19 份体积蒸馏水加入 1 份体积浓硫酸。
(4) (1:5)冰乙酸。取 5 份体积蒸馏水加入 1 份体积冰乙酸。
(5) 偏磷酸-乙酸溶液。准确称取粉碎好的偏磷酸 3 g,加入 48 mL1:5 冰乙酸,溶解后加蒸馏水至 100 mL,必要时用滤纸过滤。此试剂放冰箱中可保存 3 d。
(6) 标准维生素 C 溶液(0.25 mg/mL)。准确称取抗坏血酸 25 mg,用草酸-EDTA 溶液溶解并定容至 100 mL。放冰箱贮存,可用 1 周。

五、实验步骤

1. 制作维生素 C 标准曲线 取 10 mL 刻度试管 6 支,按表 9-1 操作。

表 9-1 标准曲线的制作

试 剂	试管编号					
	0	1	2	3	4	5
0.25 mg/mL 标准维生素 C 溶液(mL)	0	0.2	0.4	0.6	0.8	1.0
加草酸-EDTA 溶液至 2 mL						
偏磷酸-乙酸溶液(mL)	0.2	0.2	0.2	0.2	0.2	0.2
5%硫酸(mL)	0.4	0.4	0.4	0.4	0.4	0.4
摇匀						
5%钼酸铵(mL)	0.8	0.8	0.8	0.8	0.8	0.8
摇匀,加蒸馏水至 10 mL,放置 15 min 后测定吸光度(A_{705})						
维生素 C 含量(μg)	0	50	100	150	200	250
A_{705}						

以标准维生素 C 含量(μg)为横坐标、吸光度(A_{705})为纵坐标,绘制维生素 C 标准曲线,得一条过原点的直线。

2. 样品测定 将实验材料洗净擦干,准确称取样品 5.00 g,置于研钵中,加入少量的草酸-EDTA 溶液，研磨成匀浆。转入 10 mL 离心管，用 5 mL 的草酸-EDTA 溶液分 2 次冲洗研钵及杵，并将洗液一并倒入离心管中，10 000 r/min 离心 10 min。上清液定容至 50 mL。或吸取橙汁 5 mL，加入草酸-EDTA 溶液至 10 mL。混匀待用。

取 2 支 10 mL 刻度试管，分别加入样品液 0.5 mL，加草酸-EDTA 溶液至 2 mL。摇匀后分别加入 0.2 mL 的偏磷酸-乙酸溶液、5% 的硫酸 0.4 mL，摇匀后，分别再加入 0.8 mL 的 5% 钼酸铵溶液，摇匀，加蒸馏水至 10 mL，放置 15 min 后测定吸光度（A_{705}）。以试剂空白为对照。

六、结果与计算

依据样品液吸光度值，从标准曲线上查出对应的含量，用下式计算样品中还原型维生素 C 的含量：

$$还原型维生素 C 含量(mg/g) = \frac{m \cdot V_1}{W \cdot V_2 \times 10^3}$$

式中，m 为查标准曲线所得维生素 C 的质量（μg）；V_1 为稀释总体积（mL）；W 为称样质量（g）；V_2 为测定时取样体积（mL）；10^3 为 μg 换算成 mg。

七、注意事项

(1) 水果、蔬菜等试样的成分复杂，提高酸度时反应速度加快，但酸度过高，生成的磷钼酸铵易与试样中其他还原成分反应生成钼蓝，且也易引起磷钼酸铵产生黄色沉淀，影响比色测定。

(2) 果蔬等提取液中，常有少量的胶质。在显色反应过程中，由于溶液中存在大量的电解质，在酸度和温度的共同作用下，胶体被破坏而产生沉淀。少量沉淀的生成并不影响显色反应，对吸光度的影响很小，过滤后，溶液变为澄清透明，有利于测定。

八、思考题

(1) 本方法与 2,6-二氯酚靛酚滴定法相比有何优缺点？
(2) 本实验操作过程中应注意哪些事项？
(3) 简述维生素 C 的生理功能。

第十章 新陈代谢

实验四十三 糖酵解中间产物的鉴定

一、实验目的

了解利用碘乙酸抑制3-磷酸甘油醛脱氢酶使糖酵解中间产物积累以及利用抑制剂来研究中间代谢的方法。

二、实验原理

糖酵解是生物体内普遍存在的重要代谢途径。糖酵解从6-磷酸葡萄糖开始,经一系列酶催化转变成2分子丙酮酸。代谢的中间产物在生物体内不积累,一旦产生就会继续往下代谢。因此,中间产物量少,难于检测到。要鉴定糖酵解中间产物,就必须使其积累到一定的量。糖酵解中间产物3-磷酸甘油醛在3-磷酸甘油醛脱氢酶催化下继续代谢,加入碘乙酸可专一地抑制3-磷酸甘油醛脱氢酶,3-磷酸甘油醛就不再代谢而积累。3-磷酸甘油醛不稳定,容易自发分解,加入稳定剂硫酸肼,可防止3-磷酸甘油醛的自发分解。磷酸二羟丙酮与3-磷酸甘油醛是互变异构体,两者同时存在,糖酵解代谢加入碘乙酸后积累的中间产物是包括以上两者在内的磷酸丙糖。磷酸丙糖在碱性条件下其磷酸酯键水解,转变成稳定的丙糖(即二羟丙酮和甘油醛),丙糖在碱性条件下与2,4-二硝基苯肼形成相应的棕红色的苯腙,其棕色深浅与3-磷酸甘油醛含量成正比。

三、实验仪器和用品

1. 仪器　恒温水浴锅、离心机、电子天平等。
2. 用品　试管(9支)、移液枪、玻璃棒(3支)。

四、实验材料和试剂准备

1. 实验材料　采用酵母(或动物肝)。
2. 试剂准备
(1) 10% 三氯乙酸。称分析纯三氯乙酸10 g,用蒸馏水溶解并定容到100 mL。
(2) 5% 葡萄糖。称分析纯葡萄糖5 g,用蒸馏水溶解并定容到100 mL。临用时配制。
(3) 0.75 mol/L NaOH。称30 g分析纯NaOH,用蒸馏水溶解并定容到1 000 mL。
(4) 0.002 mol/L 碘乙酸。称分析纯碘乙酸38 mg,用蒸馏水溶解并定容到100 mL。
(5) 2,4-二硝基苯肼溶液。称分析纯2,4-二硝基苯肼0.1 g,用2 mol/L HCl溶解并定容到100 mL,贮存于棕色瓶中。
(6) 0.56 mol/L 硫酸肼。称取7.28 g硫酸肼,加入约50 mL蒸馏水,这时硫酸肼几乎不溶解,滴加1.0 mol/L NaOH并不断搅拌,至pH 7.0时硫酸肼则可完全溶解,最后用水定容到100 mL。

五、实验步骤

1. 发酵过程观察 取 3 支干燥长试管,编号 1~3,分别加入 0.2 g 酵母,再按表 10-1 加入试剂。

表 10-1 发酵过程观察

长试管编号	10% 三氯乙酸(mL)	0.002 mol/L 碘乙酸(mL)	0.56 mol/L 硫酸肼(mL)	5% 葡萄糖(mL)	37 ℃保温 45 min, 观察气泡多少,并记录
1	1	0.5	0.5	5	
2	0	0.5	0.5	5	
3	0	0	0	5	

加完葡萄糖溶液后每支试管立刻分别插入玻璃棒 1 支,搅拌均匀,玻璃棒留在试管中。在 37 ℃保温时用留在试管中的玻璃棒间断搅拌 1~2 次。

2. 终止发酵和补加试剂 37 ℃保温 30~45 min 后,表 10-1 中的 3 支长试管按表 10-2 加入试剂。

表 10-2 终止发酵和补加试剂

长试管编号	10%三氯乙酸(mL)	0.002 mol/L 碘乙酸(mL)	0.56 mol/L 硫酸肼(mL)
1	0	0	0
2	1	0	0
3	1	0.5	0.5

加完试剂后,立刻用原来留在试管中的玻璃棒搅拌均匀,这时发酵终止,取出玻璃棒。

3. 发酵液过滤(或离心) 取 3 支短试管,编号 4~6。将上述 1~3 号长试管内容物分别过滤于 4~6 号试管,分别吸取 4~6 号试管滤液分别置于 7~9 号长试管中,用于表 10-3 的显色鉴定。如果不过滤,也可以离心。将上述 3 支试管内容物倒入离心管,平衡,8 000 r/min 离心 15 min,取上清液,分别转入 4~6 号试管中,用于表 10-3 的显色鉴定。

4. 显色鉴定 取 3 支长试管,编号 7~9,分别加入 4~6 号管滤液,再按表 10-3 所列顺序加入试剂。观察各管颜色的深浅,记录。

表 10-3 显色鉴定

试管编号	上清液 (过滤液)(mL)	0.75 mol/L NaOH(mL)	摇匀,室温放置	2,4-二硝 基苯肼(mL)	0.75 mol/L NaOH(mL)	观察颜色深浅
7	0.5	0.5	5 min	0.5	3.5	
8	0.5	0.5	5 min	0.5	3.5	
9	0.5	0.5	5 min	0.5	3.5	

六、实验结果

(1) 比较发酵过程中各管放出气泡的速度差异。
(2) 比较各管发酵液显色后颜色的差别。

七、注意事项

(1) 硫酸肼试剂配制过程中,在滴加 NaOH 使硫酸肼溶解后,要注意检测 pH,滴加

NaOH 的量不够或过量都会使硫酸肼试剂 pH 偏离较大，将会导致实验不成功。

(2)37 ℃保温时间的长短依实验材料和实验条件等的不同可适当调整。

八、思考题

(1)为什么发酵过程中各管放出气泡的速度有差别？气泡的化学本质是什么？

(2)为什么发酵液显色后颜色有差别？

实验四十四　脂肪酸 β 氧化——酮体的生成和测定

一、实验目的

通过酮体的测定，了解脂肪酸的 β 氧化作用及脂肪动员增加时酮体的生成。

二、实验原理

在肝，脂肪酸经 β 氧化作用生成乙酰 CoA，乙酰 CoA 进入三羧酸循环彻底氧化成 CO_2 和 H_2O。乙酰 CoA 还可转变成酮体，正常情况下转变成酮体的量很少，在糖尿病酮症酸中毒、剧烈呕吐、饥饿、妊娠、应激状态、高脂肪酸饮食时，由于脂肪动员增加，肝生成酮体增加。乙酰 CoA 转变成酮体时由两分子乙酰 CoA 缩合成乙酰乙酸，后者可进一步脱羧生成丙酮，也可以还原生成 β 羟丁酸。酮体是乙酰乙酸、β 羟丁酸和丙酮的总称。

丙酮可用碘仿反应测定，相关化学反应式如下：

$$2NaOH + I_2 \longrightarrow NaOI + NaI + H_2O$$

$$CH_3COCH_3 + 3NaOI \longrightarrow CHI_3(碘仿) + CH_3COONa + 2NaOH$$

过量的碘可用 $Na_2S_2O_3$ 滴定，相关化学反应式如下：

$$NaOI + NaI + 2HCl \longrightarrow I_2 + 2NaCl + H_2O$$

$$I_2 + 2Na_2S_2O_3 \longrightarrow Na_2S_4O_6 + 2NaI$$

根据样品和对照所滴定的 $Na_2S_2O_3$ 溶液体积的差别，可计算出样品丙酮的生成量。

三、实验仪器和用品

1. 仪器　匀浆机、恒温水浴锅等。

2. 用品　剪刀、不锈钢镊子、移液管(2 mL×3、5 mL×6)、锥形瓶(2 个)、漏斗(2 个)、滤纸、碘量瓶(2 个)。

四、实验材料和试剂准备

1. 实验材料　采用新鲜动物肝。

2. 试剂准备

(1)0.9% NaCl。称 0.9 g 分析纯 NaCl，用蒸馏水溶解并定容到 100 mL。

(2)1/15 mol/L 磷酸缓冲液(pH 7.6)。称取分析纯磷酸二氢钠 8.0 g，溶于约 800 mL 水中，用 1.0 mol/L NaOH 调到 pH 7.6，用蒸馏水定容到 1 000 mL。

(3)0.5 mol/L 正丁酸。取 4.5 mL 正丁酸，加 50 mL 蒸馏水，用 1.0 mol/L NaOH 调 pH 至 7.6，再用蒸馏水定容到 100 mL。

(4) 15% 三氯乙酸。称分析纯三氯乙酸 15 g，用蒸馏水溶解并定容到 100 mL。

(5) 0.1 mol/L 碘溶液。称取 12.7 g 分析纯碘和 25 g 分析纯 KI，溶于少量蒸馏水中，用玻璃棒压碎试剂并使之溶解，用蒸馏水稀释至 100 mL。用标准 $Na_2S_2O_3$ 溶液标定浓度。

(6) 10% NaOH。称分析纯 NaOH 10 g，用蒸馏水溶解，定容到 100 mL。

(7) 10% HCl。取浓 HCl 28 mL，溶于蒸馏水中并定容到 100 mL。

(8) 0.05 mol/L $Na_2S_2O_3$ 溶液。称分析纯 $Na_2S_2O_3$ 25 g 溶于煮沸并冷却的蒸馏水中，另加入硼砂 3.8 g，用煮沸并冷却的蒸馏水定溶至 1 000 mL。（精确浓度可用 KIO_3 标定。）

(9) 0.01 mol/L $Na_2S_2O_3$ 溶液。用 0.05 mol/L $Na_2S_2O_3$ 溶液稀释。

(10) 0.1% 淀粉溶液。称 0.1 g 可溶性淀粉置于烧杯中，加入 50 mL 蒸馏水，边加热边搅拌，煮至溶液透明，冷却后再加 50 mL 蒸馏水。

五、实验步骤

1. 肝匀浆的制备 将鸡放血处死，快速取出肝，用 0.9% NaCl 溶液洗去肝表面污血。称取肝组织 5 g，剪碎，加约 4 mL 0.9% 的 NaCl 溶液，于匀浆机打成匀浆，最后用 0.9% NaCl 溶液定容至 10 mL。

2. 脂肪酸 β 氧化及酮体的生成 取锥形瓶 2 个，编号，按表 10-4 顺序加入试剂。

表 10-4 加样顺序

瓶号	肝匀浆 (mL)	15%三氯乙酸 (mL)	1/15 mol/L pH 7.6 磷酸缓冲液 (mL)	0.5 mol/L 正丁酸 (Na 盐) (mL)	43 ℃恒温水浴中保温 45 min
1	2.0	0.0	3.0	2.0	
2	2.0	3.0	3.0	2.0	

3. 终止代谢过程 43 ℃恒温水浴保温 45 min 后取出锥形瓶，在 1 号瓶加入 3.0 mL 15%三氯乙酸，摇匀终止代谢。将两锥形瓶中的混合物分别过滤，滤液收集于相应编号的试管中待用。

4. 酮体的测定 取碘量瓶 2 个，编号 1 和 2。分别将上面 1 号和 2 号滤液加到 1 号和 2 号碘量瓶中，并按表 10-5 加入试剂。

表 10-5 酮体的测定

碘量瓶编号	滤液 (mL)	0.1 mol/L 碘液 (mL)	10% NaOH (mL)
1	3.0	3.0	3.0
2	3.0	3.0	3.0

按表 10-5 加完试剂后盖好碘量瓶盖，摇匀，放置 10 min，此时发生碘仿反应。

10 min 后，打开碘量瓶盖，两个碘量瓶分别加入 2.5 mL 10% HCl，用 0.01 mol/L $Na_2S_2O_3$ 滴定剩余的碘。注意，未滴定之前要把瓶盖重新盖好。

滴定前瓶内颜色呈深棕红色，先加 5 滴淀粉溶液作指示剂，滴定直至蓝色消失。最后记录滴定的 $Na_2S_2O_3$ 体积。

六、结果与计算

本实验条件下,每克肝组织每小时在 43 ℃ 时生成的丙酮量为:

$$丙酮生成量[mmol/(g \cdot h)] = (V_2 - V_1) \times \frac{1}{0.3} \times C \times \frac{1}{6}$$

式中,V_2 是对照滴定(2号碘量瓶)所消耗的 $Na_2S_2O_3$ 体积;V_1 是样品滴定(1号碘量瓶)所消耗的 $Na_2S_2O_3$ 体积;C 是滴定所用 $Na_2S_2O_3$ 的浓度;1/0.3 是酮体测定时所用 3 mL 滤液换算成 1 g 肝组织的系数;1/6 是丙酮与 $Na_2S_2O_3$ 的当量比,可从反应式中推导出来。

七、注意事项

(1)配制正丁酸试剂时,一定要用 NaOH 调节 pH 至 7.6。
(2)碘会升华,所以在实验过程中必须注意盖好碘量瓶盖。
(3)43 ℃ 保温时间的长短以及滴定所用 $Na_2S_2O_3$ 浓度依实验条件的改变可改变。

八、思考题

(1)脂肪酸 β 氧化与酮体生成有什么关系?
(2)人和动物在什么情况下酮体生成增加?
(3)为什么能通过 $Na_2S_2O_3$ 的滴定体积来计算丙酮的生成量?

实验四十五 转氨酶活性测定

一、实验目的

掌握转氨酶活性测定的方法,了解转氨酶活性测定的临床意义。

二、实验原理

转氨酶普遍存在于生物机体的各组织中。谷丙转氨酶(GPT)以丙氨酸和 α 酮戊二酸为底物,催化氨基转移反应,生成丙酮酸和谷氨酸。生成的丙酮酸在碱性条件下,与 2,4 -二硝基苯肼反应生成相应的棕红色的苯腙,在 520 nm 处有最大吸收峰,吸光度大小在一定范围内与丙酮酸的含量成正比。通过测定丙酮酸的生成量可计算出相应的酶活力。本实验酶活力单位定义为:每毫升血清或每克肝在 37 ℃、pH 7.4 条件下 60 min 催化生成 1 μmol 丙酮酸为 1 个酶活力单位。

三、实验仪器和用品

1. 仪器 恒温水浴锅、分光光度计、电子天平等。
2. 用品 试管、移液枪等。

四、实验材料和试剂准备

1. 实验材料 采用动物肝、动物血液。

2. 试剂准备

(1) 0.1 mol/L pH 7.4 磷酸缓冲液。称取分析纯 $NaH_2PO_4 \cdot 12H_2O$ 2.96 g 和分析纯 $Na_2HPO_4 \cdot 2H_2O$ 29.01 g，溶于适量蒸馏水中，再用蒸馏水定容至 1 000 mL。

(2) GPT 底物混合液。称取分析纯 α 酮戊二酸 29.2 mg、DL-丙氨酸 1.79 g，溶于 50 mL 蒸馏水中，用 1.0 mol/L 的 NaOH 调 pH 到 7.4，再用 pH 7.4 的磷酸缓冲液定容到 100 mL。可滴数滴氯仿防腐，放到冰箱中保存。

(3) 1.0 mmol/L 2,4-二硝基苯肼。称取分析纯 2,4-二硝基苯肼 19.8 mg，溶于 100 mL 1.0 mol/L HCl，贮存于棕色瓶中。

(4) 0.4 mol/L NaOH。称取分析纯 NaOH 16.0 g，溶于蒸馏水中并定容到 1 000 mL。

(5) 2.0 mmol/L 丙酮酸。称取分析纯丙酮酸钠 22.0 mg，溶于 50 mL 水中，滴加 1.0 mol/L 硫酸调 pH 到 7.4，再用 0.1 mol/L pH 7.4 的磷酸缓冲液定容到 100 mL。

五、操作步骤

1. 标准曲线的绘制　取 6 支试管，编号 0～5，按表 10-6 顺序加入试剂。

以 0 号管作对照调零，在分光光度计上读取其余各管 A_{520} 值，记录到表 10-6 中。以表 10-6 中"试管中丙酮酸含量"一栏的数字为横坐标，以 A_{520} 值为纵坐标，绘制标准曲线。

表 10-6　标准曲线绘制加样量

项目	试管编号					
	0	1	2	3	4	5
2.0 mmol/L 丙酮酸(mL)	0.00	0.05	0.10	0.15	0.20	0.25
GPT 底物混合液(mL)	0.50	0.45	0.40	0.35	0.30	0.25
0.1 mol/L 磷酸缓冲液(mL)	0.10	0.10	0.10	0.10	0.10	0.10
37 ℃水浴保温 30 min						
1.0 mmol/L 2,4-二硝基苯肼(mL)	0.5	0.5	0.5	0.5	0.5	0.5
37 ℃水浴保温 10 min						
0.4 mol/L NaOH(mL)	5.0	5.0	5.0	5.0	5.0	5.0
试管中丙酮酸含量(μmol)	0	0.1	0.2	0.3	0.4	0.5
A_{520}	0.000					

2. 样品制备　将鸡放血，收集血液于离心管中，待血液凝固后，将血液于 8 000 r/min 离心 15 min，取上清液，为血清样品。

取出肝，用 0.1 mol/L 磷酸缓冲液洗去污血，称取 5 g 肝组织，加少量 0.1 mol/L 磷酸缓冲液于匀浆机打成匀浆，再用 0.1 mol/L 磷酸缓冲液定容到 10 mL，此为肝匀浆样品。

3. 转氨酶活性测定　取 4 支试管，编号或按表 10-7 标明对照管和样品管，按表 10-7 顺序加入试剂并操作。

以制作标准曲线(表 10-6)的 0 号管调零，在测定完标准曲线的 1～5 号管的 A_{520} 值后，紧接着测定表 10-7 各管的 A_{520} 值，以相应的 $A_{520样品} - A_{520对照}$ 计算。也可以用表 10-7 的对照管调零，在分光光度计上读取相应样品的样品管 A_{520} 值。后一种方法比前一种方法测定容易出现误差。

表 10-7 样品测定

项 目	血清对照管	血清样品管	肝匀浆对照管	肝匀浆样品管
GPT 底物混合液(mL)	—	0.5	—	0.5
37 ℃水浴保温 5 min				
血清样品(mL)	0.1	0.1	—	—
肝匀浆样品(mL)	—	—	0.1	0.1
摇匀，37 ℃水浴准确保温 30 min				
2,4-二硝基苯肼(mL)	0.5	0.5	0.5	0.5
GPT 底物混合液(mL)	0.5	—	0.5	—
摇匀，37 ℃水浴保温 10 min				
0.4 mol/L NaOH(mL)	5.0	5.0	5.0	5.0
A_{520}				

六、结果与计算

1. 每毫升血清的转氨酶活力计算 从标准曲线查出血清样品生成丙酮酸的物质的量 $M_{血液}$，则在 pH 7.4、37 ℃时，转氨酶活力为：

$$转氨酶活力(U/mL 血清)=M_{血液}×2×10$$

2. 每克肝的转氨酶活力计算 从标准曲线查出肝匀浆样品生成丙酮酸的物质的量 $M_{肝匀浆}$，则在 pH 7.4、37 ℃，转氨酶活力为：

$$转氨酶活力(U/g 肝)=M_{肝匀浆}×2×100×\frac{1}{5}$$

七、注意事项

(1)制作标准曲线各管溶液的 A_{520} 与样品各管的 A_{520} 应在相同的分光光度计上进行测定，否则，A_{520} 的数值会不准确。

(2)α 酮戊二酸与 2,4-二硝基苯肼也会发生显色反应，根据华南农业大学生化实验室测定结果，α 酮戊二酸与 2,4-二硝基苯肼显色后吸光度值相当于相同量的丙酮酸与 2,4-二硝基苯肼显色后的吸光度值的 1/5。所以，在 GPT 底物混合液中，α 酮戊二酸的含量必须控制在不影响测定的范围内。

八、思考题

(1)转氨酶活性测定有何临床意义？

(2)比较实验中血清和肝匀浆的转氨酶活性大小，血清的转氨酶活性很低的原因是什么？

第十一章 综合性实验

实验四十六 植物过氧化物酶同工酶聚丙烯酰胺凝胶圆盘电泳

一、实验目的

(1) 学习从植物组织中提取过氧化物酶的实验方法。
(2) 学习和掌握蛋白质的聚丙烯酰胺凝胶电泳基本原理及圆盘电泳技术。
(3) 学习和掌握植物组织的过氧化物酶同工酶的聚丙烯酰胺凝胶电泳技术和专一性活性染色的原理。

二、实验原理

过氧化物酶(peroxidase,POD)是植物体内常见的氧化酶,植物体内的许多生理代谢过程与过氧化物酶及其同工酶的种类有关。本实验用加有蔗糖的缓冲液作提取溶剂,提取甘蔗叶片中的过氧化物酶同工酶。添加蔗糖是为了增加样品液相对密度,使点样时能让样品平铺于凝胶表面,有防止其扩散的作用。

利用过氧化物酶能催化过氧化氢把联苯胺氧化为蓝色或棕色产物的原理(图 11-1),将经过电泳后的凝胶置于有过氧化氢及联苯胺的溶液中染色,有色部位即为过氧化物酶在凝胶中存在的位置,从而得到过氧化物酶同工酶酶谱。

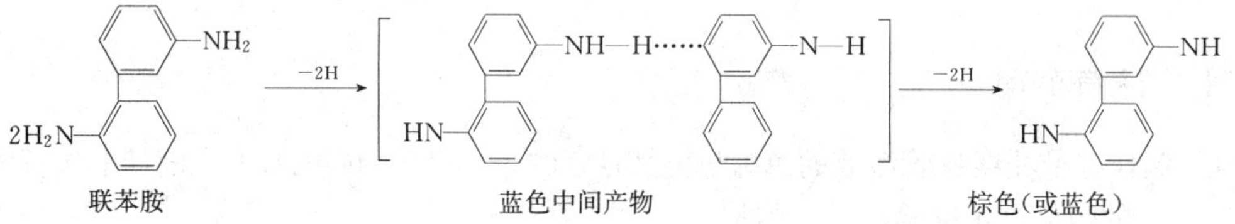

图 11-1 过氧化物酶催化的联苯胺反应

三、实验仪器和用品

1. 仪器 圆盘电泳槽(3 个,12 支管/盘)、直流稳压电泳仪、恒温水浴锅、脱色摇床(2 台)、胶片观察灯(2 台)、匀浆器或研钵(1 个/组)、电炉、电子天平(2 台)、台式天平(离心平衡用,4 台)、吹风机(4 个)等。

2. 用品

(1) 以组为单位。烧杯(100 mL×4 个)、吸管(1 支)、试管(2 支)、试管架(1 个)、玻璃棒(1 支)、吸管或滴管(1 支)、微量注射器(50 μL×1)、长针头注射器(100 mL×1)、培养皿(1 个)、洗耳球(1 个)、蒸馏水瓶(1 个)。

(2) 全班共用。移液器(5 mL×1、1 mL×2、0.2 mL×3)、大漏斗(1 个)、滤纸(1 盒)、试剂瓶(1 000 mL×5、500 mL×5、250 mL×10)、烧杯(1 000 mL×5、500 mL×8、200 mL×

8)、量筒(1 000 mL×1、500 mL×1、250 mL×2、100 mL×5、10 mL×5)、离心管(10支)、pH试纸、标签纸、蒸馏水容器(100 L×1)。

四、实验材料和试剂准备

1. 实验材料　采用甘蔗叶片。

2. 试剂准备

(1)制备样品的试剂。

① 样品提取缓冲液(0.1 mol/L Tris-HCl 缓冲液，pH为8.0，内含20%蔗糖)：称1.22 g Tris(三羟甲基氨基甲烷)加蒸馏水溶解，加0.5 mL浓HCl，再加20 g蔗糖，完全溶解后定容至100 mL，用试纸检测pH为8.0。

② 0.5%(质量分数)溴酚蓝：配10 mL。

(2)凝胶制备的试剂。

① 凝胶贮备液A：称Tris 9 g于100 mL烧杯中加蒸馏水溶解，加浓HCl 1 mL、TEMED(四甲基乙二胺)原液0.18 mL，加蒸馏水定容至25 mL，用pH试纸检测pH为8.9。

② 凝胶贮备液B：称丙烯酰胺(Acr)15 g、甲叉双丙烯酰胺(Bis)0.4 g，加蒸馏水于100 mL烧杯中溶解，于容量瓶加蒸馏水定容至50 mL，如果有沉淀要过滤。

③ 凝胶贮备液C：称过硫酸铵(AP)0.3 g，加蒸馏水溶解并定容至100 mL。制胶时现配现用，如果温度较低，则称过硫酸铵0.5~1.2 g，40 ℃水浴溶解，加蒸馏水定容至100 mL。

④ 电极缓冲液：称Tris 3 g，甘氨酸16 g，加蒸馏水溶解并定容至300 mL，调pH为8.3，使用时稀释10倍。每个圆盘电泳槽可装1 000 mL电极缓冲液，放12支管，每班3个圆盘。

(3)POD同工酶染色贮存液。

① 联苯胺染色液：将6 g联苯胺溶于54 mL文火加热的醋酸中，溶解后再加220 mL蒸馏水，使用时稀释5倍，即加蒸馏水稀释至1 370 mL。

② 30% H_2O_2(原装)。

③ 保存液：7%(质量分数)醋酸，配1 000 mL。

五、实验步骤

1. 样品的处理　称取0.5 g新鲜甘蔗叶片，加入2~5 mL样品提取缓冲液，于匀浆器或研钵中研磨成浆状。将此研磨液倒入离心管内(注意样品尽可能不要稀释)，10 000 r/min离心10~15 min。取上清液到另一支离心管，加入1~2滴0.5%溴酚蓝作电泳指示剂。

2. 电泳凝胶的制作　每人做1条胶，胶量1.5 mL(玻璃管体积2 mL)。

(1)用3~4层封口膜封住玻璃管的下方(或者用带有玻璃珠的短乳胶管套在玻璃管下方，使玻璃珠堵住玻璃管口)，置于试管中。

(2)向玻璃管加满水，检查玻璃管是否漏水。若不漏水，将水倒掉；如果漏水，要重复步骤(1)。

(3)每3个小组(共6人)共6支圆盘玻璃管，配制胶液如下：第一个烧杯加凝胶贮备液A 3 mL、凝胶贮备液B 6 mL和水3 mL，混匀；第二个烧杯加凝胶贮备液C液12 mL。

(4)把两烧杯中的溶液混合，轻搅均匀。

(5)用吸管沿玻璃管壁小心把胶液加到玻璃管中,不要加满玻璃管,溶液应加到离管口3~5 mm处。

(6)用吸管在胶液面上小心地加水,以隔绝空气使溶液形成凝胶,同时以防在凝胶过程中表面形成弯月面。

(7)如果有气泡,用手指轻弹管壁,将管中胶液可能混有的气泡赶出。

(8)当见到水层与胶液交界处有一个清晰界面时,表明胶已聚合(15~30 min)。

3. 预电泳

(1)将玻璃管底部的封口膜除去(或拔去乳胶管)。

(2)把玻璃管插入到圆盘电泳槽孔的胶塞中,要塞紧,以免漏水。

(3)上槽加入稀释好的电极缓冲液约250 mL,把上槽端起,检查是否漏水,如果漏水,要重新塞紧凝胶管。然后下槽也加入稀释好的电极缓冲液约250 mL。

(4)分别检查玻璃管的上端和下端是否有气泡。如果有气泡,要把气泡赶走。

(5)上槽接负极(-),下槽接正极(+)。

(6)为防止POD及其同工酶受凝胶聚合后残留物(如AP等)的影响,或其他人为效应引起酶的钝化,在加样前,应进行预电泳,以每管3~5 mA的恒流或恒压100 V进行预电泳,约10 min。

4. 加样和电泳

(1)关闭电源后准备加样,每个玻璃管点1个样品。

(2)用移液器取甘蔗叶片提取液30~300 μL,分别加入到不同的玻璃管中。然后以每管3 mA或恒压200 V进行电泳。当电泳指示剂溴酚蓝带达到玻璃管底部时可停止电泳。电泳时间1~1.5 h。

5. 脱胶和POD活性染色

(1)关闭电泳,倒掉上槽的电极缓冲液,从电泳槽中取出凝胶管,用带长针头灌满水的注射器进行脱胶。

(2)将吸满水的注射器的针头沿壁插入玻璃管壁与凝胶之间,边注水边推进针头并缓慢旋转玻璃管,使凝胶与管壁分离,可用洗耳球帮助脱胶,使凝胶自然滑出于试管中,区别胶条的正、负极。注意避免针头戳到凝胶中,导致凝胶被戳破或戳断。

(3)将脱出的胶条放入盛有已稀释5倍的联苯胺染色液的培养皿中,联苯胺染色液要完全浸泡胶条。往培养皿中滴加2~5滴30% H_2O_2(原液),室温染色。1~3 min后胶条出现颜色,倒掉染色液,加水浸泡胶条并冲洗染色液。

(4)把凝胶底色脱干净,至背景清晰,把凝胶置于胶片观察灯上,区别正、负极,仔细观察胶条上染成蓝色或棕色的条带,每一条带就是一个同工酶。用数码相机照相,比较胶条中POD同工酶的种类和活性差异,并画出电泳图谱和表明各同工酶带。

(5)胶条也可置于保存液中浸泡保存。

六、结果观察

(1)做好POD同工酶电泳图谱记录和照相,分析甘蔗叶片POD同工酶带的数目和种类并做好标记。

(2)学生对该实验提出一些可行性的修改意见。

七、注意事项

(1) 大气中的氧能氧化自由基而终止聚合反应，故把胶液灌入玻璃管时应尽量避免带入气泡。灌完胶液后应赶尽气泡。

(2) 灌胶液前应检查准备好的玻璃管是否漏水。

(3) 脱胶时注意勿使针头损伤凝胶胶条以妨碍观察酶谱。为利于脱胶，可在制胶时先于玻璃管中滴入两滴甘油溶液，然后再注入胶液。甘油对电泳过程无影响却能润滑管壁，使脱胶容易。

(4) 溴酚蓝为小分子物质，在电泳过程中跑在同工酶蛋白的前头，故凝胶柱中溴酚蓝带与点样端之间的区段上的色带，为POD同工酶谱。

(5) 有条件的，最好将电泳时的温度控制在4℃左右，以避免酶的活性下降。

(6) 不同部位的甘蔗叶片，所含的POD同工酶谱有较大的差异，可以比较新叶与老叶组织的POD组分的差异。

八、思考题

(1) 根据实验过程的体会，总结如何做好聚丙烯酰胺凝胶圆盘电泳、哪些是关键步骤。

(2) 分析POD电泳图谱、电泳带与哪些因素有关（蛋白质分子质量、酶活性大小）。

(3) 本实验中甘蔗叶片的POD同工酶电泳图谱有几条酶带？

(4) 为什么说POD同工酶电泳后的染色是专一性染色？

实验四十七　胃蛋白酶在水溶液和有机溶剂中的动力学测定

一、实验目的

(1) 学习并掌握胃蛋白酶活性测定的基本原理。
(2) 掌握在水相和有机相中胃蛋白酶K_m、v_{max}测定的实验设计和测定原理。
(3) 学习和理解酶促反应动力学曲线的实验设计和实验方法。
(4) 熟练掌握紫外分光光度计的使用方法。

二、实验原理

近几年，酶在有机介质中催化反应的研究十分活跃，日益增多的研究报道和综合评述展示了有机溶剂中的酶优于水相酶的巨大应用潜力。而酶在有机介质中催化活性的充分发挥和催化选择性的调节与控制是有机溶剂中酶催化研究的重要基础与核心。

已对有机溶剂中的酶催化进行了4种体系的研究：单相共溶剂体系（水/水溶性溶剂、水-有机溶剂两相体系、微水有机溶剂体系、反向胶束体系(reversed micelles)。

有机相中酶促反应的过程和机制与水溶液中是相同的，符合米氏方程、乒乓反应机制。

米氏酶在非水介质中的反应符合Michaelis-Menten公式，影响有机介质中酶促反应动力学的因素涉及底物和溶剂的性质。酶和溶剂竞争底物，如果底物与溶剂的亲和性高，则底物与酶的亲和力低，K_m大；如果底物与溶剂的亲和力低，则酶与底物的亲和力高，K_m 小。

胃蛋白酶(pepsin)是一种巯基蛋白酶，它分解比胰蛋白水解酶更多、更广泛的蛋白质底物，它也具有脂酶活性。其相对分子质量为 23 000～35 000。

酪蛋白是一种蛋白质，它被蛋白酶降解生成的酪氨酸在紫外光区 275 nm 处有吸收峰，测定 275 nm 处的吸光度（A_{275}），可以判定蛋白酶的活力。吸光度的大小与酪氨酸含量的多少有关，吸光度大说明酪氨酸含量高，也就是说胃蛋白酶分解的酪蛋白多，酶活性高。在保持恒定的合适条件(时间、温度及 pH、激活剂)下，以同一浓度的胃蛋白酶催化不同浓度的底物酪蛋白分解，于一定限度内，酶促反应速率与酪蛋白浓度成正比。因此，用酶促反应速率的倒数($1/v$)为纵坐标，酪蛋白浓度倒数($1/[S]$)为横坐标，用双倒数作图法可以计算得到胃蛋白酶在水相和有机相中的 K_m、v_{max}。

胃蛋白酶活性定义：蛋白酶催化酪蛋白水解，每分钟使生成的酪氨酸的 A_{275} 上升 0.01 为 1 个酶活性单位(U)。

胃蛋白酶比活力定义：每毫克蛋白酶中具有的催化活力(U/mg)。该胃蛋白酶的纯度达到电泳纯(PAGE 1 条电泳带)，所以可以直接使用实验所称取的量为胃蛋白酶的含量(mg)。

三、实验仪器和用品

1. 仪器 紫外分光光度计(石英比色杯，3～4 台)、水浴锅(2～3 台)、电子天平(2 台)、台式天平(离心平衡用，4 台)、冰箱(1 台)等。

2. 用品

(1)以组为单位。带塞试管(30 支)、试管架(2 个)、烧杯(100 mL×2、200 mL×1)、吸管(2 支)、玻璃棒(1 支)、移液管或移液器(5 mL×1、1 mL×2、0.5 mL×1、0.2 mL×1)、漏斗(8 个)、滤纸(1 盒)、量筒(100 mL×1)、蒸馏水瓶(1 个)、标签纸等。

(2)全班共用。试剂瓶(1 000 mL×7、250 mL×3)、烧杯(1 000 mL×4)、塑料烧杯(2 000 mL×2)、量筒(1 000 mL×2、500 mL×2)、容量瓶(250 mL×1、100 mL×1)、pH 广泛试纸(1～2 盒)、剪刀(2 个)、电炉和锅(2～3 个)、蒸馏水容器(100 L×1 个)等。

四、实验材料和试剂准备

1. 实验材料 采用市售胃蛋白酶。

2. 试剂准备

① 1 mol/L HCl 溶液：取浓 HCl(36%～38%)42 mL，加蒸馏水定容至 500 mL，配制成 1 mol/L 的 HCl 溶液。

② 1 mol/L NaOH 溶液：取 4 g NaOH 加蒸馏水溶解，加蒸馏水定容至 100 mL。

③ 0.065 mol/L HCl 溶液：取 1 mol/L 的 HCl 溶液 65 mL，加蒸馏水定容至 1 000 mL，配制成 0.065 mol/L HCl 溶液。全班配制 4 000 mL。

④ 2%酪蛋白：称 10 g 酪蛋白，加入 400 mL 蒸馏水，55 ℃水浴加热溶解，边搅拌边加入 8 mL 1 mol/L 的 NaOH 助溶，待酪蛋白完全溶解后，迅速加入 24 mL 1 mol/L HCl 使 pH 至 1.5，边快速加入 HCl 边搅拌，使酪蛋白溶解，然后加蒸馏水定容至 500 mL。全班配制 1 000 mL。

1%酪蛋白(配 100 mL):取 50 mL 2%的酪蛋白,用 0.065 mol/L 的 HCl 溶液定容到 100 mL。全班配制 200 mL。

0.5%酪蛋白(配 100 mL):取 50 mL 1%酪蛋白,用 0.065 mol/L 的 HCl 溶液定容到 100 mL。全班配制 200 mL。

0.25%酪蛋白(配 100 mL):取 50 mL 0.5%酪蛋白,用 0.065 mol/L 的 HCl 溶液定容到 100 mL。全班配制 200 mL。

0.125%酪蛋白(配 100 mL):取 50 mL 0.25%酪蛋白,用 0.065 mol/L 的 HCl 溶液定容到 100 mL。

⑤ 20%三氯乙酸(TCA)(配 500 mL):称取 100 g TCA 溶解于蒸馏水并定容至 500 mL。全班配制 1 000 mL。

⑥ 48%甘油溶液(配 100 mL):量取 48 mL 无水甘油,加 0.065 mol/L 的 HCl 溶液,定容至 100 mL。全班配制 300 mL。

⑦ 配不同浓度二甲基亚砜(dimethyl sulfoxide,DMSO):

24%DMSO(配 200 mL):量取 72 mL DMSO,用 0.065 mol/L 的 HCl 溶液定容至 300 mL。

48%DMSO(配 100 mL):量取 48 mL DMSO,用 0.065 mol/L 的 HCl 溶液定容至 100 mL。

72%DMSO(配 100 mL):量取 72 mL DMSO,用 0.065 mol/L 的 HCl 溶液定容至 100 mL。

⑧ 2 mg/mL 胃蛋白酶液(100 mL/3 个小组):精确称取 200 mg 胃蛋白酶粉,用 0.065 mol/L HCl 溶液溶解并定容至 100 mL,即得 2 mg/mL 的胃蛋白酶液。

五、实验步骤

1. 不同浓度 DMSO(二甲基亚砜)对胃蛋白酶的活性影响 按表 11-1 加试剂和操作(在加酪蛋白溶液时要先混匀)。最后测定时,各种浓度的有机溶剂分别以相对应的 CK 管做空白调零。将测定所得到的 A_{275} 记入表 11-1 中,并据此求出酶活性。

表 11-1 不同浓度 DMSO 对胃蛋白酶的活性影响

项目	0		10%DMSO		20%DMSO		30%DMSO	
	CK_1	1号管	CK_2	2号管	CK_3	3号管	CK_4	4号管
2% 酪蛋白(mL)	0	2	0	2	0	2	0	2
不同浓度 DMSO(mL)	0	0	2(24%)	2(24%)	2(48%)	2(48%)	2(72%)	2(72%)
0.065 mol/L HCl(mL)	2	2	0	0	0	0	0	0
20% TCA(mL)	2	0	2	0	2	0	2	0
37 ℃恒温水浴,保温 10 min								
2 mg/mL 胃蛋白酶液(mL)	0.8	0.8	0.8	0.8	0.8	0.8	0.8	0.8
37 ℃恒温水浴,准确反应 10 min								

（续）

项目	0		10%DMSO		20%DMSO		30%DMSO	
	CK₁	1号管	CK₂	2号管	CK₃	3号管	CK₄	4号管
20%TCA(mL)	0	2	0	2	0	2	0	2
2%酪蛋白(mL)	2	0	2	0	2	0	2	0
反应液总体积(mL)	6.8	6.8	6.8	6.8	6.8	6.8	6.8	6.8
				过 滤				
A_{275}	0.000		0.000		0.000		0.000	
酶活性(U)								

2. 在水相中胃蛋白酶水解酪蛋白的 K_m 和 v_{max} 测定（采用双倒数作图法） 按表 11-2 加试剂和操作（在加酪蛋白溶液时要先混匀），在水相中，测定不同的底物（酪蛋白）浓度与反应速率（v）的变化。本组实验各底物浓度均以 1 号管调零，测定各管的吸光度，记录在表 11-2 的 A_{275} 一栏中。用酶促反应速率的倒数（$1/v$）为纵坐标，酪蛋白浓度倒数（$1/[S]$）为横坐标，用双倒数作图法求得胃蛋白酶在水相中的 K_m、v_{max} 值。

表 11-2 在水相中不同浓度的胃蛋白酶水解酪蛋白的 K_m 和 v_{max} 测定

项 目	试管编号					
	1	2	3	4	5	6
底物终浓度(mg/mL)	0	0.368	0.735	1.47	2.94	5.88
0.065 mol/L HCl(mL)	2	2	2	2	2	2
不同浓度酪蛋白(mL)	0	2(0.125%)	2(0.25%)	2(0.5%)	2(1%)	2(2%)
20% TCA(mL)	2	0	0	0	0	0
		37℃恒温水浴，保温 10 min				
2 mg/mL 胃蛋白酶液(mL)	0.8	0.8	0.8	0.8	0.8	0.8
		37℃恒温水浴，准确反应 10 min				
20%TCA(mL)	0	2	2	2	2	2
2% 酪蛋白(mL)	2	0	0	0	0	0
		过 滤				
总体积(mL)	6.8	6.8	6.8	6.8	6.8	6.8
A_{275}	0.000					
[S](mg/mL)						
1/[S]						
$v=A_{275}/t$						
$1/v$						
K_m						
v_{max}						

3. 在 10% DMSO 有机相中胃蛋白酶水解酪蛋白的 K_m 和 v_{max} 测定（采用双倒数作图法）

按表 11-3 加试剂和操作(在加酪蛋白溶液时要先混匀),在有机相 DMSO 中,测定不同的底物(酪蛋白)浓度与反应速率(v)的变化。本组实验各底物浓度均以表 11-3 中的 1 号管调零,分别测定其余各管的吸光度,记录在表 11-3 的 A_{275} 一栏中。用酶促反应速率倒数($1/v$)为纵坐标,酪蛋白浓度倒数($1/[S]$)为横坐标,用双倒数作图法得胃蛋白酶在 10% DMSO 有机相中的 K_m、v_{max} 值。

表 11-3 在 10% DMSO 有机相中不同胃蛋白酶水解酪蛋白的 K_m 和 v_{max} 测定

项 目	试管编号					
	1	2	3	4	5	6
底物终浓度(mg/mL)	0	0.368	0.735	1.47	2.94	5.88
不同浓度酪蛋白(mL)	0	2(0.125%)	2(0.25%)	2(0.5%)	2(1%)	2(2%)
24%的 DMSO(mL)	2	2	2	2	2	2
20% TCA(mL)	2	0	0	0	0	0
37 ℃恒温水浴,保温 10 min						
2 mg/mL 胃蛋白酶液(mL)	0.8	0.8	0.8	0.8	0.8	0.8
37 ℃恒温水浴,准确反应 10 min						
20%TCA(mL)	0	2	2	2	2	2
2.0% 酪蛋白(mL)	2	0	0	0	0	0
过 滤						
总体积(mL)	6.8	6.8	6.8	6.8	6.8	6.8
A_{275}	0.000					
[S](mg/mL)						
$1/[S]$						
$v=A_{275}/t$						
$1/v$						
K_m						
v_{max}						

4. 在 20%甘油中胃蛋白酶水解酪蛋白的 K_m 和 v_{max} 测定(采用双倒数作图法) 按表 11-4 加试剂和操作(在加酪蛋白溶液时要先混匀),在 20%甘油有机相中,测定不同的底物(酪蛋白)浓度与反应速率(v)的变化。本组实验各底物浓度均以表 11-4 中的 1 号管调零,测定其余各管的吸光度,记录在表 11-4 的 A_{275} 一栏中。用酶促反应速率的倒数($1/v$)为纵坐标,酪蛋白浓度倒数($1/[S]$)为横坐标,用双倒数作图法得胃蛋白酶在 20%甘油有机相中的 K_m、v_{max} 值。

表 11-4 在 20%甘油有机相中不同胃蛋白酶水解酪蛋白的 K_m 和 v_{max} 测定

项 目	试管编号					
	1	2	3	4	5	6
底物终浓度(mg/mL)	0	0.368	0.735	1.47	2.94	5.88
48%甘油(mL)	2	2	2	2	2	2
不同浓度酪蛋白(mL)	0	2(0.125%)	2(0.25%)	2(0.5%)	2(1%)	2(2%)

项 目	试管编号					
	1	2	3	4	5	6
20% TCA(mL)	2	0	0	0	0	0
37 ℃恒温水浴，准确保温 10 min						
2 mg/mL 胃蛋白酶液(mL)	0.8	0.8	0.8	0.8	0.8	0.8
37 ℃恒温水浴，准确反应 10 min						
20% TCA(mL)	0	2	2	2	2	2
2.0% 酪蛋白(mL)	2	0	0	0	0	0
过 滤						
总体积(mL)	6.8	6.8	6.8	6.8	6.8	6.8
[S](mg/mL)						
A_{275}						
1/[S]						
$v = A_{275}/t$						
$1/v$						
K_m						
v_{max}						

六、结果与计算

(1)根据双倒数作图法，可求出胃蛋白酶在水相中的 K_m 和 v_{max}。

(2)根据双倒数作图法，可求出胃蛋白酶在有机相 DMSO 中的 K_m 和 v_{max}。

(3)根据双倒数作图法，可求出胃蛋白酶在有机相甘油中的 K_m 和 v_{max}。

(4)根据双倒数作图法，可求出水相及有机溶剂中胃蛋白酶的动力学参数 v_{max}、K_m，分别填于表 11-5 中，试分析它们之间的差异。

表 11-5　水相及有机溶剂中胃蛋白酶的动力学参数测定结果

反应体系	v_{max}	K_m
水相		
10% DMSO		
20%甘油		

七、注意事项

(1)配制酪蛋白溶液时，一定要按要求操作，加 HCl 一定要快速，边快速加入 HCl 边搅拌，才能使酪蛋白溶解，否则，会使溶解的酪蛋白出现沉淀。

(2)要确保酶促反应的时间，准确计算酶的活力。

(3)终止反应后进行过滤，一定要使滤液清亮。如果滤液有沉淀，要重新过滤，否则会影响 A_{275} 的测定。

(4)采用双倒数作图法时一定要使直线与横坐标、纵坐标相交汇。

八、思考题

(1)比较胃蛋白酶在水相和有机相中的 K_m 和 v_{max} 的变化(表11-5),试解释其原因。

(2)实验结果的可信度如何?哪些因素影响实验结果误差?请进行分析。

(3)加 TCA 终止反应后的滤液开始是澄清的,但放置一段时间后出现浑浊,这是什么原因?

(4)如果测定 A_{275} 时,测定结果为负数,其原因是什么?

实验四十八　菠萝蛋白酶的提取、初步纯化及活性测定

一、实验目的

(1)系统地学习和掌握蛋白质分离纯化原理及实验技术。

(2)熟练掌握饱和硫酸铵沉淀法、透析法、测定蛋白质含量、蛋白酶活性检测等实验原理和技术。

二、实验原理

1. 蛋白质分离纯化的一般程序

(1)选择某种目的蛋白质含量丰富、稳定性好的样品材料。

(2)将蛋白质从样品中抽提出来。

(3)确定分离纯化的方法,使粗品的纯度达到预定要求。

(4)建立灵敏、特异、精确的检测手段,分步测定蛋白质的含量、活性及检验蛋白质的纯度。

(5)在操作、分析过程中注意保护蛋白质的稳定性,防止变性。

2. 利用溶解度不同分离纯化蛋白质的方法　利用溶解度不同分离纯化蛋白质的方法有:盐析法、等电点沉淀法、有机溶剂沉淀法、聚乙二醇(PEG)沉淀法等。

盐析法是粗分离蛋白质的重要方法之一。在稀盐溶液中,蛋白质的溶解度随盐浓度的增加而升高,这种现象称为盐溶(salting in)。但当盐浓度增加到一定量时,蛋白质溶解度又逐渐下降,直到某一浓度时从溶液中沉淀出来,这种现象即为盐析。这是因为蛋白质分子吸附某种盐离子后,其带电表层使蛋白质分子彼此排斥,而蛋白质分子与水分子间的相互作用却加强,因而溶解度提高。但大量中性盐加入,使水的活度降低,进而导致蛋白质分子表面电荷逐渐被中和,水化膜逐渐被破坏,最终引起蛋白质分子间相互聚集并从溶液中析出。

用于盐析的中性盐通常有硫酸铵、硫酸钠和硫酸镁等,而以硫酸铵为最佳,它在水中溶解度大而温度系数小(在25 ℃时,溶解度为767 g/L;在0 ℃时,溶解度为697 g/L),分离效果好,能保持蛋白质的天然构象,且价廉易得。不同蛋白质盐析时所需盐浓度不同,故调节盐浓度可适当地将蛋白质分开。如鸡蛋清中的球蛋白在半饱和硫酸铵溶液中沉淀,清蛋白在饱和硫酸铵溶液中沉淀。

对于含有多种蛋白质或酶的混合液,可采取分段盐析的方法进行纯化。添加硫酸铵到所需浓度的方法有下述两种:

(1) 加饱和硫酸铵溶液，所需加入的量用下式计算。

$$V = \frac{V_0(S_2 - S_1)}{1 - S_2}$$

式中，V 为需加入饱和硫酸铵的体积(mL)；V_0 为原来溶液的体积(mL)；S_2 为需达到的硫酸铵饱和度；S_1 为原来溶液的硫酸铵饱和度。

(2) 将固体硫酸铵直接加入到原蛋白质溶液中，可从本书附录中查阅硫酸铵溶液饱和度计算表，获得所需要添加的硫酸铵的量。

3. 透析和超滤 透析(dialysis)和超滤(ultrafiltration)就是利用蛋白质分子不能通过半透膜(semipermeable membrane)，而小分子可以自由透过的性质，使蛋白质与小分子物质分开。

透析是将待提纯的蛋白质溶液装在半透膜的透析袋里，扎紧袋口放在蒸馏水或缓冲液中进行的。透析时，要不断更换透析外液，直到透析袋内小分子物质含量降低到最小值为止。

超滤是利用压力和离心力，借助于超滤膜将不同分子质量的物质分离的技术。超滤膜是由丙烯腈、醋酸纤维素、硝酸纤维素和尼龙等高分子聚合物制成的多孔薄膜，截留的颗粒直径 $2 \sim 20$ nm，相当于相对分子质量 $1 \times 10^3 \sim 5 \times 10^5$。超滤技术不仅使蛋白质得以分离纯化，还达到浓缩的目的。

4. 菠萝蛋白酶活性测定 酪蛋白是一种蛋白质，它被菠萝蛋白酶降解生成的酪氨酸在紫外光区 275 nm 处有吸收峰，根据测定 275 nm 波长处的吸收度，可以判定菠萝蛋白酶的酶活性。吸收值的大小与酪氨酸含量的多少有关，吸收度大说明酪氨酸含量高，也就是说菠萝蛋白酶分解的酪蛋白多，酶活性高。

三、实验仪器和用品

1. 仪器 电动搅拌器($2 \sim 4$ 台)、高速离心机($3 \sim 5$ 台)、紫外分光光度计(石英比色杯)($3 \sim 4$ 台)、磁力搅拌器($2 \sim 3$ 台)、恒温水浴锅($2 \sim 3$ 台)、电子天平(2 台)、台式天平(离心平衡用，4 台)、冰箱(1 台)等。

2. 用品

(1) 以组为单位的用品。试管(10 支)、试管架(2 个)、烧杯(100 mL×2、200 mL×1)、吸管(2 支)、玻璃棒(1 支)、移液管或移液器(5 mL×1、1 mL×2、0.5 mL×1、0.2 mL×1)、漏斗(3 个)、量筒(100 mL×1)、蒸馏水瓶(1 个)、标签纸等。

(2) 全班共用的用品。试剂瓶(1 000 mL×7、250 mL×3)、烧杯(1 000 mL×4)、塑料烧杯(2 000 mL×2)、量筒(1 000 mL×2、500 mL×2)、pH 广泛试纸($1 \sim 2$ 盒)、剪刀(2 把)、电炉和锅($2 \sim 3$ 个)、透析袋(截流相对分子质量 8 000~14 000)或超滤管、滤纸($4 \sim 5$ 盒)、蒸馏水容器(100 L×1)等。

四、实验材料和试剂准备

1. 实验材料 采用市售的新鲜菠萝(3 个)。

2. 试剂准备

(1) 盐析粗提酶液试剂。

① 0.1 mol/L pH 7.8 磷酸盐缓冲液(PBS)(配 3 000~4 000 mL)：具体配制方法见本书

的附录四。

② 0.01 mol/L pH 7.8 磷酸盐缓冲液（PBS）（配 4 000 mL）：具体配制方法见本书的附录四。

③ 固体硫酸铵。

(2) 测酶活性试剂。

① 1％酪蛋白（进口分装，配 200 mL）：称 2 g 酪蛋白，加约 150 mL 0.1 mol/L PBS(pH 7.8)，于 40～50 ℃水浴中溶解，不停搅拌，约需 1 h 才能完全溶解，然后用 0.1 mol/L PBS (pH 7.8)定容至 200 mL。

② 激活剂（配 100 mL）：含 20 mmol/L 半胱氨酸-盐酸盐，1 mmol/L EDTA - Na_2（乙二胺四乙酸二钠），用 0.1 mol/L pH 7.8 的 PBS 配制为 100 mL。该试剂需要现配现用。

③ 10％TCA（三氯乙酸）：配 400 mL。

(3) 透析袋处理。新买的透析袋，裁剪成所需大小，用加洗衣粉或洗洁精的自来水浸泡煮沸 10 min，用镊子取出并用自来水漂洗干净，再用纯水或蒸馏水漂洗 1～2 次，即可使用。

旧的透析袋，用加洗衣粉的自来水煮沸清洗和消毒，然后用清水反复清洗。重复上述步骤。使用完后，煮沸清洗干净，用蒸馏水浸泡或浸泡在 70％乙醇，于低温保存。

五、实验步骤

本实验如果条件允许，可用超滤管代替透析袋。

1. 粗酶提取 具体实验步骤见图 11 - 2。

生菠萝皮（每组）30 g＋50 mL PBS(0.1 mol/L，pH 7.8)
↓
电动搅拌至匀浆
↓
2～4 层纱布过滤于烧杯中
↓
分装于离心管（10 mL/管）
↓
平衡，以 10 000 r/min 离心 10 min
↓
弃沉淀，取上清液，量体积(V)，倒入小烧杯
↓
根据 V，查本书的附录七，计算 0～30％饱和度$(NH_4)_2SO_4$ 所需的量，缓慢加固体$(NH_4)_2SO_4$ 于小烧杯中盐析，边加边搅拌至$(NH_4)_2SO_4$ 完全溶解，倒入离心管
↓
4 ℃，1～2 h
↓
平衡，以 10 000 r/min 离心 10 min
↓
上清液为样品 A，倒入烧杯。取沉淀，于各离心管中加 0.3～0.5 mL PBS(0.1 mol/L pH 7.8)溶解沉淀，把几支离心管的沉淀溶解液混在一起，总体积为 5～8 mL，平衡后以 10 000 r/min 离心 10 min，弃沉淀，留上清为样品 B（分别测定样品 A 和样品 B 的酶活性）

图 11 - 2　粗酶的提取

2. 酶活性测定方法(每组)　样品 A 和样品 B 的酶活性测定按表 11-6 的方法进行，分别做 1 个重复实验。以 A 对照管调零，测定样品 A_1 和 A_2 的吸光度；以 B 对照管调零，测定样品 B_1 和 B_2 的吸光度。结果记录在表 11-6 中。

表 11-6　菠萝蛋白酶的活性测定

项目	试管号					
	A 对照管(调零)	B 对照管(调零)	样品 A_1	样品 A_2	样品 B_1	样品 B_2
10%TCA(mL)	3	3	0	0	0	0
1%酪蛋白(mL)	1	1	1	1	1	1
样品 A(mL)	0.1	0	0.1	0.1	0	0
样品 B(mL)	0	0.1	0	0	0.1	0.1
激活剂(mL)	0.9	0.9	0.9	0.9	0.9	0.9
37 ℃水浴准确保温 10 min						
10%TCA(mL)	0	0	3	3	3	3
静置 3~5 min，滤纸过滤						
A_{275}	0.000	0.000				
酶活性(U)						
酶活性平均值						

酶活性单位：在 37 ℃下，酶促反应 10 min，在波长 275 nm 处每 10 min 吸光度增加 0.01 为一个酶活性单位(U)。最后酶活性结果取 2 次重复实验的平均值。

3. 透析去盐　根据酶活性测定结果，取酶活性高的样品进行透析。

把测酶活性后所剩的酶蛋白置于透析袋中，系紧袋口，置于 1 000 mL PBS(0.01 mol/L，pH 7.8)的烧杯中，将烧杯置于磁力搅拌机上，进行透析。或静置透析 1 d(4 ℃)，中间要换缓冲液 4~8 次。从透析袋取出酶液，装于离心管中，−20 ℃保存，作为实验四十九的实验材料。

六、结果与计算

(1)做好实验数据的原始记录。
(2)各实验组对实验数据进行分析和讨论，再由老师进行归纳总结。
(3)完成实验报告，对实验结果进行综合分析，并对该实验提出一些可行性改进意见。

七、注意事项

(1)实验中学生配制各种试剂时一定要确保准确，才能确保实验的正常进行。
(2)离心前一定要平衡离心管。
(3)透析袋不能漏，透析时间长时一定要置于 4 ℃进行。

八、思考题

(1)如何防止蛋白质在分离纯化过程中变性？

(2)盐析、透析的原理是什么？其操作过程是怎样的？
(3)紫外分光光度计的操作是怎样的？有哪些注意事项？
(4)实验中 A 样品和 B 样品哪个酶活性高？为什么？
(5)实验中硫酸铵盐析为什么要选择 0～30％饱和度？

实验四十九　Sephadex G-75 分离纯化菠萝蛋白酶

一、实验目的

(1)学习和理解蛋白质进一步纯化的柱层析技术原理和实验技能。
(2)理解和掌握葡聚糖凝胶(Sephadex G-75)柱层析技术的原理和实验操作步骤。

二、实验原理

凝胶层析(gel chromatography)是利用具有一定孔径的多孔凝胶作为固定相，把分子质量大小不同的物质进行分离的一种柱层析技术，又称为凝胶过滤(gel filtration)、分子筛层析(molecular sieve chromatography)和凝胶渗透层析(gel permeation chromatography)。

目前经常使用的凝胶有葡聚糖凝胶(商品名为 Sephadex)、聚丙烯酰胺凝胶(又称为生物胶，Bio gel P)、琼脂糖凝胶(Sepharose gel)及由烷基葡聚糖与甲叉丙烯酰胺共价交联制成的 Sephacryl 等。以葡聚糖凝胶用得最多，它是 α-1,6-葡聚糖与 1-氯-2,3-环氧丙烷反应交联而成的，有不同型号的凝胶。

葡聚糖凝胶的吸水能力与凝胶的交联度密切相关。Sephadex G-75 中的 G 表示交联度，交联剂添加越多，交联度越大，凝胶孔径越小，吸水量也就越小，G 值越小，膨胀程度小；反之，交联剂添加少，交联度小，凝胶孔径大，吸水量大，G 值越大，膨胀程度大。因此，凝胶孔径的大小可以用其吸水量的大小来表示，常以 G-10 至 G-200 号码标记。G 后面的数字是凝胶吸水量(mL/g 干胶)乘以 10 所得值。如 G-25 表示每克干胶可吸附 2.5 mL水。

Sephadex G-100 吸水值大，但机械性能不好，较软。Sephadex G-50 吸水值小，但机械性能好，能承受较大静水压，流速快。

G 值小，交联度大，分辨率高，分级范围窄，机械性能好。G 值大，交联度小，分辨率低，分级范围宽，机械性能不好。

Sephadex G-10 至 Sephadex G-50 通常用于分离 1.5～30 ku 的肽或小分子蛋白质或脱盐等。Sephadex G-75 至 Sephadex G-200 可用于分离分子质量大于 5～800 ku 的蛋白质，其吸水量大，预处理膨胀所需时间较长，膨胀度较大，因此称为软胶，它们进行柱层析洗脱时，柱床上端洗脱液的压力保持恒定。

凝胶层析原理如图 11-3 所示。当分子大小不同的蛋白质混合物流经以凝胶为固定相的层析柱时，比凝胶网孔大的分子不能进入网状结构，只能排阻在凝胶粒之外，随流动相在凝胶颗粒之间移动并最先流出柱外；比凝胶网孔小的分子能完全渗入孔内最后流出柱外；分子大小完全介于上述二者之间者，则居中流出。根据流出次序的不同即可达到分离纯化蛋白质的目的。

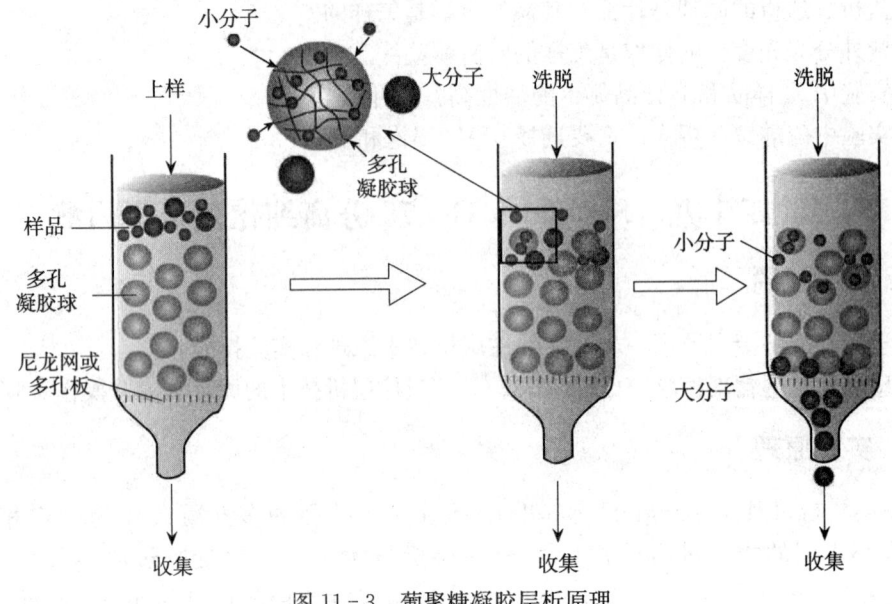

图 11-3 葡聚糖凝胶层析原理

注：小颗粒（小分子）进入凝胶的孔内扩散，流动速度慢，后洗脱；大颗粒（大分子）不进入凝胶的孔内，而在凝胶之间的空隙扩散，流动速度快，先洗脱。

三、实验仪器和用品

1. 仪器 层析柱（2 cm×20 cm，8～15 个）、恒流泵（8～15 台）、自动部分收集器（8～15 台）、恒温水浴锅（3～4 台）、紫外分光光度计（3～4 台）、电子天平（2 台）等。

2. 用品

（1）以组为单位的用品。试管（15 支）、试管架（2 个）、烧杯（250 mL×3、1 000 mL×1）、吸管（1 支）、夹子（2 个）、铁架台（1 个）、收集器的指管（30～50 支）、移液器（5 mL×1、1 mL×1、0.2 mL×1）、漏斗（6～10 个）、量筒（10 mL×1）、蒸馏水瓶（1 个）。

（2）全班共用用品。试剂瓶（1 000 mL×7、250 mL×3）、烧杯（1 000 mL×4）、塑料烧杯（2 000 mL×2）、量筒（1 000 mL×2、500 mL×2）、pH 广泛试纸（1～2 包）、剪刀（2 把）、电炉和锅（2～3 个）、滤纸（3～4 盒）、蒸馏水容器（100 L×1）。

四、实验材料和试剂准备

1. 实验材料 采用实验四十八所提取的菠萝蛋白酶粗提样品浓缩液，如果样品没有浓缩，需要用干净的透析袋进行浓缩，浓缩至约 2 mL。或者使用超滤管进行浓缩，即样品加入超滤管，10 000 r/min 离心 20 min。

2. 试剂准备

（1）Sephadex G-75 预处理。

① 称一定量的 Sephadex G-75 干粉，倒进大体积的蒸馏水中并轻轻搅拌均匀（不能用力快速搅拌），室温静置 30 min，用倾泻法除去混杂的小颗粒，重复 3～4 次，以防止粉末等物质塞住胶孔。注意：不要过分搅拌，以防止颗粒破碎，防止破坏胶链结构。

浸泡时间根据交联度不同而异，Sephadex G-75 需 24 h。

② 100 ℃加热溶胀，不同交联度加热时间亦不同，Sephadex G-75 需 3 h。加热过程中可杀死细菌和霉菌，更重要的是可排除凝胶内孔径中存在的气泡。

(2) 柱层析的试剂。0.1 mol/L PBS(pH 7.8)，配 2 000～3 000 mL，配制方法见本书附录四。

(3) 测酶活性的试剂。

① 1% 酪蛋白(配 300 mL)：称取 3 g 酪蛋白，溶于 300 mL 0.1 mol/L PBS(pH 7.8)中，于 40～50 ℃水浴中溶解，不停搅拌，约需 1 h 才能完全溶解。

② 激活剂[配 300 mL，含有 20 mmol/L 半胱氨酸-盐酸盐和 1 mmol/L EDTA-Na_2（乙二胺四乙酸二钠）]：用 0.1 mol/L PBS(pH 7.8)溶解，最后定容至 300 mL。

③ 10% TCA(三氯乙酸，配 400 mL)：称取三氯乙酸 40 g，溶解在 400 mL 蒸馏水中。

(4) 酶液浓缩。

① 透析袋处理(用于浓缩)：新买的透析袋，裁剪成所需大小，用加洗衣粉或洗洁剂的自来水浸泡煮沸 10 min，用镊子取出并用自来水漂洗干净，再用纯水或蒸馏水漂洗 1～2 次，即可使用。

旧的透析袋，用加洗衣粉的自来水煮沸清洗和消毒，然后用清水反复清洗。重复上述步骤。使用完后，煮沸清洗干净，用蒸馏水浸泡或浸泡在 70% 乙醇，于低温保存。

② PEG(聚乙二醇)6 000：1 瓶。

五、实验步骤

1. 装柱

(1) 装柱操作。

① 首先用自来水清洗玻璃层析柱(2 cm×20 cm)，检查是否流水顺畅，然后于铁架台上垂直安装好层析柱。

② 往柱中倒入纯水或蒸馏水至柱高的 2/3，检查出水口处，不能有气泡。

③ 在柱内有约 10 mL 水时打开出水口，且边打开出水口，边将已溶胀的 Sephadex G-75 凝胶沿着玻璃棒小心地倒入柱中，让其自然下降，使凝胶在柱中均匀分布。分 2～3 次把凝胶倒入柱中，直至装至柱高的 4/5。

(2) 凝胶装柱注意事项。

① 凝胶柱床必须装得十分均匀。

② 在任何时候不要使液面低于凝胶表面，否则凝胶变干，出现裂层，且有可能混入气泡，对蛋白质分离不利。若出现这种情况需要重装柱子。

2. 洗柱和平衡柱　凝胶柱装好后，接上恒流泵(注意，恒流泵流速不能太快或全速)，用纯水或蒸馏水洗柱子，洗 0.5～1 h。期间，调整恒流泵流速，使每 4 min 收集 1 管(每管 4 mL)。同时调整好部分收集器，使其转动的速度为每管 4 min。

改用 0.1 mol/L pH 7.8 的 PBS 继续平衡凝胶柱，约 30 min。

3. 加样

(1) 加样操作。

① 打开盖子，加一块小圆滤纸片于凝胶面上，以防止加样时凝胶面被冲起或不平。

② 等凝胶柱面的 PBS 基本干时，用吸管取 0.5～1.0 mL 粗提蛋白质溶液，小心地将样

品加到凝胶床的表面滤纸上。

③ 等样品基本进入凝胶，用吸管取 2 mL PBS 加到凝胶床的表面滤纸上，盖上塞子。

④ 调整恒流泵的流速为每 4 min 收集 1 管(每管 4 mL)。

(2)加样注意事项。

① 加样时打开出水口。

② 加样时勿将床面凝胶冲起。

③ 不要沿壁管加样(因为样品易从柱壁与凝胶床之间漏下)。

④ 加样量为层析柱体积的 1.2%。2 cm×20 cm 的柱体积为 62.8 mL，装柱体积 50 mL，加样 0.5~1.0 mL。

⑤ 为获得较好的分离效果，要求分离样品浓度较大，但也不能太浓(浓度大时，蛋白质大分子溶液黏度也随之变大，而黏度过大就会影响分离效果)。

4. 洗脱

(1)洗脱操作。部分收集器继续自动收集 10 管，流速为 4 min/管(每管 4 mL)。

(2)洗脱注意事项。G-75 以上的凝胶，因吸水量较大使凝胶膨胀的时间较长，另外，G-75 以上的软胶的层析床受操作压影响很大，适当操作压可增加流速，但操作压过高会使软胶层析床压紧堵塞，从而降低流速。

5. 实验检测和酶活性测定

(1)用紫外分光光度计测各收集管的 A_{280}，以 PBS 为空白对照，A_{280} 数值记录在表 11-7 中。

(2)把 A_{280} 数值高的管进行菠萝蛋白酶的活性测定，实验方法如表 11-8 所示，测定的结果 A_{275} 记录在表 11-7 中。

表 11-7 实验结果记录

实验结果	试 管 编 号									
	1	2	3	4	5	6	7	8	9	10
A_{280}										
A_{275}										
酶活性(U)										

表 11-8 菠萝蛋白酶的活性测定

项目	对照管(调零)	样品管
10%TCA(mL)	3	0
1%酪蛋白(mL)	1	1
酶液(mL)	0.1 (2 号或 3 号管)	0.1
激活剂(mL)	0.9	0.9
37 ℃水浴 10 min		
10%TCA(mL)	0	3
静置 3~5 min，滤纸过滤		
A_{275}	0.000	
酶活性(U)		

(3)把酶活性高的收集管中的溶液混在一起,倒入干净的透析袋,用聚乙二醇 6 000 (PEG 6 000)在袋外吸水,直到酶液浓缩到 0.5～1 mL,用吸管把酶液取出,−20 ℃ 保存,留到下次 SDS‐PAGE 实验用。

6. Sephadex G‐75 的后处理 用纯水或蒸馏水洗柱子,约 20 min,同时清洗部分收集器、恒流泵的塑料管。把滤纸片挑出,将凝胶倒入烧杯,同时洗干净层析柱,如果柱子有堵塞,用洗液浸泡 1 h,再用自来水冲洗干净。

酶活性单位:在上述条件下(37 ℃),每 10 min 增加 0.01 个吸光度值的酶催化活性为一个酶活性单位(U)。

7. 总的实验流程 总实验流程见图 11‐4。

装柱(装柱时,柱内留约 10 mL 的水,倒入 Sephadex G‐75,要求 Sephadex G‐75 均匀)
↓
调节流速 6 min/管(每管 4 mL)(注意:恒流泵的转速不能太高)
↓
加样 0.5～1.0 mL
↓
收集管(收集 20～30 管)
↓
用紫外分光光度计测各管的 A_{280}(以 PBS 调 0)
↓
A_{280} 数值高的管进行酶活性测定(按表 11‐8 操作)
↓
把酶活性高的收集管中的溶液混在一起,倒入干净的透析袋,用聚乙二醇 6 000 吸水,直到酶液浓缩到 0.5～1 mL,用吸管把酶液取出于小号离心管中,−20 ℃ 保存,留到下次 SDS‐PAGE 实验用
↓
把 Sephadex G‐75 倒入烧杯中
↓
清洗干净层析柱、部分收集器、恒流泵的塑料管

图 11‐4 Sephadex G‐75 分离纯化菠萝蛋白酶

六、结果与计算

(1)把实验测定的数据转变为酶活性(U),填在表 11‐7 中。
(2)以试管数为横坐标,A_{280} 为纵坐标,绘制曲线。
(3)各实验组进行分析讨论,分析实验数据的可行性,再由老师进行归纳总结。
(4)学生对该实验提出一些可行性的改进意见。

七、注意事项

(1)Sephadex G‐75 装柱要均匀,柱面不能干。如果装柱时间太久会使凝胶沉淀太紧,影响流速及纯化。
(2)按分离蛋白质分子质量大小不同适当调整流速。

(3)柱层析实验结束后,注意清洗胶管和器皿,并进行凝胶再生处理。

八、思考题

(1)Sephadex G-75 柱层析技术的原理是什么?其操作详细过程是怎样的?有哪些注意事项?

(2)葡聚糖凝胶柱层析技术所需要的仪器有哪些?各仪器起什么作用?

(3)本实验中分别测定样品的 A_{280} 和 A_{275},其含义是什么?

实验五十 SDS-PAGE 测定纯化的菠萝蛋白酶相对分子质量

一、实验目的

(1)学习和掌握电泳(SDS-PAGE)的基本原理及电泳技术。
(2)熟练掌握 SDS-PAGE 有关试剂的配制方法。
(3)熟练掌握 SDS-PAGE 测定蛋白质相对分子质量的方法。
(4)了解 PAGE 的基本原理及电泳技术以及 PAGE 与 SDS-PAGE 的区别。

二、实验原理

十二烷基硫酸钠(SDS)是一种阴离子表面激活剂,在蛋白质溶液里加入 SDS 和巯基乙醇后,巯基乙醇能使蛋白质分子中的二硫键还原;SDS 能使蛋白质的氢键、疏水键打开并结合到蛋白质分子上,形成蛋白质-SDS 复合物。在一定条件下,SDS 与大多数蛋白质的结合比例为 1.4∶1。十二烷基硫酸根带负电,使各种蛋白质-SDS 复合物都带上相同密度的负电荷,并且大大超过了蛋白质原有的电荷量,因而掩盖了不同种类蛋白质间原有的电荷差别。

SDS 与蛋白质结合后,还引起了蛋白质构象的改变。蛋白质-SDS 复合物的流体力学和光学性质表明,它们在水溶液中的形状近似于雪茄烟的长椭圆棒形,不同蛋白质的 SDS 复合物的短轴长度都一样,约为 1.8 nm,而长轴则随蛋白质的相对分子质量(M_r)成正比例变化。

基于上述原因,蛋白质-SDS 复合物在凝胶电泳中的迁移率不再受蛋白质原有电荷和形状的影响,而仅仅决定于蛋白质 M_r 这一主要参数。在蛋白质 M_r 为 $1.5×10^4$~$2×10^5$ 的范围内,电泳迁移率与 M_r 的对数呈线性关系,符合直线方程,即

$$\lg M_r = K - bR_m$$

式中,M_r 为蛋白质的相对分子质量;K 为截距;b 为斜率;R_m 为相对迁移率。在一定条件下,K 和 b 均为常数。

$$R_m = \frac{蛋白质带迁移距离}{溴酚蓝迁移距离}$$

Weber 的实验指出,蛋白质相对分子质量在 15 000~200 000 的范围内,电泳迁移率与相对分子质量的对数之间呈线性关系。这样,在同一电场中进行电泳,把标准蛋白质的相对迁移率与相应的蛋白质相对分子质量对数作图,即为蛋白的标准曲线(图 11-5、图 11-6)。根据未知蛋白质的相对迁移率,可以从标准曲线上求出它的相对分子质量(M_r)。

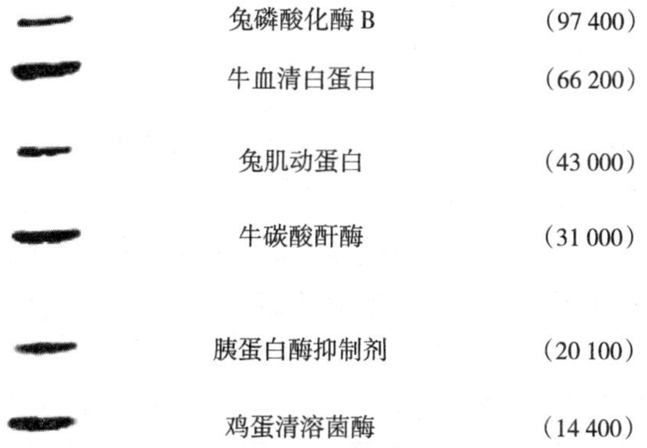

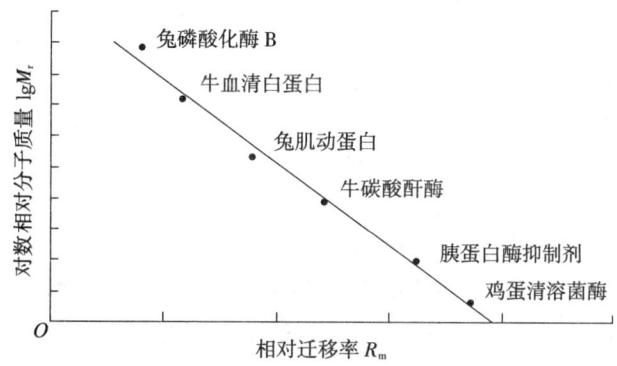

图 11-5 低相对分子质量标准蛋白质的 SDS-PAGE 的电泳图谱注：括号内数字为相对分子质量。

图 11-6 用低相对分子质量标准蛋白质的 M_r 所作的标准曲线

与其他方法相比，SDS-PAGE 法测定蛋白质的相对分子质量具有简便、快速、重复性好等优点，且所需要的仪器设备较简单，是目前实验室测定蛋白质相对分子质量的常用方法。

三、实验仪器和用品

1. 仪器 夹心式垂直板电泳槽、直流稳压电泳仪、恒温水浴锅、胶片观察灯、电炉、电子天平(2 台)、吹风机(4 个)等。

2. 用品

(1)以组为单位。烧杯(100 mL×4)、吸管(1 支)、玻璃棒(1 支)、微量注射器(50 μL×1)、培养皿(1 个)、蒸馏水瓶(1 个)。

(2)全班共用。移液器(5 mL×1、1 mL×2、0.2 mL×3)、大漏斗(1 个)、滤纸(1 盒)、试剂瓶(1 000 mL×5、500 mL×5、250 mL×10)、烧杯(1 000 mL×5、500 mL×8、200 mL×8)、量筒(1 000 mL×1、500 mL×1、250 mL×2、100 mL×5、10 mL×5)、标签纸、pH 试纸、蒸馏水容器(100 L×1)。

四、实验材料和试剂准备

1. 实验材料

(1)实验四十九所纯化的菠萝蛋白酶样品。

(2)低相对分子质量标准蛋白质样品。包括：兔磷酸化酶 B(M_r=97 400)、牛血清蛋白

($M_r=66\,200$)、兔肌动蛋白($M_r=43\,000$)、牛碳酸酐酶($M_r=31\,000$)、胰蛋白酶抑制剂($M_r=20\,100$)、鸡蛋清溶菌酶($M_r=14\,400$)。

2. 试剂准备

(1) 30%凝胶贮液。取30 g丙烯酰胺(Acr)、0.8 g甲叉双丙烯酰胺(Bis)，先用约50 mL纯水或蒸馏水溶解，如溶解不完全，可加热至30~50 ℃溶解，再定容至100 mL。如果有少量微小颗粒，溶液需要过滤，然后置于棕色瓶，4 ℃下保存备用。也可购买商品试剂。

(2) 10%过硫酸铵(AP)溶液。取2 g过硫酸铵于纯水或蒸馏水溶解后，定容至20 mL，现配现用。

(3) 1 mol/L HCl。取浓HCl(36%~38%)16.8 mL，慢慢加入纯水或蒸馏水中，边加边搅拌，加水定容至200 mL。在通风橱中操作。

(4) 下层胶缓冲液(分离胶缓冲溶液，1.5 mol/L Tris-HCl缓冲液，pH 8.8)。取18.15 g Tris(三羟甲基氨基甲烷或缓血酸胺)于水中溶解后，加1 mol/L HCl溶液约48 mL，调pH至8.8，定容至100 mL。

(5) 上层胶缓冲液(浓缩胶缓冲液，0.5 mol/L Tris-HCl缓冲液，pH 6.8)。取6 g Tris于水中溶解后，加1 mol/L HCl溶液约40 mL，调pH至6.8，定容至100 mL。

(6) 10%SDS(十二烷基硫酸钠)溶液。取5 g SDS加水定容至50 mL(加热溶解)。

(7) 10%TEMED(四甲基乙二胺)。用时配20 mL。

(8) 电极缓冲液(0.1%SDS，0.05 mol/L Tris，0.384 mol/L 甘氨酸缓冲液，pH 8.3)。取6 g Tris、28.8 g甘氨酸(氨基乙酸)和1 g SDS加水溶解后，定容至1 000 mL(配好的试剂pH 8.3)。使用时稀释至3 000 mL。

(9) 样品处理液。取SDS 2 g溶于25 mL水中(如果不能溶解，需加热)，冷却后加溴酚蓝0.1 g，使之溶解后，加入β巯基乙醇5 mL、甘油10 mL、0.5 mol/L pH 6.8 的Tris-HCl缓冲液(即上述的浓缩胶缓冲液)10 mL，混匀，溶液的总体积为50 mL，置于棕色瓶。也可购买处理液商品试剂。

(10) 染色液(0.1%考马斯亮蓝，45%甲醇，10%冰乙酸溶液)。1 g考马斯亮蓝R-250，加入450 mL甲醇和100 mL冰乙酸，用水定容至1 000 mL，过滤后使用。

(11) 脱色液Ⅰ(0.5 mol/L NaCl)。取29.2 g NaCl，加水定容至1 000 mL。

(12) 脱色液Ⅱ。取冰乙酸100 mL、甲醇200 mL和水700 mL混合。

(13) 凡士林。1瓶。

五、实验步骤

1. 凝胶的制备

(1) 清洗并用吹风机吹干玻璃板。

(2) 在塑料胶条的两面涂少量凡士林(注意不能涂多，以防弄脏玻璃板)。

(3) 根据老师的示范安装好电泳槽(玻璃板)。

(4) 准备4个100 mL的小烧杯，分别用于装水、封胶液、浓缩胶及分离胶。准备吸管、玻璃棒各1根。

(5) 用小烧杯按表11-9配封胶的溶液，混匀，马上倒入电泳槽的封口槽处，静置5~

10 min 直到凝固。

表 11-9 封胶液、分离胶和浓缩胶的配方

试剂	封胶液(μL)	12%分离胶(μL)	5%浓缩胶(μL)
30%凝胶贮液	2 000	4 000	830
上层胶缓冲液(pH 6.8)	—	—	2 500
下层胶缓冲液(pH 8.8)	—	2 500	—
水	6 000	3 200	1 480
10%SDS	—	100	50
10%TEMED	200	100	70
10%过硫酸铵	120	100	70
总体积	8 320	10 000	5 000

(6) 用小烧杯盛水，于两层玻璃之间灌满水，检查玻璃底部和两侧是否漏水，如果漏水，要重装。

(7) 用小烧杯按表 11-9 配下层胶(分离胶)，胶浓度为 12%，混匀，灌胶，其高度离梳子 1~1.5 cm，然后用吸管覆盖一层水，凝胶时间为 15~30 min。待胶与水分层，把水倒掉。

(8) 用小烧杯按表 11-9 配上层胶(浓缩胶)，胶浓度为 5%，混匀，灌满胶，插入梳子。

(9) 凝胶时间 10~20 min，凝好胶后拔掉梳子。

(10) 电泳槽的上槽加入稀释的电极缓冲液，浸泡至低玻璃面，但不能超过高玻璃面，注意不能漏水。

(11) 电泳槽的下槽加入稀释的电极缓冲液，体积基本与上槽电极缓冲液相同。

2. 样品的制备

(1) 标准蛋白质样品处理。按购买的标准蛋白质样品的说明书处理，于 100 ℃ 水中加热 3 min，取出，冷却至室温。

(2) 样品处理。

① 自己配制样品处理液处理样品：取 100 μL 样品加 100 μL 样品处理液，混匀，于 100 ℃ 水中加热 3 min，取出，冷却至室温。

② 购买商品的 5×SDS-PAGE 样品处理液处理样品：样品处理液与蛋白样品按照 1∶4 比例配制，即取样品处理液 30 μL，加蛋白样品 120 μL，混匀，于 100 ℃ 水中加热 3 min，取出，冷却至室温。

3. 点样 用微量注射器依次在加样孔内点样，最好隔孔点样，样品点样量为 10~30 μL，标准蛋白质点样量为 25 μL。注意不要交叉污染(每点一个样都要清洗微量注射器)。

4. 电泳 上槽接电泳仪的负极(−)，下槽接电泳仪的正极(+)。

用恒电压电泳(浓缩胶，80 V，或者约 25 mA/块，约 1 h)，待指示剂溴酚蓝进入分离胶后，调整分离胶电压为 160 V，或者约 50 mA/块，2~3 h。待指示剂离下面胶端 0.5 cm 左右停止电泳。

5. 剥胶、染色与脱色

(1) 倒掉电极缓冲液。

(2) 剥胶，做好记号(左→右)。注意：不要把胶弄碎。

(3)染色，新配染色液只需在 50 ℃染色 5~20 min，或在常温下染色 20~40 min，回收染色液。若采用旧染色液，则在 50 ℃染色 30~60 min 或在常温下染色数小时甚至过夜。

(4)脱色，加脱色液Ⅰ或脱色液Ⅱ。脱色液Ⅰ(0.5 mol/L NaCl)可在 50 ℃脱色 2~3 h，或常温脱色过夜甚至数天。脱色液Ⅱ只能常温脱色，数天后即可看到清晰条带。

(5)于胶片观察灯上进行拍照，测出指示剂、标准蛋白质和待测样品在分离胶的迁移率，并计算标准蛋白质、待测样品在分离胶的相对迁移率(蛋白质相对迁移率＝蛋白质迁移距离/指示剂迁移距离)。

六、结果与计算

(1)测出溴酚蓝指示剂、各标准蛋白质样品和菠萝蛋白酶样品的迁移率，把实验结果填入表 11-10。

(2)低相对分子质量标准蛋白质标准曲线制作：以标准蛋白质电泳的相对迁移率为横坐标(X)，标准蛋白质相对分子质量的对数为纵坐标(Y)，绘标准蛋白质的标准曲线。

(3)在低相对分子质量标准蛋白质所作的标准曲线上，根据菠萝蛋白酶样品相对迁移率在曲线上求出其蛋白质的相对分子质量。

(4)各实验组进行分析讨论，分析电泳图谱出现的各种情况，再由老师进行归纳总结。

(5)学生对该实验提出一些可行性的改进意见。

表 11-10 实验结果

蛋白质名称	迁移距离(cm)	相对迁移率(Y)	蛋白质相对分子质量	蛋白质相对分子质量对数(X)
兔磷酸化酶 B				
牛血清蛋白				
兔肌动蛋白				
牛碳酸酐酶				
胰蛋白酶抑制剂				
鸡蛋清溶菌酶				
菠萝蛋白酶				
指示剂		—	—	—

七、注意事项

(1)丙烯酰胺(Acr)和甲叉双丙烯酰胺(Bis)有神经毒性，称量和操作时要小心。聚丙烯酰胺可认为无毒，但难免有少量没有聚合的丙烯酰胺单体，所以在整个操作过程中都应注意。

(2)缓冲液的 pH、浓度要配制准确，所用的水最好为双蒸水。

(3)有些试剂要避光保存，有的要新鲜配制。

(4)微量注射器的针头极易堵塞，吸样后应及时清洗。

(5)吸取溶液的吸管等要立即排空和冲洗，以免凝固堵塞。

(6)在装玻璃板和拆玻璃板时，请勿弄破玻璃板(尤其是凹面玻璃板)。

(7)待测样品要用低离子强度的样品,如果离子强度过高,需要通过透析或离子交换除盐。

(8)若样品含有高浓度盐离子,会使电泳产生拖尾现象,应透析去盐。

(9)SDS在低温下析出,使用前在水浴中加热使之溶解。

(10)本实验的胶厚度为1 mm。

八、讨论

(1)因SDS可使蛋白质解聚,如果蛋白质是由多亚基组成的,则SDS电泳所测得到M_r为亚基的M_r而不是蛋白质的M_r。

(2)以SDS-PAGE测定蛋白质的相对分子质量时,为了保证蛋白质分子与SDS充分结合,SDS必须过量(一般用1.4 g SDS与1 g蛋白质结合),否则会影响实验结果的精确性。

(3)为了保证二硫键的断裂,必须加入过量的巯基试剂,否则蛋白质难于变性,不能与SDS充分结合。

(4)如果凝胶厚度大于1 mm,染色、脱色和保存过程中,凝胶的膨胀或收缩将影响迁移率的变化,因此必须测量固定前和脱色后的凝胶长度,按下式换算,来消除误差。

$$R_m = \frac{\text{蛋白质带迁移距离}}{\text{脱色后凝胶长度}} \times \frac{\text{固定前的凝胶长度}}{\text{溴酚蓝迁移距离}}$$

九、思考题

(1)什么叫浓缩效应?在浓缩胶中电泳,样品有几种效应?在分离胶中电泳,样品又有几种效应?

(2)电泳时,上、下电泳槽产生的气体各是什么?用过一次的电极缓冲液是否可以混合后无限次使用?为什么?

(3)样品上样前为什么要沸水浴加热3~5 min?

(4)SDS-PAGE是否需在低温下进行?为什么?

(5)做好本实验的关键是什么?

(6)如果电泳图谱模糊,有些电泳带不出现或拖尾,其原因是什么?

实验五十一 酵母菌蔗糖酶的提取及比活力的测定

一、实验目的

(1)学习和掌握从酵母菌中提取蔗糖酶的实验方法。

(2)学习和掌握测定蔗糖酶活性、比活力等实验方法和技术。

(3)学习和掌握测定蛋白质浓度的实验方法和技术。

二、实验原理

1. 蔗糖酶活性及比活性测定原理 蔗糖酶在酵母菌细胞中存在着两种形式,一种为存在细胞膜外细胞壁中的高度糖基化的胞外蔗糖酶,其活力占总蔗糖酶活性的大部分,含有

50%糖成分，该酶是蔗糖酶的主要形式。而另一种则为存在于细胞膜内侧细胞质中的低糖基化的胞内蔗糖酶。

蔗糖酶催化底物蔗糖分解成葡萄糖和果糖。葡萄糖和果糖具有还原性，在碱性条件下，可与3,5-二硝基水杨酸(DNS)共热后被还原成棕红色物质，在540 nm波长下具有最大吸收峰。在一定范围内，葡萄糖的含量和反应产物的吸光度(A_{540})成正比例关系。

$$还原糖 + 3,5-二硝基水杨酸 \xrightarrow[\triangle]{偏碱性} 棕红色络合物$$

蔗糖酶的酶活性单位：在40 ℃水浴反应10 min，测定吸光度，A_{540}增加0.01的酶量为一个酶活性单位(U)。

蔗糖酶比活力：每毫克蔗糖酶蛋白所具有的活力单位(U/mg)。对同一种酶来说，酶的比活力越高，酶的纯度越高。

2. 蔗糖酶蛋白含量的测定原理　考马斯亮蓝G-250在游离状态下呈红褐色，其最大光吸收在465 nm；当它与蛋白质结合后变为蓝色，其最大光吸收在595 nm。在一定蛋白质浓度范围内(0~1 000 μg/mg)蛋白质-色素结合物在波长595 nm处的光吸收与蛋白质含量成正比，故可用于蛋白质的定量测定。蛋白质和考马斯亮蓝G-250结合在2 min左右的时间内达到平衡，完成反应十分迅速，其结合物在室温下1 h内保持稳定。

三、实验仪器和用品

1. 仪器　高速离心机(3~4台)、可见光分光光度计(玻璃比色杯，3~4台)、恒温水浴锅(2台)、冰箱、电子天平(2台)、台式天平(离心平衡用，4台)等。

2. 用品

(1)以组为单位。试管(12支)、试管架(2个)、烧杯(100 mL×4)、吸管(1支)、玻璃棒(1支)、研钵(1个)、试管架(2个)、离心管(8支)、蒸馏水瓶(1个)、量筒(5~10 mL×1)。

(2)全班共用。试剂瓶(1 000 mL×5、500 mL×5、250 mL×10个)、烧杯(1 000 mL×5、500 mL×8、200 mL×8)、量筒(1 000 mL×1、500 mL×1、250 mL×5)、标签纸、pH试纸、大漏斗、大滤纸、电炉(2~3个)、锅(2~3个)、剪刀(2把)、蒸馏水容器(100 L×1)等。

四、实验材料和试剂准备

1. 实验材料　采用市售面包酵母。

2. 试剂准备

(1)蔗糖酶的粗提及活性测定试剂。

① 冰冻无水乙醇：1瓶。

② 0.01 mol/L pH 6.0的PBS(配2 000 mL)：配制方法见本书附录四。

③ 0.5 mol/L 蔗糖(用0.01 mol/L pH 6.0的PBS配制, 200 mL)：称取蔗糖34.23 g，溶解到0.01 mol/L pH 6.0的PBS中，并用0.01 mol/L pH 6.0的PBS定容至200 mL。

④ 2 mol/L NaOH(配500 mL)：称取40 g NaOH，溶解在水中并定容至500 mL。

⑤ 3,5-二硝基水杨酸(DNS)试剂(配300 mL)：称取57.6 g酒石酸钾钠溶于150 mL水中(电炉加热溶解，不用沸腾)，把1.89 g 3,5-二硝基水杨酸(DNS)和78.6 mL 2 mol/L NaOH加到酒石酸钾钠的热溶液中，电炉加热溶解，冷却到50~60 ℃，再加1.5 g苯酚和

1.5 g 亚硫酸钠，搅拌使溶解。冷却后加水定容至 300 mL。如果有沉淀，则需要过滤。溶液为橘红色，贮于棕色瓶中。

⑥ 石英砂：1 瓶。

(2)蔗糖酶蛋白含量测定试剂。

① 蛋白质标准溶液(含 1 000 μg/mL 牛血清蛋白)：称取 100 mg 牛血清蛋白，溶于 100 mL 蒸馏水中。

② 95%乙醇溶液(原液)。

③ 85%磷酸(原液)。

④ 考马斯亮蓝 G-250 试剂(配 1 000 mL)：称取 100 mg 考马斯亮蓝 G-250 溶于 50 mL 95%乙醇溶液中，加入 85%的磷酸 100 mL，最后用蒸馏水定容至 1 000 mL，过滤。此溶液在室温下可放置 1 个月。

五、实验步骤

1. 酵母蔗糖酶的粗提取

(1)称取 2 g 面包酵母，分几次研磨(加入少量石英砂)至粉末状(注意：一定要研磨成粉末状)，再加入 20 mL 0.01 mol/L PBS(pH 6.0)，搅拌混合，置于烧杯中。

(2)置于-20 ℃ 冰箱中，反复冻融 1～2 次。或者使用液氮使样品冻融 2～3 次，即将样品装在塑料离心管中，置于泡沫盒中，加入液氮，使样品结冰。(全班统一操作。)

(3)解冻酵母蔗糖酶粗提液，然后置于离心管中，平衡，以 10 000 r/min 离心 10 min，离心后量取上清液体积为 V_A。取上清液 1 mL 为样品 A，测样品 A 的蛋白质含量及蔗糖酶活性。

(4)将上述取样后剩下的上清液等体积分为 2 份，分别记为热提最初样品和醇提最初样品。

2. 酵母蔗糖酶的热提取 将热提最初样品置于 45 ℃ 的水浴锅中，用玻璃棒缓慢搅拌 30 min。置于冰浴中迅速冷却 5 min，倒入离心管中，以 10 000 r/min 离心 10 min，离心后取上清液量体积，记录为 V_B。此上清液为样品 B，测样品 B 的蛋白质含量及蔗糖酶活性。

3. 酵母蔗糖酶的乙醇提取

(1)量取醇提最初样品，等量缓慢加入冰冻的无水乙醇(乙醇的终浓度为 50%)，轻轻地搅拌 5 min(此过程在冰浴中进行)后，装入离心管中，以 3 000 r/min 离心 5 min，离心后弃上清液，将离心管倒置于滤纸上，尽可能去除乙醇残液，留沉淀。

(2)将所有沉淀用约 10 mL 0.01 mol/L 的 PBS(pH 6.0)搅拌溶解 30 min，溶液为浑浊液，再以 10 000 r/min 离心 10 min，离心后取上清液量体积，记录为 V_C。此上清液为样品 C，测样品 C 的蛋白质含量及蔗糖酶活性。

4. 蔗糖酶的蛋白含量测定

(1)蛋白质标准曲线的绘制(0～1 000 μg/mL 标准曲线的绘制)。按表 11-11 的方法进行测定。

以牛血清蛋白的不同浓度(1～1 000 μg/mL)为横坐标，A_{595} 为纵坐标，在坐标纸上绘制蛋白质标准曲线。注意，曲线要经过原点。

(2)蔗糖酶提取液中蛋白质含量的测定。按表 11-12 加试剂和操作注意：样品 A 和样品 B 需要稀释约 50 倍，样品 C 用原液或稀释约 10 倍，要使各样品的 A_{595} 读数在蛋白质标准曲线的范围内。在计算样品蛋白质浓度时要乘以稀释倍数。

表 11-11　蛋白质标准曲线测定

项目	试管编号					
	0	1	2	3	4	5
1 000 μg/mL 牛血清蛋白溶液(mL)	0	0.2	0.4	0.6	0.8	1.0
蒸馏水(mL)	1.0	0.8	0.6	0.4	0.2	0
蛋白质浓度(μg/mL)	0	200	400	600	800	1000
混匀						
项目	试管编号					
	6	7	8	9	10	11
分别从 0~5 号试管中取溶液加到对应 6~11 号试管的量(mL)	0.1	0.1	0.1	0.1	0.1	0.1
G-250(mL)	5	5	5	5	5	5
混匀,以蒸馏水(6 号)调零,测定各管 A_{595}						
A_{595}	0					

表 11-12　蔗糖酶提取液中蛋白质含量测定

项目	对照管	样品 A	样品 B	样品 C
各组酶(mL)	0	0.1	0.1	0.1
蒸馏水(mL)	0.1	0	0	0
G-25(mL)	5	5	5	5
混匀,以对照管调零,测定各管 A_{595}				
A_{595}	0.000			
稀释样品蛋白质含量(μg/mL)	—			
样品稀释倍数	—			
样品蛋白质含量(μg/mL)	—			

5. 蔗糖酶的活性及比活力测定　按表 11-13 加试剂和操作。注意:样品 A 和样品 B 需要稀释 10~50 倍,样品 C 用原液或稀释约 10 倍,要使样品的 $A_{540} \leqslant 1.5$。在计算各项指标时要乘以稀释倍数。

表 11-13　酵母菌蔗糖酶酶活性及比活力测定

项目	对照管	样品 A_1	样品 A_2	样品 B_1	样品 B_2	样品 C_1	样品 C_2
0.5 mol/L 蔗糖(mL)	0.3	0.3	0.3	0.3	0.3	0.3	0.3
2 mol/L NaOH(mL)	0.1	0	0	0	0	0	0
各组酶液(mL)	0.1	0.1	0.1	0.1	0.1	0.1	0.1
40 ℃恒温水浴中准确反应 10 min							
2 mol/L NaOH(mL)	0	0.1	0.1	0.1	0.1	0.1	0.1
DNS 试剂(mL)	0.5	0.5	0.5	0.5	0.5	0.5	0.5

(续)

项目	对照管	样品 A_1	样品 A_2	样品 B_1	样品 B_2	样品 C_1	样品 C_2
100 ℃ 沸水浴准确加热 5 min, 立即冷却							
蒸馏水(mL)	5	5	5	5	5	5	5
摇匀, 以对照管调零, 测定各管 A_{540}							
A_{540}	0.000						
酶活性(U/mL)	0						
酶比活力(U/mg)	0						
酶比活力平均值(U/mg)	0						

六、结果与计算

1. 各样品的蛋白质含量计算 测定各样品的 A_{595}, 通过蛋白质标准曲线求出每毫升提取样品中蛋白质的含量, 根据稀释倍数的不同和体积换算成样品的蛋白质含量, 并填入表 11-12 中。

2. 各样品的酶活性计算 根据蔗糖酶活性的定义, 计算出各样品的酶活性单位和酶比活力, 并填入表 11-13 中。注意: 在计算各项指标时要乘以稀释倍数。

3. 计算各样品的纯化倍数及回收率 按表 11-14 的要求计算。

$$热提\,B\,样品提纯倍数 = \frac{酶比活力(B)}{酶比活力(A)}$$

$$提取\,B\,样品蛋白质回收率 = \frac{总蛋白质(B)}{总蛋白质(A)} \times 100\%$$

$$提取\,B\,样品酶活性回收率 = \frac{酶总活性(B)}{酶总活性(A)} \times 100\%$$

醇提 C 样品的提纯倍数、蛋白质回收率和酶活性回收率计算和热提 B 样品相同。

表 11-14 实验结果记录

组分	体积(mL)	蛋白(mg/mL)	总蛋白(mg)	酶总活性(U)	酶比活力(U/mg)	提纯倍数	回收率(%) 蛋白质	回收率(%) 酶活性
粗提 A 样品						1	100	100
热提 B 样品								
醇提 C 样品								

注: 表中粗提 A 样品的体积 $= 1/2 V_A$

七、注意事项

(1) 酵母菌一定要充分研磨, 呈粉末状。

(2) 如果时间允许, 可以反复冻融多次。

(3) 在测定酶活性时, 对照管的颜色不能太深, 如果太深, 需要重新配蔗糖溶液, 或重换一瓶蔗糖。

(4) 如果样品的吸光度 $(A) > 1.5$, 样品要重新稀释后进行反应和测定吸光度。

(5)测定样品的蛋白质含量时,比色杯一定要用乙醇浸泡并清洗干净才能使用。

(6)样品 B 和样品 C 可作为实验五十二的实验材料,继续分离纯化蔗糖酶。

八、思考题

(1)查资料进一步了解蔗糖酶的作用机理和在实践中的应用(包括蔗糖酶的 pI、最适 pH、含有糖基以及糖蛋白等基本理论知识)。

(2)从蔗糖酶的活性、提纯倍数、回收率来比较,本实验哪种提取方法较好?

(3)从实验结果表 11-14 中可知,样品 B 和样品 C 的总蛋白质含量分别小于样品 A,为什么?

(4)从实验结果表 11-14 中可知,样品 B 和样品 C 的提纯倍数、蛋白质回收率和酶活性回收率分别大于样品 A,为什么?

(5)本实验中有哪些影响蔗糖酶活性的因素?

实验五十二 离子交换柱层析技术分离纯化蔗糖酶

一、实验目的

(1)理解和掌握离子交换柱层析技术的原理和实验操作步骤。

(2)熟练掌握阴离子交换剂(DEAE 52-Cellulose)的相关实验技术。

(3)学习和掌握测定蔗糖酶活性的实验方法和技术。

二、实验原理

1. 基本原理 离子交换是指液相中的离子与固定相交换基团中的离子进行可逆反应。利用这个反应将要分离的蛋白质混合物先在某一个 pH 的溶液中全部溶解,然后流经固定相使之与固定相上的离子进行交换,并吸附于固定相上。如:RA(固定相)+B$^+$(液相)=RB+A$^+$。再根据混合物中各组分结合度和解离度的差异,用不同离子强度或 pH 的溶液分别洗脱下来,以达到分离混合物组分中目的蛋白质的目的。此即为离子交换柱层析技术。

不相同的蛋白质有不同的 pI。在同一 pH 下,各种蛋白质所带的电荷的种类和数量不同,因此与离子交换剂的吸附作用的强弱不同,从而将带不同电荷的蛋白质分开。在洗脱过程中,吸附能力弱的先洗脱下来,吸附能力强的后洗脱下来,从而将蛋白质混合物分开。

2. 离子交换剂的类型 离子交换剂是借酯化、氧化或醚化等化学反应,在琼脂糖、纤维素或凝胶分子上引入阳离子基团或阴离子基团的交换剂型。其可由不溶性骨架(R)及结合在其上的交换基团(A,与骨架电荷相反的化学物质)组成(RA)。不溶性骨架有:树脂、纤维素、葡聚糖凝胶、聚丙烯酰胺凝胶和琼脂糖凝胶等。这些骨架在离子交换过程中不发生任何改变。

交换基团又有阳离子交换基团和阴离子交换基团之分。当交换基团(A)为阳离子基团(A$^+$)时,可吸附阴离子蛋白质样品,成为阴离子交换剂。即:RA(固定相)+B$^-$(液相)=RB+A$^-$。反之,当交换基团(A)为阴离子基团(A$^-$)时,可吸附阳离子蛋白质样品,成为阳离子交换剂。即:RA(固定相)+B$^+$(液相)=RB+A$^+$。

常用的阴离子交换剂有：DEAE-Cellulose DE52、EAE-Cellulose DE32、EAE-Cellulose DE23，PAB-Cellulose，GE-Cellulose 等。DEAE 即二乙基氨基乙基，为弱碱型交换基团，在溶液中电离时带净正电荷，因此，能结合与交换带负电荷的蛋白质分子。常用的阳离子交换剂有：羧甲基纤维素 CM-52、CM-32 以及磷酸纤维素 P11 等，在溶液中带负电荷，能与带正荷蛋白质结合交换。

蛋白质为两性电解质，当 pH>pI，蛋白质带负电，与阴离子交换剂交换结合；当 pH<pI，蛋白质带正电，与阳离子交换剂交换结合。在相同的 pH 溶液中，pI>pH 时，pI 越高，蛋白质带正电荷越多，与阳离子交换剂结合越紧，越难分开。反之，pI<pH 时，pI 越小，蛋白质带负电荷越多，与阴离子交换剂结合越紧，越难分开。当用阳离子交换剂交换吸附混合蛋白质时，pI 越大者亲和力越大。当用阴离子交换剂交换吸附混合蛋白质时，pI 越小者亲和力越大。

3. 离子交换剂的选择

(1)阴离子交换剂。蛋白质溶液的 pH<pK（pK 是离子交换剂的解离常数），如 DEAE-纤维素的 pK=9.1，pH<8.5。

(2)阳离子交换剂。蛋白质溶液的 pH>pK，如 CM-纤维素的 pK=3.6、pH>4.5。

4. 洗脱缓冲液的选择　阴离子交换剂应当用阳离子缓冲液，如氨基乙醇、乙二胺、Tris 等；阳离子交换剂应当用阴离子缓冲液，如醋酸盐、柠檬酸盐、磷酸盐等。

选用缓冲液的 pH 不应当接近交换剂的 pK。用阴离子交换剂，所选的缓冲液 pH 要低于其 pK，如 DEAE-纤维素，pK=9.1，所选的缓冲液应 pH<8.6。用阳离子交换剂，所选的缓冲液 pH 要高于其 pK，如 CM-纤维素，pK=3.6，所选的缓冲液应 pH>4。

5. 洗脱的方式　离子交换剂分离蛋白质样品时，主要依靠增加缓冲液的离子强度或改变酸碱度来进行洗脱。

(1)加入中性盐，增强离子强度，以增加离子的竞争能力，将蛋白质分子从交换剂上置换下来。

(2)改变 pH，使洗脱液的 pH 呈梯度增加或减少，使蛋白质的电荷减少，以致接近等电点被解脱下来。但因 pH 过低或过高会引起某些蛋白质的变性，同时也会降低溶液的缓冲能力，所以尽可能不用这种方法。

(3)改变离子强度同时改变 pH，可使洗脱液的离子强度增强或减弱，同时也使蛋白质的电荷改变，从而将不同的蛋白质分别快速洗脱下来。

洗脱方式主要有两种，一种是阶段洗脱，预先配制不同离子强度的缓冲液，分段换用离子强度由低到高、pH 相同或不同的洗脱液以洗脱生物大分子的各组分。这种方式一般是在没有梯度混合器设备的情况下使用。另一种方式是梯度洗脱，通过梯度混合器使洗脱液的离子强度或 pH 逐渐变化，使结构相近的蛋白质分子较易分离，分离效果比前者好，且具有较好的重现性。

6. 离子交换剂的处理和再生　离子交换柱层析中，交换剂的处理十分重要，尤其是对使用过的离子交换剂的再生处理，往往关系层析的成败。

(1)阴离子交换剂 DEAE-纤维素预处理。a. 除杂质；b. 交换剂加蒸馏水溶胀；c. 去小细粒；d. 改型，NaOH→HCl→NaOH（0.5 mol/L NaOH 浸泡 40 min→水清洗多次，至中性→0.5 mol/L HCl 浸泡 30 min→水清洗多次，至中性→0.5 mol/L NaOH 浸泡 30 min→水

清洗多次，至中性→再用洗脱缓冲液平衡至该缓冲液的 pH)。

(2)阳离子交换剂 CM-纤维素预处理。a. 除杂质；b. 交换剂加蒸馏水溶胀；c. 去小细粒；d. 改型，HCl→NaOH→HCl(0.5 mol/L HCl 浸泡 40 min→水清洗多次，至中性→0.5 mol/L NaOH 浸泡 30 min→水清洗多次，至中性→0.5 mol/L HCl 浸泡 30 min→水清洗多次，至中性→再用洗脱缓冲液平衡至该缓冲液的 pH)。

(3)离子交换剂的再生。重复上述的改型处理步骤。

7. 蔗糖酶活性测定原理　见实验五十一。

三、实验仪器和用品

1. 仪器　层析柱(2 cm×20 cm，8~15 个)、恒流泵(8~15 台)、自动部分收集器(8~15 台)、梯度混合器(8~15 台)、恒温水浴锅(2~3 台)、紫外分光光度计(3~4 台)、电子天平(2 台)等。

2. 用品

(1)以组为单位。试管(15 支)、试管架(3~4 个)、烧杯(250 mL×3、1 000 mL×1)、吸管(1 支)、夹子(2 个)、铁架台(1 个)、收集器的指管(80~100 支)、移液器(5 mL×1、1 mL×1、0.2 mL×1)、量筒(10 mL×1)、蒸馏水瓶(1 个)。

(2)全班共用。试剂瓶(1 000 mL×7、250 mL×3)、烧杯(1 000 mL×4)、塑料烧杯(2 000 mL×2)、量筒(1 000 mL×2、500 mL×2)、pH 广泛试纸(1~2 包)、剪刀(2 把)、电炉和锅(2~3 个)、蒸馏水容器(100 L×1)。

四、实验材料和试剂准备

1. 实验材料　采用从酵母菌中提取的蔗糖粗酶液(由实验四十八提供或经热水和乙醇提取的酵母菌蔗糖粗酶液)。

2. 试剂准备

(1)DEAE 52-Cellulose 预处理和再生。

① 称一定量的 DEAE 52-Cellulose 干粉，溶于大体积的纯水或蒸馏水中轻轻搅拌，室温静置 30 min，用倾泻法除去混杂的小颗粒和杂质，重复 3~4 次。

② 用纯水或蒸馏水浸泡过夜。

③ NaOH→HCl→NaOH 改型(再生)：先用 0.5 mol/L NaOH 浸泡 40 min，倒去 NaOH；用水清洗多次，直至中性；再用 0.5 mol/L HCl 浸泡 30 min，倒去 HCl，用水清洗多次，直至中性；再用 0.5 mol/L NaOH 浸泡 30 min，倒去 NaOH；用水清洗多次，直至中性。

(2)DEAE 52-Cellulose 柱层析试剂。

① 0.5 mol/L NaOH(配 4 000~5 000 mL)。

② 0.5 mol/L HCl(配 2 000 mL)。

③ 0.01 mol/L pH 6.0 的 NaH_2PO_4-Na_2HPO_4 缓冲液(配 5 000 mL)：配制方法见本书附录四。

④ 0.1 mol/L pH 6.0 的 NaH_2PO_4-Na_2HPO_4 缓冲液(配 2 000 mL，含 0.2 mol/L NaCl)。

(3)蔗糖酶的活性测定试剂。

① 0.5 mol/L 蔗糖(用 0.01 mol/L pH 6.0 的 PBS 配制,配 200 mL)。

② 2 mol/L NaOH(配 1 000 mL)。

③ 3,5-二硝基水杨酸(DNS)试剂(配 300 mL):称取 57.6 g 酒石酸钾钠溶于 150 mL 水中(电炉加热溶解,不用沸腾),把 1.89 g 3,5-二硝基水杨酸(DNS)和 78.6 mL 2 mol/L NaOH 加到酒石酸钾钠的热溶液中,电炉加热溶解,冷却到 50~60 ℃,再加 1.5 g 苯酚和 1.5 g 亚硫酸钠,搅拌使溶解。冷却后加水定容至 300 mL,过滤,呈橘红色,置于棕色瓶中。

五、实验步骤

1. 装柱

(1)装柱操作。

① 首先用自来水清洗玻璃层析柱(2 cm×20 cm),检查是否流水顺畅,然后于铁架台上垂直安装好层析柱。

② 往柱中倒入 2/3 纯水或蒸馏水,出水口处不能有气泡。

③ 在柱中装水约 10 mL 时边打开出水口,边将已溶胀的 DEAE 52 - Cellulose 凝胶沿着玻璃棒小心地倒入柱中,让其自然下降,使凝胶在柱中均匀分布。分 2~3 次把凝胶倒入柱中,直至装至柱高的 4/5。

(2)凝胶装柱注意事项。

① 凝胶柱床必须装得十分均匀。

② 在任何时候不要使液面低于凝胶表面,否则凝胶变干,出现裂层,且有可能混入气泡,对蛋白质分离不利。若有这种情况需要重装柱子。

2. 洗柱 凝胶柱装好后,接上恒流泵,继续用纯水或蒸馏水洗柱子。注意,恒流泵转速不能太高或全速。

3. 在柱上进行 DEAE - Cellulose 的再生

(1)用小烧杯取 0.5 mol/L NaOH 60 mL,接恒流泵调节转速,用此液以较低速度洗脱,约 40 min。

(2)用纯水或蒸馏水洗脱,接衡流泵调节转速,以较低速度洗脱至中性,70~120 min。

(3)用小烧杯取 0.5 mol/L HCl 50 mL,接衡流泵调节转速,用此液以较低速度洗脱,约 30 min。

(4)用纯水或蒸馏水洗脱,接恒流泵调节转速,以较低速度洗脱至中性,约 70 min。

(5)用小烧杯取 0.5 mol/L NaOH 60 mL,接衡流泵调节转速为 8 r/min,用此液以较低速度洗脱,约 30 min。

(6)用纯水或蒸馏水洗脱,接恒流泵调节速度,洗脱 1~2 h,至流出液中性。

(7)用洗脱缓冲液 0.01 mol/L pH 6.0 的 PBS 洗脱平衡,接恒流泵调节转速,2~4 h,至流出液 pH 6.0。注意,在此期间分别调整恒流泵的转速,使洗脱速度分别为 2 min/管(每管 4 mL)、5 min/管(每管 4 mL)。

4. 加样

(1)打开层析柱的盖子,加一块小圆滤纸片于凝胶面上,以防止加样时,凝胶面被冲起或不平。

(2)待凝胶柱面的PBS基本干时,用吸管取样品(粗提的酵母蔗糖酶)2.5 mL(或经醇提的蔗糖酶约10 mL),让样品流入柱子。

(3)接恒流泵,调节转速,使2 min/管(每管4 mL),打开收集器收集,每2 min收集1管。

(4)待样品基本进入凝胶,用吸管取2 mL 0.01 mol/L pH 6.0的PBS加到凝胶床的表面滤纸上,盖上塞子。

5. 非梯度洗脱 用0.01 mol/L pH 6.0的PBS洗脱,接恒流泵调节转速,使2 min/管(每管4 mL),共收30～45管。每管测定A_{280}(数据记录在表11-15中),直到A_{280}的读数为0.1或低于0.1。

6. 梯度洗脱

(1)梯度混合器的第一个杯预先装150 mL 0.01 mol/L pH 6.0的PBS,第二个杯装150 mL 0.1 mol/L pH 6.0的PBS(含0.2 mol/L NaCl)。

(2)开始接上梯度混合器进行梯度洗脱。打开梯度混合器开关,调节恒流泵速度5 min/管(每管4 mL),每管测定A_{280}(数据记录在表11-16中),共收50～70管。

7. DEAE-Cellulose 后处理

(1)用0.5 mol/L NaOH洗柱子20 min,再用蒸馏水洗柱子至中性。

(2)去除滤纸片,回收DEAE-Cellulose。

8. 实验检测和酶活性测定 用紫外分光光度计测各收集管的A_{280}(以PBS调零),A_{280}记录在表11-15和表11-16中。

表11-15 非梯度洗脱各收集管的A_{280}

管号	1	2	3	4	5	6	7	8	9	10	11	12	13	14	15
A_{280}															
管号	16	17	18	19	20	21	22	23	24	25	26	27	28	29	30
A_{280}															
管号	31	32	33	34	35	36	37	38	39	40	41	42	43	44	45
A_{280}															

表11-16 梯度洗脱各收集管的A_{280}和酶活性测定

管号	1	2	3	4	5	6	7	8	9	10	11	12	13	14	15
A_{280}															
A_{540}															
U															
管号	16	17	18	19	20	21	22	23	24	25	26	27	28	29	30
A_{280}															
A_{540}															
U															

管号	31	32	33	34	35	36	37	38	39	40	41	42	43	44	45
A_{280}															
A_{540}															
U															
管号	46	47	48	49	50	51	52	53	54	55	56	57	58	59	60
A_{280}															
A_{540}															
U															
管号	61	62	63	64	65	66	67	68	69	70					
A_{280}															
A_{540}															
U															

9. 蔗糖酶的酶活性测定 梯度洗脱中 A_{280} 读数高（>0.1）的管可选测蔗糖酶的酶活性 A_{540}，按表 11-17 进行操作。

表 11-17 酵母菌蔗糖酶的酶活性测定

项目	对照管	测定管
0.5 mol/L 蔗糖(mL)	0.3	0.3
2 mol/L NaOH(mL)	0.1	0
测定管样品溶液(mL)	0	0.1
0.01 mol/L pH 6.0 的 PBS(mL)	0.1	0
40 ℃恒温水浴中准确反应 10 min		
2 mol/L NaOH(mL)	0	0.1
DNS(mL)	0.5	0.5
100 ℃沸水浴准确加热 5 min，立即冷却		
蒸馏水(mL)	5	5
摇匀，以对照管调零，测定 A_{540}		
A_{540}	0	
酶活性(U)	0	

蔗糖酶的酶活性单位：在 40 ℃水浴反应 10 min，测定吸光度，A_{540} 增加 0.01 的酶量为一个酶活性单位(U)。

六、结果与计算

(1)把实验测定的数据转变为酶活性(U),填在表 11-16 中。
(2)在梯度洗脱中,以试管数为横坐标,A_{280} 为纵坐标,绘制洗脱曲线。
(3)在梯度洗脱中,以试管数为横坐标,A_{540} 为纵坐标,绘制洗脱曲线。
(4)各实验组进行分析讨论,分析实验数据的可行性,再由老师进行归纳总结。
(5)学生对该实验提出一些可行性的改进意见。

七、注意事项

(1)DEAE 52-Cellulose 装柱要均匀,柱面不能干水。如果时间允许,只需提前 1 d 装柱,如果装柱时间太久会使凝胶沉淀太紧,影响流速及纯化。
(2)按分离蛋白质相对分子质量大小不同,适当调整流速。
(3)柱层析实验结束后,注意清洗胶管、器皿及进行凝胶再生。
(4)如果较长时间不用凝胶,必须用 0.1‰叠氮化钠溶液浸泡并于 4 ℃冰箱存放。

八、思考题

(1)DEAE 52-Cellulose 柱层析技术的原理是什么?其操作详细过程是怎样的?应注意哪些事项?
(2)在梯度洗脱中出现几个蛋白质峰?目的蛋白蔗糖酶出现在哪个峰?为什么?
(3)为什么要进行梯度洗脱与非梯度洗脱?

实验五十三 蔗糖酶(糖蛋白)电泳技术

一、实验目的

(1)学习和掌握糖蛋白电泳基本原理及电泳技术。
(2)熟练掌握糖蛋白电泳有关试剂配制的方法和制胶技术。

二、实验原理

蔗糖酶是一种糖蛋白,在其分子中既含有蛋白质部分,也含有多糖部分。因此,这类分子既可以根据糖的性质进行分离,也可以根据蛋白质的性质进行分离。

1. 多糖电泳原理 多糖在电场的作用下,按其分子大小、形状及其所带电荷的不同而移动不同的距离。多糖电泳采用的缓冲液以硼酸盐较为普遍,因糖类物质中的相邻羟基易与硼酸离子结合,生成硼酸复盐,以增加其电导性。根据多糖的不同特点,也常用醋酸盐缓冲液、巴比妥缓冲液等。多糖的染色液有甲苯胺蓝、阿利新蓝、高碘酸-雪夫试剂(periodic acid Schiff, PAS)等。本实验中采用高碘酸-雪夫试剂染色。

雪夫(Schiff)反应主要是利用高碘酸作为强氧化剂,这种强氧化剂能打开多糖中的 C—C 键,使多糖分子的乙二醇变成乙二醛,氧化所得到的醛基与雪夫(Schiff)试剂(无色的亚硫酸品红)反应,形成紫红色化合物。颜色的深浅与糖类的含量有关。

2. 蛋白质电泳原理 聚丙烯酰凝胶电泳(PAGE)对蛋白质的分离,一方面是基于蛋白质的电荷密度,即在恒定的缓冲系统中不同蛋白质间有不同的静电荷密度;另一方面是基于分子筛效应,即其移动速度与蛋白质分子的大小和形状有关。因此,用 PAGE 不仅能分离含各种大分子的混合物,还可以研究生物大分子的特性,如电荷、相对分子质量、等电点乃至构象,并可以用于蛋白质纯度鉴定。

三、实验仪器和用品

1. 仪器 夹心式垂直板电泳槽、直流稳压电泳仪、恒温水浴锅、胶片观察灯、电炉、电子天平(2 台)、吹风机(4 个)等。

2. 用品

(1)以组为单位。烧杯(100 mL×4)、吸管(1 支)、玻璃棒(1 支)、微量注射器(50 μL×1)、培养皿(1 个)、蒸馏水瓶(1 个)等。

(2)全班共用。移液器(5 mL×1、1 mL×2、0.2 mL×3)、大漏斗(1 个)、滤纸(1 盒)、试剂瓶(1 000 mL×5、500 mL×5、250 mL×10)、烧杯(1 000 mL×5、500 mL×8、200 mL×8);量筒(1 000 mL×1、500 mL×1、250 mL×2、100 mL×5、10 mL×5)、标签纸、pH 试纸、刀片、蒸馏水容器(100 L×1)等。

四、实验材料和试剂准备

1. 实验材料

(1)蔗糖酶。由实验五十一或实验五十二提供。样品 2 mL,加甘油使之终浓度为 20%,并加 1~2 滴 0.5%溴酚蓝指示剂。电泳时点样量为 30~40 μL。

(2)商品蔗糖酶。称取 10 mg 蔗糖酶溶于 2 mL 纯水或蒸馏水中,配成 5 mg/mL 蔗糖酶溶液,加甘油使之终浓度为 20%,并加 1~2 滴 0.5%溴酚蓝指示剂。电泳时点样量为 20~30 μL。

(3)姬菇多糖。称取姬菇 50 g,加蒸馏水 50 mL,用搅拌机搅拌至匀浆。100 ℃水浴 2 h。以 10 000 r/min 离心 10 min。取上清液,以体积比 1∶2 加入 95%乙醇,4 ℃沉淀过夜。以 10 000 r/min 离心 10 min,取沉淀,以湿重 10 mg/mL 制成电泳样品 5 mL。加甘油使之终浓度为 20%,并加 1~2 滴 0.5%溴酚蓝指示剂。电泳时点样量为 20~30 μL。

(4)牛血清蛋白。称取 10 mg 牛血清蛋白溶于 2 mL 蒸馏水中,配成 5 mg/mL 牛血清蛋白溶液,加甘油使之终浓度为 20%,并加 1~2 滴 0.5%溴酚蓝指示剂。电泳时点样量为 20~30 μL。

2. 试剂准备

(1)30%凝胶贮液。取 30 g 丙烯酰胺(Acr)、0.8 g 甲叉双丙烯酰胺(Bis),先用约 50 mL 蒸馏水溶解,如溶解不完全,可加热 30~50 ℃溶解,定容至 100 mL,然后过滤,置于棕色瓶,4 ℃下保存备用。

(2)10%过硫酸铵(AP)溶液。取 2 g 过硫酸铵于蒸馏水溶解后,定容至 20 mL,现配现用。

(3)1 mol/L HCl(配 500 mL)。取浓 HCl 42 mL,加蒸馏水至 500 mL(在通风橱中操作)。

(4)下层胶缓冲液(分离胶缓冲溶液,1.5 mol/L Tris - HCl 缓冲液,pH 8.8)。取 18.15

g Tris(三羟甲基氨基甲烷)于蒸馏水溶解后,加 1 mol/L HCl 溶液约 48 mL,调 pH 至 8.8,定容至 100 mL。

(5)上层胶缓冲液(浓缩胶缓冲液,0.5 mol/L Tris-HCl 缓冲液,pH 6.8)。取 6 g Tris 于蒸馏水溶解后,加 1 mol/L HCl 溶液约 40 mL,调 pH 至 6.8,定容至 100 mL。

(6)电极缓冲液(0.012 5 mol/L 硼砂-氢氧化钠缓冲液,pH 9.4)。取 4.77 g 硼砂和 0.45 g NaOH 加蒸馏水溶解(pH 9.4~10),定容到 1 000 mL。

(7)10% TEMED(四甲基乙二胺)(配 20 mL)。

(8)0.5% 溴酚蓝指示剂(配 50 mL)。

(9)Schiff 试剂(染色液)。称取 5 g 碱性品红,在 1 000 mL 沸水中溶解 5 min,冷却至 40~50 ℃,加入 6.85 g 偏重亚硫酸钠和 100 mL 1 mol/L 的 HCl,冷却至室温,加入 10 匙活性炭搅拌,直到溶液变成无色透明为止,过滤,滤液装于棕色瓶,4 ℃冰箱避光保存,2 周内使用(用于多糖染色)。

(10)固定液[10% TCA(三氯乙酸)]。称取 100 g TCA 于蒸馏水中溶解,定容到 1 000 mL(用于多糖染色)。

(11)1% 高碘酸。称 10 g 高碘酸于蒸馏水中溶解,定容到 1 000 mL(用于多糖染色)。

(12)0.5% 偏重亚硫酸钠。称取 15 g 偏重亚硫酸钠于蒸馏水中溶解,定容到 3 000 mL(用于多糖染色)。

(13)考马斯亮蓝 R-250 染色液(0.1% 考马斯亮蓝-45% 甲醇-10% 冰乙酸溶液)。称取 1 g 考马斯亮蓝 R-250,加入 450 mL 甲醇和 100 mL 冰乙酸,用蒸馏水定容至 1 000 mL,过滤后使用(用于蛋白质染色)。

(14)0.5 mol/L NaCl 脱色液(配 2 000 mL,用于蛋白质脱色)。

(15)甘油(1 瓶)。

(16)凡士林(1 瓶)。

五、实验步骤

1. 电泳

(1)清洗并用吹风机吹干玻璃板。

(2)在塑料胶条的两面涂少量凡士林(注意不能涂多,以防弄脏玻璃板)。

(3)按要求安装好电泳槽(玻璃板)。

(4)准备 4 个 100 mL 的小烧杯,分别用于装水、封胶液、浓缩胶及分离胶。准备吸管、玻璃棒各 1 根。

(5)用小烧杯按表 11-18 配封胶的溶液,混匀,马上倒入电泳槽的玻璃板封口槽处,静置 5~10 min 直到胶液凝固。

(6)用小烧杯灌水于两层玻璃之间,灌满,检查玻璃底部和两侧是否漏水。如果漏水,要重装。

(7)用小烧杯按表 11-18 配下层胶(分离胶),胶浓度为 7.5%,混匀,灌胶,高度离梳子 1~1.5 cm,然后用吸管覆盖一层水,凝胶时间为 15~30 min,待胶与水分层,倾去水。

(8)用小烧杯按表 11-18 配上层胶(浓缩胶),胶浓度为 5%,混匀,灌胶,插入梳子。

表 11-18　封胶液、分离胶和浓缩胶的配方

试剂	封胶液(μL)	7.5%分离胶(μL)	5%浓缩胶(μL)
30%凝胶贮液	2 000	2 500	830
上层胶缓冲液(pH 6.8)	—	—	2 500
下层胶缓冲液(pH 8.8)	—	2 500	—
10%TEMED	200	100	70
水	6 000	4 800	1 530
10%过硫酸铵	120	100	70
总体积	8 320	10 000	5 000

(9)凝胶时间 10~20 min，凝好胶，拔掉梳子。

(10)电泳槽的上槽加入稀释的电极缓冲液，浸泡至低玻璃面，但不能超过高玻璃面，注意不能漏水。

(11)电泳槽的下槽加入稀释的电极缓冲液，体积基本上与上槽电极缓冲液相同。

(12)用微量注射器按表 11-19 依次在加样孔内点样，各样品的点样量为 15~40 μL。注意不要交叉污染(每点一个样都要清洗微量注射器)。

(13)上槽接电泳仪的负极(—)，下槽接电泳仪的正极(+)。

(14)恒电流电泳：浓缩胶电泳时为 28 mA(80 V)，分离胶电泳时为 48 mA(110 V)，待指示剂离至距下面胶底 0.5 cm 左右停止电泳。

(15)剥胶，做好记号(左→右)。注意，不要把胶弄碎。

(16)用刀片从中间割胶，分别进行多糖的 Schiff 染色、蛋白质的考马斯亮蓝 R-250 染色。

表 11-19　点　样

泳道	Schiff 多糖染色						R-250 蛋白质染色				
	1	2	3	4	5	6	7	8	9	10	11
名称	蔗糖酶热提 C	过柱蔗糖酶	商品蔗糖酶	姬菇多糖	牛血清白蛋白	—	蔗糖酶醇提 C	过柱蔗糖酶	商品蔗糖酶	姬菇多糖	牛血清蛋白
体积(μL)	15	40	20	20	25		15	40	20	20	25

2. 染色

(1)Schiff 多糖染色。

① 用 10%TCA 固定，于摇床振荡 15 min，倒掉固定液，用纯水冲洗 2~3 次。

② 倒入 1%高碘酸进行氧化，于摇床振荡 15 min。

③ 倒掉高碘酸溶液，用纯水洗去高碘酸，于摇床上用水冲洗 3~4 次，每 5 min 换 1 次。

④ 加 Schiff 试剂，于室温、避光、摇床上染色 30 min。

⑤ 倒去染色液，用0.5%新配的偏重亚硫酸钠洗胶，每5 min换1次，更换3～4次（用甲醛进行检查：滴加甲醛，若不变色，即表示洗干净；如果洗胶时间足够的，这步一般可略），可看到多糖的电泳带。

⑥ 于7%的醋酸溶液中保存。亦可用蒸馏水保存。

(2)蛋白质的R-250染色。

① R-250染色液染色，在50 ℃染色10～30 min，回收染色液。

② 用0.5 mol/L NaCl脱色液于50 ℃脱色1～3 h，中间更换脱色液，直到出现清晰电泳带。用蒸馏水保存。

3. 照相

把割开的2块胶合在一起，于胶片观察灯上，用数码相机照相，并画电泳图谱。

六、结果与计算

(1)做好电泳图谱记录和照相，区别哪些蛋白质是糖蛋白，哪些蛋白质是非糖蛋白，并做好标记。

(2)学生对该实验提出一些可行性的修改意见。

七、注意事项

(1)有些试剂需要避光，应装于棕色瓶中，否则会影响电泳结果或无法染色。

(2)多糖复合物解离程度较微弱，电荷密度低，且具有糖单元不均一性、不对称形状结构，从而使多糖的电泳带呈带状分布。

(3)多糖的分子质量较大，所以应降低分离胶的浓度。

(4)多糖的染色过程要避光，且需要在摇床上进行。

八、思考题

(1)多糖染色的原理是什么？

(2)怎样证实哪些蛋白质是糖蛋白，哪些不是？

实验五十四 植物胰蛋白酶抑制剂的提取及活性测定

一、实验目的

(1)学习从红豆中提取胰蛋白酶抑制剂的方法。

(2)学习和掌握BAEE法测定胰蛋白酶抑制剂活性的原理和方法。

二、实验原理

胰蛋白酶抑制剂(trypsin inhibitor, TI)是一类可以抑制胰蛋白酶水解活性的小分子多肽。按照氨基酸序列的同源性可将胰蛋白酶抑制剂分为两类，一类是Bowman-Birk类抑制剂(Bowman-Birk inhibitor, BBI)，相对分子质量为6×10^3～1.0×10^4，有两个活性中心，分别与胰蛋白酶和糜蛋白酶结合。另一类是Kunitz类抑制剂(Kunitz trypsin inhibitor, KTI)，相对分子质量为2.0×10^4～2.5×10^4，只有一个活性中心，特异地与胰蛋白酶作用。

前一类抑制剂对热、酸、碱的稳定性比后一类抑制剂更强。

苯甲酰 L-精氨酸乙酯盐酸盐(benzoyl-L-arginine ethyl ester，BAEE)测定 TI 活性的原理是基于胰蛋白酶抑制剂能够和胰蛋白酶结合。BAEE 是胰蛋白酶催化的底物，胰蛋白酶催化 BAEE 的产物在波长 253 nm 处具有光吸收，单位时间(min)内的 A_{253} 的增长速度即为胰蛋白酶的活力(U_1)。如果在反应中加入胰蛋白酶抑制剂(TI)，TI 抑制胰蛋白酶催化 BAEE 反应生成产物的速度，使之在单位时间(min)内吸光值增长速度减慢，那么在单位时间(min)内的 A_{253} 的增长速度即为 TI 抑制的胰蛋白酶后的剩余活力(U_2)。因此，TI 的活性(TIA)即是：TIA=U_1-U_2。

胰蛋白酶抑制剂的抑制活性单位(TIA)定义：每抑制一个胰蛋白酶活性单位，定义为一个胰蛋白酶抑制剂的抑制活性单位(1 TIA)。

$$胰蛋白酶的活力(U_1) = \frac{\Delta A_{253}/t}{0.001} \quad (1)$$

$$TI 抑制作用的胰蛋白酶活力(U_2) = \frac{\Delta A_{253}/t}{0.001} \quad (2)$$

$$TI 的活性(TIA) = U_1 - U_2 \quad (3)$$

三、实验仪器和用品

1. 仪器 紫外分光光度计(UV-2000PC，石英比色杯、玻璃比色杯)、恒温水浴锅、电子天平(2 台)、电动搅拌机(3 台)、磁力搅拌器(1~2 台)及搅拌子等。

2. 用品

(1)以组为单位。具塞试管(10 支)、试管(8 支)、烧杯(100 mL×4)、吸管(1 支)、玻璃棒(1 支)、移液管或移液器(5 mL×1、1 mL×1、0.2 mL×1、0.05 mL×1)、滤纸(1 盒)、大漏斗(1 个)、蒸馏水瓶(1 个)微量注射器或移液枪(50 μL×1)。

(2)全班共用。试剂瓶(1 000 mL×5、500 mL×5、250 mL×10 个)、烧杯(1 000 mL×5、500 mL×8、200 mL×8)、量筒(1 000 mL×1、500 mL×1、250 mL×5、100 mL×5、10 mL×5)、标签纸、pH 试纸、透析袋。

四、实验材料和试剂准备

1. 实验材料 采用市售红豆，每班称取 30 g 红豆，4 ℃以纯水浸泡过夜。

2. 试剂准备

(1)TI 提取的试剂。

① 0.05 mol/L pH 7.8 的 PBS(配 1 000 mL)：配制方法见本书附录四。

② 0.01 mol/L pH 7.8 的 PBS(配 2 000~3 000 mL)：配制方法见本书附录四，如果由于时间原因无法进行透析，不用配此试剂。

③ 透析袋准备。

(2)TI 活性测定试剂。

① 0.1 mol/L HCl(配 500 mL)。

② Tris-HCl 缓冲液(0.05 mol/L pH 7.8)按书中附录四配置 1 000 mL，加 $CaCl_2$ 1.1 g，使其溶解，再定容至 1 000 mL。(全班用配 2 000 mL。)

③ 0.5 mg/mL 胰蛋白酶(1∶250)溶液：称取 20 mg 胰蛋白酶，用 0.05 mol/L pH 7.8 的 Tris‐HCl 缓冲液溶解，并定容至 40 mL(如果胰蛋白酶酶活太高，建议配 0.03 mg/mL 使用)。

④ 3.5 mg/mL BAEE(苯甲酰 L‐精氨酸乙酯盐酸盐)溶液：称取 70 mg BAEE，用 0.05 mol/L pH 7.8 的 Tris‐HCl 缓冲液溶解，定容至 20 mL。

(3)标准(商品)大豆 TI。称取标准(商品)大豆 TI 10 mg，用 0.05 mol/L pH 7.8 的 Tris‐HCl 缓冲液溶解，并定容至 10 mL。配成 1 mg/mL 的 标准(商品)大豆 TI。

五、实验步骤

1. 红豆 TI 的提取

(1)全班做。称取以纯水浸泡过夜的 100 g 红豆(湿重)，加约 50 mL 0.05 mol/L pH 7.8 的 PBS，于电动搅拌机磨成匀浆，再加 80 mL 0.05 mol/L pH 7.8 的 PBS，使其总体积约为 200 mL。

(2)分小组做(共 9 组)。

① 每组取上述匀浆液 10～15 mL(分袋子 2 支离心管)，以 10 000 r/min 离心 15 min，取上清液。

② 以 70 ℃ 热变性 10 min，于−20 ℃ 冰箱迅速冷却 10 min，观察溶液的变化(是否变浑浊)。10 000 r/min 离心 15 min，取上清液并量其体积。此上清液可作为测定红豆 TI 活性的粗提样品，也可以按照下列方法再进一步进行盐析纯化，作为测定红豆 TI 活性的纯化样品。

③ 根据体积加入固体硫酸铵至 0～75% 饱和度(查本书附录七，计算所加固体硫酸铵的量)，4 ℃ 盐析 1～2 h，观察溶液的变化(是否有沉淀)。如果有沉淀，4 ℃ 盐析 1 h 即可。

④ 以 10 000 r/min 离心 10 min，收集沉淀，以 1～2 mL 0.05 mol/L pH 7.8 的 PBS 溶解。

2. 确定反应体系
再次以 10 000 r/min 离心 15 min，使溶液澄清，取上清液按下面要求做实验。按表 11‐20 加试剂，摇匀，立即测定各试管的 A_{253}(在 1 min 内完成测定)。

表 11‐20 胰蛋白酶活性检测反应体系

试剂	对照组(调零)	实验组Ⅰ(本底)	实验组Ⅱ(本底)	实验组Ⅲ(本底)	实验组Ⅳ(本底)
Tris‐HCl 缓冲液(μL)	6 000	5 800	5 800	5 980	5 980
0.5 mg/mL 胰蛋白酶溶液(μL)	0	0	200	0	0
3.5 mg/mL BAEE 溶液(μL)	0	200	0	0	0
大豆 TI 样品液(μL)	0	0	0	20	0
红豆 TI 样品液(μL)	0	0	0	0	20
总体积(μL)	6 000	6 000	6 000	6 000	6 000
A_{253}	0.000				

3. BAEE 法测定大豆胰蛋白酶活力(大豆‐U_1 的测定)
按表 11‐21 加试剂于试管中，摇匀，对照组在 253 nm 处调零，立即在 253 nm 处测其吸光度。每 30 s 记录一次读数，持续 4 min，共测定 10 组数据，记录于表 11‐22 中。

表 11-21 胰蛋白酶活性检测(一)

试剂(调零)	实验组Ⅰ	实验组Ⅱ
Tris-HCl 缓冲液(μL)	5 600	5 400
0.5 mg/mL 胰蛋白酶溶液(μL)	200	400
3.5 mg/mL BAEE 溶液(μL)	200	200
总体积(μL)	6 000	6 000
A_{253}	每 30 s 测吸光度，持续 4 min，记录于表 11-22 中	每 30 s 测吸光度，持续 4 min，记录于表 11-22 中

表 11-22 胰蛋白酶活性检测(二)

项目	时间(min)										
	0	0.5	1	1.5	2	2.5	3	3.5	4	4.5	5
实验组Ⅰ A_{253}	0.000										
实验组Ⅱ A_{253}	0.000										

本实验目的是检测底物 BAEE 是否过量、胰蛋白酶的活性情况以及生成产物的时间，从而达到实验设计的要求。在 4 min 内测定胰蛋白酶活性的反应体系中，确保底物 BAEE 是过量的。如果此时 A_{253} 读数在 1~3 min 反应中增加很少($\Delta A_{253} < 0.1$)，表明胰蛋白酶的活性太低，需要增大酶浓度。

分析比较实验组Ⅰ和实验组Ⅱ的数据，以 A_{253} 读数在 4 min 反应中增加较大值为较理想结果。分别以时间(min)为横坐标，A_{253} 为纵坐标作图，所得回归方程的斜率即是 $\Delta A_{253\,nm}/t$，按照上述式(1)计算出大豆胰蛋白酶的活力(大豆-U_1)。实验组可做 1~2 个重复，最后取大豆-U_1 的平均值。

4. 大豆 TI 抑制胰蛋白酶的剩余活性(大豆-U_2)测定 如果选择表 11-21 中的实验组Ⅰ体系，按表 11-23 的实验组Ⅰ添加试剂于试管中，摇匀，对照组在 253 nm 处调零，立即在 253 nm 处测其吸光度。每 30 s 记录一次读数，持续 4 min，共测出 8 组数据，记录在表 11-24 中。以时间(min)为横坐标，A_{253} 为纵坐标作图，所得回归方程的斜率即是所求 $\Delta A_{253\,nm}/t$，按照上述式(2)计算出大豆 TI 抑制胰蛋白酶的剩余活力(大豆-U_2)。实验组做 1~2 个重复，然后取大豆-U_2 平均值。

表 11-23 标准(商品)大豆 TI 作用于胰蛋白酶的剩余活力(大豆-U_2)的测定(一)

试剂(调零)	实验组Ⅰ	实验组Ⅱ
Tris-HCl 缓冲液(μL)	5 580	5 580
0.5 mg/mL 胰蛋白酶溶液(μL)	200	200
3.5 mg/mL BAEE 溶液(μL)	200	200
大豆 TI 样品液(μL)	20	20

(续)

试剂	实验组Ⅰ	实验组Ⅱ
总体积(μL)	6 000	6 000
A_{253}	—	
t(min)	4	4
ΔA_{253}		
大豆-U_2		
大豆-U_1		
大豆 TI 活性(TIA)		

表 11-24　大豆-U_2 检测(二)

项目	时间(min)										
	0	0.5	1	1.5	2	2.5	3	3.5	4	4.5	5
实验组Ⅰ A_{253}	0.000										
实验组Ⅱ A_{253}	0.000										

5. 红豆 TI 抑制胰蛋白酶的活性(红豆-U_2)测定　如果选择表 11-21 中的实验组Ⅰ体系，按表 11-25 的实验组Ⅰ添加试剂于试管中，摇匀，对照组在 253 nm 处调零，立即在 253 nm 处测其吸光度。每 30 s 记录一次读数，持续 4 min，共测出 8 组数据，记录在表 11-26 中。以时间(min)为横坐标，A_{253} 为纵坐标作图，所得回归方程的斜率即是所求 $\Delta A_{253\,nm}/t$，按照上述式(2)计算出红豆 TI 抑制胰蛋白酶的剩余活力(红豆-U_2)。实验组做 1~2 个重复，然后取红豆-U_2 平均值。

表 11-25　红豆 TI 作用于胰蛋白酶的剩余活力(红豆-U_2)的测定

试剂	实验组Ⅰ	实验组Ⅱ
Tris-HCl 缓冲液(μL)	5 580	5 580
0.5 mg/mL 胰蛋白酶溶液(μL)	200	200
3.5 mg/mL BAEE 溶液(μL)	200	200
红豆 TI 样品液(μL)	20	20
总体积(μL)	6 000	6 000
A_{253}	—	
t(min)	4	4
ΔA_{253}		
红豆-U_2		
红豆-U_1		
红豆 TI 活性(TIA)		

表 11-26 红豆-U_2 检测(二)

项目	时间(min)										
	0	0.5	1	1.5	2	2.5	3	3.5	4	4.5	5
实验组Ⅰ A_{253}	0.000										
实验组Ⅱ A_{253}	0.000										

六、结果与计算

(1)根据表 11-22 的数据,以时间(min)为横坐标,A_{253} 为纵坐标作图,所得回归方程的斜率即是 $\Delta A_{253}/t$,按式(1)的方法分别计算出大豆和红豆胰蛋白酶活性(大豆-U_1、红豆-U_1),并填入表 11-23、11-25 中。

(2)根据表 11-24 的数据,以时间(min)为横坐标,A_{253} 为纵坐标作图,所得回归方程的斜率即是 $\Delta A_{253}/t$,按式(2)的方法计算出大豆 TI 抑制胰蛋白酶的剩余活力(大豆-U_2),按式(3)的方法计算出大豆 TI 活性,单位为 TIA,并填入表 11-23 中。

(3)根据表 11-26 的数据,以时间(min)为横坐标,A_{253} 为纵坐标作图,所得回归方程的斜率即是 $\Delta A_{253}/t$,按式(2)的方法计算出红豆 TI 抑制胰蛋白酶的剩余活力(红豆-U_2),按式(3)的方法计算出红豆 TI 活性,单位为 TIA,并填入表 11-25 中。

七、注意事项

(1)在测定大豆 TI 活性或红豆 TI 活性时,测定大豆-U_1、大豆-U_2 或者红豆-U_1、红豆-U_2 所加试剂量要求一致性。

(2)在试管操作,加入胰蛋白酶或 TI 后,快速混匀,快速倒进比色杯测定,但要避免产生气泡。

(3)U_1、U_2 的测定,要求 $\Delta A_{253} > 0.1$,如果 ΔA_{253} 值 < 0.1,要重新设定实验体系。

(4)先测定 1 mg/mL 标准(商品)大豆 TI 的抑制活性,如果活性太高,需要稀释成不同浓度:0.5 mg/mL 或者 0.2 mg/mL 或者 0.1 mg/mL 等。

(5)如果实验组加入大豆 TI 20 μL,反应 30 s,ΔA_{253} 值测定为 0 或负值,说明大豆 TI 浓度高,抑制酶活性太强,需要调整实验用量:a. 减少大豆 TI 的用量,而增加缓冲液的量,使总体积不变。b. 增加 500 μg/mL 胰蛋白酶溶液的用量,而减少缓冲液的量,使总体积不变。

(6)盐析提取的红豆 TI,如果有时间,可以用 0.01 mol/L pH 7.8 的 PBS 透析,再测定其活性。

(7)要注意观察红豆 TI 样品是否有颜色,如果有颜色,会影响实验数据。

八、思考题

(1)实验中以时间为横坐标,A_{253} 为纵坐标作图,所得直线的斜率即是 $\Delta A_{253}/t$,为什么?

(2)测定胰蛋白酶抑制剂活性的原理是什么?

(3)是否有更好的简便方法测定胰蛋白酶抑制剂活性?

实验五十五　胰蛋白酶抑制剂的明胶-聚丙烯酰胺凝胶电泳

一、实验目的

(1)学习和掌握胰蛋白酶抑制剂电泳的基本原理及电泳技术。
(2)熟练掌握胰蛋白酶抑制剂电泳有关试剂配制的方法和制胶技术。
(3)了解明胶-聚丙烯酰胺凝胶电泳与聚丙烯酰胺凝胶电泳的区别。

二、实验原理

分离纯化胰蛋白酶抑制剂时,常采用对其靶蛋白酶的抑制活性来进行检测和追踪。但植物材料中胰蛋白酶抑制剂含量较少,且测定抑制剂活性的方法复杂、费时,需要人工合成特殊底物。

根据胰蛋白酶抑制剂与靶蛋白酶的作用特点,采用明胶-聚丙烯酰胺凝胶电泳,分离胶中加入0.5%明胶作为靶蛋白酶的底物,电泳后胶板(含明胶底物)在靶蛋白酶进行酶解时,除了胰蛋白酶抑制剂存在处的明胶不被酶解,胶板中其他位置的明胶均被蛋白酶水解。酶解后用水冲洗干净凝胶,然后再经考马斯亮蓝R-250染色,显色带(蛋白带)为胰蛋白酶抑制剂的作用效果(抑制剂抑制蛋白酶活性从而使明胶不被水解),如图11-7所示。采用不同靶蛋白酶可以检测同一植物中不同的胰蛋白酶抑制剂的活性和种类。

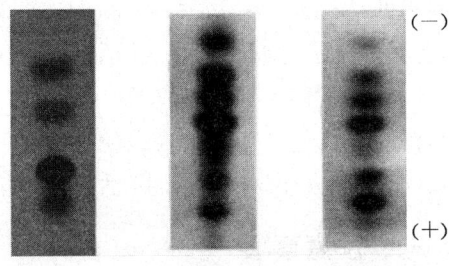

图11-7　红豆胰蛋白酶抑制剂的电泳图谱

三、实验仪器和用品

1. 仪器　夹心式垂直板电泳槽、直流稳压电泳仪、恒温水浴锅、脱色摇床(2台)、胶片观察灯(2台)、电炉、电子天平(2台)、吹风机(4个)等。

2. 用品

(1)以组为单位。烧杯(100 mL×4)、吸管(1支)、玻璃棒(1支)、微量注射器(50 μL×1)、培养皿(1个)、蒸馏水瓶(1个)。

(2)全班共用。移液器(5 mL×1、1 mL×2、0.2 mL×3)、大漏斗(1个)、滤纸(1盒)、试剂瓶(1 000 mL×5、500 mL×5、250 mL×10)、烧杯(1 000 mL×5、500 mL×8、200 mL×8)、量筒(1 000 mL×1、500 mL×1、250 mL×2、100 mL×5、10 mL×5)、标签纸、pH试纸。

四、实验材料和试剂准备

1. 实验材料

(1)从红豆等豆类中提取的胰蛋白酶抑制剂。需经75%饱和硫酸铵盐析取上清液或经Sephadex-G100柱层析。

(2)购买商品胰蛋白酶抑制剂(TI)。称取10 mg TI,加8 mL纯水或蒸馏水溶解,加

2 mL甘油(甘油终浓度为20%)，配成1 mg/mL TI溶液，并加1滴0.5%溴酚蓝指示剂。电泳时点样量为5~30 μL。

2. 试剂准备

(1)凝胶制备的试剂。

① 30%凝胶贮液：取30 g 丙烯酰胺(Acr)、0.8 g 甲叉双丙烯酰胺(Bis)，先用约50 mL蒸馏水溶解，如溶解不完全，可加热至30~50 ℃溶解，定容至100 mL，然后过滤，置于棕色瓶，4 ℃下保存备用。或购买30%凝胶贮液商品试剂。

② 10%过硫酸铵(AP)溶液：取2 g 过硫酸铵于水中溶解后，定容至20 mL，现配现用。

③ 1 mol/L HCl(配500 mL)：取浓盐酸42 mL，加蒸馏水至500 mL(在通风橱中操作)。

④ 下层胶缓冲液(分离胶缓冲溶液，1.5 mol/L Tris - HCl 缓冲液，pH 8.8)：取18.15 g Tris(三羟甲基氨基甲烷)于蒸馏水中溶解后，加 1 mol/L HCl 溶液约48 mL，调 pH 至8.8，定容至100 mL。

⑤ 上层胶缓冲液(浓缩胶缓冲液，0.5 mol/L Tris - HCl 缓冲液，pH 6.8)：取6 g Tris 于蒸馏水中溶解后，加 1 mol/L 的 HCl 溶液约40 mL，调 pH 至6.8，定容至100 mL。

⑥ 电极缓冲液(0.05 mol/L Tris - 0.384 mol/L 甘氨酸缓冲液，pH 8.3)：取 Tris 6 g、28.8 g 甘氨酸(氨基乙酸)，加蒸馏水溶解后，调 pH 8.3，定容至1 000 mL。使用时稀释3倍。

⑦ 5%明胶：称取0.5 g 明胶，加入100 mL 水中溶解，溶解混匀后低温保存。如果难以溶解可于37 ℃水浴中搅拌溶解。

⑧ 0.5%溴酚蓝指示剂(配50 mL)。

⑨ 10%四甲基乙二胺(TEMED，配20 mL)。

⑩ 凡士林(1瓶)、甘油(1瓶)。

(2)酶解和脱酶的试剂。

① 0.5 mol/L HCl(配200 mL)。

② 0.05 mol/L pH 7.5 的 Tris - HCl(含 0.2 mol/L NaCl，0.01 mol/L $CaCl_2$)：取6.05 g 三羟甲基氨基甲烷(Tris)、0.5 mol/L 盐酸80.6 mL，加入11.7 g NaCl 和 1.1 g $CaCl_2$，加纯水或蒸馏水溶解并定容至1 000 mL，用试纸检测 pH 7.5。

③ 0.2 mg/mL(100 U/mL)胰蛋白酶液：称取200 mg 胰蛋白酶，用 0.05 mol/L pH 7.5 的 Tris - HCl(含 0.2 mol/L NaCl，0.01 mol/L $CaCl_2$)溶解，并定容到1 000 mL。

(3)染色和脱色的试剂。

① 考马斯亮蓝 R - 250 染色液(0.1%考马斯亮蓝- 45%甲醇- 10%冰乙酸溶液)：1 g 考马斯亮蓝 R - 250，加入450 mL 甲醇、100 mL 冰乙酸，用水定容至1 000 mL，过滤后使用。

② 0.5 mol/L NaCl 脱色液(配2 000 mL)。

五、实验步骤

1. 电泳凝胶的制作

(1)清洗并用吹风机吹干玻璃板。

(2)在塑料胶条的两面涂少量凡士林(注意不能涂多，以防弄脏玻璃板)。

(3)根据老师示范安装好电泳槽(玻璃板)。

(4)准备4个100 mL 的小烧杯，分别用于装水、封胶液、浓缩胶及分离胶准备吸管、玻璃棒各1根。

(5)用小烧杯按表11-27配封胶的溶液,混匀,马上倒入电泳槽的封口槽处,静置5~10 min直到凝固。

(6)用小烧杯盛水,于两层玻璃之间灌满水,检查玻璃底部和两侧是否漏水,如果漏水,要重装。

(7)用小烧杯按表11-27配下层胶(分离胶),胶浓度为13%,混匀,灌胶,其高度离梳子1~1.5 cm,然后用吸管覆盖一层水,凝胶时间为15~30 min,待胶与水分层,把水倒掉。

(8)用小烧杯按表11-27配上层胶(浓缩胶),胶浓度为5%,混匀,灌满胶,插入梳子。

(9)凝胶时间10~20 min,凝好胶后拔掉梳子。

(10)电泳槽的上槽加入稀释的电极缓冲液,浸泡至低玻璃面,但不能超过高玻璃面,注意不能漏水。

(11)电泳槽的下槽加入稀释的电极缓冲液,体积基本与上槽电极缓冲液相同。

表11-27 封胶液、分离胶和浓缩胶的配方

试剂	封胶液(μL)	13%分离胶(μL)	5%浓缩胶(μL)
30%凝胶贮液	2 000	4 400	830
上层胶缓冲液(pH 6.8)	—	—	2 500
下层胶缓冲液(pH 8.8)	—	2 500	—
水	6 000	2 700	1 530
0.5%明胶	—	200	—
10%TEMED	200	100	70
10%过硫酸铵	120	100	70
总体积	8 320	10 000	5 000

2. 电泳过程

(1)样品处理:在待分离的样品中加入甘油或蔗糖(使其终浓度为20%)以增加相对密度,同时加1滴0.5%溴酚蓝指示剂。

(2)用微量注射器依次在加样孔内点样(要隔孔点样),点样量为10~30 μL(要根据样品的活性而定)。注意不要交叉污染(每点一个样都要清洗微量注射器)。

(3)上槽接电泳仪的负极(一),下槽接电泳仪的正极(+)。

(4)恒压电泳:浓缩胶电压为100 V,约1 h;待指示剂溴酚蓝进入分离胶后,调整分离胶电压为160 V,电泳2~3 h;待指示剂离下面胶底0.5 cm左右停止电泳。

(5)剥胶,做好记号(左→右),注意不要把胶弄碎。

3. 电泳后的活性染色 电泳完毕,取出胶板置于培养皿中,置于摇床上,用去离子水冲洗数次,将胶板浸在含0.2 mg/mL胰蛋白酶中,37 ℃下酶解20~30 min。倒掉酶解液,用去离子水漂洗酶解过的胶板3~5次,把酶解液洗干净。漂洗完毕,用考马斯亮蓝R-250在50 ℃染色5~20 min,用0.5 mol/L的NaCl于摇床上进行脱色,中间更换数次脱色液,

直至背景清晰。

于胶片观察灯上进行拍照，并画电泳图谱。

六、结果与计算

（1）做好电泳图谱记录和照相，标明电泳图的正、负极，区别胰蛋白酶抑制剂的各成分，并做好标记。

（2）学生对该实验提出一些可行性的改进意见。

七、注意事项

（1）凡士林不要涂太多。

（2）封好底部加水检测是不是漏水，若漏水要重做。

（3）加分离胶后记得加入一层水，但不要冲歪了分离胶。

（4）点样时，样品记得加入甘油或蔗糖，增加相对密度。

（5）开始时可以加大电压量（100 V），使样品加快进入分离胶，进入分离胶后控制在 80～140 V，注意不要电流过大，否则产生的热量会使玻璃板裂开。

（6）电泳时间视情况而定，溴酚蓝不要跑过头，一般电泳 2～3 h。

（7）酶解时间不宜过长，否则轮廓较模糊。

八、思考题

（1）明胶-PAGE 与 PAGE 有何区别？各起什么作用？

（2）本实验是否为快速鉴定胰蛋白酶抑制剂活性或种类的较好方法？如果不是，是否还有更好的快速鉴定方法？请说明。

实验五十六　动物组织 LDH 同工酶聚丙烯酰胺凝胶圆盘电泳

一、实验目的

（1）了解聚丙烯酰胺凝胶的制作过程及结构特点。

（2）学习和掌握蛋白质的 PAGE 基本原理及圆盘电泳技术。

（3）学习和掌握不同组织的 LDH 同工酶的 PAGE 电泳技术和专一性活性染色的原理。

二、实验原理

同工酶是指生物体中结构和性质不同而能催化相同反应的一类酶。许多酶都具有同工酶（占已知酶的 40%～50%），聚丙烯酰胺凝胶电泳可利用同工酶结构上的差异（相对分子质量不同）而将其分离。

乳酸脱氢酶（lactate dehydrogenase，LDH，EC.1.1.1.27）是催化丙酮酸和乳酸进行可逆转化的酶。1959 年，Markert 等用电泳的方法将牛心肌提纯的 LDH 结晶分离出 5 条区带，靠近正极一端的称为 LDH_1，靠近负极一端的称为 LDH_5；其余 3 种，由正极到负极依次命名为 LDH_2、LDH_3 及 LDH_4。它们均具有 LDH 催化活性，从而首先提出了同工酶（isoenzyme）的概念。目前已知 LDH 同工酶是由 H 亚基及 M 亚基按不同比例组成的四聚体，它们是 $H_4(LDH_1)$、$H_3M(LDH_2)$、$H_2M_2(LDH_3)$、$HM_3(LDH_4)$ 及 $M_4(LDH_5)$ 5 种。利用电泳技术，LDH 各同工酶就可依其相对分子质量大小和所带电荷多少而分开。如图 11-8所示，在兔心肌中以 LDH_1 含量最高，肝中 LDH_5 含量高。

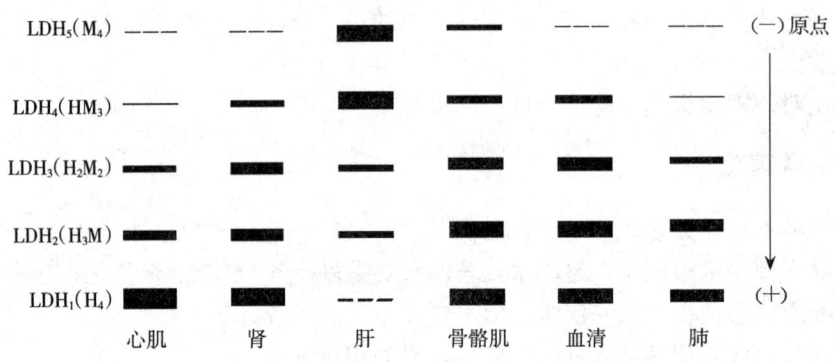

图 11-8　兔各组织的 LDH 电泳活性染色示意图

LDH 同工酶催化反应的专一性活性显色反应如图 11-9 所示。反应式中 PMS 为甲硫吩嗪（phenazine methosulfate），NBT 为氯化硝基四氮唑蓝（nitroblue tetrazolium chloride），它们都是传递电子和氢质子（H^+）的染料。LDH 与底物在 37 ℃反应中脱下的氢最后传递给 NBT 生成蓝紫色的 $NBTH_2$（称为甲䐵），此物不溶于水，有利于显色后区带的保存，但可溶于氯仿及 95% 乙醇

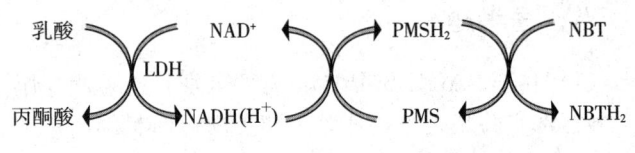

图 11-9　LDH 同工酶的活性显色反应

（9∶1）的混合液。因此，电泳后的显色区带可通过浸泡法浸出，于560 nm波长处比色，也可用光吸收扫描仪得出 LDH 同工酶间的相对含量。

三、实验仪器和用品

1. 仪器　圆盘电泳槽（3 个，12 支管/盘）、直流稳压电泳仪、恒温水浴锅、脱色摇床（2 台）、胶片观察灯（2 台）、电炉、电子天平（2 台）、吹风机（4 个）等。

2. 用品

（1）以组为单位。烧杯（100 mL×4）、吸管（1 支）、试管（2 支）、试管架（1 个）、玻璃棒（1 支）、长针头注射器（100 mL×1）、培养皿（1 个）、洗耳球（1 个）、蒸馏水瓶（1 个）。

（2）全班共用。移液枪、大漏斗（1 个）、滤纸（1 盒）、试剂瓶（1 000 mL×5、500 mL×5、250 mL×10）、烧杯（1 000 mL×5、500 mL×8、200 mL×8）、量筒（1 000 mL×1、500 mL×1、250 mL×2）、100 mL×5、10 mL×5）、离心管（10 支）、研钵（或匀浆器）、标签纸、pH 试纸。

四、实验材料和试剂准备

1. 实验材料　采用健康兔的心肌、肾、肝、骨骼肌、血清、肺。

2. 试剂准备

(1) 制备样品的试剂。

① 0.01 mol/L pH 6.5 的磷酸盐缓冲液（PBS）：称 $Na_2HPO_4 \cdot 12H_2O$ 0.23 g，$NaH_2PO_4 \cdot 2H_2O$ 0.21 g，加蒸馏水溶解后，定容到 200 mL。

② 40% 蔗糖溶液：称 20 g 蔗糖，加蒸馏水溶解后，定容至 50 mL。

③ 0.5% 溴酚蓝：配 10 mL。

(2) 凝胶制备的试剂。

① 凝胶贮备液 A：称 Tris(三羟甲基氨基甲烷) 9 g 于 100 mL 烧杯中，先加 15 mL 蒸馏水溶解，溶解后加浓 HCl(36%~38%) 1 mL、TEMED(四甲基乙二胺)原液 0.18 mL，加蒸馏水定容至 25 mL，用试纸检测 pH 为 8.9。全班用配 50 mL。

② 凝胶贮备液 B：称丙烯酰胺(Acr) 15 g，甲叉双丙烯酰胺(Bis) 0.4 g；加蒸馏水于 100 mL 烧杯中溶解，定容至 50 mL，如果有沉淀则要过滤。全班用配 100 mL。

③ 凝胶贮备液 C：称取过硫酸铵(AP) 0.3 g，加蒸馏水溶解后定容至 100 mL。制胶时现配现用。如果实验时温度较低，AP 称取 0.5~0.8 g，加蒸馏水溶解后定容至 100 mL。全班用配 200 mL。

④ 电极缓冲液：称取 Tris 3 g、甘氨酸 16 g，加蒸馏水溶解并定容至 300 mL，pH 调为 8.3。使用时稀释 10 倍(每个圆盘电泳槽可装 1 000 mL 的电极缓冲液，12 支管/盘，每班 3 个圆盘电泳槽)。

(3) LDH 同工酶染色贮存液。

① 5 mg/mL NAD^+（氧化型辅酶 I）溶液：称 500 mg NAD^+ 溶解于水中并定容至 100 mL，置棕色瓶中，4 ℃可保存 2 周。

② 1 mol/L 乳酸钠：量取 60% 乳酸钠 9.25 mL，加蒸馏水定容至 100 mL，置棕色瓶中，4 ℃保存。

③ 0.1 mol/L NaCl：称取 0.58 g NaCl，加蒸馏水溶解并定容至 100 mL。

④ 1 mg/mL 甲硫吩嗪(PMS)：称取甲硫吩嗪(PMS) 25 mg，加蒸馏水溶解并定容至 25 mL，置棕色瓶中，4 ℃保存。

⑤ 1 mg/mL 氯化硝基四氮唑蓝(NBT)溶液：称 250 mg NBT，加蒸馏水溶解并定容至 250 mL，呈淡黄色，于棕色瓶中 4 ℃保存。每次用完请妥善保管。当淡黄色 NBT 变绿色或出现沉淀，不能再使用。

⑥ 0.01 mol/L pH 6.5 的 PBS：称 0.23 g 的 $Na_2HPO_4 \cdot 12H_2O$、0.21 g 的 $NaH_2PO_4 \cdot 2H_2O$，加蒸馏水溶解后定容到 200 mL。

⑦ 保存液：7% 醋酸，配 1 000 mL。

五、实验步骤

1. 样品的处理 分别称取 0.5 g 兔的肝、肾、心肌、骨骼肌、肺等组织，各加入 5 mL 0.01 mol/L pH 6.5 的 PBS 和少量石英砂于研钵或匀浆器磨成匀浆，以 10 000 r/min 离心 10 min，取上清液于 -20 ℃保存。

用移液器取 1 mL 上述各组织提取液和血清，分别加 1 mL 40% 蔗糖溶液和 20 μL 0.5% 溴酚蓝，混匀，用于电泳时点样。

2. 电泳凝胶的制作 每人做1条胶，玻璃管体积2 mL，胶量1.5 mL。

(1)用3~4层封口膜封住玻璃管的下方(或者用带有玻璃珠的短乳胶管套在玻璃管下方，使玻璃珠堵住玻璃管口)，置于试管中。

(2)加水检查玻璃管，如果漏水，要重复步骤(1)。

(3)每3个小组(共6人)共6支圆盘玻璃管，配制胶液如下：第一个烧杯加凝胶贮备液A 3 mL、凝胶贮备液B 6 mL和蒸馏水3 mL，混匀；第二个烧杯加凝胶贮备液C 12 mL。

(4)把两烧杯中的溶液混合，轻搅均匀。

(5)用吸管沿玻璃管壁小心把胶液加到玻璃管中，不要加满玻璃管，溶液应加到离管口3~5 mm处。

(6)用吸管在胶液面上小心地加水，以隔绝空气使溶液形成凝胶，同时以防在凝胶过程中表面形成弯月面。

(7)如果有气泡，用手指轻弹管壁，将管中胶液混有的气泡赶出。

(8)当见到水层与胶液交界处有一个清晰界面时，表明胶已聚合(15~30 min)。

3. 预电泳

(1)将玻璃管底部的封口膜除去(或拔去乳胶管)。

(2)把凝好胶的玻璃管插入到圆盘电泳槽孔的胶塞中，要塞紧，以免漏水。

(3)上槽加入稀释好的电极缓冲液约250 mL，把上槽端起，检查是否漏水，如果漏水，要重新塞紧凝胶管。然后下槽也加入稀释好的电极缓冲液约250 mL。

(4)分别检查玻璃管的上端和下端是否有气泡。如果有气泡，要把气泡赶走。

(5)上槽接负极(-)，下槽接正极(+)。

(6)为防止LDH及其同工酶受凝胶聚合后残留物(如AP等)的影响，引起酶的钝化或其他人为效应，在加样前，应进行预电泳。以每管3~5 mA的恒流或100 V恒压进行预电泳，约10 min。

4. 加样和电泳

(1)每个玻璃管点1个样品，样品分别为健康兔的心肌、肾、肝、骨骼肌、血清、肺，共6种。每人点1个样。

(2)用移液器取样品，血清为80~150 μL，其他样品为30~40 μL。点样后以每管3 mA或恒压200 V进行电泳。当电泳指示剂溴酚蓝带达到玻璃管底部时可停止电泳，亦可延长电泳时间0.5~1 h。

5. 脱胶和LDH活性染色

(1)倒掉上槽的电极缓冲液，从电泳槽中取出凝胶管，用带长针头的注射器进行脱胶。

(2)将吸满水的注射器针头沿管壁插入玻璃管壁与凝胶之间，边注水边推进针头并缓慢旋转玻璃管，使凝胶与管壁分离，可用洗耳球帮助脱胶，使凝胶自然滑出试管中，区别胶条的正、负极。注意避免针头戳到凝胶中，导致凝胶戳破。

(3)按表11-28的顺序，在染色前将有关试剂混匀成LDH活性染色液。

(4)把配好的染色液倒入装有凝胶的试管中，避光，置37 ℃水浴中保温10~20 min，待LDH同工酶呈现蓝紫色区带，即可停止染色，可回收染色液，留到下次用。

(5)用蒸馏水洗3次，除去染色液，再加蒸馏水浸泡胶条，把凝胶底色脱干净，使背景清晰。把凝胶置于胶片观察灯上，把所有胶条负极置于一端，正极置于另一端，比较各种组织的LDH

同工酶的种类和差异,用数码相机照相,并画电泳图谱和表明各组织的同工酶带。

(6)胶条也可置于保存液中浸泡保存。

表 11-28　LDH 活性染色液(每组用量)

项目	NAD^+	乳酸钠	NaCl	NBT	PMS	PBS	总体积
1 条凝胶(mL)	2	1.5	1.5	5	0.5	2.5	13
6 条凝胶(mL)	12	9	9	30	3	15	78

六、结果与计算

(1)做好 6 种组织的 LDH 同工酶电泳图谱记录和照相,标明正、负极,区别不同组织 LDH 同工酶的各组分差异,并做好标记。

(2)学生对该实验提出可行性的改进意见。

七、注意事项

(1)组织匀浆制备时一般用 0.01 mol/L pH 6.5 的 PBS,此溶液需 4 ℃预冷。组织质量(g)与缓冲液体积(mL)之比为 1∶5 或 1∶10。在研磨或捣碎各组织成匀浆状的过程尽可能快些,以减低对酶活性的影响。

(2)用封口膜封住玻璃管时一定要有 3~4 层,否则,加溶液时可能会漏水。

(3)电泳时电流不要太高,应防止热效应引起 LDH 同工酶失活,有条件的可在 4 ℃下进行电泳。

(4)电泳时间长些,有利于电泳带的分开,但以溴酚蓝带离开玻璃管底部后,继续电泳 0.5~1 h 为限。

(5)从玻璃管中把凝胶剥出来时,避免长针头戳烂或戳断凝胶。

(6)LDH 同工酶活性染色时间不要太长,一般以 10~20 min 为宜,当大多数条带均显蓝紫色即可终止染色。

八、思考题

(1)为什么说 LDH 同工酶电泳后的染色是专一性活性染色?

(2)在 LDH 的 5 种同工酶中,哪一种的相对分子质量最小?哪一种的相对分子质量最大?它们的亚基组成各有什么差别?凝胶圆盘电泳要注意什么问题?

(3)从实验的 LDH 同工酶电泳图谱上分析健康兔子各组织 LDH 的种类和活性的差别,试分析原因。

(4)预电泳的作用是什么?

(5)电泳带的深浅表示什么?

(6)圆盘电泳和垂直平板电泳的区别有哪些?

实验五十七　3-磷酸甘油脱氢酶同工酶聚丙烯酰胺凝胶电泳

一、实验目的

(1)了解聚丙烯酰胺凝胶的制作过程及结构特点。

(2) 掌握聚丙烯酰胺凝胶电泳的原理及分离和鉴定 3-磷酸甘油脱氢酶同工酶的电泳技术。

(3) 掌握 3-磷酸甘油脱氢酶同工酶专一性活性染色的原理。

二、实验原理

3-磷酸甘油脱氢酶(glycerol 3-phosphate dehydrogenase，GPDH)是广泛存在于生物体内的代谢酶，其中依赖 NAD^+ 的 GPDH(EC 1.1.1.8)是甘油代谢中一个重要的酶。GPDH 在甘油合成途径中的作用如图 11-10 所示。

电泳可利用 GPDH 同工酶结构上的差异而将之分离。在 37 ℃下，3-磷酸甘油脱氢酶催化底物 3-磷酸甘油反应，脱下的氢交给 GPDH 的辅因子 NAD^+，生成 NADH，通过电子传递链，NADH 脱下的氢经 PMS(甲硫吩嗪)，最后传递给 NBT(氯化硝基四氮唑蓝)生成蓝紫色的 $NBTH_2$(甲䏡)，甲䏡不溶于水，有利于显色后区带的保存，因此电泳后的显色区带即是 GPDH 的蛋白质带。反应如图 11-11 所示。

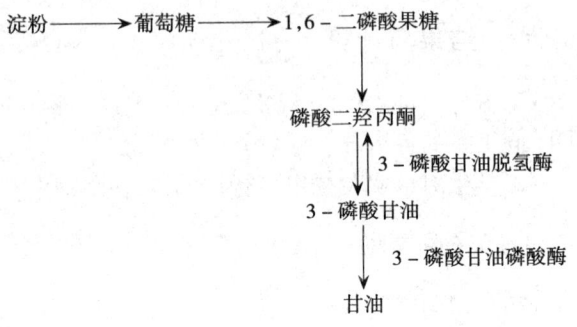

图 11-10　GPDH 在甘油合成途径中的作用

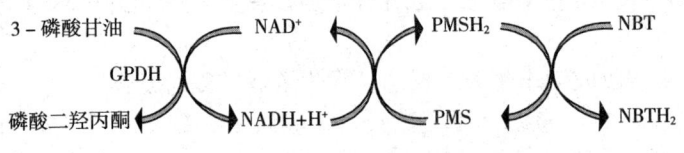

图 11-11　GPDH 同工酶的染色反应

三、实验仪器和用品

1. 仪器　夹心式垂直板电泳槽、直流稳压电泳仪、恒温水浴锅、脱色摇床(2 台)、胶片观察灯(2 台)、电炉、电子天平(2 台)、吹风机(4 个)等。

2. 用品

(1) 以组为单位。烧杯(100 mL×4)、吸管(1 支)、玻璃棒(1 支)、微量注射器(50 μL×1)、培养皿(1 个)、蒸馏水瓶(1 个)。

(2) 全班共用。移液器(5 mL×1、1 mL×2、0.2 mL×3)、大漏斗(1 个)、滤纸(1 盒)、试剂瓶(1 000 mL×5、500 mL×5、250 mL×10)、烧杯(1 000 mL×5、500 mL×8、200 mL×8)、量筒(1 000 mL×1、500 mL×1、250 mL×2、100 mL×5、10 mL×5)、研钵或匀浆器(1 个)、标签纸、pH 试纸、刀片。

四、实验材料和试剂准备

1. 实验材料　采用小鼠的肝组织。

2. 试剂准备

(1) 制备凝胶的试剂。

① 30%凝胶贮液：取 30 g 丙烯酰胺(Acr)、0.8 g 甲叉双丙烯酰胺(Bis)，先用约 50 mL 蒸馏水溶解，如溶解不完全，可加热至 30~50 ℃溶解，定容至 100 mL，然后过滤，置于棕色瓶，4 ℃下保存备用。

② 10%过硫酸铵(AP)溶液：取 2 g 过硫酸铵于蒸馏水溶解后，定容至 20 mL，现配现用。

③ 1 mol/L HCl(配 500 mL)：取浓 HCl(36%~38%)42 mL，加蒸馏水至 500 mL(在通风橱中操作)。

④ 下层胶缓冲液(分离胶缓冲溶液，1.5 mol/L Tris - HCl 缓冲液，pH 8.8)：取 18.15 g Tris(三羟甲基氨基甲烷)于蒸馏水溶解后，加 1 mol/L HCl 溶液约 48 mL，调 pH 至 8.8，定容至 100 mL。

⑤ 上层胶缓冲液(浓缩胶缓冲溶液，0.5 mol/L Tris - HCl 缓冲液，pH 6.8)：取 6 g Tris 于蒸馏水溶解后，加 1 mol/L HCl 溶液约 40 mL，调 pH 至 6.8，定容至 100 mL。

⑥ 电极缓冲液(0.05 mol/L Tris - 0.384 mol/L 甘氨酸缓冲液，pH 8.3)：取 Tris 6 g、28.8 g 甘氨酸(氨基乙酸)，加蒸馏水溶解后，调节 pH 8.3，定容至 1 000 mL。用时稀释 3 倍。

⑦ 0.5%溴酚蓝指示剂(配 50 mL)。

⑧ 10%四甲基乙二胺(TEMED)(配 20 mL)。

⑨ 凡士林(1 瓶)。

(2) GPDH 同工酶染色贮存液。

① 5 mg/mL NAD$^+$(氧化型辅酶Ⅰ)溶液：称取 500 mg NAD$^+$ 加蒸馏水溶解并定容至 100 mL，置棕色瓶中，4 ℃可保存 2 周。

② 1.2 mol/L α甘油磷酸钠溶液：称取 7.78 g α甘油磷酸钠，加蒸馏水溶解并定容至 20 mL。

③ 0.1 mol/L NaCl：称 0.58 g NaCl，加蒸馏水溶解并定容至 100 mL。

④ 1 mg/mL 甲硫吩嗪(PMS)：称甲硫吩嗪(PMS) 25 mg，加蒸馏水溶解并定容至 25 mL，置棕色瓶中，4 ℃保存。

⑤ 1 mg/mL 氯化硝基四氮唑蓝(NBT)溶液：称 200 mg NBT，加蒸馏水溶解并定容至 200 mL，呈淡黄色，于棕色瓶 4 ℃保存。每次用完请妥善保管。当淡黄色 NBT 变绿色或出现沉淀时，不能再使用。

⑥ 50 mmol/L pH 10.0 的甘氨酸- NaOH 缓冲液：称取 0.75 g 甘氨酸加蒸馏水溶解，称取 0.25 g NaOH 加蒸馏水溶解，将两者混合，并定容至 200 mL，调节溶液 pH 为 10.0，置于 4 ℃保存备用。

⑦ 脱色液：7%醋酸，配 1 000 mL。

五、实验步骤

1. 样品的处理 称取 0.5 g 小鼠肝组织，加入 3 mL 50 mmol/L pH 10.0 的甘氨酸- NaOH 缓冲液和少量石英砂于研钵或匀浆器中磨成匀浆，以 10 000 r/min 离心 10 min，取上清液于-20 ℃保存。

用移液器取 1 mL 肝组织提取液，加少量蔗糖和 20 μL 0.5％溴酚蓝指示剂，混匀，用于电泳时点样。

2. 电泳凝胶的制作

(1)清洗玻璃板并用吹风机吹干。

(2)在塑料胶条的两面涂少量凡士林(注意不能涂多，以防弄脏玻璃板)。

(3)根据老师示范安装好电泳槽(玻璃板)。

(4)用小烧杯按表 11-29 配封胶的溶液，混匀，马上倒入电泳槽的封口槽处，静置 5~10 min 直到凝固。

(5)用小烧杯盛水，于两层玻璃之间灌满水，检查玻璃底部和两侧是否漏水，如果漏水，要重装。

(6)用小烧杯按表 11-29 配下层胶(分离胶)，胶浓度为 7.5％，混匀，灌胶，其高度离梳子 1~1.5 cm，然后用吸管覆盖一层水，凝胶时间为 15~30 min，待胶与水分层，把水倒掉。

(7)用小烧杯按表 11-29 配上层胶(浓缩胶)，胶浓度为 5％，混匀，灌满胶，插入梳子。

(8)凝胶时间 10~20 min，凝好胶后拔掉梳子。

(9)电泳槽的上槽加入稀释的电极缓冲液，浸泡至低玻璃面，但不能超过高玻璃面，注意不能漏水。

(10)电泳槽的下槽加入稀释的电极缓冲液，体积基本与上槽电极缓冲液相同。

表 11-29 封胶液、分离胶和浓缩胶的配方

试剂	封胶液(μL)	7.5％分离胶(μL)	5％浓缩胶(μL)
30％凝胶贮液	2 000	2 500	830
上层胶缓冲液(pH 6.8)	—	—	2 500
下层胶缓冲液(pH 8.8)	—	2 500	—
水	6 000	4 800	1 530
10％TEMED	200	100	70
10％过硫酸铵	120	100	70
总体积	8 320	10 000	5 000

3. 预电泳 上槽接电泳仪的负极(一)，下槽接电泳仪的正极(＋)。恒电压电泳：60 V，15~20 min。

4. 加样和电泳

(1)关闭电源后，用微量注射器取肝组织提取液 20~40 μL 于凝胶的加样孔内点样。注意：如果只有 1 个样品，可以进行梯度点样、隔孔点样。

(2)恒压电泳：浓缩胶，80 V 电泳，约 1 h。待指示剂溴酚蓝进入分离胶后，调整分离胶电压为 120~160 V，电泳 2~3 h。待指示剂离下面胶底 0.5 cm 左右停止电泳。

(3)电泳结束后剥胶，做好记号(左→右)。注意，不要把胶弄碎。

5. GPDH 的活性染色

(1)将凝胶置于培养皿中。按表 11-30 配好染色液，倒入培养皿中。置 37 ℃水浴中避

光保温 30 min，待 GPDH 同工酶呈现蓝紫色区带即可结束染色。可回收染色液，留到下次用。

(2)倒去染色液后，用蒸馏水洗 3 次除去多余的染色液，可看到凝胶上清晰的蓝色电泳带。把凝胶置于胶片观察灯上，标明正、负极，用数码相机照相，并画电泳图谱，分析小鼠肝组织 GPDH 同工酶带的种类和活性。

表 11 - 30　GPDH 活性染色液（每组用量）

项目	NAD^+	α甘油磷酸钠	NaCl	NBT	PMS	甘氨酸-NaOH	总体积
用量(mL)	8	2	11	20	2	17	60

六、结果与计算

(1)做好 GPDH 同工酶电泳图谱记录和照相，并做好标记。
(2)学生对该实验提出可行性的改进意见。

七、注意事项

(1)电泳时电流或电压不能太大，应防止热效应引起 GPDH 同工酶的活性失活，有条件的可在 4 ℃下电泳。
(2)染色液如果变绿色或出现沉淀，不能再使用。

八、思考题

GPDH 同工酶电泳与 LDH 同工酶电泳有何区别？

实验五十八　等电聚焦法测定蛋白质的等电点

一、实验目的

(1)学习和掌握等电聚焦电泳的原理及电泳技术。
(2)熟练掌握等电聚焦电泳有关试剂配制的方法和制胶技术。

二、实验原理

等电聚焦(isoelectric focusing，IEF)是 1966 年瑞典科学家 Rible 和 Vesterberg 建立的一种高分辨率的蛋白质分离分析技术。它是利用蛋白质分子或其他两性分子的等电点(pI)的不同，在一个稳定、连续、线性的 pH 梯度中进行蛋白质或其他物质的分离，由于它具有分辨率高(0.01 pH)、重复性好、操作简便等优点，因此特别适合于分离相对分子质量相近而等电点不同的蛋白质组分。

在 IEF 电泳中，首先进行预电泳，使两性电解质载体中等电点不同的物质通过电泳在凝胶中形成 pH 梯度(从正极到负极，pH 逐渐增大)，即在电场中构成连续的 pH 梯度。然后关电源，蛋白质样品点样，在电场作用下，蛋白质在大于其等电点的 pH 环境中解离成带负电荷的阴离子，向电场的正极泳动，在小于其等电点的 pH 环境中解离成带正电荷的阳离子，向电场的负极泳动。这种泳动只有在等于其等电点的 pH 环境中（即蛋白质所带的净电荷为零时）才能停止。这样，各种蛋白质分子将按照它们各自的等电点大小在 pH 梯度中相对应的位置处进行聚焦，经过一定时间的电泳以后，不同等电点的蛋白质分子便分别聚焦于不同的位置，形成分离的蛋白质区带。

等电聚焦的特点就在于它利用了一种称为两性电解质载体的物质在电场中构成连续的 pH 梯度，使蛋白质或其他具有两性电解质性质的样品进行聚焦，从而达到分离、测定和鉴定的目的。

两性电解质载体，是脂肪族多氨基多羧酸，相对分子质量为 300~1 000。两性电解质在直流电场的作用下，能形成一个正极为酸性、负极为碱性的连续的 pH 梯度。不同 pH 的两性电解质含量与 pI 的分布越均匀，pH 梯度的线性就越好。对两性电解质的要求是缓冲能力强，有良好的导电性，相对分子质量要小，不干扰被分离的样品等。

电泳时间越长，蛋白质聚焦的区带就越集中、越狭窄，因而分辨率越高。这是等电聚焦的一大优点，不像普通的电泳，电泳时间过长则区带扩散。所以，等电聚焦电泳法不仅可以测定蛋白质的等电点，而且能将不同等电点的混合生物大分子进行分离和鉴定。但是，它对于在等电点时发生沉淀或变性的样品却不适用。

三、实验仪器和用品

1. 仪器　夹心式垂直板电泳槽、直流稳压电泳仪、恒温水浴锅、脱色摇床（2 台）、胶片观察灯（2 台）、冰箱、电炉、电子天平（2 台）、吹风机（4 个）等。

2. 用品

（1）以组为单位。烧杯（100 mL×4）、吸管（1 支）、玻璃棒（1 支）、微量注射器（50 μL×1）、培养皿（1 个）、蒸馏水瓶（1 个）。

（2）全班共用。移液器（5 mL×1、1 mL×2、0.2 mL×3）、大漏斗（1 个）、滤纸（1 盒）、试剂瓶（1 000 mL×5、500 mL×5、250 mL×10）、烧杯（1 000 mL×5、500 mL×8、200 mL×8）、量筒（1 000 mL×1、500 mL×1、250 mL×2、100 mL×5、10 mL×5）、研钵或匀浆器（1 个）、标签纸、pH 试纸、刀片。

四、实验材料和试剂准备

1. 实验材料　牛血清蛋白（BSA，pI4.7），鸡血清，溶菌酶干粉（pI 9.2）。

2. 试剂准备

（1）10% Triton X-100（进口试剂）：称取 10 g Triton X-100，加蒸馏水溶解后定容到 100 mL。

（2）1 mol/L NaOH（配 1 000 mL，使用时稀释 50 倍即成 20 mmol/L）。

（3）1 mol/L 磷酸（配 500 mL，使用时稀释 100 倍即成 10 mmol/L）。

（4）裂解缓冲液［9.8 mol/L 尿素-2% Triton X-100-2% 两性电解质（pH 3~9.5）-1.6% β 巯基乙醇，配 10 mL］：称取尿素 5.93 g、Triton X-100 0.2 g、40% 两性电解质（pH 3~9.5）0.5 mL、β 巯基乙醇 0.16 g 加蒸馏水溶解，定容到 10 mL。若较难溶解，可在 30~40 ℃水浴中搅拌溶解。

注意：配置裂解缓冲液时，把称好的尿素、Triton X-100、巯基乙醇倒入小烧杯，先加 2~3 ml 纯水或蒸馏水，在 30 ℃水浴中搅拌溶解，溶解差不多时，倒入容量瓶，加 40%

两性电解质(pH 3~9.5),再滴加蒸馏水,最后定容至 10 mL。裂解缓冲液要提前配置好,提前 2~3 d 处理样品,保证样品的蛋白质充分溶解。若不溶解,以 10 000 r/min 离心 10 min,然后取上清液。

(5)覆盖缓冲液[8 mol/L 尿素-5%Triton X-100-1%两性电解质 pH(3~9.5)-5%β-巯基乙醇,配 10 mL]:称取尿素 4.84 g、Triton X-100 0.5 g、40%两性电解质(pH 3~9.5)0.25 mL、β巯基乙醇 0.5 g,加蒸馏水定容到 10 mL。配置方法同(4)。

(6)30%凝胶贮液(配 200 mL):取 30 g 丙烯酰胺(Acr)、0.8 g 甲叉双丙烯酰胺(Bis),先加约 50 mL 蒸馏水溶解,如溶解不完全,可加热至 30~50 ℃溶解,再定容至 100 mL,然后过滤,滤液置于棕色瓶,4 ℃下保存备用。

(7)10%过硫酸铵(AP)溶液:取 2 g 过硫酸铵于蒸馏水中溶解后,定容至 20 mL,现配现用。

(8)10%四甲基乙二胺(TEMED):量取 1 mL 四甲基乙二胺(TEMED)加蒸馏水溶解并定容至 10 mL。

(9)凡士林:1 瓶。

(10)染色液(0.1%考马斯亮蓝 R-250-45%甲醇-10%冰醋酸):称取 1 g 考马斯亮蓝 R-250,加入 450 mL 甲醇、100 mL 冰醋酸,加水定容至 1 000 mL。

(11)0.5 mol/L NaCl 脱色液(配 1 000 mL)。

(12)固定液(50%的甲醇溶液与 10%冰乙酸):取 500 mL 甲醇和 100 mL 冰乙酸,加蒸馏水定容至 1 000 mL。

(13)10 mmol/L KCl:配 100 mL。

五、实验步骤

1. 样品制备

(1)5 μg/μL 牛血清蛋白(BSA)。先配 50 mg/mL 的 BSA 母液:称取 50 mg BSA,溶于 1 mL 蒸馏水中;再取 0.1 mL 母液,加 0.9 mL 裂解液,即为 5 μg/μL BSA。

(2)鸡血清(全蛋白)。取新鲜血清 500 μL,加 500 μL 裂解液。

(3)5 μg/μL 溶菌酶。先配 50 mg/mL 的溶菌酶母液:称取 50 mg 溶菌酶,溶于 1 mL 蒸馏水中;再取 0.1 mL 母液,加 0.9 mL 裂解液,即为 5 μg/μL 溶菌酶。

2. 凝胶配制

(1)清洗玻璃板并用吹风筒吹干。

(2)在塑料胶条的两面涂少量凡士林(注意不能涂多,以防弄脏玻璃板)。

(3)根据老师示范安装好电泳槽(玻璃板)。

(4)用小烧杯配封胶的溶液:30%凝胶贮液 2 mL、蒸馏水 6 mL、10%TEMED 200 μL、过硫酸铵 120 μL,马上倒入电泳槽的封口槽处,静置 5~10 min 直到凝固。

(5)用小烧杯盛水,于两层玻璃之间灌满水,检查玻璃底部和两侧是否漏水,如果漏水,要重装。

(6)用小烧杯按表 11-31 配凝胶,胶浓度为 6%。先称取尿素 9.0 g 于小烧杯中,加入 10% Triton X-100 6 mL 和 30%凝胶贮液 4 mL,搅拌,使尿素溶解,若温度低,尿素不溶解,可在 30 ℃水浴中溶解。尿素溶解后按表 11-31 分别加 1 mL 40%两性电解质(pH 3~9.5)、200 μL 10%TEMED 和 100 μL 10%AP,此时溶液体积约为 20 mL。混匀,灌胶,待胶灌满，插入梳子。凝胶时间约为 1 h。

(7) 在凝胶过程中，液面会有所下降，可用吸管加满未凝好的胶液，待凝胶凝好后拔去梳子。

(8) 用蒸馏水清洗加样孔 2～4 次，吸干点样孔的水分，以除去未凝的胶液，以免其在预电泳过程中凝固，堵塞加样孔。

(9) 在点样孔中依次加入 10 μL 裂解缓冲液、10 μL 覆盖缓冲液，然后加 20 mmol/L NaOH 至孔满。注意液面不要搅混。

(10) 电泳槽的上槽加入稀释的 20 mmol/L NaOH 电极缓冲液，浸泡至低玻璃面，但不能超过高玻璃面。

(11) 电泳槽的下槽加入稀释的 10 mmol/L H_3PO_4 电极缓冲液。

表 11-31 IEF 凝胶的配制

试剂	配制 20 mL 的用量	终浓度
尿素	9.0 g	7.5 mol/L
10% Triton X-100	6 mL	3%
30%凝胶贮液	4 mL	6%凝胶浓度
40%两性电解质(pH 3～9.5)	1 mL	2%两性电解质
10%TEMED	200 μL	0.1%
10%AP	100 μL	0.02%

3. 预电泳形成 pH 梯度凝胶

(1) 电泳槽上槽接电泳仪的负极(一)，下槽接电泳仪的正极(+)。

(2) 按表 11-32 的要求在室温下进行预电泳。注意，起始电流和结束电流由实际情况而定，只要按表 11-32 的电压和时间进行预电泳，预电泳结束电流要求不一定为 0。此时载体两性电解质的凝胶形成一个连续而稳定的线性 pH 梯度胶。

(3) 预电泳结束后，倒掉电极缓冲液。用蒸馏水清洗加样孔 2 次，用滤纸条吸干点样孔的水分。

表 11-32 预电泳的电压调节

电压(V)	起始电流(mA)	结束电流(mA)	电泳时间(min)
150	8	4～2	30
250	8	5～2	30

4. 加样并电泳

(1) 加样，各孔的点样量为：10～15 μL。点样顺序：先加样品，接着加约 10 μL 覆盖缓冲液，然后加 20 mmol/L NaOH 电极缓冲液至孔满，注意液面不要搅混。

(2) 上槽加 20 mmol/L NaOH 电极缓冲液，下槽加 10 mmol/L 磷酸溶液。在 4 ℃进行电泳。

(3) 电泳，要求在 4 ℃下电泳，先 400 V 电泳 1 h，然后升到 600 V 进行恒压电泳。直到电流指示为 1～2 Am(时间一般 4 h)，结束电泳。

(4) 剥胶，做好记号(左→右)。注意，不要把胶弄碎。

(5) 固定，将凝胶置于培养皿中，倒入固定液，固定 30 min。倒掉固定液，用蒸馏水清洗胶。

(6) 染色，50 ℃染色 30 min，倒掉染色液，用蒸馏水清洗胶几次。

(7)脱色，加入脱色液在 50 ℃脱色 30～60 min，即可看到电泳带。继续脱色直到背景清晰。把凝胶置于胶片观察灯上，标明 pH 的范围，用数码相机照相，并画电泳图谱。

六、结果与计算

(1)做好等点聚焦电泳中各蛋白质电泳图谱的记录和照相，并做好 pH 范围的标记。
(2)分析电泳带，区别碱性蛋白质、酸性蛋白质。
(3)测定 pH 梯度：将一条凝胶条切成 0.5 cm 或 1 cm 小片，将每一小片凝胶在 1 mL 10 mmol/L KCl 中浸泡 30 min，用 pH 计测量 KCl 溶液的 pH。
(4)学生对该实验提出一些可行性的改进意见。

七、注意事项

(1)样品要脱盐，否则电泳带扭曲。
(2)样品要彻底溶解，未彻底溶解的样品会影响电泳结果。因此，样品要提前处理。样品可加入蛋白质变性剂如尿素(6～8 mol/L)、去污剂等帮助溶解。
(3)等电聚焦电泳中，只有在凝胶两端给予高电压，才能获得较好的蛋白质条带分辨率，而高电压的维持需要非常有效的低温环境(否则会导致烧胶)，所以点样后宜在 4 ℃条件下进行电泳。
(4)电极缓冲液应根据两性电解质 pH 范围加以选择，可参考相应产品说明书。
(5)等电聚焦电泳结果与两性电解质密切相关，如果两性电解质纯度不够，或形成的正极为酸性、负极为碱性的连续 pH 梯度不均一，都会直接影响电泳带的形成。
(6)等电聚焦电泳条带的形成主要受凝胶中 pH 梯度、电流、点样量等因素影响。

八、思考题

(1)为什么说等电聚焦电泳的分辨率要比普通的 PAGE 要高得多？
(2)在样品处理中，所加的裂解缓冲液含有高浓度(9.8 mol/L)的尿素，其起什么作用？
(3)在等电聚焦电泳中，分布在负极和正极的凝胶电泳带各是哪类蛋白质？
(4)在等电聚焦电泳中，电泳条带主要受哪些因素影响？

实验五十九　尼龙固定化木瓜蛋白酶

一、实验目的

(1)学习和理解尼龙固定化木瓜蛋白酶基本原理。
(2)熟练掌握尼龙固定化木瓜蛋白酶基本技术，进一步理解其和水溶性酶比较所独有的优点。

二、实验原理

通过物理或化学的方法，将水溶性的酶与水不溶性的载体结合，固定在载体上，在一定的空间范围内进行催化反应的酶称为固定化酶。酶的固定化方法有：吸附法(物理吸附、离子吸附)、包埋法、共价键结合法、交联法。固定化酶的优越性主要表现在：a. 在大多数情况下，可提高酶的稳定性；b. 提高酶的使用效率，降低生产成本；c. 酶不与产品混合，制品易于纯化；d. 利用固定化酶，工业上可以大批量、连续化生产。本实验尼龙固定化木瓜蛋白酶属共价键结合法。尼龙长链中的酰胺键，经 HCl 水解后，产生游离的—NH，在一定条件下与双功能试剂戊二醛中的一个—CHO 缩合，戊二醛的另一个—CHO 则与酶中的游离氨基缩合，形成尼龙(载体)-戊二醛(交联剂)-酶，即尼龙固定化木瓜蛋白酶。

三、实验仪器和用品

1. **仪器**　恒温水浴锅、紫外分光光度计、冰箱、电子天平。
2. **用品**　烧杯、移液管或移液枪、滴管、容量瓶、试管架、洗耳球、剪刀、镊子。

四、实验材料和试剂准备

1. **实验材料**　尼龙布(86)或(66)，100 目，剪成 3 cm×3 cm。
2. **试剂准备**

(1)甲醇溶液(含 18.6% $CaCl_2$ 和 18.6% 蒸馏水)(每组 50 mL)。称 18.6 g $CaCl_2$ 溶于 18.6 mL 蒸馏水，冷却后，用甲醇定容至 100 mL。

(2)3.5 mol/L HCl 溶液(每组 30 mL)。取 29.2 mL 浓 HCl，定容至 100 mL。

(3)0.2 mol/L 硼酸缓冲液(pH 8.4，每组 30 mL)。称取 0.858 g $Na_2B_4O_7 \cdot 10H_2O$ 和 0.68 g H_3BO_3 用蒸馏水溶解，定容至 100 mL。

(4)5% 戊二醛(以 0.2 mol/L pH 8.4 的硼酸缓冲液配制，每组 30 mL)。取 25% 戊二醛 20 mL，用 0.2 mol/L pH 8.4 的硼酸缓冲液定容至 100 mL。

(5)0.1 mol/L pH 7.2 的磷酸缓冲液(每组 250 mL)。称取 1.28 g $Na_2HPO_4 \cdot 2H_2O$ 和 1 g $NaH_2PO_4 \cdot 12H_2O$，用蒸馏水溶解，定容至 100 mL。

(6)0.5 mol/L NaCl 溶液(用 0.1 mol/L pH 7.2 的磷酸缓冲液配制，每组 150 mL)。称取 2.93 g NaCl，用 0.1 mol/L pH 7.2 的磷酸缓冲液溶解，并用 0.1 mol/L pH 7.2 的磷酸缓冲液定容至 100 mL。

(7)木瓜蛋白酶溶液(1 mg/mL，用 0.1 mol/L pH 7.2 的磷酸缓冲液配制，每组 15 mL)。称取 100 mg 木瓜蛋白酶粉末，加 1 mL 激活剂，研磨 10 min，用 0.1 mol/L pH 7.2 的磷酸缓冲液溶解，定容至 100 mL。全班用 200 mL。

(8)激活剂(用 0.1 mol/L pH 7.2 的磷酸缓冲液配制，含半胱氨酸 10 mmol/L，EDTA 1 mmol/L，每组 50 mL)。称取 0.12 g 半胱氨酸和 0.04 g EDTA，用 0.1 mol/L pH 7.2 的磷酸缓冲液溶解，定容至 100 mL。

(9)1% 酪蛋白(用 0.1 mol/L pH 7.2 的磷酸缓冲液配制，每组 20 mL)。称取 1 g 酪蛋白，加 5 mL 0.1 mol/L pH 7.2 的磷酸缓冲液，研磨 10 min，再用上述缓冲液定容至 100 mL。37 ℃下保温振荡 3 h，至酪蛋白溶解。

(10)20% 三氯乙酸(用蒸馏水配制，每组 40 mL)。称取 20 g 三氯乙酸，加蒸馏水溶解，定容至 100 mL。

五、实验步骤

1. **固定化酶的制备**

(1)每组取 5 块尼龙布(3 cm×3 cm)，浸入 50 ℃的含 18.6% $CaCl_2$ 和 18.6% 水的甲醇溶液中，每隔几秒钟取出来看看，当尼龙布耷拉下来并粘在一起时立即放入蒸馏水中，取出用蒸馏水冲去污物,用吸水纸吸掉表面水分。

(2)选择其中 3 块规整的尼龙布放入 3.5 mol/L HCl 中,在室温下水解 45 min,用蒸馏水泡洗 3 次至 pH 中性,用吸水纸吸掉表面水分。

(3)将尼龙布放入 5% 戊二醛中,在室温下浸泡偶联 20 min。

(4)取出尼龙布,用 0.1 mol/L pH 7.2 磷酸缓冲液反复(3 次)洗去多余的戊二醛,用吸水纸吸掉表面水分,分别将每块尼龙布用玻璃棒压入试管底部,加入 1 mL 酶液(1 mg 木瓜蛋白酶/mL)在 4 ℃下浸泡 4 h。

(5)从酶液中取出尼龙布(保留残余酶液测定活性),用 0.5 mol/L 的 NaCl(用 0.1 mol/L pH 7.2 磷酸缓冲液配制)洗去未结合的酶蛋白(2 次),即为尼龙固定化酶。

2. 酶活力测定

(1)溶液酶活力测定。取 0.2 mL 酶液,加入 1.8 mL 激活剂,37 ℃预热 10 min,加入 37 ℃预热 10 min 的 1% 酪蛋白溶液 1 mL,准确反应 10 min,加入 20% 三氯乙酸 2 mL 终止酶反应。对照管先加入 20% 三氯乙酸溶液,后加酪蛋白溶液,其他与测定管相同。过滤,滤液于 275 nm 波长下测定吸光度(表 11-33)。

在上述条件下,每 10 min 吸光度增加 0.001 为 1 个酶单位(U),以下同。

表 11-33 酶活力测定

试 剂	溶液酶			固定化酶			残留酶		
	CK	1	2	CK	1	2	CK	1	2
激活剂(mL)	1.8	1.8	1.8	2.0	2.0	2.0	1.8	1.8	1.8
酶液(mL)/固定化酶块	0.2	0.2	0.2	1 块	1 块	1 块	0.2	0.2	0.2
37 ℃保温 5 min									
37 ℃ 1% 酪蛋白(mL)	—	1	1	—	1	1	—	1	1
37 ℃反应 10 min									
20% TCA(mL)	2	2	2	2	2	2	2	2	2
摇 匀									
1% 酪蛋白(mL)	1	—	—	1	—	—	1	—	—
过 滤									
A_{275}									

(2)残留酶活力测定。同溶液酶活力测定。

(3)固定化酶活力测定。取一块尼龙固定化酶,加入 2.0 mL 激活剂,其余步骤与溶液酶活力测定相同。

六、结果与计算

$$活力回收 = \frac{固定化酶总活力}{溶液酶总活力} \times 100\%$$

$$相对活力 = \frac{固定化酶总活力}{溶液酶总活力 - 残留酶总活力} \times 100\%$$

七、注意事项

(1)尼龙布的处理是实验成败的关键,既要让其充分活化,又不能使其破碎。
(2)固定化酶液浓度最好为 0.5~1 mg/mL,每块尼龙布用量不宜超过 1 mL。
(3)酶活性测定的反应时间一定要准确。
(4)过滤操作要规范。
(5)溶液酶和残留酶的总活力应该为测定酶活力的 5 倍。

八、思考题

(1)酶活性测定为什么要用石英比色杯?
(2)酶活性测定的吸光值为什么选用波长是 275 nm 而不是 280 nm?
(3)在尼龙固定化木瓜蛋白酶实验中,确保固定化酶活性较高的因素有哪些?

实验六十　蛋白质双向凝胶电泳

一、实验目的

(1)学习和掌握蛋白质双向凝胶电泳的原理和方法。
(2)了解蛋白质双向凝胶电泳技术在蛋白质组学研究中的应用。

二、实验原理

随着后基因组时代的到来,蛋白质组学(proteomics)已经成为生命科学研究的重心。双向电泳(two-dimensional electrophoresis,2-DE)作为蛋白质组研究的开门技术,是目前分辨率最高的实验技术之一。2-DE 技术的第一向等电聚焦(isoelectric focusing,IEF)是基于蛋白质等电点不同而将其分离;第二向 SDS 聚丙烯酰胺凝胶电泳(SDS-PAGE)是基于蛋白质(亚基)相对分子质量不同,将第一向分离后的蛋白质进一步分离。经过电荷和相对分子质量两次分离后,可以得到蛋白质等电点和相对分子质量的信息,电泳的结果不是条带,而是点(图 11-12)。根据第一向电泳的差别,又可分成载体两性电解质 pH 梯度为第一向的双向电泳和固相 pH 梯度为第一向的双向电泳。双向电泳一般包括样品制备、IEF、平衡、SDS-PAGE、染色、保存、图谱分析。在蛋白质组研究中,主要是应用固相 pH 梯度等电聚焦和高通量的 SDS-PAGE 系统。本实验选用载体两性电解质 pH 梯度为第一向的双向电泳。

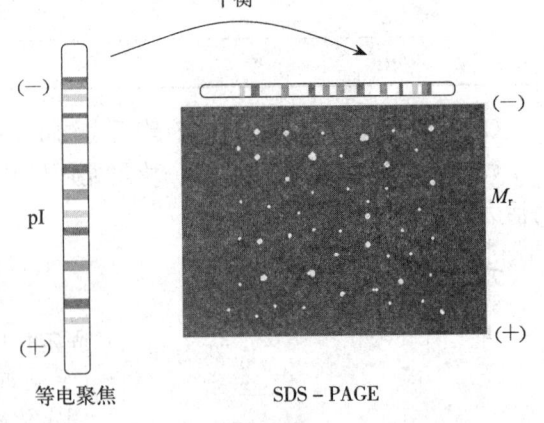

图 11-12　蛋白质双向凝胶电泳原理示意图

三、实验仪器和用品

高压电泳仪双向电泳单元(大玻璃板与长胶条、大电泳槽相配,小玻璃板与短胶条、小电泳槽相配。每班 20~30 根玻璃管、8~10 套玻璃板、3~5 个电泳槽)、带长针头的注射器、微量进样器、脱色摇床及玻璃器皿、pH 计、试管架、试管、染色盒、微波炉。

四、实验材料和试剂准备

1. 实验材料　采用植物叶片。

2. 试剂准备

(1) 相对分子质量标准蛋白质(SDS-PAGE 用的粉状用品，不能用液体用品)。

(2) 蛋白质样品提取液。1 mol/L Tris，8 mol/L 尿素，2 mol/L 硫脲，0.1% 两性电解质(pH 3.5~10)，0.5% Triton X-100，2% CHAPS，1% DTT。配制方法：称取 12.1 g Tris、48.0 g 尿素、15.2 g 硫脲、2.0 g CHAPS、1.0 g DTT、溶于 50 mL ddH$_2$O 中，然后加入 0.1 mL 两性电解质(pH 3.5~10)、0.5 mL Triton X-100，定容至 100 mL。

(3) 样品裂解液。8 mol/L 尿素，0.1% 两性电解质(pH 3.5~10)，0.5% Triton X-100，4% CHAPS，1% DTT，0.02% 溴酚蓝。配制方法：称取 4.8 g 尿素、0.4 g CHAPS、0.1 g DTT，溶于 8 mL ddH$_2$O 中，然后加入 0.01 mL 两性电解质(pH 3.5~10)、0.05 mL Triton X-100，定容至 10 mL。(先溶解好尿素，试剂使用前再加 DTT。)

(4) 凝胶贮液。30% 丙烯酰胺，0.8% 甲叉双丙烯酰胺，4 ℃ 保存。配制方法：称取 30 g 丙烯酰胺、0.8 g 甲叉双丙烯酰胺，溶于 50 mL ddH$_2$O 中，定容至 100 mL(全班配 500 mL)。

(5) 分离胶缓冲液。1.5 mol/L Tris-HCl，pH 8.8，4 ℃ 保存。配制方法：称取 18.2 g Tris，溶于 80 mL ddH$_2$O 中，用 HCl 调 pH 至 8.8，然后定容至 100 mL(全班配 500 mL)。

(6) pH 3.0~10、pH 4~6 两性电解质载体 1 瓶。

(7) TEMED(四甲基乙二胺) 1 瓶。

(8) 10% 过硫酸铵。称取 1.0 g 过硫酸铵，溶于 8 mL ddH$_2$O 中，定容至 10 mL(全班配 20 mL)。

(9) 配 500 mL 50 mmol/L Tris-HCl。

(10) 平衡液液。50 mmol/L Tris-HCl，pH 8.8、6 mol/L 尿素、30% 甘油、2% SDS、1% DTT，0.05% 溴酚蓝。配制方法：称取 48 g 尿素、2.0 g SDS、1.0 g DTT，溶于 50 mL 50 mmol/L Tris-HCl(pH 8.8) 溶液中，然后加入 30 mL 甘油，用 50 mmol/L Tris-HCl(pH 8.8) 定容至 100 mL。全班配 300 mL，注意，DTT 最后加，如果平衡溶液第二天用，DTT 第二天再加。

(11) IEF 电泳缓冲液。20 mmol/L NaOH(负极)，10 mmol/L H$_3$PO$_4$(正极)。配制方法：称取 0.8 g NaOH，溶于 ddH$_2$O 中，定容至 1 000 mL，用作负极缓冲液；量取 0.67 mL 磷酸(15 mol/L)，加至 1 000 mL ddH$_2$O 中，用作正极缓冲液。注意：1 个电泳槽用量为阴极和阳极各配 1 000 mL。

(12) 10% SDS。称取 10.0 g SDS，溶于 80 mL ddH$_2$O 中，定容至 100 mL(全班配 300 mL)。

(13) SDS-PAGE 电极缓冲液。0.025 mol/L Tris，0.192 mol/L 甘氨酸，0.1% SDS，

pH 8.3。配制方法：称取 3.03 g Tris、14.4 g 甘氨酸、1.0 g SDS，溶于 800 mL ddH$_2$O 中，定容至 1 000 mL(1 个电泳槽用量为 1 000 mL)。

(14)固定液。50%甲醇，10%冰醋酸。配制方法：量取 50 mL 甲醇、10 mL 冰醋酸，加到 40 mL ddH$_2$O 中。

(15)染色液。0.05% 考马斯亮蓝 R-250，50% 甲醇，10% 冰醋酸。配制方法：称取 0.5 g 考马斯亮蓝 R-250，溶于 500 mL 甲醇中，然后加入 100 mL 冰醋酸，用 ddH$_2$O 定容至 1 000 mL。

(16)脱色液。5%甲醇，7%冰醋酸。配制方法：量取 50 mL 甲醇、70 mL 冰醋酸，加 ddH$_2$O 至 1 000 mL。

五、实验步骤

1. 样品制备 称取植物叶片 1.0 g 于液氮中研磨成粉末，加入 2 mL 蛋白质样品提取液，4 ℃ 静置 1 h，于 4 ℃、12 000 r/min 离心 10 min，取上清液，加入 4 倍体积 -20 ℃ 预冷的丙酮，-20 ℃ 放置 3 h 以上，于 4 ℃、12 000 r/min 离心 10 min，弃上清液，沉淀于真空干燥后，溶于 500 μL 样品裂解液中，上样或 -80 ℃ 保存备用。

2. 第一向等电聚焦电泳

(1)玻璃管的准备。选取干净的玻璃管(直径 2 mm)，将胶塞装上并固定于试管上(每组准备 2 个玻璃管、3 块以上封口膜)。

(2)IEF 凝胶的配制。

① 按表 11-34 配制不同 pH 范围的凝胶(pH 3.5~10)，先取 5.4 mL 的 ddH$_2$O 于小烧杯，然后加 5.5 g 尿素使其溶解。

表 11-34 不同 pH 范围的凝胶配方(约 10 mL)

试 剂	pH 范围	
	3.5~10	4~6
超纯尿素	5.5 g	5.5 g
ddH$_2$O	5.4 mL	5.4 mL
凝胶贮液	2.0 mL	2.0 mL
Triton X-100	20 μL	20 μL
pH 3.5~10 两性电解质载体	0.24 mL	0.04 mL
pH 4~6 两性电解质载体		0.2 mL
10% AP	25 μL	25 μL
TEMED	10 μL	10 μL
总体积	13.2 mL	13.2 mL

② 再按表 11-34 加凝胶贮液、Triton X-100，搅拌均匀后，再按表 11-34 加两性电解质载体、10% AP、TEMED，混匀胶液。注意：加 AP 后每 4 组配 13.2 mL。

③ 把 1 mL 枪头套在玻璃管上，用枪吸取上述混匀的胶液(或用洗耳球套吸取胶液：洗

耳球贴着玻璃管的一端，另一端浸入液面下吸取胶液)。

④ 用玻璃管吸取胶液 1.5 cm 后，用封口膜缠绕封住玻璃管底部，不能漏水，玻璃管上留 0.5 cm 空隙点样。

⑤ 用手指轻弹玻璃管壁，赶走气泡，用长针头注射器在玻璃管另一端胶溶液面上小心注入蒸馏水，以隔绝空气。当凝胶与水层交界处有一个清晰界面时，表明胶已聚合。

(3) 加样和等电聚焦电泳。

① 用滤纸条吸去玻璃管凝胶上层的水，除掉玻璃管的封口膜。

② 把玻璃凝胶管插入到电泳槽中，上槽中加入负极电泳缓冲液(20 mmol/L NaOH)约 350 mL，下槽中加入正极电泳缓冲液(10 mmol/L H_3PO_4)约 350 mL。

③ 使玻璃凝胶管两管口都不存气泡。如果有气泡，需要赶走气泡。

④ 用进样器往凝胶表面加 40~60 μL 样品液。

⑤ 上槽接负极，下槽接正极。

⑥ 电泳：150 V、30 min。

⑦ 电泳：300 V、30 min。

⑧ 电泳：500 V、30 min。

⑨ 电泳：800 V、2 h。

⑩ 电泳：1 000 V、10 h(过夜)，在聚焦电泳最终时，理论上最终电流为 0，但实际上电泳显示 1~2 mA。

(4) 取胶、pH 梯度的测定及胶条平衡。

① 等电聚焦电泳结束后，关掉电源，取出玻璃管，注意玻璃管的正负极。

② 用带长针头的注射器脱胶，具体操作如下：使针筒中充满水，再接好长针头，缓慢将针头插入胶与玻璃管壁之间，同时匀水压注水，并且缓慢向前旋转玻璃管，让水流旋转前进，直至水从玻璃管另一端口流出。如此重复几次，再用洗耳球将胶条吹出。注意胶条的正负极，并做好记号。

③ 将胶条放入盛有平衡液中的培养皿，摇床平衡 30 min。

④ 将要测定 pH 梯度的胶条按每段 1 cm 分成若干段后，按顺序装入盛有脱气的超纯水小瓶中，放 4 ℃ 冰箱过夜，次日用 pH 计分别测定各段的 pH。

3. 第二向 SDS - PAGE

(1) 安装电泳槽。

① 清洗玻璃板，用吹风机吹干。

② 每个玻璃板各取 2 种胶条，每一种胶条由 1 mm 和 1.5 mm 塑料胶条组合。

③ 在塑料胶条的两面涂上少量凡士林，置胶条在玻璃板两侧，将两块玻璃板安装在制胶架上，凹口面在外。

④ 按表 11 - 35 配封胶液Ⅰ，倒入封口槽，静置 5~10 min 直至凝固。

⑤ 用小烧杯灌蒸馏水于两玻璃板之间，检测底部是否漏水。

(2) SDS 凝胶的配制及灌胶。

① 用小烧杯按表 11 - 35 配制 12.5% 浓度的凝胶，混匀(每组配 50 mL)。

② 把玻璃棒置于两块玻璃板之间，把混匀的胶液沿着玻璃棒倒入玻璃夹层里，凝胶液至玻璃板上部约 1 cm 即可。

③ 用滴管在胶面上小心注入一层蒸馏水，以隔绝空气，以防胶凝结时表面形成弯月面。
④ 当凝胶与水层交界处有一个清晰界面时，表明胶已聚合。
⑤ 把凝好的玻璃板从制胶板上移到电泳槽中，凹面在内，并在电泳槽上塞好胶塞，以免漏水。

表 11-35 SDS-PAGE 均一胶配方

试剂	封胶液 I	封胶液 II	胶浓度	
			12.5%	15%
凝胶贮液(mL)	40	10	42	50
分离胶缓冲液(mL)			25	25
10%SDS(mL)			1	1
ddH_2O(mL)	120	30	31.4	23.45
10% AP(μL)	2 400	600	540	500
TEMED(μL)	400	100	60	50
总体积(mL)	162.8	40.7	100	100

(3)第一向胶条的转移和 SDS-PAGE。

① 待 SDS 凝胶聚合好后，无需将原来的蒸馏水倒去，直接将第一向平衡好的胶条平放于凝胶顶部中央(可用注射器冲水调整胶条位置，接着用滤纸把水吸干)，注意胶条的正负极并做好标记。

② 按表 11-35 配封胶液 II，用吸管吸取封胶液于胶条与凝胶接触处，固定好胶条，此时应注意避免胶条与凝胶之间产生气泡。

③ 可在没有胶条的位置插入单孔梳(形成加样单孔)。

④ 待琼脂糖凝固后，拔出单孔梳。

⑤ 加入 SDS-PAGE 电极缓冲液后，往加样单孔加入 50 μL 处理好的相对分子质量标准蛋白质。

⑥ 上槽接负极，下槽接正极。

⑦ 电泳参数为：15 ℃恒温下，15 mA/块，0.5 h；40 mA/块，至溴酚蓝达胶底部为止(约 4 h)。

4. 染色与脱色

(1)电泳结束后，剥下凝胶于培养皿中，于摇床上，加固定液 30 min。

(2)倒掉固定液，加染色液，于摇床上室温染色 3 h(或置 60 ℃水浴锅中染色 1 h)。

(3)换脱色液，加脱色液，于摇床上脱色以至背景清晰。

注意：温度升高时，染色或脱色速度相对加快；脱色后的胶可立即照相，也可保存于 7%冰醋酸中。

六、结果与计算

(1)蛋白质相对分子质量的计算。以标准蛋白质样品的相对迁移率为横坐标，其相对分子质量的对数为纵坐标，绘制标准曲线。根据各蛋白质点的 R_f 值，从标准曲线(方程)中推算其相对分子质量。

(2)蛋白质等电点的计算。根据 pH 梯度的测定结果，可查找出对应一定相对分子质量蛋白质点的等电点。

(3)2-DE 图谱分析。观察凝胶上蛋白质点的多少、蛋白质点的形状及是否有横向或纵向拖尾。

七、注意事项

(1)色素、酚类、核酸、高浓度盐离子均会干扰蛋白质双向电泳，因此样品应进行必要的纯化处理。

(2)两性电解质的质量会影响 IEF 的效果。

八、思考题

(1)如何区分 IEF 和 SDS-PAGE？
(2)若实验失败，请分析 2-DE 失败的可能原因。

实验六十一 Western 免疫印迹

一、实验目的

(1)学习和掌握 Western 免疫印迹技术的原理和方法。
(2)了解 Western 免疫印迹技术在分析蛋白质时空表达中的应用。

二、实验原理

Western 免疫印迹(Western Blot)是将蛋白质转移并固定到化学合成的膜支撑物上，然后以特定的免疫反应、亲和反应或缩合反应以及显色系统分析此印迹。这种以高亲和力形成印迹的方法称为 Western Blot 技术。

经过聚丙烯酰胺凝胶电泳(或 SDS-PAGE、Native-PAGE、IEF)分离的蛋白质样品，转移到固相载体(如硝酸纤维素薄膜、PVDF 膜)上，固相载体以非共价键形式吸附蛋白质，且能保持电泳分离的多肽类型及其生物学活性不变(图 11-13)。该技术以固相载体上的蛋白质或多肽作为抗原，与对应的抗体起免疫反应，再与酶或同位素标记的第二抗体起反应，经过底物显色或放射自显影检测，广泛应用于检测蛋白水平的表达。

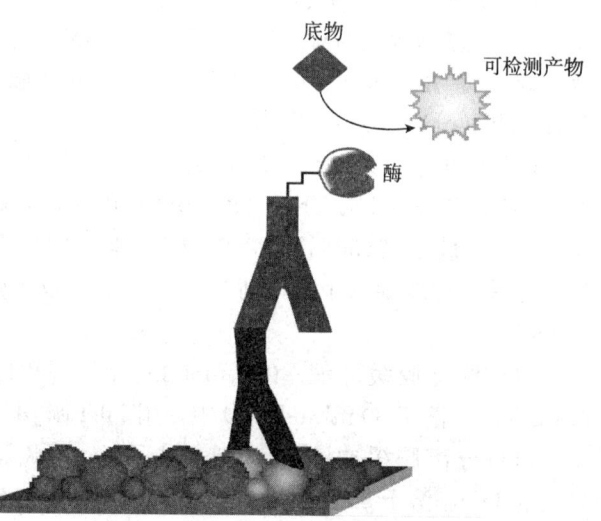

图 11-13 Western 免疫印迹原理示意图
(引自 http://www.piercenet.com/)

三、实验仪器和用品

蛋白质电泳槽、蛋白质电转移槽、摇床、玻璃平皿、剪刀、镊子、刀片、尺子、一次性手套、硝酸纤维素薄膜(或 PVDF 膜)、普通滤纸、样品袋(7 cm×10 cm 左右)等。

四、实验材料和试剂准备

(1)鸡卵清蛋白。购买商品化产品。

(2)鸡卵清免疫兔的抗血清。购买商品化产品。

(3)辣根过氧化物酶标记的羊抗兔 Ig G 抗体。购买商品化产品，按说明书使用。

(4)2×样品缓冲液。10 mmol/L Tris－HCl(pH 8.0)，0.1% SDS，1% DTT，20%甘油，0.02%溴酚蓝。配制方法：称取 0.1 g SDS、1.0 g DTT、0.002 g 溴酚蓝，溶于 50 mL 10 mmol/L Tris－HCl(pH 8.0)中，然后加入 20 mL 甘油，用 10 mmol/L Tris－HCl 定容至 100 mL。

(5)转膜缓冲液。192 mmol/L 甘氨酸，25 mmol/L Tris，0.1% SDS，20%甲醇，配好后放 4 ℃冰箱预冷。配制方法：称取 3.03 g Tris、14.4 g 甘氨酸、1.0 g SDS，溶于 500 mL ddH$_2$O 中，然后加入 200 mL 甲醇，定容至 1 000 mL。

(6)总蛋白染色液(10 倍液)。2%丽春红 S，30% 三氯乙酸，30% 磺基水杨酸，配好后放 4 ℃冰箱，用前稀释 10 倍。配制方法：称取 2.0 g 丽春红 S、30 g 三氯乙酸、30 g 磺基水杨酸溶于 500 mL ddH$_2$O 中，定容至 100 mL。

(7)TBS 缓冲液。20 mmol/L Tris－HCl，pH 7.5，150 mmol/L NaCl。配制方法：称取 2.42 g Tris、8.76 g NaCl，溶于 900 mL ddH$_2$O 中，用 HCl 调 pH 至 7.5，定容至 1 000 mL。

(8)TBS－T 缓冲液。20 mmol/L Tris－HCl，pH 7.5，150 mmol/L NaCl，0.05% Tween-20。配制方法：量取 0.5 mL Tween-20 加至 1 000 mL TBS 缓冲液中。

(9)封闭液。5%脱脂乳粉(用 TBS－T 缓冲液配)。称取 5.0 g 脱脂乳粉，溶于用 TBS－T 缓冲液中，定容至 100 mL。

(10)辣根过氧化物酶标记的二抗的显色底物。用 0.01 mmol/L Tris－HCl(pH 7.5)配制 0.6% 二氨基联苯胺四盐酸盐、0.3% 氯化钴。用前加 H$_2$O$_2$ 至 0.03%(现配，注意 H$_2$O$_2$ 母液为 30%)。配制方法：称取 0.6 g 二氨基联苯胺盐酸盐、0.3 g 氯化钴，溶于 10 mmol/L Tris－HCl(pH 7.5)中，定容至 100 mL。

(11)终止液。20 mmol/L Tris－HCl，pH 8.0，0.5 mmol/L EDTA。称取 1.86 g EDTA，溶于 20 mmol/L Tris－HCl(pH 8.0)中，定容至 1 000 mL。

(12)凝胶贮液(30%T，2.6%C)。30%丙烯酰胺，0.8%甲叉双丙烯酰胺，4 ℃保存。配制方法：称取 30 g 丙烯酰胺、0.8 g 甲叉双丙烯酰胺，溶于 50 mL ddH$_2$O 中，定容至 100 mL。

(13)浓缩胶缓冲液。0.5 mol/L Tris－HCl，pH 6.8，4 ℃保存。配制方法：称取 6.1 g Tris，溶于 80 mL ddH$_2$O 中，用 HCl 调 pH 至 6.8，然后定容至 100 mL。

(14)分离胶缓冲液。1.5 mol/L Tris－HCl，pH 8.8，4 ℃保存。配制方法：称取 18.2 g Tris，溶于 80 mL ddH$_2$O 中，用 HCl 调 pH 至 8.8，然后定容至 100 mL。

(15)TEMED(四甲基乙二胺)。

(16)10%过硫酸铵。称取 1.0 g 过硫酸铵，溶于 8 mL ddH$_2$O 中，定容至 10 mL。

(17)10%SDS。称取 10.0 g SDS，溶于 80 mL ddH$_2$O 中，定容至 100 mL。

(18)SDS－PAGE 电极缓冲液。Tris 0.025 mol/L，甘氨酸 0.192 mol/L，0.1%SDS， pH 8.3。配制方法：称取 3.03 g Tris、14.4 g 甘氨酸、1.0 g SDS，溶于 800 mL ddH$_2$O 中，定容至 1 000 mL。

五、实验步骤

1. 蛋白质电泳

(1) SDS 凝胶的配制及灌胶。按表 11-36 配制 12.5% 的分离胶凝胶，混匀后用长滴管沿玻璃板小心倒入两块玻璃板的夹层中，上部留出约 2 cm 的空间，然后用滴管在胶面上小心注入一层蒸馏水，以与空气隔绝并防胶凝结时表面形成弯月面。当凝胶与水层交界处有一个清晰界面时，表明胶已聚合。倒去水层，配制 5% 浓缩胶凝胶，倒入两块玻璃板的夹层中，并插入梳子。

表 11-36 SDS 均一胶配方

试剂	胶浓度	
	5%	12.5%
凝胶贮液	1.67 mL	8.4 mL
浓缩胶缓冲液	2.5 mL	—
分离胶缓冲液	—	5 mL
10%SDS	0.1 mL	0.2 mL
ddH$_2$O	5.7 mL	6.4 mL
10%AP	60 μL	110 μL
TEMED	5 μL	6.6 μL
总体积	约 10 mL	约 20 mL

(2) 制备样品。取浓度为 10 mg/mL 的卵清清蛋白 30 μL，加入 30 μL 的 2× 上样缓冲液，混匀后于 100 ℃ 沸水浴 5 min，取出后置于冰上 5 min，12 000 r/min 离心 5 min，上清液用于电泳。

(3) SDS-PAGE。待凝胶凝固后拔出梳子，加好 SDS-PAGE 电极缓冲液后，在凝胶上按标准相对分子质量蛋白质 (Marker)、鸡卵清清蛋白样品 (10 μL、20 μL、30 μL) 的顺序点样，并按如下参数进行电泳：15 ℃ 恒温下，15 mA 0.5 h；30 mA，至溴酚蓝达距胶底部约 1 cm 为止。

2. 转移（戴塑料手套操作）

(1) 平衡。电泳结束后将凝胶割至合适大小，用转膜缓冲液平衡 3 次，每次 5 min。

(2) 膜处理。将裁好的与凝胶同样大小的滤纸和 NC 膜（用铅笔在右上角作标记），浸入转膜缓冲液中浸泡 10～30 min。

(3) 转膜。转膜装置从下至上依次按负极碳板、纤维垫、2～4 层滤纸、凝胶、NC 膜、2～4 层滤纸、纤维垫、正极碳板的顺序放好（滤纸、凝胶、NC 膜精确对齐，每一步去除气泡），关上转移盒并插入转移池（NC 膜在正极侧），注满转移缓冲液后，接通电源，恒流 200 mA，转移 1.5 h。转移结束后，断开电源，将膜取出放入培养皿中，做免疫印迹。

3. 免疫反应

(1) 用 ddH$_2$O 洗膜 3 次，每次 5 min。

(2) 在丽春红 S 染色液（工作液）中染色 0.5～1 min（培养皿中进行）。

(3)用 ddH₂O 洗膜，如果转膜成功，可见清晰条带，用铅笔标记 Marker。

(4)用 ddH₂O 洗膜，至条带看不清。

(5)加入封闭液，在 200 r/min 摇床上平稳摇动 2 h。

(6)弃封闭液，将 NC 膜用 TBS-T 缓冲液洗 1~5 min(在摇床上轻摇)。

(7)将 NC 膜转入塑料袋，加入 10 mL 封闭液，按合适稀释比例加入第一抗体(鸡卵清免疫兔的抗血清，如效价为 1:800，则加入 12.5 μL，一抗液体必须覆盖膜的全部)，置于摇床上温育 12 h 以上。

(8)弃去第一抗体，用 TBS-T 缓冲液洗膜 3 次，每次 5 min。

(9)按合适稀释比例加入辣根过氧化物酶标记的羊抗兔 Ig G 抗体(第二抗体)于 10 mL TBS-T 缓冲液中，平稳摇动，室温 1~2 h。

(10)弃第二抗体，用 TBS 缓冲液洗膜 3 次，每次 5 min。

(11)加入显色液(现配)，显色至出现条带时，将膜转放入终止液中，终止反应。

六、结果与计算

立即照相记录实验结果，以防止时间过长，印迹消退。

七、注意事项

(1)第一抗体、第二抗体的稀释倍数、作用时间等实验条件需经过前期实验摸索来确定最佳条件。

(2)显色液必须新鲜配制。

(3)二氨基联苯胺有潜在的致癌作用，操作时要小心仔细。

八、思考题

Western 免疫印迹技术有哪些优点及应用？

实验六十二 PCR 法克隆植物基因组 DNA(目的基因)

一、实验目的

(1)学习和掌握 DNA 分离及 PCR 的基本原理。

(2)掌握植物组织中 DNA 分离纯化的基本技术。

(3)掌握 PCR 的基本技术。

二、实验原理

(一)DNA 抽提的基本原理

核酸是生物遗传的物质基础，决定了生物体的遗传、变异、生长和发育。在基因工程中，核酸分子是主要的研究对象，因此核酸的分离、提取是分子生物学研究中很重要的技术，核酸样品的质量直接关系到实验的成败。核酸包括 DNA 和 RNA 两种分子，在细胞中均与蛋白质结合。真核生物染色体 DNA 为双链线性分子，原核生物"染色体"、质粒及真核细胞器 DNA 为双链环状分子，某些噬菌体 DNA 为单链环状分子，而 RNA 大多为单链线性分子。

植物基因组 DNA 的抽提方法有多种，不同的植物有其最合适的抽提方法，但各种方法的基本原理都大同小异。其原理是：先用机械的方法使组织和细胞破碎，然后加入十二烷基磺酸钠、十六烷基三甲基溴化铵(CTAB)、十二烷基硫酸钠(SDS)等离子型表面活性剂，溶解细胞膜和核膜蛋白质，使细胞膜和核膜破裂，进入细胞核内的表面活性剂解聚细胞核中心的核蛋白，并与蛋白质形成混合物；再加入酚和氯仿等表面活性剂，使蛋白质变性，经离心除去植物的组织和变性蛋白质；上清液中加入无水乙醇或异丙醇使 DNA 沉淀下来。在 DNA 提取过程中应做到：a. 根据不同研究需要，保证结构的相应完整性；b. 尽量排除其他大分子成分(蛋白质、多糖及 RNA 等)的污染；c. 保证提取样品中不含对酶有抑制作用的有机溶剂及高浓度的金属离子。

(二)PCR 技术

1. PCR 技术的基本原理 PCR(polymerase chain reaction，聚合酶链反应)是一种选择性体外扩增 DNA 或 RNA 的方法。它包括 3 个基本步骤：a. 模板 DNA 的变性(denature)：模板 DNA 经加热至 94 ℃，模板 DNA 双链或经 PCR 扩增形成的 DNA 双链解离，使之成为单链；b. 模板 DNA 与引物的退火(anneal)：温度降至 55 ℃左右，引物与模板 DNA 单链的互补序列配对结合；c. 引物的延伸(extension)：在 Taq DNA 聚合酶的作用下，以 dNTP 为反应原料，靶序列为模板，按碱基配对与半保留复制原理，合成一条新的与模板 DNA 链互补的半保留复制链。

2. PCR 反应中的主要成分

(1)引物。引物是 PCR 特异性反应的关键，PCR 产物的特异性取决于引物与模板 DNA 互补的程度，引物的好坏往往是 PCR 成败的关键。引物设计和选择目的 DNA 序列区域时可遵循下列原则：a. 引物长度为 16～30 bp，常用为 20 bp 左右。b. 引物中 G+C 含量通常为 40%～60%，G+C 太少扩增效果不佳，G+C 过多易出现非特异条带。c. 在引物内，尤其在 3′端应不存在二级结构。d. 避免两条引物间互补，特别是 3′端的互补，否则会形成引物二聚体，减少产量。e. 引物 3′端的碱基，特别是最末及倒数第二个碱基，应严格要求配对，以避免因末端碱基不配对而导致 PCR 失败。f. 引物应与核酸序列数据库的其他序列无明显同源性。g. 引物 5′端对扩增特异性影响不大，可在引物设计时加上限制酶位点。通常应在 5′端限制酶位点外再加 1～2 个保护碱基。h. 一般 PCR 反应中的引物终浓度为 0.2～1.0 μmol/L，引物过多会产生错误引导或产生引物二聚体，过低则降低产量。

(2)4 种三磷酸脱氧核苷酸(dNTP)。dNTP 的质量与浓度和 PCR 扩增效率有密切关系，dNTP 应用 NaOH 将 pH 调至 7.0，并用分光光度计测定其准确浓度。dNTP 原液可配成 5～10 mmol/L 并分装，−20 ℃贮存，多次冻融会使 dNTP 降解。一般反应中每种 dNTP 的终浓度为 20～200 μmol/L。4 种 dNTP 的浓度应该相等，以减少合成中由于某种 dNTP 的不足出现的错误掺入。

(3)Mg^{2+}。Mg^{2+} 对 Taq DNA 聚合酶影响很大，它可影响酶的活性和真实性，影响引物退火和解链温度，影响产物的特异性以及引物二聚体的形成等。通常 Mg^{2+} 浓度范围为 0.5～2 mmol/L。若 Mg^{2+} 浓度过高，反应特异性降低，出现非特异扩增；浓度过低会降低 Taq DNA 聚合酶的活性，使反应产物减少。

(4)模板。模板(核酸)的量与纯化程度，是 PCR 成败与否的关键环节之一。模板 DNA

可以是单链分子，也可以是双链分子；可以是线状分子，也可以是环状分子。一般反应中的模板数量为 $1\times 10^2 \sim 1\times 10^5$ 个拷贝。模板量过多可能增加非特异性产物。DNA 中的杂质也会影响 PCR 的效率。

(5) Taq DNA 聚合酶。目前有两种 Taq DNA 聚合酶供应，一种是从栖热水生杆菌中提纯的天然酶，另一种为大肠杆菌合成的基因工程酶。Taq DNA 聚合酶的酶活性单位定义为：74 ℃下，30 min 掺入 10 nmol/L dNTP 到核酸中所需的酶量。在 100 μL PCR 反应中，1.5～2 单位的 Taq DNA 聚合酶就足以进行 30 轮循环。酶量过多会使产物非特异性增加，过少则使产量降低。

(6) 反应缓冲液。反应缓冲液一般含 10～50 mmol/L Tris-HCl(pH 8.3～8.8)，50 mmol/L KCl 和适当浓度的 Mg^{2+}。Tris-HCl 在 20 ℃时 pH 为 8.3～8.8，但在实际 PCR 反应中，pH 为 6.8～7.8。50 mmol/L 的 KCl 有利于引物的退火。另外，反应液可加入 5 mmol/L 的二硫苏糖醇(DDT)或 100 μg/mL 的牛血清蛋白(BSA)，它们可稳定酶活性。各种 Taq DNA 聚合酶商品都有自己特定的一些缓冲液。

3. PCR 反应参数

(1) 变性。在第一轮循环前，在 94 ℃下变性 2～5 min 非常重要，它可使模板 DNA 完全解链。若变性不完全，往往使 PCR 失败，因为未变性完全的 DNA 双链会很快复性，减少 DNA 产量。一般变性温度与时间为 94 ℃、1 min。对于富含 GC 的序列，可适当提高变性温度。但变性温度过高或时间过长都会导致酶活性的损失。

(2) 退火。退火温度是影响 PCR 特异性的较重要因素。引物退火的温度和所需时间的长短取决于引物的碱基组成、引物的长度、引物与模板的配对程度以及引物的浓度。实际使用的退火温度比扩增引物的 T_m 值约低 5 ℃，T_m 值=4(G+C)+2(A+T)。在 T_m 值允许范围内，选择较高的复性温度可大大减少引物和模板间的非特异性结合，提高 PCR 反应的特异性。通常退火时间为 30～60 s，足以使引物与模板之间完全结合。

(3) 延伸。PCR 反应的延伸温度一般选择在 70～75 ℃，常用温度为 72 ℃，过高的延伸温度不利于引物和模板的结合。延伸反应时间的长短取决于目的序列的长度和浓度。在一般反应体系中，Taq DNA 聚合酶每分钟约可合成 2 kb 长的 DNA。延伸时间过长会导致产物非特异性增加。但对很低浓度的目的序列，则可适当增加延伸反应的时间。一般在扩增反应完成后，都需要一步较长时间(5～10 min)的延伸反应，以获得尽可能完整的产物，这对以后进行克隆或测序反应尤为重要。

(4) 循环次数。循环次数决定 PCR 扩增程度。PCR 循环次数主要取决于模板 DNA 的浓度。一般而言 25～30 轮循环已经足够。循环次数过多，会使 PCR 产物中非特异性产物大量增加。在扩增后期，由于产物积累，使原来呈指数扩增的反应变成平坦的曲线，产物不再随循环次数而明显上升，这称为平台效应。平台期会使原先由于错配而产生的低浓度非特异性产物继续大量扩增，达到较高水平。因此，应适当调节循环次数，在平台期前结束反应，减少非特异性产物。

三、实验仪器和用品

PCR 仪、低温高速离心机、紫外分光光度计、恒温水浴锅、水平电泳槽、移液器、PCR 管等。

四、实验材料和试剂准备

1. 实验材料　采用水稻叶或根。

2. 试剂准备

(1)0.5 mol/L 的 EDTA。称 EDTA - Na_2 37.2 g，加入 150 mL dH_2O 和适量固体 NaOH 使之溶解，再用 NaOH(6 mol/L)溶液调至 pH 8.0，定容至 200 mL，高压蒸汽灭菌。

(2)DNA 抽提液。称 1.21 g Tris、2.92 g NaCl，量取 5 mL 0.5 mol/L 的 EDTA，加 60 mL dH_2O 使之溶解，用 HCl(6 mol/L)调节 pH 至 7.8，定容至 90 mL，高压蒸汽灭菌。使用前加入 10 mL 10%的 SDS。

(3)10×TBE。称 Tris 108 g、硼酸 55 g，加入 40 mL 0.5 mol/L 的 EDTA(pH 8.0)，定容至 1 000 mL。

(4)10×TE。称 1.21 g Tris，加入 2 mL 0.5 mol/L 的 EDTA，加 dH_2O 调 pH 8.0，定容至 100 mL，高压蒸汽灭菌。

(5)3 mol/L 的 NaAc(pH 5.2)。50 mL 水中溶解 40.81 g NaAc·$3H_2O$，用冰醋酸调 pH 至 5.2，加 dH_2O 定容至 100 mL，高压灭菌。

(6)6×电泳上样缓冲液。称溴酚蓝 0.25 g、蔗糖 40 g，溶解后定容至 100 mL。

(7)氯仿-异戊醇(24∶1)。96 mL 氯仿，加入 4 mL 异戊醇，混匀。

(8)2×mix：直接购买。

五、实验步骤

1. 植物组织微量基因组 DNA 的抽提

(1)取材料约 200 mg，放入预冷的研钵中，加入适量液氮，将叶片研磨至粉末状。迅速转到 1.5 mL 离心管。

(2)加入 1 mL 预热的 DNA 抽提液，上下倒转使之混匀，65 ℃水浴保温 10～30 min。12 000 r/min 离心 10 min，将上清液转移到另一个离心管中。

(3)加等量的氯仿-异戊醇(24∶1)，室温、上下温和混匀约 5 min。4 ℃、12 000 r/min 离心 5 min，将上清液转移到另一个离心管中。

(4)加等体积异丙醇，混匀，−20 ℃放置 10 min。4 ℃、10 000 r/min 离心 10 min，倒去上清液。

(5)500 μL 70%乙醇洗涤 2 次，风干。用 50 μL TE 溶解，置于−20 ℃备用。

如需进行进一步的纯化，可按下列步骤继续进行(选用)：

(6)把上述 DNA 沉淀溶于 100 μL TE 中，加入等体积的酚-氯仿，充分振荡几分钟，4 ℃、12 000 r/min 离心 5 min。吸取上清液，用氯仿-异戊醇再抽提一次。

(7)吸取上清液，加入 1/10 体积的 3 mol/L NaAc、2 倍体积的无水乙醇，混匀，置于−20 ℃冰箱 30 min。4 ℃、12 000 r/min 离心 10 min，倒去上清液。

(8)用 70%乙醇洗涤沉淀 2 次，风干，溶于 20 mL TE 中。

2. DNA 的琼脂糖凝胶电泳检测

(1)制胶。称取琼脂糖 0.4 g，加入 1×TBE 50 mL，于微波炉中加热至完全溶解。冷却到约 60 ℃，在凝胶中加入少量 EB(或替代染料)，混匀，倒胶。待胶完全凝固后拔去梳子，转移到装有 1×TBE 的电泳槽。

(2)电泳。取 2 μL DNA 样品,加入 1 μL 上样缓冲液,用枪头混匀并点样。开始电泳,电压为 4~5 V/cm 或 180~200 V,电泳约 30 min。

(3)观测。把电泳好的琼脂糖凝胶置于紫外灯(或凝胶成像系统)下观测。

3. DNA 的浓度检测

(1)电泳检测法。当 DNA 浓度较低时可用此法。取 1 μL DNA 待测样品电泳,同时加入不同量的标准 λDNA 样品,如 50 ng、100 ng、200 ng 等。待其电泳至胶内,立即拿至紫外灯下对比其亮度,即可估测待测样品浓度。

(2)紫外分光光度法。核酸的最大紫外吸收波长为 260 nm,1 OD 相当双链 DNA 浓度为 50 μg/mL。取 2 μL DNA 待测样品,加入 998 μL 无菌水,混匀。于 260 nm 处比色,读值为 A_{260},浓度(μg/mL)=50×1 000A_{260}/2。同时读取 280 nm 的吸光度,如果 A_{260}/A_{280} 在 1.8~2.0,表明纯度良好;若大于 2.0,说明有 RNA 存在;若低于 1.8,说明有酚或蛋白质污染。

4. PCR 法扩增目的基因

(1)反应体系。在 PCR 管中依次加入下列试剂:

DdH$_2$O	9 μL
2×mix	15 μL
上游引物(5 mmol/L)	2 μL
下游引物(5 mmol/L)	2 μL
模板 DNA(约 10 ng)	2 μL

混匀,快速率心。

(2)PCR 反应程序。94 ℃将模板预变性 5 min,94 ℃变性 40 s,56 ℃退火 40 s,72 ℃延伸 1 min,共进行 30 个循环;最后 72 ℃下保温 10 min,使反应产物扩增充分。

(3)电泳检测。取 5 μL 扩增产物用 1% 琼脂糖凝胶进行电泳分析,检查反应产物及长度。

六、结果与计算

(1)DNA 抽提产物的电泳检测并照相,估算浓度。
(2)PCR 产物电泳检测并照相。

七、注意事项

(1)由于植物细胞中含大量 DNA 酶,因此,除在抽提液中加入 EDTA 抑制酶的活性外,第一步的操作应迅速,以免组织解冻导致细胞破裂,释放出 DNA 酶,使 DNA 降解。

(2)在核酸提取时,酚与氯仿均起到变性的作用。酚的变性能力强于氯仿,但酚与水有一定的互溶,因此酚抽提后,除可能损失部分核酸外,水相中还会残留酚;而酚的存在将对核酸的酶切等反应产生强的抑制,因此在操作中可单用氯仿作变性剂,也可用酚-氯仿混合变性,也可用单一酚作变性剂,但用单一酚后在有机溶剂沉淀时一定要用氯仿重抽提。

(3)在操作中当加入变性剂氯仿后,为了保证核酸样品的完整性,操作要轻,尤其在提 DNA 时,更要避免剧烈操作。吸取上清液时,不要触及氯仿层,否则会抑制沉淀的产生。在上清液中加入 1/10 体积的 3 mol/L NaAc,可以提高 DNA 的获得量。

(4)在核酸提取过程中,有机溶剂沉淀后复溶时可加水溶解,此时离子浓度可能较高;而高度纯化后低温保存时,最好复溶于 TE 缓冲液中,因为溶于 TE 的核酸贮藏稳定性要高于水溶液中的核酸。另外,核酸样品保存时要求以高浓度保存,低浓度的核酸样品要比高浓度的更易降解。

八、思考题

(1)DNA 抽提过程中应注意什么问题?
(2)如果 PCR 扩增中出现非特异性带,可能有哪些原因?

实验六十三　植物组织基因组 RNA 的提取及检测

一、实验目的

(1)学习并了解植物组织中 RNA 分离纯化及检测的基本原理。
(2)熟练掌握植物组织中 RNA 分离纯化的基本技术。
(3)熟练掌握 RNA 变性电泳技术。

二、实验原理

1. RNA 抽提的基本原理　RNA 纯化技术是现代分子生物学技术的基础。完整 RNA 的提取和纯化,是进行 RNA 方面的研究工作(如 Northern 杂交、mRNA 分离、RT-PCR、定量 PCR、cDNA 合成及体外翻译等)的前提。所有 RNA 的提取过程中都有 5 个关键点,即:a. 样品细胞或组织的有效破碎;b. 有效地使核蛋白复合体变性;c. 对内源 RNA 酶的有效抑制;d. 有效地将 RNA 从 DNA 和蛋白质混合物中分离;e. 对于多糖含量高的样品还牵涉多糖杂质的有效除去。但其中最关键的是抑制 RNA 酶活性。

RNA 制备中最关键的因素是尽量减少 RNA 酶的污染。RNA 酶(RNase)存在非常广泛,在尘土、实验器皿、试剂、汗液及唾液中均有存在;RNase 活性稳定,耐热、耐酸碱,用水煮沸不能使其失活,蛋白质变性剂可使之暂时失活,一旦去除变性剂后 RNase 会恢复其活性。在 RNA 抽提过程中,要创造一个无 RNase 的环境,必须从以下两个方面着手。a. 去除外源 RNase 的污染:实验中使用一次性手套,并经常更换;玻璃器皿和塑料用品需经过高温烘烤或 0.05%~0.1% 的 DEPC 水浸泡;实验中用到的溶液需用 0.1%DEPC 处理并高压蒸汽灭菌或直接用 0.1%DEPC 水配制;实验尽量在冰浴中操作以降低 RNase 活性。b. 去除内源 RNase 的污染:在细胞破碎的同时,RNase 也被释放出来,原则上应尽可能早地去除细胞内蛋白质并加入抑制剂。RNase 为一种蛋白质,故去除蛋白质的试剂可非特异地抑制 RNase 的活性,这些试剂包括酚、氯仿、SDS、盐酸胍、异硫氰酸胍等;阻抑蛋白(RNasin)可以特异地抑制 RNase 的活性,它可与 RNase 紧密结合,使其失活。在 RNA 贮存时经常加入 RNasin,但不宜反复冻融。

高质量的 RNA 必须满足以下两个条件:较好的完整度和较高的纯度。纯 RNA 的 $A_{260}/A_{280}=2.0$,由于材料和方法的不同,一般纯化出的 RNA A_{260}/A_{280} 为 1.7~2.0,若低于 1.7,则样品中可能有蛋白质污染,可用酚-氯仿抽提去除。RNA 完整度可通过甲醛变性电泳检测,两个主要的核糖体 28S rRNA 和 18S rRNA 条带的亮度应为 2∶1,有时溴酚蓝前面有一条很浅的条带为 5S rRNA。

2. RNA 变性电泳 RNA 的电泳分析与 DNA 电泳稍有不同。非变性电泳无法测定 RNA 分子的相对分子质量，这是因为单链 RNA 分子的某些区段含有互补的双螺旋结构，使得在未变性的条件下，RNA 的相对分子质量与泳动速率的相关性较差，只有在完全变性条件下，RNA 在凝胶中的泳动速率与相对分子质量的对数成线性比例关系。甲醛电泳是一种理想的 RNA 变性电泳方法，甲醛可以与碱基形成具有一定稳定性的化合物，同时也可以降低电泳系统的离子强度，这些都有助于阻止 RNA 分子互补区的碱基配对，使 RNA 完全变性。

三、实验仪器和用品

低温高速离心机、紫外分光光度计、水平电泳槽、移液器等。

四、实验材料和试剂准备

1. 实验材料 采用水稻叶片、根。

2. 试剂准备

(1) Trizol。直接购买。

(2) DEPC 水。0.1 mL DEPC 溶解到 1 L dH_2O 中，37 ℃振荡过夜，高压蒸汽灭菌。

(3) 10×MOPS。称 41.8 g MOPS，溶解在 800 mL DEPC 水中，调节 pH 7.0，加入 16.6 mL 3 mol/L 的 NaAc(pH 5.2)、20 mL 0.5 mol/L 的 EDTA(pH 8.0)，定容至 1 000 mL，4 ℃避光保存。

(4) RNA 上样缓冲液。500 μL 甲酰胺，100 μL 37%的甲醛，100 μL 10×MOPS，50 μL 1 mg/mL EB(或替代品)，100 μL 0.5%溴酚蓝。4 ℃保存。

(5) 75%乙醇。75 mL 无水乙醇，加入 25 mL DEPC 水。

五、实验步骤

1. 植物组织微量基因组 RNA 的抽提

(1) 取材料 50~100 mg，放入预冷的研钵中，加入适量液氮将其研磨至粉末状。迅速转到 1.5 mL 离心管，注意样品总体积不能超过所用 Trizol 体积的 10%。

(2) 加入 1 mL Trizol，充分混合，室温下放置 5 min。

(3) 加入 0.2 mL 氯仿，盖紧离心管，用手剧烈振荡离心管 15 s 后，室温下放置 3 min。于 4 ℃、12 000 r/min 离心 5 min。

(4) 将含有 RNA 的上层水相转移到另一个离心管中，加入 0.5 mL 异丙醇，−20 ℃放置 10 min。于 4 ℃、12 000 r/min 离心 10 min。

(5) 小心弃去上清液，加入 1.0 mL 75%乙醇洗涤沉淀。4 ℃、12 000 r/min 离心 5 min。弃上清液，室温或真空干燥 5~10 min。加入 30 μL DEPC 处理水溶解沉淀，并保存于−70 ℃。

2. RNA 的琼脂糖凝胶变性电泳

(1) 制胶。称取 0.5 g 琼脂糖，加入 DEPC 处理水 40 mL，微波炉中加热融化并冷至 60 ℃后，加入 5 mL 10×MOPS、5 mL 37%甲醛，倒胶。

(2) 电泳。取 RNA 样品约 2 μL，加入 RNA 上样缓冲液 2 μL，混匀，65 ℃水浴 5 min，

冰浴冷却后上样。电泳缓冲液为 1×MOPS，以 3～4 V/cm 恒压电泳，电泳约 30 min。

(3) 观测。把电泳好的琼脂糖凝胶置于紫外灯(或凝胶成像系统)下观察并照相。

3. RNA 的浓度检测(紫外分光光度法) 取 2 μL RNA 待测样品，加入 498 μL 无菌水，混匀。于 260 nm 处比色，读值为 A，浓度(ng/mL)=40×500A/2。同时读取 280 nm 的吸光度，如果 A_{260}/A_{280} 值在 1.9～2.0，表明纯度良好。

六、结果与计算

(1) 对抽提的 RNA 进行电泳检测并照相。
(2) 测定 RNA 的浓度。

七、注意事项

(1) RNA 分离提取后，可以通过紫外吸收和电泳来检测其浓度和纯度。在分光光度计上测 RNA 的紫外吸收值 A_{230}、A_{260} 和 A_{280}，对于纯净的 RNA 样品，A_{260}/A_{280} 的比值应介于 1.7 至 2.0 之间，如果比值太小，说明可能 RNA 样品中有蛋白质或苯酚污染；A_{260}/A_{230} 的比值应该大于 2.0，否则就可能是被多糖或异硫氰酸胍等污染了，样品需进一步纯化。

(2) RNA 制备中最关键的因素是尽量减少 RNA 酶的污染，应严格遵照实验操作步骤，排除内源和外源 RNA 酶对 RNA 的降解。实验中用到的所有器皿及试剂都需进行去 RNA 酶的处理，并尽可能用未曾开封的试剂。

八、思考题

(1) 怎样检测 RNA 抽提的效果？
(2) RNA 抽提过程中应注意哪些细节问题？

第十二章 基础分子生物学实验

实验六十四 质粒 DNA 的分离和纯化

一、实验目的

掌握碱裂解法抽提质粒的原理、步骤及各试剂的作用。

二、实验原理

从细菌中分离质粒 DNA 的方法都包括 3 个基本步骤：培养细菌使质粒扩增，收集和裂解细菌细胞，分离和纯化质粒 DNA。

在 pH 12.0～12.6 的碱性环境中，细菌的线性大分子质量染色体 DNA 变性分开，而共价闭环的质粒 DNA(covalently closed circular DNA，cccDNA)虽然变性但仍处于拓扑缠绕状态。将 pH 调至中性并有高盐存在及低温的条件下，大部分染色体 DNA、大分子质量的 RNA 和蛋白质在去污剂 SDS 的作用下形成沉淀，而质粒 DNA 仍然为可溶状态。通过离心，可除去大部分细胞碎片、染色体 DNA、RNA 及蛋白质，质粒 DNA 尚在上清液中，然后用酚、氯仿抽提进一步纯化质粒 DNA。

三、实验仪器和用品

微量移液器、台式高速离心机、恒温振荡摇床、高压蒸汽灭菌锅、涡旋振荡器、恒温水浴锅等。

四、实验材料和试剂准备

1. 实验材料 采用含有质粒 pMD-18 的大肠杆菌菌液。

2. 试剂准备

(1)LB 液体培养基。称取蛋白胨 10 g、酵母提取物 5 g、NaCl 10 g，溶于 1 000 mL 去离子水中，高压蒸汽灭菌。LB 固体培养基是液体培养基中每升加 12 g 琼脂粉，高压蒸汽灭菌。

(2)氨苄青霉素(ampicillin，Amp)母液。配成 50 mg/mL 水溶液，-20 ℃保存备用。

(3)溶液Ⅰ。50 mmol/L 葡萄糖，25 mmol/L 的 Tris-HCl(pH 8.0)，10 mmol/L 的 EDTA(pH 8.0)。高压蒸汽灭菌，贮存于 4 ℃冰箱。

(4)溶液Ⅱ。0.2 mol/L NaOH，1% SDS(现配现用)。

(5)溶液Ⅲ。5 mol/L KAc 60 mL，冰醋酸 11.5 mL，H_2O 28.5 mL，定容至 100 mL 并高压蒸汽灭菌。

(6)TE 缓冲液。10 mmol/L 的 Tris-HCl(pH 8.0)，1 mmol/L 的 EDTA(pH 8.0)。高压蒸汽灭菌后贮存于 4 ℃冰箱中。

五、实验步骤

(1)取含有 pMD-18 质粒的大肠杆菌菌液于 LB 培养基上 37 ℃培养过夜。

(2)用无菌牙签挑取单菌落,接种于含有 Amp 抗生素的 LB 培养基中,37 ℃摇床 200 r/min 培养过夜。

(3)吸取 1.5 mL 菌液,10 000 r/min 离心 2 min,收集菌体,倒掉菌液;吸取 1.5 mL 菌液,再次收集菌体,尽量将菌液倒干净。

(4)加入 150 mL 溶液Ⅰ,重新悬浮细胞,振荡混匀。

(5)加入 200 mL 溶液Ⅱ,轻柔颠倒混匀,放置至清亮,一般不超过 5 min。

(6)加入 180 mL 溶液Ⅲ颠倒混匀,放置于冰上 10 min;4 ℃、12 000 r/min 离心 5 min。

(7)取上清液至另一个离心管,加等体积酚-氯仿(1∶1)振荡混匀。4 ℃、12 000 r/min 离心 5 min。

(8)吸取上清液至另一个离心管中,加入等体积的异丙醇,−20 ℃下放置 10 min;4 ℃、12 000 r/min 离心 10 min。

(9)倒尽上清液,加 1.0 mL 70%乙醇洗涤沉淀,4 ℃、12 000 r/min 离心 5 min。

(10)弃尽上清液,室温放置几分钟风干 DNA;加 30 mL 灭菌超纯水或 TE(含 20 μg/mL RNase A)溶解 DNA;37 ℃放置 2 h,而后置于−20 ℃保存。

六、结果与计算

(1)电泳检测。用 1%琼脂糖电泳检测抽提的质粒。

(2)吸光度检测。采用分光光度计检测 260 nm、280 nm 波长下的吸光度,若吸光度 A_{260}/A_{280} 的比值介于 1.8 与 1.9 之间,说明质粒质量较好,低于 1.8 说明有蛋白质污染,大于 1.9 说明有 RNA 污染。

七、注意事项

(1)加入溶液Ⅱ和溶液Ⅲ后需小心操作,避免机械断裂。

(2)溶液Ⅰ的作用是悬浮沉淀,葡萄糖可增加溶液的黏度,维持渗透压,防止 DNA 受机械剪切力作用而降解。EDTA 可螯合 Mg^{2+}、Ca^{2+} 等金属离子,抑制脱氧核糖核酸酶对 DNA 的降解作用。溶液Ⅱ中 NaOH 可使细菌染色体 DNA 和质粒 DNA 变性,SDS 是离子型表面活性剂,可溶解膜蛋白而破坏细胞膜,解聚细胞中的核蛋白并与之结合。溶液Ⅲ使变性的质粒 DNA 能够复性并能稳定存在。而高盐的 NaAc 有利于变性的大分子染色体 DNA、RNA 以及 SDS-蛋白质复合物凝聚而沉淀。

八、思考题

(1)质粒 DNA 抽提的原理是什么?

(2)质粒抽提中所用溶液的主要作用是什么?

实验六十五　琼脂糖凝胶电泳检测 DNA

一、实验目的

掌握琼脂糖凝胶电泳的原理,学习琼脂糖凝胶电泳的操作。

二、实验原理

琼脂糖凝胶电泳是 DNA 研究中常用的技术，可用于分离、鉴定和纯化 DNA 片段。在 pH 为 8.0～8.3 时，DNA 分子的碱基几乎不解离，磷酸全部解离，核酸分子带负电，在电泳时向正极移动。采用适当浓度的凝胶介质作为电泳支持物，在分子筛的作用下，使分子大小和构象不同的核酸分子泳动速率出现较大的差异，从而达到分离核酸片段并检测其大小的目的。凝胶中的 DNA 可与荧光染料溴化乙锭(EB)结合，在紫外灯下可观察到核酸片段所在的位置。

三、实验仪器和用品

水平电泳槽、电泳仪、微量移液器、微波炉、紫外透射仪等。

四、实验材料和试剂准备

1. 实验材料　质粒 DNA，DNA marker。

2. 试剂准备

(1) 10×TBE。称取 Tris 108 g、硼酸 55 g，量取 40 mL 0.5 mol/L 的 EDTA(pH 8.0)，溶解到蒸馏水中，定容至 1 000 mL。

(2) 6×电泳上样缓冲液。称取 0.25 g 溴酚蓝、40 g 蔗糖，溶解后定容至 100 mL。

五、实验步骤

(1) 将洗净、干燥的制胶板的两端封好，水平放置在工作台上；调整好梳子的高度，梳子底部与模具之间留 1 mm 空间。

(2) 称取 1.0 g 琼脂糖于 100 mL 0.5×TBE 中，在微波炉中使琼脂糖颗粒完全溶解，冷却至 60 ℃时加入 2 μL EB(或 GoldView)，混匀，倒入制胶板中。

(3) 待凝胶凝固后，小心拔去梳子；将胶置于电泳槽中，加入 0.5×TBE 缓冲液，以高出凝胶表面 2 mm 为宜。

(4) 将电泳样品与上样缓冲液混合均匀，依次点入加样孔中(5 μL 样品加 1 μL 上样缓冲液)。

(5) 打开电泳仪，调节电压至 60～80 V，电泳 30 min 后，将凝胶板取出，在紫外灯下观察结果。

六、结果与计算

在紫外灯下观察电泳结果并照相。

七、注意事项

(1) 溴化乙锭(EB)为致癌剂，操作时应戴手套，尽量减少台面污染。

(2) 质粒 DNA 构象会影响电泳速率。质粒包含超螺旋、开环、线型 3 种构型，电泳时同一质粒 DNA 其超螺旋形式的泳动速率要比开环和线状分子的泳动速率快。电泳速率还与琼脂糖的浓度、电流强度、离子强度及 EB 含量有关。

八、思考题

琼脂糖凝胶电泳中 DNA 分子迁移率受哪些因素的影响？

实验六十六　限制性内切酶酶切 DNA

一、实验目的

(1) 学习限制性内切酶的特点及选择。
(2) 掌握 DNA 的酶切技术。

二、实验原理

限制性内切酶能特异地结合于一段被其识别的 DNA 序列之内或其附近的特异位点上，并切割双链 DNA。它可分为 I 类、II 类和 III 类酶，其中 II 类中的限制性内切酶在分子克隆中得到了广泛应用，它们是重组 DNA 的基础。绝大多数 II 类限制性内切酶识别长度为 4~6 个核苷酸的回文对称特异核苷酸序列，有少数酶识别更长的序列或简并序列。限制性内切酶在切割 DNA 时可能产生两个互补的黏性末端(如 $EcoR$ I：$5'-G\downarrow AATTC-3'$)，也有些产生平末端的 DNA 片段(如 $Smal$ I：$5'-CCC\downarrow GGG-3'$)。

限制性内切酶作用的温度一般为 37 ℃，反应体系中以 Mg^{2+} 为唯一的辅因子，且要求 pH 在 7.5 左右。商品酶都保存在 50% 的甘油溶液中，−20 ℃ 贮存，活性通常较高(酶单位即最适条件下 1 h 内完全酶切 1 μg DNA 的酶量)。

三、实验仪器和用品

微量移液器、恒温水浴箱、电泳仪、电泳槽、紫外检测灯等。

四、实验材料和试剂准备

1. 实验材料　重组质粒 DNA。
2. 试剂　限制性内切酶(直接购买)。

五、实验步骤

(1) 在无菌离心管中分别加入 1 μg 质粒 DNA、限制性内切酶 10× 缓冲液 2 μL、1 μL 酶液，补无菌蒸馏水使总体积为 20 μL。混匀溶液，于离心机上"甩"一下。
(2) 置于 37 ℃ 水浴保温 2~3 h，使酶切反应完全。
(3) 每管加入 2 μL 0.1 mol/L 的 EDTA(pH 8.0)，混匀，以停止反应。
(4) 电泳检查酶切结果。

六、结果与计算

电泳检查酶切反应结果并照相。

七、注意事项

(1) 购买的限制性内切酶多保存于 50% 甘油中，于 −20 ℃ 是稳定的。进行酶切时，将除酶以外的所有反应成分加入后即混匀，再从－20 ℃冰箱中取出酶，立即放置于冰上。加酶的操作应尽可能快，用完后立即将酶放回－20 ℃冰箱。

(2)尽量减少反应体积，要确保酶体积不超过反应总体积的10%，否则酶活性将受到甘油的抑制。

八、思考题

如果电泳后未发现DNA酶切产物，你认为可能是什么原因？

实验六十七　大肠杆菌感受态细胞的制备

一、实验目的

掌握大肠杆菌感受态细胞制备的原理及步骤。

二、实验原理

人工构建的质粒载体不能自行完成从一个细胞到另一个细胞的接合转移，如需将质粒载体转移进受体细菌，需诱导受体细菌处于一种短暂的感受态以摄取外源DNA。转化(transformation)是将外源DNA分子引入受体细胞，使之获得新的遗传性状的一种手段，它是分子遗传、基因工程等研究领域的基本实验技术。

转化过程所用的受体细胞一般是限制修饰系统缺陷的变异株，即不含限制性内切酶和甲基化酶的突变体，它可以容忍外源DNA分子进入体内并稳定地遗传给后代。受体细胞经过一些特殊方法(如电击法、$CaCl_2$等化学试剂法)的处理后，细胞膜的通透性发生了暂时性的改变，成为能允许外源DNA分子进入的感受态细胞。进入受体细胞的DNA分子通过复制、表达实现遗传信息的转移，使受体细胞出现新的遗传性状。将转化后的细胞在筛选培养基中培养，即可筛选出转化子。目前常用的感受态细胞制备方法为$CaCl_2$法，此法简便易行，且其转化效率完全可以满足一般实验的要求。制备出的感受态细胞暂时不用时，可加入占总体积15%的无菌甘油于－70 ℃保存。

三、实验仪器和用品

恒温摇床、电热恒温培养箱、台式高速离心机、无菌工作台、低温冰箱、恒温水浴锅、制冰机、分光光度计、微量移液器。

四、实验材料和试剂准备

1. 实验材料　采用 E. coli DH5α 菌株。

2. 试剂准备

(1)LB液体培养基。称取蛋白胨10 g、酵母提取物5 g、NaCl 10 g、溶于1 000 mL去离子水中，高压蒸汽灭菌。LB固体培养基是液体培养基中每升加12 g琼脂粉，高压蒸汽灭菌。

(2)氨苄青霉素母液。配成50 mg/mL水溶液，－20 ℃保存备用。

(3)0.05 mol/L $CaCl_2$溶液。称取0.28 g无水$CaCl_2$溶于50 mL重蒸水中，定容至100 mL，高压蒸汽灭菌。

(4)含15%甘油的0.05 mol/L CaCl$_2$。称取0.28 g无水CaCl$_2$溶于50 mL重蒸水中,加入15 mL甘油,定容至100 mL,高压蒸汽灭菌。

五、实验步骤

(1)从新活化的 E. coli DH5α 菌平板上挑取一个单菌落,接种于3~5 mL LB 液体培养基中,37 ℃振荡培养12 h 左右。

(2)将该菌悬液以1:(50~100)转接于100 mL LB 液体培养基中,37 ℃振荡扩大培养,当培养液开始出现混浊后,每隔20~30 min 测一次 OD_{600},至 OD_{600} 约为0.5时停止培养。

(3)将培养液转入离心管中,冰上放置10 min,然后于4 ℃、4 000 r/min 离心10 min。

(4)弃去上清液,用预冷的0.05 mol/L 的 CaCl$_2$ 溶液10 mL 轻轻悬浮细胞,冰上放置15~30 min 后,4 ℃下4 000 r/min 离心10 min。

(5)弃去上清液,加入4 mL 预冷含15%甘油的0.05 mol/L 的 CaCl$_2$ 溶液,轻轻悬浮细胞,冰上放置几分钟,即成感受态细胞悬液。

(6)将感受态细胞分装成200 μL 的小份,贮存于-70 ℃。

六、结果与计算

通过转化实验检测感受态细胞的转化率。

七、注意事项

(1)细菌的生长状态:实验中应密切注意细菌的生长状态和密度,尽量使用对数生长期的细胞(一般通过检测 OD_{600} 来控制)。

(2)所有操作均应在无菌条件和冰上进行。

八、思考题

制备感受态细胞的原理是什么?

实验六十八 目的DNA片段的回收

一、实验目的

(1)了解从琼脂糖凝胶中回收DNA片段的方法。
(2)学习和掌握试剂盒(TIANgel Midi Purification Kit)回收目的基因的方法。

二、实验原理

DAN 片段的分离和回收是分子生物学研究工作中的重要技术,PCR 产物和酶切后的DNA 片段都要经过回收、纯化后才能用于克隆。目前常用的回收方法有低熔点琼脂糖凝胶法、冻融法、透析袋电洗脱法及商业化的试剂盒法。基于使用方便、回收率高、纯度高的优点,本实验采用试剂盒法。本试剂盒的硅基质膜可以在特有的缓冲系统中特异性地吸附DNA,经琼脂糖凝胶电泳分离后的DNA 片段,据相对分子质量大小的不同而处在凝胶的不同位置，将目的条带切下后，除掉无机盐、蛋白质、凝胶和有机物等杂质后，纯化、回收目的 DNA 片段（基因），用于连接反应、序列测定和酶切等后续的分子生物学实验。

三、实验仪器和用品

低温高速离心机、琼脂糖凝胶电泳系统、紫外透射仪、水浴锅、Eppendorf 管、Tip 头、一次性塑料手套等。

四、实验材料和试剂准备

含有目的基因的质粒的酶切产物、琼脂糖凝胶 DNA 回收试剂盒（带有离心柱、收集管、平衡液 BL、溶胶液 PN、漂洗液 PW、洗脱液 EB）。

1% 琼脂糖：称取 1.0 g 琼脂糖，溶于 100 mL 1×TBS 缓冲液中，于微波炉中加热溶解。

五、实验步骤

(1) 柱平衡：向吸附柱中加入 500 μL 平衡液 BL，静置 1 min，然后 12 000 r/min 离心 2 min。

(2) 将目的 DNA 带切下（尽量切除多余部分）放入事先称重过的干净离心管，再次称重，计算出凝胶的质量。

(3) 向胶块中加入 3 倍体积的溶胶液 PN（如凝胶重 100 mg，则加入 300 μL 的溶胶液 PN），然后在 60 ℃ 水浴中保温 10 min，期间温和地上下翻转离心管，确保凝胶完全溶解。

(4) 稍微冷却上步溶液，加入到吸附柱中，室温放置 1 min，12 000 r/min 离心 2 min，弃废液。

(5) 向吸附柱中加入 700 μL 漂洗液 PW，12 000 r/min 离心 1 min，弃废液。

(6) 向吸附柱中加入 500 μL 漂洗液 PW，12 000 r/min 离心 1 min，弃废液。

(7) 12 000 r/min 再次离心 3 min，开盖放置 2 min 以挥发乙醇。

(8) 将吸附柱放到一个干净离心管，向膜中央加入 20~50 μL 洗脱液 EB，室温放置 2 min，12 000 r/min 离心 2 min。此步离心管收集到的液体，即为回收到的目的 DNA 片段。

六、结果与计算

洗脱得到的 DNA 经琼脂糖凝胶电泳检测定量后便可用于后续实验。暂时不用时置于 −20 ℃ 冰箱备用。

七、注意事项

(1) 使用前将试剂盒中的溶液在室温下平衡 30 min。

(2) 吸附柱应置于干燥条件下室温保存。

(3) 在紫外透射仪上切胶时要尽快操作，防止长时间紫外线照射引起 DNA 链断裂或碱基突变。

八、思考题

为什么目的基因回收产物的纯度要高?

实验六十九　DNA 分子的体外重组

一、实验目的

(1) 学习 DNA 分子体外重组技术的原理和方法。
(2) 了解连接反应中各因子对连接效率的影响。

二、实验原理

外源 DNA 片段同载体分子连接形成新组合的 DNA 分子,即为 DNA 分子的体外重组技术。DNA 重组主要依赖于 DNA 连接酶,目前常用的是 T_4(噬菌体)DNA 连接酶。

影响连接反应的因素主要有:反应温度、连接酶浓度、ATP 浓度、DNA 浓度、DNA 片段与载体的比例、DNA 末端的性质等。据 DNA 末端性质的不同可分为平末端连接和黏性末端连接。为防止载体分子自身的再环化作用,可用碱性磷酸酶除去线性载体 DNA 的 $5'-P$ 末端,而留下 $3'-OH$,减少载体自身环化而产生的假阳性克隆。连接反应一般在 16 ℃进行,也可在 4 ℃连接过夜。

三、实验仪器和用品

恒温培养箱、摇床、超净工作台、移液器、Eppendorf 管、Tip 头、水浴锅、制冰机、一次性塑料手套等。

四、实验材料和试剂准备

经 Nde Ⅰ 和 $EcoR$ Ⅰ 双酶切的 DNA 片段和 pET28b 载体片段、T_4(噬菌体)DNA 连接酶、感受态细胞(BL21)。

五、实验步骤

(1) 连接反应。按表 12-1 所示的连接反应体系,将 DNA 片段和载体片段混合。在 16 ℃保温 4~5 h,若不立即转化,可保存于 -20 ℃冰箱备用。
(2) 制备培养基。制备含有 50 μg/mL 卡那霉素的 LB 固体培养基,用于细菌培养。
(3) 转化实验(化学法)。

① 将 10 μL 连接加入到 200 μL 已制备好的感受态细胞,混匀后冰浴 30 min,以灭菌水和 pET28b 空载体为阴阳性对照。

② 于 42 ℃水浴中热激 90 s。

③ 在冰浴中放置 5 min。

④ 每管加入 600 μL LB 液体培养基,于 37 ℃摇床上活化培养 45 min。

⑤ 取 200 μL 菌液,用灭菌后的涂布器均匀涂布于含有 50 μg/mL 卡那霉素的 LB 固体培养基上,放置数分钟,待溶液干后,于 37 ℃培养箱中倒置培养过夜。

表 12-1 连接反应体系

试 剂	体 积
DNA 片段	2.0 μL(约 100 ng)
载体片段	2.0 μL(约 100 ng)
T₄ 连接酶缓冲液	1.0 μL
T₄ 连接酶	1.0 μL(1 U)
灭菌水	4.0 μL
总体积	10.0 μL

六、结果与计算

次日观察实验结果，用菌落 PCR 法或抽提质粒进行酶切的方法，鉴定阳性克隆，LB 固体平板置于 4 ℃ 冰箱保存。

七、注意事项

(1) DNA 片段与载体的比例控制在 (1~3)∶1 连接效率较高。
(2) 用酒精灯灭菌后的涂布器需冷却后才可用于涂布。

八、思考题

如何提高连接反应的效率？

实验七十　菌落 PCR 法筛选阳性重组子

一、实验目的

(1) 了解筛选与鉴定重组子的方法。
(2) 学习 PCR 技术体外扩增 DNA 的原理和方法。

二、实验原理

含有重组子的单菌落必须经过筛选鉴定后，才能确认是否获得了阳性转化子，常用的检测方法是提取质粒后进行酶切鉴定或直接进行菌落 PCR。由于菌落 PCR 快速、简便，本实验选择菌落 PCR 法筛选阳性重组子。

聚合酶链式反应(polymerase chain reaction，PCR)的基本原理类似于 DNA 的天然复制过程，其特异性依赖于与靶序列两端互补的寡核苷酸引物。PCR 由变性、退火、延伸 3 个基本反应步骤构成。a. 模板 DNA 的变性：模板 DNA 经加热至 94 ℃ 左右一定时间后，模板 DNA 双链或经 PCR 扩增形成的双链 DNA 解离，使之成为单链，以便它与引物结合，为下轮反应作准备。b. 模板 DNA 与引物的退火(复性)：模板 DNA 经加热变性成单链后，温度降至 55 ℃ 左右，引物与模板 DNA 单链的互补序列配对结合。c. 引物的延伸：DNA 模板-引物结合物在 *Taq* DNA 聚合酶的作用下，以 dNTP 为反应底物、靶序列为模板，按碱基配对与半保留复制原理，合成一条新的与模板 DNA 链互补的半保留复制链。重复变性、退火、延伸 3 个过程，经过 30~35 个循环后，模板上介于引物之间的特异 DNA 片段就得到了大量复制，通过电泳可检测到特异扩增到的 DNA 片段。

影响 PCR 反应的因素主要有引物、酶、dNTP、模板和 Mg^{2+}。

1. 引物　引物是 PCR 特异性反应的关键，PCR 产物的特异性取决于引物与模板 DNA 互补的程度。理论上，只要知道任何一段模板 DNA 序列，就能按其设计互补的寡核苷酸链作引物，利用 PCR 就可将模板 DNA 在体外大量扩增。引物的浓度以 10~100 pmol/L 为宜。

设计引物应遵循以下原则：

(1) 引物长度：18~24 bp，常用为 20 bp 左右。

(2) 引物碱基：G+C 含量以 40%~60% 为宜，A、T、G、C 最好随机分布，避免 5 个以上的嘌呤核苷酸或嘧啶核苷酸的成串排列。

(3) 避免引物内部出现二级结构，避免两条引物间互补，特别是 3′端的互补，否则会形成引物二聚体。

(4) 引物 3′端的碱基，特别是最末及倒数第二个碱基，应严格要求配对，以避免因末端碱基不配对而导致 PCR 失败。

2. 酶及其浓度　目前有两种 *Taq* DNA 聚合酶供应，一种是从栖热水生杆菌中提纯的天然酶，另一种为大肠菌合成的基因工程酶。催化一个典型的 PCR 反应约需酶量 1.0 U（总反应体积为 20 μL 时），浓度过高可引起非特异性扩增，浓度过低则合成产物量减少。

3. dNTP 的质量与浓度　dNTP 的质量与浓度和 PCR 扩增效率有密切关系。在 PCR 反应中，dNTP 浓度应为 50~200 μmol/L，尤其是注意 4 种 dNTP 的浓度要相等（等物质的量配制）。

4. 模板　模板的量与纯化程度均会影响 PCR 的成败，一般以纳克级的 DNA 作为起始模板，模板可以是粗制品，但不能混有蛋白酶、核酸酶等。

5. Mg^{2+} 浓度　Mg^{2+} 对 PCR 扩增的特异性和产量有显著的影响。在一般的 PCR 反应中，各种 dNTP 浓度为 200 μmol/L 时，Mg^{2+} 浓度以 1.5~2.0 mmol/L 为宜。

三、实验仪器和用品

PCR 仪、琼脂糖凝胶电泳系统、紫外分析仪、超净工作台、移液器、PCR 管、Tip 头。

四、实验材料和试剂准备

Taq DNA 聚合酶、dNTP、含 Mg^{2+} 的 PCR 缓冲液、T7 通用引物、含有转化子的 LB 固体平板。

五、实验步骤

1. 模板的准备　在超净工作台上用小 *Tip* 头蘸一下单菌落溶于 100 μL 灭菌水中，混匀用作 PCR 的模板。

2. PCR 反应体系准备　按表 12-2 加样。

3. 设置 PCR 循环　94 ℃ 4 min，1 个循环；94 ℃ 30 s、55 ℃ 30 s、72 ℃ 2 min（由扩增片段的长度决定），35 个循环；72 ℃ 5 min。

4. PCR 产物检测　PCR 结束后，取 10 μL 进行琼脂糖凝胶电泳，于紫外分析仪上观察实验结果。

表 12-2　PCR 反应体系

试　　剂	体　　积
10×PCR 缓冲液(含 Mg^{2+})	2.0 μL
上游引物(10 μmol/L)	1.0 μL
下游引物(10 μmol/L)	1.0 μL
dNTP(10 mmol/L)	2.0 μL
Taq DNA 聚合酶(5 U/μL)	0.2 μL
模板	5.0 μL
灭菌水	8.8 μL
总体积	20.0 μL

六、结果与计算

PCR 产物分子质量大小与预期大小吻合的，初步认为是阳性重组子，需进一步测序验证。

七、注意事项

菌落 PCR 的模板不宜太多，否则会影响 PCR 反应。

八、思考题

阳性重组子筛选与鉴定的方法有哪些？

实验七十一　外源蛋白的诱导表达及 SDS-PAGE 检测

一、实验目的

(1)学习外源蛋白在原核细胞中诱导表达的方法和原理。
(2)学习用 SDS-PAGE 检测表达蛋白的方法。

二、实验原理

克隆的基因在大肠杆菌中正确有效地表达是基因工程的重要目标之一。要使外源基因能够在原核寄主细胞中表达，它的编码结构必须是连续不间断的，而且还应该是处于寄主启动子的有效控制下。同时，出于高水平表达的要求，这种启动子最好属于强启动子的类型，并具有良好的调控系统。目前，大多数质粒表达载体是由大肠杆菌乳糖操纵子的 Lac 启动子、λ 噬菌体的 P_L 启动子、色氨酸操纵子的 trp 启动子以及 pBR322 质粒的 β-内酰胺酶启动子等强启动子构成的。

Lac 操纵子有正负两种调节机制：LacI 编码的阻遏蛋白的负调节和 cAMP-CAP 的正调节。CAP 必须和 cAMP 形成复合物才能结合于 DNA 上。在环境中有葡萄糖的情况下，细菌不会利用乳糖这样的碳源，细胞的 cAMP 水平下降，不利于形成 cAMP-CAP。阻遏蛋白有两个结合位点，一是操纵基因结合位点，二是诱导物结合位点。如果没有诱导物，阻遏蛋白就以活性状态结合于操纵基因，抑制结构基因的转录。其诱导物就是β-半乳糖苷，β-半乳糖苷结合于阻遏蛋白后，使阻遏蛋白失活，从操纵基因上脱落，导致结构基因得以正常表达。如果环境中仅有β-半乳糖苷这种碳源，结构基因就被激活，进行转录。IPTG是β-半乳糖苷类似物，且不能被β-半乳糖苷酶识别，不能被细胞利用掉，从而实现基因的持续表达，是基因工程中十分理想的诱导物，主要用于带有乳糖操纵子的表达质粒（如pET系列载体）的诱导表达。表达的蛋白质可以通过SDS-PAGE或Western Blot等技术检测。

三、实验仪器和用品

控温摇床、超净工作台、分光光度计、台式高速离心机、蛋白质电泳系统、微量进样器、Eppendorf管、Tip头、水浴锅等。

四、实验材料和试剂准备

(1) LB液体培养基、含外源基因表达载体的大肠杆菌、不含外源基因表达载体的大肠杆菌。LB培养基配制：称取1.0 g胰蛋白胨、1.0 g NaCl、0.5 g酵母提取物，溶于80 mL ddH$_2$O中，定容至100 mL，灭菌备用。

(2) 1.0 mol/L IPTG（异丙基-β-D硫代半乳糖苷）。称取2.38 g IPTG，溶于ddH$_2$O中，定容至10 mL，过滤灭菌备用。

(3) 50 mg/mL 卡那霉素。称取0.5 g卡那霉素，溶于无菌水中并定容至10 mL，过滤灭菌备用。

(4) 相对分子质量标准蛋白质。

(5) 2×上样缓冲液[内含10 mmol/L Tris-HCl（pH 8.8），0.1% SDS，1% DTT，20% 甘油，0.02%溴酚蓝]。配制方法：称取0.1 g SDS、1.0 g DTT、0.002 g溴酚蓝，溶于50 mL 10 mmol/L Tris-HCl（pH 8.0）中，然后加入20 mL甘油，用10 mmol/L Tris-HCl定容至100 mL。

(6) 凝胶贮液（30%胶浓度，2.6%胶联度）。30%丙烯酰胺，0.8%甲叉双丙烯酰胺，4 ℃保存。配制方法：称取30 g丙烯酰胺、0.8 g甲叉双丙烯酰胺，溶于50 mL ddH$_2$O中，定容至100 mL。

(7) 浓缩胶缓冲液。0.5 mol/L Tris-HCl，pH 6.8，4 ℃保存。配制方法：称取6.1 g Tris，溶于80 mL ddH$_2$O中，用HCl调pH至6.8，然后定容至100 mL。

(8) 分离胶缓冲液。1.5 mol/L Tris-HCl，pH 8.8，4 ℃保存。配制方法：称取18.2 g Tris，溶于80 mL ddH$_2$O中，用HCl调pH至8.8，然后定容至100 mL。

(9) TEMED（四甲基乙二胺）。

(10) 10%过硫酸铵。称取1.0 g过硫酸铵，溶于8 mL ddH$_2$O中，定容至10 mL。

(11) 10% SDS。称取10.0 g SDS，溶于80 mL ddH$_2$O中，定容至100 mL。

(12) SDS-PAGE电极缓冲液。Tris 0.025 mol/L，甘氨酸0.192 mol/L，0.1% SDS，pH 8.3。配制方法：称取3.03 g Tris、14.4 g甘氨酸、1.0 g SDS，溶于800 mL ddH$_2$O中，定容至1 000 mL。

(13) 固定液。50%甲醇，10%冰醋酸。配制方法：量取50 mL甲醇、10 mL冰醋酸，加到40 mL ddH$_2$O中。

(14)染色液。0.05%考马斯亮蓝 R-250,50%甲醇,10%冰醋酸。配制方法:称取 0.5 g 考马斯亮蓝 R-250,溶于 500 mL 甲醇中,然后加入 100 mL 冰醋酸,用 ddH$_2$O 定容至 1 000 mL。

(15)脱色液。5%甲醇,7%冰醋酸。配制方法:量取 50 mL 甲醇、70 mL 冰醋酸,加 ddH$_2$O 定容至 1 000 mL。

五、实验步骤

1. 外源基因的诱导表达

(1)将构建好的外源基因表达载体转化到表达宿主菌(BL21)中。

(2)挑取单菌落于 5 mL LB 液体培养基(含 50 μg/mL 的卡那霉素)中,培养到 OD_{600} 为 0.5~0.6。

(3)加入 IPTG 使其终浓度为 0.5 mmol/L,进行外源基因的诱导表达,同时作未用 IPTG 诱导的阴性对照。

(4)继续培养 3 h、4 h、5 h 后,分别收集菌液 1 mL,于 8 000 r/min 离心 5 min,弃去上清液,菌体置于 -20 ℃ 保存备用。

2. SDS-PAGE 检测表达的蛋白质

(1)SDS 凝胶的配制及灌胶。按表 12-3 配制 12.5% 的分离胶,混匀后用长滴管沿玻璃板小心加入两块玻璃板的夹层中,上部留出约 2 cm 的空间,然后用滴管在胶面上小心注入一层蒸馏水,以空气隔绝并与防胶凝结时表面形成弯月面。当凝胶与水层交界处有一个清晰界面时,表明胶已聚合。倒去水层,配制 5% 浓缩胶,倒入两块玻璃板的夹层中,并插入梳子。

表 12-3 SDS 均一胶配方

试剂	胶浓度	
	5%	12.5%
凝胶贮液	1.67 mL	8.4 mL
浓缩胶缓冲液	2.5 mL	—
分离胶缓冲液	—	5 mL
10%SDS	0.1 mL	0.2 mL
ddH$_2$O	5.665 mL	6.28 mL
10% AP	60 μL	110 μL
TEMED	5 μL	10 μL
总体积	10 mL	20 mL

(2)制备样品。取上一步制备的菌体,加入 30 μL 无菌水和 30 μL 2× 上样缓冲液,混匀后于 100 ℃ 沸水浴 5 min,取出后置于冰上 5 min,12 000 r/min 离心 5 min,上清液用于电泳。

(3)SDS-PAGE。待凝胶凝固后拔出梳子,加好 SDS-PAGE 电极缓冲液后,在凝胶上按标准相对分子质量蛋白质(Marker)、IPTG 未诱导、IPTG 诱导 3 h、IPTG 诱导 4 h、IPTG 诱导 5 h 的样品顺序点样,并按如下参数进行电泳:15 ℃ 恒温下,15 mA,0.5 h;30 mA,至溴酚蓝达距胶底部约 1 cm 为止。

3. 染色与脱色 电泳结束后,剥下胶板,先放入固定液中固定 30 min,然后放入染色液中置室温 2 h,换脱色液,脱色至背景清晰。若温度升高,染色或脱色速度相对加快。脱色后的胶最好立即照相,也可保存于7%冰醋酸中。

六、结果分析

观察电泳结果并拍照,分析计算诱导表达的外源蛋白的相对分子质量是否与预期结果吻合。

七、注意事项

菌液培养到 OD_{600} 为 $0.5\sim0.6$ 时,菌体生长旺盛,这时开始 IPTG 诱导,效果较好。

八、思考题

如何预测目的基因所表达蛋白质的相对分子质量?

参 考 文 献

白林含,周冀明,张兆清,等.1995.杜氏盐藻参透压调节与三磷酸甘油脱氢酶同功酶的电泳分析[J].四川大学学报:自然科学版,32(6):738-742.

陈钧辉,李俊.2008.生物化学实验[M].北京:科学出版社.

陈钧辉,陶力,李俊,等.2002.生物化学实验[M].北京:科学出版社.

陈玲,赵建夫.2004.环境监测[M].北京:化学工业出版社.

陈雅蕙,陈来同,胡晓倩,等.2005.生物化学实验原理和方法[M].2版.北京:北京大学出版社.

陈毓荃.2002.生物化学实验方法和技术[M].北京:科学出版社.

初志战,黄卓烈,巫光宏,等.2005.甲醇溶液对木瓜蛋白酶催化活性的影响[J].亚热带植物科学,13(4):329-332.

丛树梅,周成凤,王清华,等.1983.血清谷丙转氨酶(赖氏法)测定方法的探讨[J].山东医药(5):16-17.

郭尧君.1999.蛋白质电泳实验技术[M].北京:科学出版社.

何忠效,张树政.1999.电泳[M].北京:科学出版社.

华东师范大学植物生理教研室.1981.植物生理学实验指导[M].北京:人民教育出版社.

黄德娟,徐晓晖.2007.生物化学实验教程[M].上海:华东理工大学出版社.

黄建华,袁道强,陈世锋.2009.生物化学实验[M].北京:化学工业出版社:215-216.

J 萨姆布鲁克,DW 拉塞尔.2002.分子克隆实验指南[M].黄培堂,等,译.3版.北京:科学出版社.

揭克敏.2008.医学生物化学与分子生物学实验教程[M].北京:科学出版社.

兰州大学,复旦大学化学系有机化学教研室.1994.有机化学实验[M].2版.北京:高等教育出版社.

李军.2000.钼蓝比色法测定还原型维生素 C[J].食品科学,21(8):42-45.

李林,张悦红.2008.生物化学与分子生物学实验指导[M].2版.北京:人民卫生出版社,88-90.

李琴.2008.2种提取大鼠肝 RNA 方法的比较[J].新乡医学院学报 25(1):38-39.

李旋亮,吴长德,李建涛.2009.植酸酶的研究进展与应用[J].饲料博览(8):21-23.

李志东,李娜,邱峰,等.2006.浓盐法提取啤酒酵母中核糖核酸的工艺参数研究[J].化学工业与工程技术,27(6):17-19.

李忠光,龚明.2005.植物多酚氧化酶活性测定方法的改进[J].云南师范大学学报,25(1):44-45,49.

历朝龙,陈枢清,刘子贻,等.2000.生物化学与分子生物学实验技术[M].杭州:浙江大学出版社.

梁宋平.2004.生物化学与分子生物学实验教程[M].北京:高等教育出版社.

廖海,杜林方,张年辉.2002.一种快速检测蛋白酶抑制剂电泳活性的染色方法[J].植物生理学通讯,38(3):257-259.

刘卫群,陈建新,吴鸣建.2000.基础生物化学[M].北京:气象出版社.

刘志国.2007.生物化学实验[M].武汉:华中科技大学出版社.

曲士松,刘宪华,黄宝勇,等.2000.CTAB法提取大蒜、白菜基因组 DNA[J].黑龙江农业科学,31(4):427-429.

桑玉英,胡金勇,曾英.2001.常规聚丙烯酰胺凝胶电泳快速检测胰蛋白酶抑制剂的方法[J].云南植物研究,23(2):236-238.

山东农学院,西北农学院.1980.植物生理学实验指导[M].济南:山东科学技术出版社.

宋方洲,何凤田.2008.生物化学与分子生物学实验[M].北京:科学出版社.

参 考 文 献

孙文全. 1988. 联苯胺比色法测定果树过氧化物酶活性研究[J]. 果树科学, 5(3): 105-108.

王玉琪, 彭新湘. 2006. 适于水稻叶片蛋白质组分析的双向电泳技术[J]. 植物生理与分子生物学学报, 32(2): 252-256.

王玉琪, 巫光宏, 林先丰, 等. 2009. 多糖和糖蛋白聚丙烯酰胺凝胶电泳染色方法的改进[J]. 植物生理学通讯, 45(2): 169-172.

魏群. 2007. 生物化学与分子生物学综合大实验[M]. 北京: 化学工业出版社.

巫光宏, 詹福建, 黄卓烈, 等. 2002. 马占相思树两家系过氧化物酶、多酚氧化酶活性及同工酶比较研究[J]. 亚热带植物科学, 31(2): 1-5.

奚长生. 2001. 磷钼蓝分光光度法测定维生素C[J]. 光谱学与光谱分析, 21(5): 723-725.

谢宁昌. 2008. 生物化学实验多媒体教程[M]. 上海: 华东理工大学出版社.

杨安钢, 毛积芳, 药立波. 2001. 生物化学与分子生物学实验技术[M]. 北京: 高等教育出版社.

杨建雄. 2002. 生物化学与分子生物学实验技术教程[M]. 北京: 科学出版社.

于自然, 黄熙泰, 李翠凤. 2008. 生物化学习题及实验技术[M]. 北京: 化学工业出版社.

余冰宾. 2004. 生物化学实验指导[M]. 北京: 清华大学出版社.

俞伟辉, 阳建辉, 谭溪清, 等. 2008. 大豆蛋白酶法水解的研究进展[J]. 江西饲料(5): 7-9.

袁道强, 黄建华. 2005. 生物化学实验技术[M]. 北京: 中国轻工业出版社.

袁晓华, 杨中汉. 1983. 植物生理生化实验[M]. 北京: 高等教育出版社.

曾昭琼. 2000. 有机化学实验[M]. 3版. 北京: 高等教育出版社.

张龙翔, 张庭芳, 李令媛. 2003. 生化实验方法和技术[M]. 2版. 北京: 高等教育出版社.

张惟杰. 1999. 糖复合生化研究技术[M]. 3版. 杭州: 浙江大学出版社.

张学武, 刘承宪. 1999. 盐生杜氏藻甘油-3-磷酸脱氢酶的分离纯化及其特性的研究[J]. 植物学报, 41(3): 290-295.

张志良, 吴光耀. 1986. 植物生物化学技术和方法[M]. 北京: 农业出版社.

赵从建, 刘少君, 郭尧君. 2000. 蛋白质组分析的开门技术——双向电泳[J]. 现代科学仪器(5): 16-19.

赵赣, 陈鑫磊. 2000. 生物化学实验指导[M]. 南昌: 江西科学技术出版社.

赵亚华. 2005. 生物化学与分子生物学实验技术教程[M]. 北京: 高等教育出版社.

周国权, 巫光宏, 黄翠颜, 等. 2006. 聚丙烯酰胺凝胶电泳的快速脱色方法[J]. 植物生理学通讯, 42(1): 95-97.

周顺伍. 2007. 动物生物化学实验指导[M]. 2版. 北京: 中国农业出版社.

周先碗, 胡晓倩. 2003. 生物化学仪器分析与实验技术[M]. 北京: 化学工业出版社.

朱国辉, 黄卓烈, 徐凤彩, 等. 2003. 超声波对菠萝果蛋白酶活性和光谱的影响[J]. 应用声学, 22(6): 10-14.

朱展才. 1987. 稻麦质量分析[M]. 北京: 中国食品出版社.

Bradford M M. 1976. A rapid and sensitive method for the quantitation of microgram quantities of protein utilizing the principle of protein-dye binding[J]. Anal. Biochem., 72: 248-254.

Ngai P H, Ng T B A. 2004. Napin-like polypeptide from dwarf Chinese white cabbage seeds with translation inhibitory, rypsin inhibitory, and antibacterial activities [J]. Peptides, 25(2): 171-176.

Sambrook J, Fritsch E F, Maniatis T. 2002. Molecular Cloning: a Laboratory Manual[M]. 2nd. New York: Cold Spring Harbor Laboratory Press.

Volpi N, Maccari F, Titze J. 2005. Simultaneous detection of submicrogram quantities of hyaluronic acid and dermatan sulfate on agarose-gel by sequential staining with toluidine blue and Stains-All [J]. Journal of Chromatography B, 820: 131-135.

附 录

一、一般化学试剂的分级

标准和用途	纯度等级				
	一级试剂	二级试剂	三级试剂	四级试剂	生物试剂
我国标准	优级纯 G. R.（绿色标签）	分析纯 A. R. （红色标签）	化学纯 C. P. （蓝色标签）	实验试剂 L. R.（黄色标签）	B. R. 或 C. R.
国外标准	A. R. G. R. A. C. S. P. A. X. ч.	C. P. Pu. S. S. Puriss ч. Д. A.	L. R. E. P. ч.	P. Pure	
用 途	纯度最高，含杂质最少，适用于最精确的分析及研究工作、配制标准溶液	纯度较高，含杂质较少，适用于精确的微量分析，为分析实验室广泛使用	质量略低于二级试剂，适用于一般的微量分析，包括要求不高的工业分析和快速分析	纯度较低，但高于工业用试剂，适用于一般定性检验	根据说明使用

注：根据特殊的工作目的，还有一些特殊的纯度标准，如光谱纯、荧光纯、半导体纯等。取用时应按不同的实验要求选用不同规格的试剂。

二、实验室常用酸碱的相对密度和浓度

名 称	分子式	相对分子质量	相对密度	质量浓度(%)	物质的量浓度(mol/L)
盐酸	HCl	36.47	1.19 1.18 1.10	37.2 35.4 20.0	12.0 11.4 6.0
硫酸	H_2SO_4	98.09	1.84 1.18	95.6 24.8	18.0 3.0
硝酸	HNO_3	63.02	1.42 1.40 1.20	70.98 65.3 32.36	16.0 14.5 6.1
高氯酸	$HClO_4$	100.5	1.67 1.54	70 60	11.65 9.2
冰乙酸	CH_3COOH	60.05	1.05	99.5	17.4
乙酸	CH_3COOH	60.05	1.075	80.0	14.3
磷酸	H_3PO_4	98.06	1.71	85.0	15
氨水	NH_4OH	35.05	0.90 0.904 0.91 0.96	 27.0 25.0 10.0	 14.3 13.4 5.6

附 录

(续)

名称	分子式	相对分子质量	相对密度	质量浓度(%)	物质的量浓度(mol/L)
氢氧化钠	NaOH	40.0	1.53	50.0	19.1
			1.11	10.0	2.75
氢氧化钾	KOH	56.1	1.52	50.0	13.5
			1.09	10.0	1.94

三、常用酸碱指示剂

指示剂名称 中文	指示剂名称 英文	pH 范围	颜色变化 酸	颜色变化 碱	配制方法：称取 0.1 g 溶于 250 mL 下列溶剂
甲酚红(酸范围)	cresol red(acid range)	0.2~1.8	红	黄	水，含 2.62 mL 0.1 mol/L NaOH
间苯甲酚紫(酸范围)	m-cresol purple(acid range)	1.0~2.6	红	黄	水，含 2.72 mL 0.1 mol/L NaOH
麝香草酚蓝(酸范围)	thymol blue(acid range)	1.2~1.8	红	黄	水，含 2.15 mL 0.1 mol/L NaOH
金莲橙 OO	tropaeolin OO	1.3~3.0	红	黄	水
甲基黄	methyl yellow	2.9~4.0	红	黄	95%乙醇
溴酚蓝	bromophenol blue	3.0~4.6	黄	蓝紫	水或20%乙醇，含 1.49 mL 0.1 mol/L NaOH
四溴酚蓝	tetrabromophenol blue	3.0~4.6	黄	蓝	水，含 1.0 mL 0.1 mol/L NaOH
刚果红	congo red	3.0~5.0	紫	红橙	水或80%乙醇
甲基橙	methyl orange	3.1~4.4	红	橙黄	游离酸：水
					钠盐：水，含 3 mL 0.1 mol/L HCl
溴甲酚绿(蓝)	bromocresol green(blue)	3.6~5.2	黄	蓝	水，含 1.43 mL 0.1 mol/L NaOH
甲基红	methyl red	4.2~6.3	红	黄	钠盐：水
					游离酸：60%乙醇
氯酚蓝	chlorophenol red	4.8~6.4	黄	紫红	水，含 2.36 mL 0.1 mol/L NaOH
溴甲酚紫	bromocresol	5.2~6.8	黄	红紫	水或20%乙醇，含 1.85 mL 0.1 mol/L NaOH
石蕊精(石蕊)	azolitmin(litmus)	5.0~8.0	红	蓝	水
溴麝香草酚蓝	bromothymol blue	6.0~7.6	黄	蓝	水，含 1.6 mL 0.1 mol/L NaOH
酚红	phenol red	6.8~8.4	黄	红	水，含 2.82 mL 0.1 mol/L NaOH
中性红	neutral red	6.8~8.0	红	橙棕	70%乙醇
甲酚红(碱范围)	cresol red(basic range)	7.2~8.8	黄	红	水，含 2.62 mL 0.1 mol/L NaOH
间苯甲酚紫(碱范围)	m-cresol purple(basic range)	7.6~9.2	黄	红紫	水，含 2.62 mL 0.1 mol/L NaOH
麝香草酚蓝(碱范围)	thymol blue(basic range)	8.0~9.6	黄	蓝	水，含 2.15 mL 0.1 mol/L NaOH
酚酞	phenolphthalein	8.3~10.0	无色	粉红	70%~90%乙醇
麝香草酚酞(百里酚酞)	thymolphthalein	9.3~10.5	无色	蓝	90%乙醇
茜素黄 R	alizarin yellow R	10.1~12.0	黄	红	乙醇
金莲橙 O	tropeolin O	11.1~12.7	黄	橙	水

注：指示剂通常用 0.1 mol/L NaOH 或 0.1 mol/L HCl 调节至中间色调。

四、常用缓冲溶液的配制方法

1. 氯化钾-盐酸缓冲液(0.2 mol/L)

25 mL 0.2 mol/L KCl + X mL 0.2 mol/L HCl，再加水稀释至 100 mL。

pH	X(mL)	pH	X(mL)	pH	X(mL)
1.0	67.0	1.5	20.7	2.0	6.5
1.1	52.8	1.6	16.2	2.1	5.1
1.2	42.5	1.7	13.0	2.2	3.9
1.3	33.6	1.8	10.2		
1.4	26.6	1.9	8.1		

2. 甘氨酸-盐酸缓冲液(0.05 mol/L)

X mL 0.2 mol/L 甘氨酸 + Y mL 0.2 mol/L HCl，再加水稀释至 200 mL。

pH	X(mL)	Y(mL)	pH	X(mL)	Y(mL)
2.0	50	44.0	3.0	50	11.4
2.4	50	32.4	3.2	50	8.2
2.6	50	24.2	3.4	50	6.4
2.8	50	16.8	3.6	50	5.0

注：甘氨酸相对分子质量为 75.07；0.2 mol/L 溶液为 15.01 g/L。

3. 甘氨酸-氢氧化钠缓冲液(0.05 mol/L)

X mL 0.2 mol/L 甘氨酸 + Y mL 0.2 mol/L NaOH，加水稀释至 200 mL。

pH	X(mL)	Y(mL)	pH	X(mL)	Y(mL)
8.6	50	4.0	9.6	50	22.4
8.8	50	6.0	9.8	50	27.2
9.0	50	8.8	10.0	50	32.0
9.2	50	12.0	10.4	50	38.6
9.4	50	16.8	10.6	50	45.5

注：甘氨酸相对分子质量为 75.07；0.2 mol/L 溶液为 15.01 g/L。

4. 邻苯二甲酸氢钾-盐酸缓冲液(0.05 mol/L)

X mL 0.2 mol/L 邻苯二甲酸氢钾 + Y mL 0.2 mol/L HCl，再加水稀释至 200 mL。

pH(20 ℃)	X(mL)	Y(mL)	pH(20 ℃)	X(mL)	Y(mL)
2.2	5	4.070	3.2	5	1.470
2.4	5	3.960	3.4	5	0.990
2.6	5	3.295	3.6	5	0.597
2.8	5	2.642	3.8	5	0.263
3.0	5	2.022			

注：邻苯二甲酸氢钾相对分子质量为 204.23；0.2 mol/L 溶液为 40.85 g/L。

5. 邻苯二甲酸氢钾-氢氧化钠缓冲液

50 mL 0.1 mol/L 邻苯二甲酸氢钾＋X mL 0.1 mol/L 氢氧化钠，再加水稀释至 100 mL。

pH	X(mL)	pH	X(mL)	pH	X(mL)
4.1	1.3	4.8	16.5	5.5	36.6
4.2	3.0	4.9	19.4	5.6	38.8
4.3	4.7	5.0	22.6	5.7	40.6
4.4	6.6	5.1	25.5	5.8	42.3
4.5	8.7	5.2	28.8	5.9	43.7
4.6	11.1	5.3	31.6		
4.7	13.6	5.4	34.1		

注：邻苯二甲酸氢钾相对分子质量为 204.23；0.1 mol/L 溶液为 20.43 g/L。

6. 磷酸氢二钠-柠檬酸缓冲液

pH	0.2 mol/L Na$_2$HPO$_4$ (mL)	0.1 mol/L 柠檬酸 (mL)	pH	0.2 mol/L Na$_2$HPO$_4$ (mL)	0.1 mol/L 柠檬酸 (mL)
2.2	0.40	19.60	5.2	10.72	9.28
2.4	1.24	18.76	5.4	11.15	8.85
2.6	2.18	17.82	5.6	11.60	8.40
2.8	3.17	16.83	5.8	12.09	7.91
3.0	4.11	15.89	6.0	12.63	7.37
3.2	4.94	15.06	6.2	13.22	6.78
3.4	5.70	14.30	6.4	13.85	6.15
3.6	6.44	13.56	6.6	14.55	5.45
3.8	7.10	12.90	6.8	15.45	4.55
4.0	7.71	12.29	7.0	16.47	3.53
4.2	8.28	11.72	7.2	17.39	2.61
4.4	8.82	11.18	7.4	18.17	1.83
4.6	9.35	10.65	7.6	18.73	1.27
4.8	9.86	10.14	7.8	19.15	0.85
5.0	10.30	9.70	8.0	19.45	0.55

注：Na$_2$HPO$_4$ 相对分子质量为 141.98，0.2 mol/L 溶液为 28.40 g/L；Na$_2$HPO$_4$·2H$_2$O 相对分子质量为 178.05，0.2 mol/L 溶液为 35.61 g/L；Na$_2$HPO$_4$·12H$_2$O 相对分子质量为 358.22，0.2 mol/L 溶液为 71.64 g/L；柠檬酸 (C$_6$H$_8$O$_7$·H$_2$O) 相对分子质量为 210.14，0.1 mol/L 溶液为 21.01 g/L。

7. 柠檬酸-氢氧化钠-盐酸缓冲液

pH	钠离子浓度 (mol/L)	柠檬酸(g) $C_6H_8O_7 \cdot H_2O$	氢氧化钠(g) NaOH(97%)	盐酸(mL) HCl(37.2%)	最终体积(L)
2.2	0.20	210	84	160	10
3.1	0.20	210	83	116	10
3.3	0.20	210	83	106	10
4.3	0.20	210	83	45	10
5.3	0.35	245	144	68	10
5.8	0.45	285	186	105	10
6.5	0.38	266	156	126	10

注：使用时可以每升中加入 1 g 酚，若最后 pH 有变化，再用少量 50% 氢氧化钠溶液或浓盐酸调节，置于冰箱保存。

8. 柠檬酸-柠檬酸钠缓冲液(0.1 mol/L)

pH	0.1 mol/L 柠檬酸 (mL)	0.1 mol/L 柠檬酸钠 (mL)	pH	0.1 mol/L 柠檬酸 (mL)	0.1 mol/L 柠檬酸钠 (mL)
3.0	18.6	1.4	5.0	8.2	11.8
3.2	17.2	2.8	5.2	7.3	12.7
3.4	16.0	4.0	5.4	6.4	13.6
3.6	14.9	5.1	5.6	5.5	14.5
3.8	14.0	6.0	5.8	4.7	15.3
4.0	13.1	6.9	6.0	3.8	16.2
4.2	12.3	7.7	6.2	2.8	17.2
4.4	11.4	8.6	6.4	2.0	18.0
4.6	10.3	9.7	6.6	1.4	18.6
4.8	9.2	10.8			

注：柠檬酸($C_6H_8O_7 \cdot H_2O$)相对分子质量为 210.14，0.1 mol/L 溶液为 21.01 g/L；柠檬酸钠($Na_3C_6H_5O_7 \cdot 2H_2O$)相对分子质量为 294.12，0.1 mol/L 溶液为 29.41 g/L。

9. 乙酸-乙酸钠缓冲液(0.2 mol/L)

pH (18 ℃)	0.2 mol/L NaAc (mL)	0.2 mol/L HAc (mL)	pH (18 ℃)	0.2 mol/L NaAc (mL)	0.2 mol/L HAc (mL)
2.6	0.75	9.25	4.8	5.90	4.10
3.8	1.20	8.80	5.0	7.00	3.00
4.0	1.80	8.20	5.2	7.90	2.10
4.2	2.65	7.35	5.4	8.60	1.40
4.4	3.70	6.30	5.6	9.10	0.90
4.6	4.90	5.10	5.8	9.40	0.60

注：$Na_2Ac \cdot 3H_2O$ 相对分子质量为 136.09；0.2 mol/L 溶液为 27.22 g/L。

10. 磷酸盐缓冲液(0.2 mol/L)

pH	0.2 mol/L Na₂HPO₄ (mL)	0.2 mol/L NaH₂PO₄ (mL)	pH	0.2 mol/L Na₂HPO₄ (mL)	0.2 mol/L NaH₂PO₄ (mL)
5.8	8.0	92.0	7.0	61.0	39.0
5.9	10.0	90.0	7.1	67.0	33.0
6.0	12.3	87.7	7.2	72.0	28.0
6.1	15.0	85.0	7.3	77.0	23.0
6.2	18.5	81.5	7.4	81.0	19.0
6.3	22.5	77.5	7.5	84.0	16.0
6.4	26.5	73.5	7.6	87.0	13.0
6.5	31.5	68.5	7.7	89.5	10.5
6.6	37.5	62.5	7.8	91.5	8.5
6.7	43.5	56.5	7.9	93.0	7.0
6.8	49.5	51.0	8.0	94.7	5.3
6.9	55.0	45.0			

注：Na₂HPO₄·2H₂O 相对分子质量为 178.05，0.2 mol/L 溶液为 35.61 g/L；Na₂HPO₄·12H₂O 相对分子质量为 358.22，0.2 mol/L 溶液为 71.64 g/L；NaH₂PO₄·H₂O 相对分子质量为 138.01，0.2 mol/L 溶液为 27.6 g/L；NaH₂PO₄·2H₂O 相对分子质量为 156.03，0.2 mol/L 溶液为 31.21 g/L。

11. 磷酸氢二钠-磷酸二氢钾缓冲液(1/15 mol/L)

pH	1/15 mol/L Na₂HPO₄ (mL)	1/15 mol/L KH₂PO₄ (mL)	pH	1/15 mol/L Na₂HPO₄ (mL)	1/15 mol/L KH₂PO₄ (mL)
4.92	0.10	9.90	7.17	7.00	3.00
5.29	0.50	9.50	7.38	8.00	2.00
5.91	1.00	9.00	7.73	9.00	1.00
6.24	2.00	8.00	8.04	9.50	0.50
6.47	3.00	7.00	8.34	9.75	0.25
6.64	4.00	6.00	8.67	9.90	0.10
6.81	5.00	5.00	8.18	10.00	0
6.98	6.00	4.00			

注：Na₂HPO₄·2H₂O 相对分子质量为 178.05，1/15 mol/L 溶液为 11.876 g/L；Na₂HPO₄·12H₂O 相对分子质量为 358.22，1/15 mol/L 溶液为 23.876 g/L；KH₂PO₄ 相对分子质量为 136.09，1/15 mol/L 溶液为 9.078 g/L。

12. 磷酸二氢钾-氢氧化钠缓冲液(0.05 mol/L)

X mL 0.2 mol/L K₂PO₄ + Y mL 0.2 mol/L NaOH，加水稀释至 20 mL。

pH(20 ℃)	X(mL)	Y(mL)	pH(20 ℃)	X(mL)	Y(mL)
5.8	5	0.372	7.0	5	2.963
6.0	5	0.570	7.2	5	3.500
6.2	5	0.860	7.4	5	3.950
6.4	5	1.260	7.6	5	4.280
6.6	5	1.780	7.8	5	4.520
6.8	5	2.365	8.0	5	4.680

13. 磷酸氢二钠-氢氧化钠缓冲液

50 mL 0.05 mol/L Na_2HPO_4 + X mL 0.1 mol/L NaOH,加水稀释至 100 mL。

pH	X(mL)	pH	X(mL)	pH	X(mL)
10.9	3.3	11.3	7.6	11.7	16.2
11.0	4.1	11.4	9.1	11.8	19.4
11.1	5.1	11.5	11.1	11.9	23.0
11.2	6.3	11.6	13.5	12.0	26.9

注:$Na_2HPO_4 \cdot 2H_2O$ 相对分子质量为 178.05,0.05 mol/L 溶液为 8.90 g/L;$Na_2HPO_4 \cdot 12H_2O$ 相对分子质量为 358.22,0.05 mol/L 溶液为 17.91 g/L。

14. Tris-盐酸缓冲液(0.05 mol/L, 25 ℃)

50 mL 0.1 mol/L 三羟甲基氨基甲烷(Tris)溶液与 X mL 0.1 mol/L 盐酸混匀后,加水稀释至 100 mL。

pH	X(mL)	pH	X(mL)
7.10	45.7	8.10	26.2
7.20	44.7	8.20	22.9
7.30	43.4	8.30	19.9
7.40	42.0	8.40	17.2
7.50	40.3	8.50	14.7
7.60	38.5	8.60	12.4
7.70	36.6	8.70	10.3
7.80	34.5	8.80	8.5
7.90	32.0	8.90	7.0
8.00	29.2		

注:三羟甲基氨基甲烷(Tris)相对分子质量为 121.14,0.1 mol/L 溶液为 12.114 g/L;Tris 溶液可从空气中吸收二氧化碳,使用时注意将瓶盖严。

15. 巴比妥钠-盐酸缓冲液(18℃)

pH (18 ℃)	0.04 mol/L 巴比妥钠 (mL)	0.2 mol/L 盐酸 (mL)	pH (18 ℃)	0.04 mol/L 巴比妥钠 (mL)	0.2 mol/L 盐酸 (mL)
6.8	100	18.4	8.4	100	5.21
7.0	100	17.8	8.6	100	3.82
7.2	100	16.7	8.8	100	2.52
7.4	100	15.3	9.0	100	1.65
7.6	100	13.4	9.2	100	1.13
7.8	100	11.47	9.4	100	0.70
8.0	100	9.39	9.6	100	0.35
8.2	100	7.21			

注:巴比妥钠盐相对分子质量为 206.18;0.04 mol/L 溶液为 8.25 g/L。

16. 硼酸-硼砂缓冲液(0.2 mol/L 硼酸根)

pH	0.05 mol/L 硼砂 (mL)	0.2 mol/L 硼酸 (mL)	pH	0.05 mol/L 硼砂 (mL)	0.2 mol/L 硼酸 (mL)
7.4	1.0	9.0	8.2	3.5	6.5
7.6	1.5	8.5	8.4	4.5	5.5
7.8	2.0	8.0	8.7	6.0	4.0
8.0	3.0	7.0	9.0	8.0	2.0

注：硼砂($Na_2B_4O_7 \cdot 10H_2O$)相对分子质量为381.43，0.05 mol/L溶液为19.07 g/L；硼酸(H_3BO_3)相对分子质量为61.84，0.2 mol/L溶液为12.37 g/L；硼砂易失去结晶水，必须在带塞的瓶中保存。

17. 硼砂-氢氧化钠缓冲液(0.05 mol/L 硼酸根)

X mL 0.05 mol/L 硼砂 + Y mL 0.2 mol/L NaOH，加水稀释至 200 mL。

pH	X(mL)	Y(mL)	pH	X(mL)	Y(mL)
9.3	50	6.0	9.8	50	34.0
9.4	50	11.0	10.0	50	43.0
9.6	50	23.0	10.1	50	46.0

注：硼砂($Na_2B_4O_7 \cdot 10H_2O$)相对分子质量为381.43；0.05 mol/L溶液为19.07 g/L。

18. 碳酸钠-碳酸氢钠缓冲液(0.1 mol/L)

pH		0.1 mol/L Na_2CO_3 (mL)	0.1 mol/L $NaHCO_3$ (mL)
20 ℃	37 ℃		
9.16	8.77	1	9
9.40	9.12	2	8
9.51	9.40	3	7
9.78	9.50	4	6
9.90	9.72	5	5
10.14	9.90	6	4
10.28	10.08	7	3
10.53	10.28	8	2
10.83	10.57	9	1

注：$Na_2CO_3 \cdot 10H_2O$ 相对分子质量为286.2，0.1 mol/L 溶液为28.62 g/L；$NaHCO_3$ 相对分子质量为84.0，0.1 mol/L 溶液为8.40 g/L；Ca^{2+}、Mg^{2+}存在时不得使用该缓冲液。

19. 碳酸氢钠-氢氧化钠缓冲液

50 mL 0.05 mol/L NaHCO$_3$ + X mL 0.1 mol/L NaOH，加水稀释至 100 mL。

pH	X(mL)	pH	X(mL)	pH	X(mL)
9.6	5.0	10.1	12.2	10.6	19.1
9.7	6.2	10.2	13.8	10.7	20.2
9.8	7.6	10.3	15.2	10.8	21.2
9.9	9.1	10.4	16.5	10.9	22.0
10.0	10.7	10.5	17.8	11.0	22.7

注：NaHCO$_3$ 相对分子质量为 84.0；0.05 mol/L 溶液为 4.2 g/L。

五、pH 计标准缓冲液的配制

pH 计使用的标准缓冲液要求：有较大的稳定性、较小的温度依赖性，其试剂易于提纯。

常用标准缓冲的配制方法如下：

(1) pH 4.00(10～20 ℃)。将邻苯二甲酸氢钾在 105 ℃ 干燥 1 h 后，称取 5.07 g 加重蒸馏水溶解后定容至 500 mL。

(2) pH=6.88(20 ℃)。称取在 130 ℃ 干燥 2 h 的 3.401 g 磷酸二氢钾(KH$_2$PO$_4$)、8.95 g 磷酸氢二钠(Na$_2$HPO$_4$·12H$_2$O)或 3.54 g 无水磷酸氢二钠(Na$_2$HPO$_4$)，加重蒸馏水溶解后定容至 500 mL。

(3) pH 9.18(25 ℃)。称取 3.814 4 g 四硼酸钠(Na$_2$B$_4$O$_7$·10H$_2$O)或 2.02 g 无水四硼酸钠(Na$_2$B$_4$O$_7$)，加重蒸馏水溶解，定容至 100 mL。

六、不同温度下标准缓冲液的 pH

温度(℃)	酸性酒石酸钾(25 ℃时饱和)	0.05 mol/L 邻苯二甲酸氢钾	0.025 mol/L 磷酸二氢钾、0.025 mol/L 磷酸氢二钠	0.008 7 mol/L 磷酸二氢钾、0.030 2 mol/L 磷酸氢二钠	0.01 mol/L 硼砂
0	—	4.01	6.98	7.53	9.46
10	—	4.00	6.92	7.47	9.33
15	—	4.00	6.90	7.45	9.27
20	—	4.00	6.88	7.43	9.23
25	3.56	4.01	6.86	7.41	9.18
30	3.55	4.02	6.85	7.40	9.14
38	3.55	4.03	6.84	7.38	9.08
40	3.55	4.04	6.84	7.38	9.07
50	3.55	4.06	6.83	7.37	9.01

七、硫酸铵饱和度的常用表

1. 调整硫酸铵溶液饱和度计算表(25 ℃)

	硫酸铵终浓度,%饱和度																
	10	20	25	30	33	35	40	45	50	55	60	65	70	75	80	90	100
	每升溶液加固体硫酸铵的量(g)																
0	56	114	144	176	196	209	243	277	313	351	390	430	472	516	561	662	767
10		57	86	118	137	150	183	216	251	288	326	365	406	449	494	592	694
20			29	59	78	91	123	155	190	225	262	300	340	382	424	520	619
25				30	49	61	93	125	158	193	230	267	307	348	390	485	583
30					19	30	62	94	127	162	198	235	273	314	356	449	546
33						12	43	74	107	142	177	214	252	292	333	426	522
35							31	63	94	129	164	200	238	278	319	411	506
40								31	63	97	132	168	205	245	285	375	469
45									32	65	99	134	171	210	250	339	431
50										33	66	101	137	176	214	302	392
55											33	67	103	141	179	264	353
60												34	69	105	143	227	314
65													34	70	107	190	275
70														35	72	153	237
75															36	115	198
80																77	157
90																	79

注:每升溶液加固体硫酸铵的量(g),是指在 25 ℃下,硫酸铵溶液由初浓度调到终浓度时,每升溶液所加固体硫酸铵的量(g)。

2. 调整硫酸铵溶液饱和度计算表(0 ℃)

	在 0 ℃硫酸铵终浓度,%饱和度																
	20	25	30	35	40	45	50	55	60	65	70	75	80	85	90	95	100
	每 100 mL 溶液加固体硫酸铵的量(g)																
0	10.6	13.4	16.4	19.4	22.6	25.8	29.1	32.6	36.1	39.8	43.6	47.6	51.6	55.9	60.3	65.0	69.7
5	7.9	10.8	13.7	16.6	19.7	22.9	26.2	29.6	33.1	36.8	40.5	44.4	48.4	52.6	57.0	61.5	66.2
10	5.3	8.1	10.9	13.9	16.9	20.0	23.3	26.6	30.1	33.7	37.4	41.2	45.2	49.3	53.6	58.1	62.7
15	2.6	5.4	8.2	11.1	14.1	17.2	20.4	23.7	27.1	30.6	34.3	38.1	42.0	45.0	50.3	54.7	59.2
20	0	2.7	5.5	8.3	11.3	14.3	17.5	20.7	24.1	27.6	31.2	34.9	38.7	42.7	46.9	51.2	55.7
25		0	2.7	5.6	8.4	11.5	14.6	17.9	21.1	24.5	28.0	31.7	35.5	39.5	43.6	47.8	52.2
30			0	2.8	5.6	8.6	11.7	14.8	18.1	21.4	24.9	28.5	32.3	36.2	40.2	44.5	48.8

(续)

硫酸铵初浓度,%饱和度	每100 mL溶液加固体硫酸铵的量(g)													
	35	40	45	50	55	60	65	70	75	80	85	90	95	100
35	0	2.8	5.7	8.7	11.8	15.1	18.4	21.8	25.4	29.1	32.9	36.9	41.0	45.3
40		0	2.9	5.8	8.9	12.0	15.3	18.7	22.2	25.8	29.6	33.5	37.6	41.8
45			0	2.9	5.9	9.0	12.3	15.5	19.0	22.6	26.3	30.2	34.2	38.3
50				0	3.0	6.0	9.2	12.5	15.9	19.4	23.0	26.8	30.8	34.8
55					0	3.1	6.2	9.5	12.9	16.4	19.7	23.5	27.3	31.3
60						0	3.1	6.3	9.7	13.2	16.8	20.1	23.1	27.9
65							0	3.1	6.3	9.7	13.2	16.8	20.5	24.4
70								0	3.2	6.5	9.9	13.4	17.1	20.9
75									0	3.2	6.6	10.1	13.7	17.4
80										0	3.3	6.7	10.3	13.9
85											0	3.4	6.8	10.5
90												0	3.4	7.0
95													0	3.5
100														0

注：每100 mL溶液加固体硫酸铵的量(g)，是指在0 ℃下，硫酸铵溶液由初浓度调到终浓度时，每100 mL溶液所加固体硫酸铵的量(g)。

3. 不同温度下的饱和硫酸铵溶液

温　度(℃)	0	10	20	25	30
每1 000 g水中含硫酸铵物质的量	5.35	5.53	5.73	5.82	5.91
质量百分数(%)	41.42	42.22	43.09	43.47	43.85
1 000 mL水用硫酸铵饱和所需质量(g)	706.8	730.5	755.8	766.8	777.5
每升饱和硫酸铵质量(g)	514.8	525.2	536.5	541.2	545.9
饱和溶液物质的量浓度(mol/L)	3.90	3.97	4.06	4.10	4.13

八、层析法常用数据表及性质

1. 离子交换纤维素的技术数据

DEAE-纤维素	形状	长度(μm)	交换当量(mmol/g)	蛋白质吸附容量(mg/g)		床体积(mL/g)	
				胰岛素(pH 8.5)	牛血清白蛋白(pH 8.5)	pH 6.0	pH 7.5
DE-22	改良纤维型	12～400	1.0±0.1	750	450	7.7	7.7
DE-23	改良纤维型(除细粒)	18～400	1.0±0.1	750	450	8.3	9.1
DE-32	微粒型(干粉)	24～63	1.0±0.1	850	660	6.0	6.3
DE-52	微粒型(溶胀)	24～63	1.0±0.1	850	660	6.0	6.3

(续)

CM-纤维素	形状	长度 (μm)	交换当量 (mmol/g)	溶菌酶 (pH 5.0)	7S-γ球蛋白 (pH 5.0)	pH 5.0	pH 7.5
CM-22	改良纤维型	12~400	0.6±0.06	600	150	7.7	7.7
CM-23	改良纤维型(除细粒)	18~400	0.6±0.06	600	150	9.1	9.1
CM-32	微粒型(干粉)	24~63	1.0±0.1	1 260	400	6.8	6.7
CM-52	微粒型(溶胀)	24~63	1.0±0.1	1 260	400	6.8	6.7

注：改良纤维型为英国Whatman厂的型号，原来有旧型号如DE-1，为长纤维型，长度1 000 μm。还有DE-11，纤维型，长度50~250 μm，对牛血清蛋白的吸附容量仅为130 mg/g。

2. 聚丙烯酰胺凝胶的技术数据

型号	排阻的下限 (M_r)	分级分离的范围 (M_r)	膨胀后的床体积 (mL/g 干凝胶)	膨胀所需最少时间 (室温，h)
Bio-gel-P-2	1 600	200~2 000	3.8	2~4
Bio-gel-P-4	3 600	500~4 000	5.8	2~4
Bio-gel-P-6	4 600	1 000~5 000	8.8	2~4
Bio-gel-P-10	10 000	5 000~17 000	12.4	2~4
Bio-gel-P-30	30 000	20 000~50 000	14.9	10~12
Bio-gel-P-60	60 000	30 000~70 000	19.0	10~12
Bio-gel-P-100	100 000	40 000~100 000	19.0	24
Bio-gel-P-150	150 000	50 000~150 000	24.0	24
Bio-gel-P-200	200 000	80 000~300 000	34.0	48
Bio-gel-P-300	300 000	100 000~400 000	40.0	48

3. 琼脂糖凝胶的技术数据

琼脂糖	2B	CL-2B	4B	CL-4B	6B	CL-6B
琼脂糖含量(%)	2	2	4	4	6	6
分离范围						
球蛋白	7×10^4~4×10^7	7×10^4~4×10^7	6×10^4~2×10^7	6×10^4~2×10^7	1×10^4~4×10^6	1×10^4~4×10^6
多糖	1×10^5~2×10^7	1×10^5~2×10^7	3×10^4~5×10^6	3×10^4~5×10^6	1×10^4~1×10^6	1×10^4~1×10^6
DNA 排阻限(bp)	1 353	1 353	872	872	194	194
颗粒范围(μm)	60~200	60~200	45~165	45~165	45~165	45~165
pH 稳定度(长时)	4~9	3~13	4~9	3~13	4~9	3~13
pH 稳定度(短时)	3~11	2~14	3~11	2~14	3~11	2~14
灭菌方式	C	A	C	A	C	A
最大体积流量(mL/min)	0.83	1.2	0.96	2.17	1.16	2.5
最大线性流速(cm/h)	10	15	11.5	26	14	30

注：灭菌方式中，A 代表化学消毒，C 代表 pH 7 时可于 120 ℃高压蒸汽灭菌 30 min。

4. 琼脂糖凝胶 Bio-Gel A 型的数据

型号 Bio-Gel A	规格	颗粒直径 (湿, μm)	粒度 (湿球)	琼脂糖含量(%)	分级范围 (球蛋白)	排阻限核酸 (bp)	最大承受压力 (cm H$_2$O)	流速 (cm/h)
A-0.5m	粗	150~300	50~100	10	$1×10^4$~$5×10^5$	200	>100	20~25
	中	75~150	100~200					15~20
	细	38~75	200~400					7~13
A-1.5m	粗	150~300	50~100	8	$1×10^4$~$1.5×10^6$	750	>100	20~25
	中	75~150	100~200					15~20
	细	38~75	200~400					7~13
A-5m	粗	150~300	50~100	6	$1×10^4$~$5×10^6$	2 000	>100	20~25
	中	75~150	100~200					15~20
	细	38~75	200~400					7~13
A-15m	粗	150~300	50~100	4	$4×10^4$~$1.5×10^7$	7 000	90	20~25
	中	75~150	100~200					15~20
	细	38~75	200~400					7~13
A-50m	粗	150~300	50~100	2	$1×10^5$~$5×10^7$	20 000	50	20~25
	中	75~150	100~200					5~15
	细	38~75	200~400					7~13
A-150m	粗	150~300	50~100	1	$1×10^6$~$1.5×10^8$	70 000	20	5~10
	细	75~150	100~200					5~15

注：1 cm H$_2$O = 98.066 5 Pa。

5. 离子交换层析介质的技术数据

离子交换介质名称	最高载量	颗粒大小 (μm)	特性/应用	pH 稳定性 工作(清洗)	耐压 (MPa)	最快流速 (cm/h)
SOURCE 15 Q	25 mg 蛋白质	15		2~12	4	1 800
SOURCE 15 S	25 mg 蛋白质	15		2~12	4	1 800
Q Sepharose H.P.	70 mg 牛血清蛋白	24~44		2~12	0.3	150
Q Sepharose H.P.	55 mg 核糖核酸酶	24~44		3~12	0.3	150
Q Sepharose F.F.	120 mg HSA	45~165		2~12	0.2	400
SP Sepharose F.F.	75 mg HSA	45~165		4~13	0.2	400
DEAE Sepharose F.F.	110 mg HSA	45~165		2~9	0.2	300
CM Sepharose F.F.	50 mg 核糖核酸酶	45~165		6~13	0.2	300
Q Sepharose Big Beads		100~300		2~12	0.3	1 200~1 800
SP Sepharose Big Beads	60 mg HSA	100~300		4~12	0.3	1 200~1 800

附　录

（续）

离子交换介质名称	最高载量	颗粒大小（μm）	特性/应用	pH稳定性 工作（清洗）	耐压（MPa）	最快流速（cm/h）
QAE Sephadex A-25	1.5 mg 甲状腺球蛋白，10 mg 人血清蛋白	干粉40～120	纯化低相对分子质量蛋白质、多肽、核苷以及巨大分子（$M_r>200\,000$），在工业传统应用上具有重要作用	2～10	0.11	475
QAE Sephadex A-50	1.2 mg 甲状腺球蛋白，80 mg 人血清蛋白	干粉40～120	批量生产和预处理用，分离中等大小的生物分子（相对分子质量30～200 000）	2～11	0.01	45
SP Sephadex C-25	1.1 mg Ig G，70 mg 牛羧合血红蛋白，230 mg 核糖核酸酶	干粉40～120	纯化低相对分子质量蛋白质、多肽、核苷以及巨大分子（$M_r>200\,000$），在工业传统应用上具有重要作用	2～10	0.13	475
SP Sephadex C-50	8 mg Ig G，110 mg 牛羧合血红蛋白	干粉40～120	批量生产和预处理用，分离中等大小的生物分子（相对分子质量30～200 000）	2～10	0.01	45
DEAE SP Sephadex A-25	1 mg 甲状腺球蛋白，30 mg 人血清蛋白，140 mg α乳清蛋白	干粉40～120	纯化低相对分子质量蛋白质、多肽、核苷以及巨大分子（$M_r>200\,000$），在工业传统应用上具有重要作用	2～9	0.11	475
DEAE SP Sephadex A-50	2 mg 甲状腺球蛋白，110 mg 人血清蛋白	干粉40～120	批量生产和预处理用，分离中等大小生物分子（$M_r>200\,000$），在工作传统应用上具有重要作用	2～9	0.11	45
CM Sephadex C-25	1.6 mg Ig G，70 mg 牛羧合血红蛋白，190 mg 核糖核酸酶	干粉40～120	纯化低相对分子质量蛋白质、多肽、核苷以及巨大分子（$M_r>200\,000$），在工业传统应用上具有重要作用	6～13	0.13	475
CM Sephadex C-50	7 mg Ig G，140 mg 牛羧合血红蛋白，120 mg 核糖核酸酶	干粉40～120	批量生产和预处理用，分离中等大小的生物分子（相对分子质量30～200 000）	6～10	0.01	45

6. 凝胶过滤层析介质的技术数据

常用凝胶过滤层析介质的技术数据（一）

凝胶过滤介质名称	分离范围	颗粒大小（μm）	特性/应用	pH稳定性 工作（清洗）	耐压（MPa）	最快流速（cm/h）
Superdex 30	<10 000	24～44	肽类、寡糖、小蛋白质等	3～12	0.3	100
Superdex 75	3 000～70 000	24～44	重组蛋白、细胞色素	3～12	0.3	100
Superdex 200	10 000～600 000	24～44	单抗、大蛋白质	3～12	0.3	100
Superose 6	5 000～5×10^6	20～40	蛋白质、肽类、多糖、核酸	3～12	0.4	30
Superose 12	1 000～300 000	20～40	蛋白质、肽类、寡糖、多糖	3～12	0.7	30
Sephacryl S-100HR	1 000～100 000	25～75	肽类、小蛋白质	3～11	0.2	20～39

（续）

凝胶过滤介质名称	分离范围	颗粒大小（μm）	特性/应用	pH 稳定性工作（清洗）	耐压（MPa）	最快流速（cm/h）
Sephacryl S-200 HR	5 000～250 000	25～75	蛋白质，如清蛋白	3～11	0.2	20～39
Sephacryl S-300 HR	10 000～1.5×10⁶	25～75	蛋白质、抗体	3～11	0.2	20～39
Sephacryl S-400 HR	20 000～8×10⁶	25～75	多糖、具延伸结构的大分子如蛋白多糖、脂质体	3～11	0.2	20～39
Sephacryl S-500 HR	葡聚糖40 000～2×10⁷ DNA<1 078 bp	25～75	大分子如 DNA 限制片段	3～11	0.2	20～39
Sephacryl S-1 000 SF	葡聚糖5×10⁵～1×10⁸ DNA<1 078 bp	40～105	DNA、巨大多糖、蛋白多糖、小颗粒如病毒	3～11	未经测试	40
Sepharose 6 Fast Flow	10 000～4×10⁶	平均 90	巨大分子	2～12	0.1	300
Sepharose 4 Fast Flow	60 000～20×10⁶	平均 90	巨大分子如重组乙型肝炎表面抗原	2～12	0.1	250
Sepharose 2B	70 000～40×10⁶	60～200	蛋白质、大分子复合物、病毒、不对称分子如核酸和多糖（蛋白多糖）	4～9	0.004	10
Sepharose 4B	60 000～20×10⁶	45～165	蛋白质、多糖	4～9	0.008	11.5
Sepharose 6B	10 000～4×10⁶	45～165	蛋白质、多糖	4～9	0.02	14
Sepharose CL-2B	70 000～40×10⁶	60～200	蛋白质、大分子复合物、病毒、不对称分子如核酸和多糖	3～13	0.005	15
Sepharose CL-4B	60 000～20×10⁵	45～165	蛋白质、多糖	3～13	0.012	26
Sepharose CL-6B	10 000～4×10⁶	45～165	蛋白质、多糖	3～13	0.02	30

常用凝胶过滤层析介质的技术数据（二）

凝胶过滤介质名称	分离范围	颗粒大小（μm）	特性/应用	pH 稳定性工作（清洗）	干凝胶溶胀体积（mL/g）	溶胀最少平衡时间(h) 室温	溶胀最少平衡时间(h) 沸水	最快流速（cm/h）
Sephadex G-10	<700	干粉 40～120		2～13	2～3	3	1	2～5
Sephadex G-15	<1 500	干粉 40～120		2～13	2.5～3.5	3	1	2～5
Sephadex G-25 Coarse	1 000～5 000	干粉 100～300	工业上脱盐及交换缓冲液用	2～13	4～6	6	2	2～5

(续)

凝胶过滤介质名称	分离范围	颗粒大小(μm)	特性/应用	pH稳定性工作（清洗）	干凝胶溶胀体积(mL/g)	溶胀最少平衡时间(h) 室温	溶胀最少平衡时间(h) 沸水	最快流速(cm/h)
Sephadex G-25 Medium	1 000~5 000	干粉 50~150	工业上脱盐及交换缓冲液用	2~13	4~6	6	2	2~5
Sephadex G-25 Fine	1 000~5 000	干粉 20~80	工业上脱盐及交换缓冲液用	2~13	4~6	6	2	2~5
Sephadex G-25 Superfine	1 000~5 000	干粉 10~40	工业上脱盐及交换缓冲液用	2~13	4~6	6	2	2~5
Sephadex G-50 Coarse	1 500~30 000	干粉 100~300	小分子蛋白质分离	2~10	9~11	6	2	2~5
Sephadex G-50 Medium	1 500~30 000	干粉 50~150	小分子蛋白质分离	2~10	9~11	6	2	2~5
Sephadex G-50 Fine	1 500~30 000	干粉 20~80	小分子蛋白质分离	2~10	9~11	6	2	2~5
Sephadex G-50 Superfine	1 500~30 000	干粉 20~80	小分子蛋白质分离	2~10	9~11	6	2	2~5
Sephadex G-75	3 000~80 000	干粉 40~120	中等蛋白质分离	2~10	12~15	24	3	72
Sephadex G-75 Superfine	3 000~70 000	干粉 10~40	中等蛋白质分离	2~10	12~15	24	3	16
Sephadex G-100	3 000~70 000	干粉 40~120	中等蛋白质分离	2~10	15~20	48	5	47
Sephadex G-100 Superfine	4 000~1×10^5	干粉 10~40	中等蛋白质分离	2~10	15~20	48	5	11
Sephadex G-150	5 000~3×10^5	干粉 40~120	稍大蛋白质分离	2~10	20~30	72	5	21
Sephadex G-150 Superfine	5 000~1.5×10^5	干粉 10~40	稍大蛋白质分离	2~10	18~22	72	5	5.6
Sephadex G-200	5 000~6×10^5	干粉 40~120	较大蛋白质分离	2~10	30~40	72	5	11
Sephadex G-200 Superfine	5 000~6×10^5	干粉 10~40	较大蛋白质分离	2~10	20~25	72	5	2.8
Sephadex LH20（嗜脂性）	100~4 000	干粉 25~106	特别为使用有机溶剂而设计。适合分离脂类、胆固醇、脂肪酸、激素、维生素及其他小生物分子。此分离范围指以酒精为溶剂的分离					

九、某些蛋白质的物理性质

下表所列蛋白质是常用做SDS凝胶电泳、蔗糖密度梯度离心和凝胶层析的标准。

蛋白质(来源)		M_r	沉降系数 $S_{20,w}$(×10^{13}s)	偏微比容 V(cm^3/g)	A_{280} (mg/mL)	Stokes半径 (nm)	亚基数
细胞色素c(牛心)	cytochrome c	13 370	1.83	0.728	2.32	1.74	1
溶菌酶(鸡蛋清)	lysozyme	13 930	1.91	0.703	2.64	2.06	1

(续)

蛋白质(来源)		M_r	沉降系数 $S_{20,w}(\times 10^{13} s)$	偏微比容 $V(cm^3/g)$	A_{280} (mg/mL)	Stokes 半径 (nm)	亚基数
核糖核酸酶(牛胰)	ribonuclease	13 700	2.00	0.707	0.73	18.0	1
胰蛋白酶抑制剂(大豆)	trypsin inhibitor	22 460	2.3	0.735	1.00	22.5	1
碳酸酐酶	carbonic anhydrase (bovine B)	30 000	2.85	0.735	1.90	24.3	1
卵清蛋白(鸡蛋)	ovalbumin	45 000	3.55	0.746	0.736	27.6	1
血清白蛋白(牛)	serum albumin(bovine)	67 000	4.31	0.732	0.667	37.0	1
烯醇酶(酵母)	Enolase	90 000	5.90	0.742	0.895	34.1	2
3-磷酸甘油醛脱氢酶(兔肌肉)	glyceraldehyde 3-phosphate dehydrogenase	145 000	7.60	0.737	0.815	43.0	4
乙醇脱氢酶(酵母)	alcohol dehydrogenase	141 000	7.61	0.740	1.26	41.7	4
醛缩酶(兔肌肉)	aldolase dehydrogenase	156 000	7.35	0.742	0.938	47.4	4
乳酸脱氢酶(牛心)	lactic dehydrogenase	136 000	7.45	0.747	0.970	40.3	4
过氧化氢酶(牛肝)	catalase	2 475 000	11.30	0.730	1.64 (276 nm)	52.2	4

注：常发现血清蛋白(牛)含有5%～10%二聚体(M_r=133 000)；细胞色素c(牛心)的A_{280}在416 nm为9.65。$S_{20,w}$为以水作为溶剂，温度校正20℃的蛋白质的沉降系数。

十、常见蛋白质等电点参考值(pH)

蛋白质	pI	蛋白质	pI
鲑精蛋白[salmine]	12.1	α卵清黏蛋白[α-ovomucoid]	3.83～4.41
鲱精蛋白[clupeine]	12.1	$α_1$黏蛋白[$α_1$-mucoprotein]	1.8～2.7
鲟精蛋白[sturine]	11.71	卵黄类黏蛋白[vitellomucoid]	5.5
胸腺组蛋白[thymohistone]	10.8	尿促性腺激素[urinary gonadotropin]	3.2～3.3
珠蛋白(人)[globin(human)]	7.5	溶菌酶[lyso zyme]	11.0～11.2
卵清蛋白[ovalbuin]	4.71；4.59	肌红蛋白[myoglobin]	6.99
伴清蛋白[conal bumin]	6.8；7.1	血红蛋白(人)[hemoglobin(human)]	7.07
血清蛋白[serum albumin]	4.7～4.9	血红蛋白(鸡)[hemoglobin(hen)]	7.23
肌清蛋白[myoalbumin]	3.5	血红蛋白(马)[hemoglobin(horse)]	6.92
肌浆蛋白[myogen A]	6.3	血蓝蛋白[hemerythrin]	4.6～6.4
β乳球蛋白[β-lactoglobulin]	5.1～5.3	蚯蚓血红蛋白[chlorocruorin]	5.6
卵黄蛋白[livetin]	4.8～5.0	血绿蛋白[chlorocruorin]	4.3～4.5
$γ_1$球蛋白(人)[$γ_1$-globulin(human)]	5.8；6.6	无脊椎血红蛋白[erythrocruorins]	4.6～6.2
$γ_2$球蛋白(人)[$γ_2$-globulin(human)]	7.3；8.2	细胞色素c[cytochrome c]	9.8～10.1
肌球蛋白A[myosin A]	5.2～5.5	视紫质[rhodopsin]	4.47～4.57
原肌球蛋白[myosin A]	5.1	促凝血酶原激酶[thromboplastin]	5.2
铁传递蛋白[siderophilin]	5.9	$α_1$脂蛋白[$α_1$-lipoprotein]	5.5
胎球蛋白[fetuin]	3.4～3.5	$β_1$脂蛋白[$β_1$-lipoprotein]	5.4
血纤蛋白原[fibrinogen]	5.5～5.8	β卵黄脂磷蛋白[β-lipovitellin]	5.9
α眼晶体蛋白[α-crystallin]	4.8	芜菁黄花叶病毒[turnip yellow vvirus]	3.75
β眼晶体蛋白[β-crystallin]	6.0	牛痘病毒[vaccinia virus]	5.3
花生球蛋白[arachin]	5.1	生长激素[somatotropin]	6.85
伴花生球蛋白[conarrachin]	3.9	催乳激素[prolactin]	5.73

附 录

(续)

蛋 白 质	pI	蛋 白 质	pI
角蛋白类[keratins]	3.7~5.0	胰岛素[insulin]	5.35
还原角蛋白[keratein]	4.6~4.7	胃蛋白酶[pepsin]	1.0 左右
胶原蛋白[collagen]	6.5~6.8	糜蛋白酶(胰凝乳蛋白酶)[chymotrypsin]	8.1
鱼胶[ichthyocol]	4.8~5.2	牛血清蛋白[bovine serum albumin]	4.9
白明胶[gelatin]	4.7~5.0	核糖核酸酶(牛胰)[ribonuclease 或 RNase (bovine pancreas)]	7.8
α 酪蛋白[α-casein]	4.0~4.1		
β 酪蛋白[β-casein]	4.5	甲状腺球蛋白[thyroglobulin]	4.58
γ 酪蛋白[γ-casein]	5.8~6.0	胸腺核组蛋白[thymonucleohistone]	4 左右

十一、化学元素的相对原子质量表

元素	符号	相对原子质量(A_r)	原子序数	元素	符号	相对原子质量(A_r)	原子序数
锕	Ac	227.0	89	氢	H	1.008	1
银	Ag	107.9	47	氦	He	4.003	2
铝	Al	26.98	13	铪	Hf	178.5	72
镅	Am	[243]	95	汞	Hg	200.6	80
氩	Ar	39.95	18	钬	Ho	164.9	67
砷	As	74.92	33	碘	I	126.9	53
砹	At	[210]	85	铟	In	114.8	49
金	Au	197.0	79	铱	Ir	192.2	77
硼	B	10.81	5	钾	K	39.10	19
钡	Ba	137.3	56	氪	Kr	83.80	36
铍	Be	9.012	4	镧	La	138.9	57
铋	Bi	209.0	83	锂	Li	6.941	3
锫	Bk	[247]	97	镥	Lu	175.0	71
溴	Br	79.90	35	铹	Lr	[260]	103
碳	C	12.01	6	钔	Md	[258]	101
钙	Ca	40.08	20	镁	Mg	24.31	12
镉	Cd	112.4	48	锰	Mn	54.94	25
铈	Ce	140.1	58	钼	Mo	95.94	42
锎	Cf	[251]	98	氮	N	14.01	7
氯	Cl	35.45	17	钠	Na	22.99	11
锔	Cm	[247]	96	铌	Nb	92.91	41
钴	Co	58.93	27	钕	Nd	144.2	60
铬	Cr	52.00	24	氖	Ne	20.18	10
铯	Cs	132.9	55	镍	Ni	58.70	28
铜	Cu	63.55	29	锘	No	[259]	102
镝	Dy	162.5	66	镎	Np	237.0	93
铒	Er	167.3	68	氧	O	16.00	8
锿	Es	[254]	99	锇	Os	190.2	76
铕	Eu	152.0	63	磷	P	30.97	15
氟	F	19.00	9	镤	Pa	231.0	91
铁	Fe	55.85	26	铅	Pb	207.2	82
镄	Fm	[257]	100	钯	Pd	106.4	46
钫	Fr	[223]	87	钷	Pm	[147]	61
镓	Ga	69.72	31	钋	Po	[209]	84
钆	Gd	157.3	64	镨	Pr	140.9	59
锗	Ge	72.59	32	铂	Pt	195.1	78

(续)

元素	符号	相对原子质量(A_r)	原子序数	元素	符号	相对原子质量(A_r)	原子序数
钚	Pu	[244]	94	铽	Tb	158.9	65
镭	Ra	226.0	88	锝	Tc	[97]	43
铷	Rb	85.47	37	碲	Te	127.6	52
铼	Re	186.2	75	钍	Th	232.0	90
铑	Ph	102.9	45	钛	Ti	47.90	22
氡	Rn	[222]	86	铊	Tl	204.4	81
钌	Ru	101.1	44	铥	Tm	168.9	69
硫	S	32.06	16	铀	U	238.0	92
锑	Sb	121.8	51	钒	V	50.94	23
钪	Sc	44.96	21	钨	W	183.9	74
硒	Se	78.96	34	氙	Xe	131.3	54
硅	Si	28.09	14	钇	Y	88.91	39
钐	Sm	150.4	62	镱	Yb	173.0	70
锡	Sn	118.7	50	锌	Zn	65.38	30
锶	Sr	87.62	38	锆	Zr	91.22	40
钽	Ta	180.9	73				

注：录自 1977 年国际原子质量表，并全部取 4 位有效数字。加括号的数据为该放射性元素半衰期最长同位素的质量数。

十二、薄层层析分离各类物质常用的展层溶剂

物质类型	支持剂	展层溶剂
氨基酸	硅胶 G	(1)70％乙醇(或 96％乙醇)：25％氨水＝4：1 (2)正丁醇：乙酸：水＝6：2：2 (3)酚：水＝3：1 (4)正丙醇：水＝1：1，或酚：水＝10：4 (5)氯仿：甲醇：17％氨水＝2：2：1
	氧化铝	正丁醇：乙醇：水＝6：4：4
	纤维素	(1)正丁醇：乙醇：水＝4：1：5 (2)吡啶：丁酮：水＝15：70：15 (3)正丙醇：水＝7：3 (4)甲醇：水：吡啶＝80：20：4
多肽	硅胶 G	(1)氯仿：丙酮＝9：1 (2)环己烷：乙酸乙酯＝1：1 (3)氯仿：甲醇＝9：1 (4)丁醇饱和的 0.1％ NH_4OH
蛋白质及酶	Sephadex G-25 DEAE-Sephadex G-25	(1)0.05 mol/L NH_4OH　(2)水 各种浓度的磷酸缓冲液
水溶性维生素	硅胶 G	乙酸：丙酮：甲醇：苯＝1：1：4：14
	氧化铝	甲醇，或 CCl_4，或石油醚
脂溶性维生素	硅胶 G	(1)石油醚：乙醚：乙酸＝90：10：1 (2)丙酮：己烷：甲醇＝15：135：13

（续）

物质类型	支持剂	展层溶剂
核苷酸	纤维素G	(1)水 (2)饱和硫酸铵：1 mol/L 乙酸钠：异丙醇＝80：18：2 (3)丁醇：丙酮：乙醇：5％氨水：水＝3.5：2.5：1.5：1.5：1
	DEAE纤维素	(1)0.02～0.04 mol/L HCl (2)0.2～2 mol/L NaCl
	硅胶G	(1)正丁醇水饱和溶液 (2)异丙酮：浓氨水：水＝6：3：1 (3)正丁醇：乙酸：水＝5：2：3 (4)正丁醇：丙酮：冰醋酸：5％氨水：水＝7：5：3：3：2
脂肪酸	硅胶G硅藻土	(1)石油醚：乙醚：乙酸＝70：30：1 (2)乙酸：甲腈＝1：1 (3)石油醚：乙醚：乙酸＝70：30：2
脂肪类	硅胶G	(1)石油醚(B.P 60～70℃)：苯＝95：5 (2)石油醚：乙醚＝92：8 (3)CCl_4 (4)石油醚：乙醚：冰醋酸＝90：10：1(或80：10：1) (5)氯仿
糖类	硅胶G-0.33 mol/L 硼酸	(1)苯：冰乙酸：甲醇＝1：1：3 (2)正丁醇：丙酮：水＝4：5：1 (3)氯仿：丙酮：冰醋酸＝6：3：1 (4)正丁醇：乙酸乙酯：水＝7：2：1
	硅藻土	(1)乙酸乙酯：异丙醇：水＝65：23.5：11.5 (2)苯：冰醋酸：甲醇＝1：1：3 (3)甲基乙基甲酮：冰醋酸：甲醇＝3：1：1
磷脂	硅胶G	(1)氯仿：甲醇：水＝80：25：3 (2)氯仿：甲醇：水＝65：25：4(或65：2：4；或13：6：1)
生物碱	硅胶G	(1)氯仿＋5％～15％甲醇 (2)氯仿：乙二胺＝9：1 (3)乙醇：乙酸：水＝60：30：10 (4)环己烷：氯仿：乙二胺＝5：4：1
	氧化铝G	(1)氯仿 (2)环己烷：氯仿＝3：7，再加0.05％乙二胺 (3)正丁醇：二丁醚：乙醚＝40：50：10
酚类	硅胶G	(1)苯 (2)石油醚：乙酸＝90：10 (3)氯仿 (4)环己烷 (5)苯：甲醇＝95：5

十三、各类物质常用的薄层显色剂

化合物	显 色 剂
氨基酸类	茚三酮液：0.2~0.3 g 茚三酮溶于 95 mL 乙醇中，再加入 5 mL 2,4-二甲基吡啶
脂肪类	5%磷钼酸乙醇液；三氯化锑或五氯化锑氯仿液；0.05%苏丹明 B 水溶液
糖类	2 g 二苯胺溶于 2 mL 苯胺、10 mL 80%磷酸和 100 mL 丙酸酮
酸类	0.3%溴甲酚绿溶于 80%乙醇中，每 100 mL 中加入 30% NaOH 3 滴
醛酮	邻联茴香胺乙酸溶液
酚类	5%三氯化铁溶于甲醇(与水 1∶1)中
脂类	7%盐酸羟胺水溶液与 12%KOH 甲醇液等体积混合，喷于滤纸上将滤纸与薄层在 30~40℃接触 10~15 min，取下滤纸，喷洒 5% FeCl₃(溶于 0.5 mol/L HCl 中)于滤纸上

十四、离心机转子的转速与相对离心力 $RCF(g)$ 间的换算关系

相对离心力 RCF 值是以地心引力即重力加速度的倍数表示，一般用 g(或数字$\times g$)表示。它取决于转子的转速(n)和旋转半径(r，以 mm 计算)，可用如下公式计算：

$$RCF = 1.119 \times 10^{-5} \times r \times n^2$$

式中，r 为离心机头的半径(角头)，或离心管中轴底部内壁到离心机转轴中心的距离(甩平头)，单位为 mm；n 为离心机每分钟的转速，单位为 r/min。

附图 1 是由上述公式计算而来的：将离心机转数换算为离心力时，首先，在 r 标尺上取已知的半径和 n 标尺上取已知的离心机转数，然后，将这两点间划一条直线，在图中间 RCF 标尺上的交叉点即为相应离心力数值。注意，若已知转数值处于 n 标尺的右边，则应读取 RCF 标尺右边的数值。同样，若转数值处于 n 标尺左边，则读取 RCF 标尺左边的数值。

十五、常用仪器的使用

(一)电动离心机

离心机是利用离心力对混合溶液进行分离沉淀的一种专用仪器。电动离心机通常分为大、中、小 3 种类型。在此只介绍落地式电动离心机的使用方法。

(1)使用前变速调节杆应放置在"0"处，盛装离心管的外套应完整无损，外套底部需放有橡皮垫。

(2)离心前，首先将待离心的混合溶液转移到大小合适的离心管内，溶液的量不宜过多(占离心管体积的 2/3)，以免离心过程中溢出。将此离心管放入外套管中，再在外套管与离心管之间加入缓冲用水。

(3)将两个烧杯分别放在天平(感量 1/10 g)的两个托盘上，调节天平上的平衡砣，平衡

附 录

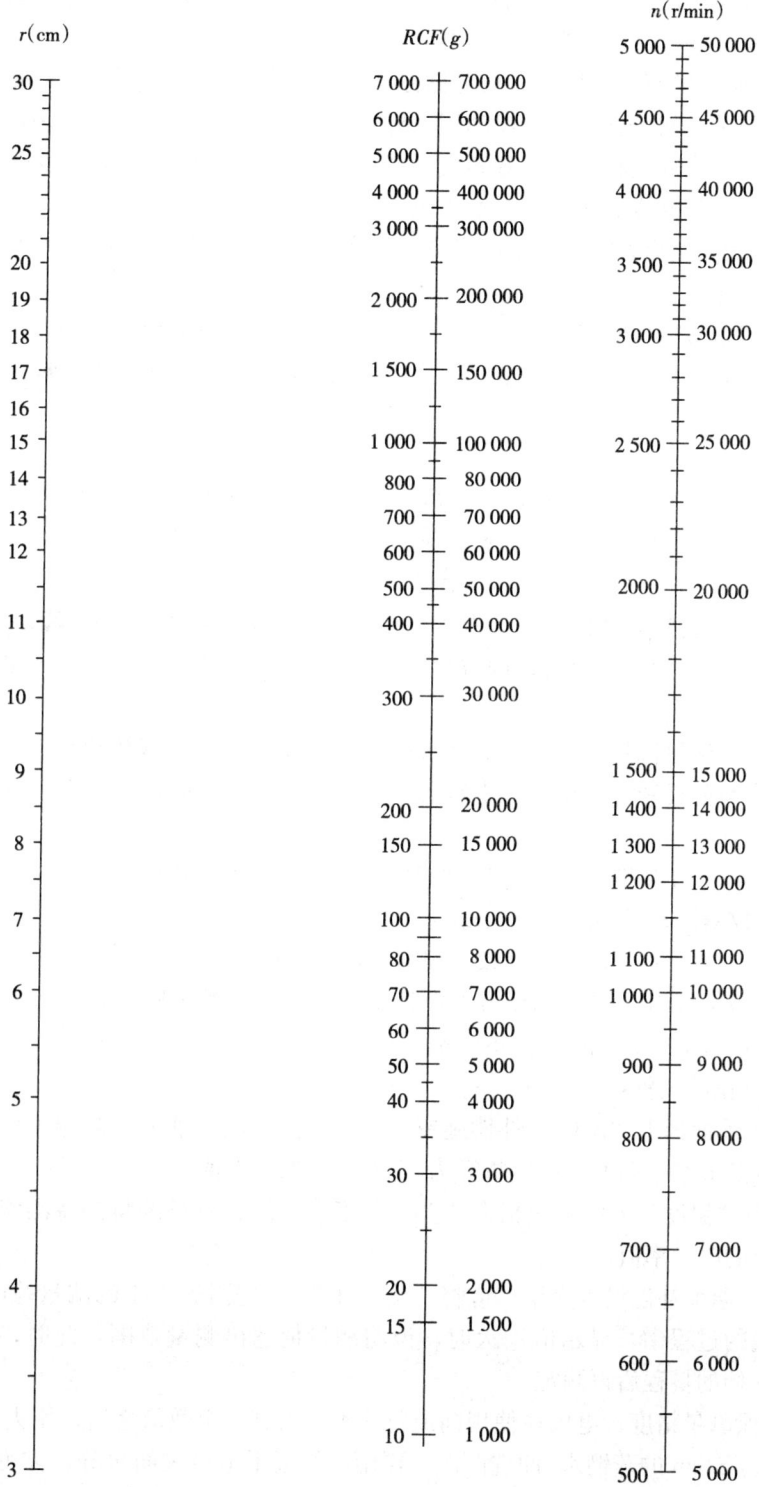

附图1 离心机转速与离心力的列线图

后，再把一对外套管（连同离心管）分别放在天平两个托盘的烧杯内，如不平衡，可调整离心管内溶液的量或缓冲用水的量使之平衡。每次离心操作，都必须严格遵守平衡的要求，否则将会损坏离心机部件，甚至会造成严重事故。

(4)将上述两个平衡好的套管，按对称方向放到离心机的套环内，盖上离心机盖，打开离心机的电源开关，然后逐渐慢慢拨动调速杆，使速度逐渐增加，待转速表指示到所需转速时，开始计时。停止时先将调速杆逐渐拨至"0"的位置，然后关闭离心机电源开关，待离心机自动停止后，打开离心机盖子，取出离心管。

(5)离心机用完以后，将套管中的橡皮垫洗净，冲洗外套管，并倒立放置使其干燥。

(二)电导率仪

电导率仪(以 DDS-307 型为例)是实验室测量水溶液电导率值必备的仪器，它被广泛应用于生物医学、污水处理、环境监测及大专院校和科研单位的教学和实验。具体使用方法如下：

1. 开机

(1)将电源线与电导率仪连接，然后再将电源线插入电源插座。仪器应有良好的接地。

(2)打开电导率仪开关，接通电源，预热 30 min 后，进行校准。

2. 校准

将"选择"开关指向"检查"，"常数"补偿调节旋钮指向"1"刻度线，"温度"补偿调节旋钮指向"25"刻度线，然后，调节"校准"旋钮，使仪器屏显示 $100.0\ \mu S/cm$。

3. 测量

(1)根据实验测量范围($0\sim20\ 000\ \mu S/cm$)，选择电极，电极常数约为 1.0。

(2)电极常数的设置。根据电极常数所示的值，调节仪器面板"常数"补偿旋钮，使之到相应的位置。

① 将"选择"开关指向"检查"，"温度"补偿调节旋钮指向"25"刻度线，调节"校准"旋钮，使仪器屏显示 $100.0\ \mu S/cm$。

② 调节"常数"补偿旋钮，使仪器屏显示值与电极上数值相符合。

例如：电极常数为 1.02，则调节常数补偿旋钮，使仪器屏显示的值为 1.02，测量时的实际测量值=读数值×1，单位为 $\mu S/cm$。

(3)温度补偿的设置：

① 调节仪器面板上"温度"补偿旋钮，使其指向待测溶液的实际温度值，此时，测量得到的是待测溶液经过温度补偿后折算为 25 ℃下的电导率值。

② 如果将"温度"补偿旋钮指向"25"刻度线，那么测量的将是待测溶液在该温度下未经温度补偿的电导率值。

(4)常数、温度补偿设置完毕，应将"量程开关"(按附表 1 中的测量范围)调至合适的位置。在测量的过程中，显示值熄灭时，说明测量值超出测量范围，此时，应将"量程开关"调至高一档的量程后再测定。

(5)为确保测量精度，电极在使用前或每次测量得到一个数值之后，用去离子水(或电导率值小于 $0.5\ \mu S/cm$ 的蒸馏水)冲洗两次，再用滤纸吸干电极表面水分，方可进行下一次的测量。

4. 测定完毕 将电极用去离子水冲洗两次，再用滤纸吸干表面水分，关闭仪器电源开

附 录

附表 1

序号	量程开关位置	量程范围(μS/cm)	电导率值读数(μS/cm)
1	Ⅰ	0～20.0	显示值读数×C
2	Ⅱ	20.0～200.0	显示值读数×C
3	Ⅲ	200.0～2 000.0	显示值读数×C
4	Ⅳ	2 000.0～20 000.0	显示值读数×C

注：C 为电极常数值。

关后，切断电源，取下电极并将其放入电极盒内保存。

(三)分光光度计

分光光度计(以 722S 型为例)是实验室的一种常用仪器。目前，广泛用于医学卫生、生物化学、石油化工、环保监测、质量控制等部门，波长测定范围在 340～1 000 nm，对被测物质的溶液可进行吸光度和浓度的直读测定，并能对被测物质进行定性和定量分析。仪器的使用方法如下：

1. 开机 接通电源，打开仪器(分光光度计)开关，预热 30 min 后才能进行测定。

2. 调整波长 使用仪器面板上唯一的旋钮，调整仪器当前测试波长，具体波长可从左侧的显示窗观察，读取波长时目光应垂直于刻度线。

3. 调零 调节标尺转换键("MODE"键)，将指示灯调到透射比"TRANS"标尺处。打开试样盒盖(关闭光门)或用不透光材料在样品室中遮断光路，然后按"0%T"，即能自动调整零位。

4. 调整 100％T 将参比(对照或背景液)溶液置入样品室的光路中，盖下试样盖(同时打开光门)，按下"100％T"键，即能自动调整 100％T，一次有误差时可再加按一次。

5. 改变试样槽位置让不同样品液进入光路 仪器的样品槽有 4 个位置，用仪器的样品槽拉杆来改变其位置。打开样品室的盖子便可观察到样品槽中样品液的位置，对应拉杆向内，依次为"1""2""3""4"位置，"1"是参比溶液的位置，"2""3""4"是放样品溶液的位置，当拉杆拉到位时有定位感，到位时应前后轻轻推动一下拉杆以确保定位准确。

6. 改变标尺 该仪器设有 4 种标尺。

TRANS(透射比)：用于透明液体和透明固体测量透光率。

ABS(消光值)：采用标准曲线法或绝对吸收法时，测定被测物质的吸光度。

FACT(浓度因子)：采用浓度因子法，浓度直读时设定浓度因子。

CONC(浓度直读)：用于标准样品法浓度直读时，作设定或读数，也可用于设定浓度因子后的浓度直读。

各标尺间的转换用"MODE"键操作，并由"TRANS""ABS""FACT""CONC"指示灯分别指示，开机初始状态为"TRANS"标尺，每加按一次，顺序循环。

7. 测定 将被测物质的溶液置入比色杯中(溶液的体积约为比色杯体积的 2/3)，根据实验要求，按顺序进行测定，每测完一个待测溶液后，用下一个待测溶液冲洗比色杯 2 次，然后再进行下一个待测液测定。

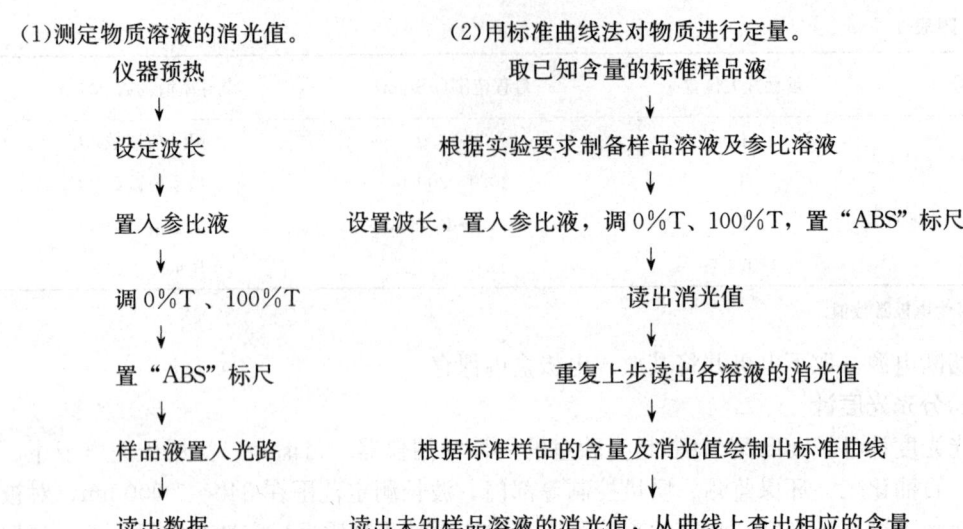

8. 测定完毕 切断仪器电源，将比色杯取出洗净，盖好仪器罩。

图书在版编目（CIP）数据

生物化学实验技术／巫光宏，何平，黄卓烈主编．—2版．—北京：中国农业出版社，2015.12（2024.7重印）
普通高等教育农业部"十二五"规划教材　全国高等农林院校"十二五"规划教材
ISBN 978-7-109-21055-4

Ⅰ.①生…　Ⅱ.①巫…②何…③黄…　Ⅲ.①生物化学-实验-高等学校-教材　Ⅳ.①Q5-33

中国版本图书馆CIP数据核字（2015）第255887号

中国农业出版社出版
（北京市朝阳区麦子店街18号楼）
（邮政编码100125）
责任编辑　宋美仙　刘　梁
文字编辑　曾琬淋

北京中兴印刷有限公司印刷　新华书店北京发行所发行
2010年2月第1版　2016年8月第2版
2024年7月第2版北京第4次印刷

开本：787mm×1092mm 1/16　印张：17.75
字数：420千字
定价：44.00元
（凡本版图书出现印刷、装订错误，请向出版社发行部调换）